贵金属冶金学

宾 万 达
卢 宜 源　编著

中南大学出版社
www.csupress.com.cn
·长沙·

内容简介

本书主要包括贵金属——金、银、铂族(锇、铱、铂、钌、铑、钯)金属的性质、用途、提取工艺原理、工艺设备以及再生贵金属生产工艺等内容。可作冶金专业本科教材,有色金属材料类专业的选修教材,也可供从事科研、生产、管理工作的人员参考自学。

图书在版编目(CIP)数据

贵金属冶金学 / 宾万达,卢宜源编著. —长沙:中南大学出版社,2011.3(2025.1 重印)

ISBN 978 - 7 - 5487 - 0223 - 8

Ⅰ. ①贵… Ⅱ. ①宾… ②卢… Ⅲ. ①贵金属冶金 Ⅳ. ①TF83

中国版本图书馆 CIP 数据核字(2011)第 038170 号

贵金属冶金学

宾万达　卢宜源　编著

□出 版 人	林绵优
□责任编辑	刘　辉
□责任印制	唐　曦
□出版发行	中南大学出版社
	社址:长沙市麓山南路　　邮编:410083
	发行科电话:0731 - 88876770　传真:0731 - 88710482
□印　　装	长沙市宏发印刷有限公司

□开　　本	710 mm × 1000 mm B5	□印张 23.25	□字数 454 千字
□版　　次	2011 年 3 月第 1 版	□印次 2025 年 1 月第 5 次印刷
□书　　号	ISBN 978 - 7 - 5487 - 0223 - 8
□定　　价	72.00 元

前　言

贵金属系指金、银、铂族（锇、铱、铂、钌、铑、钯）元素。它们之所以誉为贵金属是由于它们的物理、化学性质极其稳定，色泽瑰丽，在人类生活中常被用作贵重首饰或货币；在现代高科技中，它们因性质优良而广为应用；然而因资源少而散，故显得格外珍贵。

对于金、银，人类使用和提炼大约有5000年的历史，被称之为古代金属；铂族元素则不然，人们从知道到应用，至今不过200余年，是一个年轻有为的金属家族。

我国在世界上，是最早提炼和使用金、银的文明古国之一。黄金、白银生产在世界上也是名列前茅的。近百年来，由于帝国主义的侵略和掠夺，我国金银大量外流，生产发展十分缓慢，而铂族金属生产更是白纸一张。解放后，特别是近十余年，我国贵金属生产随着我国国际贸易往来的增多以及高科技领域的发展，出现了一派蒸蒸日上的兴旺景象。

科技要发展，生产要发展，都要求我们不断总结经验。对于贵金属生产也一样，无论是理论，还是工艺技术上，都有待于不断地更新知识，使生产、科技有所前进、发展。然而有关这方面的书籍一是少，二是旧，难以满足我国贵金属生产、科技的急需，特别是近年来科研、生产的新经验，新技术、新工艺有待总结和介绍。因此，我们编写了《贵金属冶金学》一书。

该书共分3篇：第1、2篇主要介绍了金、银、铂族金属的物化性质、热力学知识以及提取工艺原理和工艺流程，其中既讲述了国内外的传统工艺，又介绍了近年来的新工艺和新技术以及新设备。第3篇阐述了再生贵金属的生产工艺。废、旧物质中贵金属的再生回收对于补充其矿产资源的不足，满足科技发展日益俱增的需求有极重要意义，近年来备受国内外的重视，发展也极快。总之本书收集整理的各种工艺之多、之广是过去同类书籍中所没有的。

该书是我们两人合编的，但也倾注了许多人的心血和劳动。在编写过程中，为丰富内容，引用或摘录了许多科技工作者的文献；成稿后，赵天从教授不顾年高，不辞辛劳，对全书进行了审读和修改，提出了许多宝贵的意见，使本书增辉添彩；中南大学冶金学院贵金属研究所的全体同志也为本书作了大量的工作……在此我们一并表示谢意。

本书编写分工是：绪论、第1～14章由宾万达教授编写，第15～26章由卢宜源副教授编写。本书是贵金属冶金专业的本科、大专教材，适当减少部分内容也可作中专教学用书，还可作为现场生产技术人员的参考书。

由于我们水平有限，书中错误、疏漏、不足之处一定不少，敬请各位同仁指正。

编　者

2011 年 3 月

目　录

第 2 篇　铂族金属的提取

第3篇　贵金属二次资源的综合利用

绪 论

金（Au）、银（Ag）、铂（Pt）、钯（Pd）、铑（Rh）、铱（Ir）、锇（Os）、钌（Ru）等 8 个元素，通称为贵金属。这 8 个元素在周期表上的位置如下表 0 - 1：

表 0 - 1 元素周期表

周 期	族			
	VIII			IB
4	26 Fe $3d^6 4s^2$ 铁 55.84	27 Co $3d^7 4s^2$ 钴 58.93	28 Ni $3d^8 4s^2$ 镍 58.7	29 Cu $3d^{10} 4s^1$ 铜 63.54
5	44 Ru $4d^7 5s^1$ 钌 101.1	45 Rh $4d^8 5s^1$ 铑 102.9	46 Pd $4d^{10}$ 钯 106.4	47 Ag $4d^{10} 5s^1$ 银 107.87
6	76 Os $5d^6 6s^2$ 锇 190.2	77 Ir $5d^7 6s^2$ 铱 192.2	78 Pt $5d^9 6s^1$ 铂 195.0	79 Au $5d^{10} 6s^1$ 金 196.97

金、银与铜位于周期表 IB 族，通常称为铜族元素；位于第 VIII 族的 9 个元素中第四周期的铁、钴、镍，称为铁系元素，第五、六周期的钌、铑、钯、锇、铱、铂等 6 个元素，称为铂系元素，或称铂族金属。铂族金属，又称稀贵金属。铂族金属中属第五周期的钌、铑、钯的密度约为 12 g/cm^3，称轻铂族金属；属于第六周期的锇、铱、铂的密度约为 22 g/cm^3，称重铂族金属。

1. 贵金属的命名

金、银及铂族金属之所以命名为贵金属，主要依据下列几点：

（1）这些金属，特别是金，化学性能稳定，不易氧化，不易与一般试剂起作用，能较长时间地保持其性质及瑰丽的色泽，是理想的首饰品、美术工艺品及货币的材料。

（2）地壳中含量少，平均含量如下表 0 - 2 所示：

表 0 - 2 贵金属地壳中平均含量

元素	Ag	Pd	Pt	Au	Rh	Ir	Ru	Os
平均含量/ $(g \cdot t^{-1})$	0.1	0.01	0.005	0.005	0.001	0.001	0.001	0.001

它们不仅含量少，而且非常分散，很少有集中矿床，这就使开采、提炼这些金属相当困难，因而成本高、价格贵。

（3）有特殊的使用性能。除了前述的化学性能稳定外，贵金属及其合金中，有的对电、热、光有特殊的效应，有的对某些气体有很大的吸收能力，有的具有在某些特定条件下所要求的优良性能。所以，在现代科学、尖端技术领域中，得到广泛应用，成为十分贵重的金属材料。铂族金属被誉为"先驱材料"。

（4）有良好的加工性能。贵金属中多数能轧成极薄的箔或极细的丝，可加工成任何形状的零件，还可制成各种浆料，且在加工过程中不改变其使用性能。

当然，上述各点是相对的，如化学性能稳定，但也有些贵金属较易氧化；有些贵金属在地壳中的含量也不算少；有些贵金属的加工性能也不太好。但总的来说，贵金属是因其具有良好的使用性能和价格昂贵而得名的。

2. 贵金属的发现

贵金属中的金、银，早就被人类所发现，被称为古代金属；铂族金属，则从18世纪才陆续被发现，故称为近代金属。

金，素有"百金之王"、"五金之长"之称。这一方面说明金是各种金属的贵重者，另一方面说明是发现最早者。马克思说过："金实际上是人所发现的第一种金属"（《马克思全集》13卷146页）。公元前3000年，埃及人已经采集金、银，制成饰物。我国古代就认识金、银，黄金的淘洗和加工技术在商代前就有所发展。这一切都说明，金、银的发现，距今已有5000多年。

至于铂族金属，则发现较晚，只有200多年的历史。公元1735年，西班牙人尤罗阿（Ulloa）作为科学考察团赴秘鲁，在那里的平托（Pinto）河地方金矿中发现了铂，给它起了一个名字叫"Paltina"（天然铂），意为"平托地方的银"。但铂作为新元素，是尤罗阿将这种"平托地方的银"带回欧洲，经英国人华生（Watson）的研究，于1748年被确认的。

1803年，英国人沃拉斯顿（Wollaston）在处理铂矿时，将粗制得到的铂块，用王水溶解，然后蒸去多余的酸，再滴入氰化亚汞，发现乳黄色沉淀[Pd(CN)$_2$]，将它洗涤灼烧后，得到一种银白色海绵状金属，它的性质与铂不同，被认定为新元素。他为纪念当时新发现的小行星——武女星（Pallas），将这个新元素命名为钯（Palladium）。

同年，沃拉斯顿在处理铂矿过程中，得到一种鲜艳的玫瑰红色的结晶，他把这种结晶放在氢气流中还原，得到一种金属粉末。他借用希腊文玫瑰花之意，命名这种新元素为铑（Rhodium）。

锇和铱的主要发现者是英国人坦内特（Tenant）。1803年，他将粗铂溶于王水中，发现有一些黑色沉淀物。这一现象，前人也发现过，但均误认为是石墨而未加研究。而坦内特于1804年进行了研究，用酸和碱交替处理该黑色沉淀物，分离出两种元素。他把从红色沉淀物提取出来的元素，借希腊文"虹"之意，命名为铱（Iridium）；把提取过程发生臭气的元素，借希腊文"臭味"之意，命名为锇（Osmium）。

钌是铂族金属中发现最晚者，在铂被发现后100年，即1840年，俄国人克劳斯（Клаус）在研究用王水处理铂矿的残渣时，将蒸馏所得的残渣，用氯化铵处理，则得了氯钌化铵，煅烧之后得到海绵状金属。他把这个金属，借用"俄罗斯"之意，命名为钌（Ruthenium）。

3. 贵金属的使用

金、银被人类使用，最早不是用作货币，而是用于首饰、美术工艺，后来才大量用于货币。

早在公元前2000年，埃及人已会镀金、包金、镶金和错金等工艺；还能用金拉成很细的金丝作刺绣。我国商代古墓中发现有金叶。这些都足以说明，古人最早把金用于制作首饰。

金、银用于货币则较晚。据说用金条作货币，最早的是巴比伦。最早流通的银币，据说是1486年罗马帝国泰勒尔省的大公西格斯蒙德命令铸造的。直至今天，金、银仍然是天然的货币材料。但总的趋势是金币排挤银币，纸币代替金币。金、银主要是用做储备和支付手段。

到20世纪，金、银除仍传统地用于首饰、美术工艺、货币之外，还用于医药、工业和科学技术上，且用于工业、科技上的比重日益增加。

铂族金属发现较晚，作为首饰、工艺美术、货币的功能亦远逊于金、银。所以铂族金属主要用于工业、科技上。20多年来，铂族金属在工业、科技上的使用领域不断扩大与变化，用量猛增，因而刺激了铂族金属的发展。20世纪50年代初，世界铂族金属的产量只有40t左右，70年代，增加到2000t。根据英国最近统计，美国的铂，有58%用作净化汽车废气的催化剂，12%用于石油化工，10%用于电气电子工业；钯的46%用作催化剂，40%用于电气电子工业；铑主要用作催化剂；钌则主要用于电气电子工业。铂族金属的使用领域，估计20年后还要发生较大的变化，很可能从催化剂转向太阳能的转换和储备方面。

4. 贵金属的生产

贵金属不仅在地壳中含量少，且比较分散，除金、银外，几乎没有集中矿床，多数与其他金属矿（主要是重有色金属矿）共生，故其开采和提炼过程都比较复杂。

金在自然界中多以自然金存在。在古代，富集的自然金矿（主要是砂矿）较多，所以只要稍加淘洗富集，即可提炼出黄金。但对一些金粒较细的金矿，就不能单靠简单的重力选矿法富集，在1000多年前，便出现了混汞法提金；至1887年，又出现了氰化法提金；近年来，还试验了硫脲法提金。在我国，随着难处理金矿冶炼工艺技术的进步，扩大了矿产资源，金的产量迅速增加。

银在自然界中，以自然银存在的很少，多数以化合物存在，辉银矿、角银矿便是主要的银矿，且较多地与铅矿共生。

银一般与金共生，所以提金的过程，也多有提银的过程。

金、银矿大量地与重有色金属矿，特别是铜矿和铅矿共生，在重有色金属生产过程中，往往副产金、银等贵金属。我国目前相当数量的金、银是重冶工厂的副产品。

铂族金属很少有单独的矿床，它主要与硫化镍共生。我国目前生产的铂族金属，主要是炼镍厂副产的。

第1篇　金、银冶金

第1章

金、银的性质和用途

1.1　金、银的物理性质

金、银——黄色和白色金属。金的纯度，可用试金石鉴定，称"条痕比色"。所谓"七青、八黄、九紫、十赤"，意思是条痕呈青、黄、紫和赤色的金含量分别为70%、80%、90%和纯金。

金、银为面心立方晶格，特点是具有极为良好的可锻性和延展性。金可压成0.0001mm厚的箔，这样的金箔透明，所透过的光为绿色。金、银可拉成直径为0.001mm的细丝。

金、银的导热、导电性能非常好。银的导电性胜过所有其他金属，金仅次于银和铜。

这两个金属的晶格大小接近，二者可形成一系列的连续固溶体。

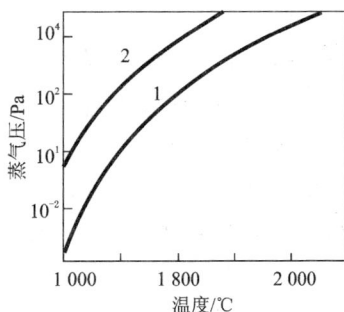

图1-1　金（1）银（2）蒸气压

金的蒸气压大大低于银（见图1-1）。银的挥发性在高温下相当高，且在氧化气氛下比还原气氛下更高。这一特性在火法冶金中必须引起重视。

金、银主要物理性质列入表1-1。

表 1 - 1　金和银的主要物理性质

性　　　　质	金	银
原子量 ……………………………………	196.967	107.868
密度（20℃）	19.32	10.49
晶格常数　nm	0.40786	0.40862
原子半径　nm	0.144	0.144
熔点　　　℃	1064.4	960.5
沸点　　　℃	2880	2200
热熔　　　J/（mol·K）	25.2	25.4
熔化热　　kJ/mol	368	285
导热系数（25℃）W/（m·K）…………	315	433
电阻系数（25℃）μΩ·cm …………	2.42	1.61
莫氏硬度（金刚石 = 10）……………	2.5	2.1

1.2　金的化学性质

1.2.1　金

　　作为贵金属，金最重要的特征是化学活性低。在空气中，即使在潮湿的环境下金也不起变化，故古代制成的金制品可保存到今天。在高温下，金也不与氢、氧、氮、硫和碳反应。

　　金和溴在室温下可起反应，而和氟、氯、碘要在加热下才反应。

　　金在水溶液中的电极电位很高：

$$Au \rightarrow Au^+ + e \qquad \varphi^\ominus = +1.73V$$
$$Au \rightarrow Au^{3+} + 3e \qquad \varphi^\ominus = +1.58V$$

因此，无论在碱中还是在硫酸、硝酸、盐酸、氢氟酸以及有机酸中，金都不溶解。

　　在有强氧化剂存在时，金能溶解于某些无机酸中，如碘酸（H_5IO_6）、硝酸；有二氧化锰存在时金溶于浓硫酸。金也熔于加热的无水硒酸 H_2SeO_4（非常强的氧化剂）中。

　　金易溶于王水、饱和氯的盐酸、含有氧的碱金属和碱土金属的氰化物水溶液中。

　　含 Fe^{3+} 的硫脲酸性水溶液也是金的良好溶剂。此外，金的其他溶剂还有氯水、溴水、KI 和 HI 中的碘液等。在所有场合下金溶解都是形成相应的配合物，而不是以 Au^+ 或 Au^{3+} 这样的简单离子出现。

金的化合物有两种氧化形态，即一价金和三价金。金的所有化合物都相当不稳定，易还原成金属，甚至灼烧即可成金。

1.2.2　金的一价化合物

 氧化亚金 Au_2O 是紫红色粉末，可由苛性钾的冷水溶液与 AuCl 作用制得：

$$AuCl + KOH = AuOH \downarrow + KCl$$

得到的沉淀小心加热（<200℃）可转变成 Au_2O，加热到 200℃ 以上温度，它分解成元素：

$$2Au_2O = 4Au + O_2$$

Au_2O 实际上不溶于水，但在潮湿条件下产生歧化反应生成 Au 和 Au_2O_3：

$$3Au_2O = 4Au + Au_2O_3$$

Au_2O 明显地溶于强碱并生成亚金酸盐，例如 $Na[Au(OH)_2]$，但不能制出固态亚金酸盐。

卤化亚金 Au(I) 的卤化物是很不稳定的化合物。它们可由相应的 Au(III) 卤化物热分解来制取。在小心加热（到 180～190℃） $AuCl_3$ 时得到 AuCl：

$$AuCl_3 = AuCl + Cl_2$$

当温度高于 200℃ 时即分解为单质。在室温下，淡黄色 AuCl 粉末缓慢地歧化成金和氯化金：

$$3AuCl = 2Au + AuCl_3$$

在有水存在下，该反应急剧加速，且生成的 $AuCl_3$ 转入溶液，同时生成 $HAuOHCl_3$。

在浓碱金属氯化物溶液中，AuCl 溶解并形成络阴离子 $AuCl_2^-$：

$$AuCl + Cl^- = AuCl_2^-$$

但这些络阴离子同样相当迅速地歧化，析出金属和三价金的络阴离子：

$$3[AuCl_2]^- = 2Au + AuCl_4^- + 2Cl^-$$

溴化亚金的性质类似于氯化亚金。加热 $AuBr_3$ 到稍高于 200℃ 可制得 AuBr，但当温度高于 250℃ 时即分解为元素。在水的作用下，AuBr 歧化为金属和 $AuBr_3$。在碱金属溴化物溶液中 AuBr 溶解并生成 $[AuBr_2]^-$。

碘化亚金在室温下由 AuI_3 分解制得。当加热 AuI 时，它比 AuCl 和 AuBr 更易分解，然而它被水分解比其他卤化亚金要慢得多。当有碘离子存在时，AuI 溶解并生成 AuI_2^-。含碘的 HI 或 KI 水溶液作用于细微金时，后者溶解同时生成络阴离子 AuI_2^-：

$$2Au + I_2 + 2I^- = 2AuI_2^-$$

人们利用这一反应来处理含金废料。金也溶于含氯的和含溴的溶液，且呈三价金。

硫化亚金 Au_2S 可用 H_2S 作用于酸化过的 $KAu(CN)_2$ 得到：

$$2Au(CN)_2^- + 2H_2S \rightleftharpoons Au_2S + 4HCN$$

此反应是可逆的，为了向右进行，溶液必须饱和 H_2S。Au_2S 不溶于水和稀酸，但溶于碱金属硫化物的水溶液并生成 AuS^- 和 AuS_2^{3-} 络合物。这些络合物在酸性介质中分解并析出 Au_2S 沉淀。

$$2AuS^- + 2H^+ = Au_2S + H_2S$$

当加热到240℃时，Au_2S 分解成单质。

Au(I)与一系列的离子和分子形成络合物，其配位体，除了上述 Cl^-、I^-、S^{2-} 离子外，还有 CN^-、$S_2O_3^{2-}$、SO_3^{2-} 等离子。络合作用提高了 Au(I) 在水溶液中的稳定性。

金氰化物 $Au(CN)_2^-$ 非常稳定，具有极大的实际意义。钠、钾和钙的金氰络盐是易溶化合物，它们可通过在空气中氧的参与下使金溶于相应的氰化物水溶液中而制得：

$$2Au + 4NaCN + O_2 + 2H_2O = 2Au(CN)_2^- + 4NaOH$$

此反应是氰化法——从矿石中提取金的最广泛应用的方法的基础。

在酸性介质中加热时，$Au(CN)_2^-$ 离子分解并生成不溶于水的氰化亚金：

$$Au(CN)_2^- + H^+ = AuCN + HCN$$

氰化亚金是相当稳定的化合物，无论在水中还是在稀酸中都不分解，但它易溶于碱金属氰化物，同时生成相应的络盐：

$$AuCN + CN^- = Au(CN)_2^-$$

此外，一价金的络合物还有硫脲的和亚硫酸的络合物，如，水溶性的 $Na_3Au(S_2O_3)_2 \cdot 2H_2O$ 和 $K_3Au(SO_3)_2 \cdot H_2O$。对于金的湿法冶金来说，较有意义的是金的硫脲络合物 $Au[CS(NH_2)_2]_2^+$，它可通过金溶于有 Fe^{3+} 存在的硫脲酸性水溶液中来制取：

$$Au + 2CS(NH_2)_2 + Fe^{3+} = Au[CS(NH_2)_2]_2 + Fe^{2+}$$

与前面讨论过的络合物不同的是，金硫脲络离子是阳离子，其配位体是中性分子。

1.2.3 金的三价化合物

氧化金 Au_2O_3 是暗棕色不溶于水的粉末。它可用氢氧化金间接地制取，即，用强碱作用于浓 $HAuCl_4$ 溶液制得 $Au(OH)_3$，然而在五氧化二磷上干燥

$Au(OH)_3$，生成 $AuO(OH)$ 的粉末，再小心加热到 $140℃$ 时失去水转变成 Au_2O_3。但在温度接近 $260℃$ 时，Au_2O_3 即分解成单质。

$Au(OH)_3$ 呈两性，而且它的酸性特征占优势，因此通常称它为金酸。它的相应的金酸盐可用 $Au(OH)_3$ 溶于强碱中得到：

$$Au(OH)_3 + NaOH = NaAu(OH)_4$$

碱金属金酸盐易溶于水。对应于 $Au(OH)_3$ 碱性功能的盐，可将其溶于强酸而得到：

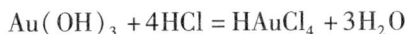

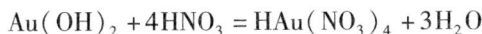

$$Au(OH)_3 + 4HCl = HAuCl_4 + 3H_2O$$

$$Au(OH)_2 + 4HNO_3 = HAu(NO_3)_4 + 3H_2O$$

卤化金 $240℃$ 下通 Cl_2 气将金粉氯化生成 $AuCl_3$，后者升华并冷凝成红色晶体。溶于水，其水溶液呈棕红色，这是因为形成了络酸：

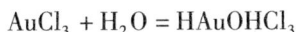

$$AuCl_3 + H_2O = HAuOHCl_3$$

$Au(Ⅲ)$ 具有形成络阴离子的趋势。当把 HCl 加到 $AuCl_3$ 水溶液中时，形成金氯氢酸：

$$HAuOHCl_3 + HCl = HAuCl_4 + H_2O$$

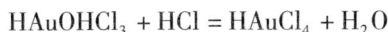

结果溶液变成淡黄色。在饱和氯气的盐酸溶液中溶解金时同样也生成金氯氢酸：

$$2Au + 3Cl_2 + 2HCl = 2HAuCl_4$$

溶液蒸发时金氯氢酸结晶成 $HAuCl_4 \cdot 4H_2O$。金氯氢酸和它的盐都溶于水。这一性质通常用来精炼金。

在氯化物溶液中 $Au(Ⅲ)$ 的标准电位为：

$$Au + 4Cl^- = AuCl_4^+ + 3e \quad \varphi^\ominus = +1.00V$$

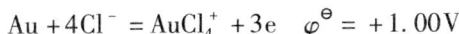

因此，氯化物溶液中的金很易被许多还原剂如草酸、甲酸、二氯化锡、碳和一氧化碳、二氧化硫等还原，如：

$$2AuCl_4^- + 3H_2C_2O_4 = 2Au + 6CO_2 + 8Cl^- + 6H^+$$

$$2AuCl_4^- + 3C + 6H_2O = 4Au + 3CO_2 + 16Cl^- + 12H^+$$

$$2AuCl_4^- + 3SO_2 + 6H_2O = 2Au + 3SO_4^{2-} + 8Cl^- + 12H^+$$

甚至以氧化特性著称的过氧化氢也可作为它的还原剂：

$$2AuCl_4^- + 3H_2O_2 = 2Au + 8Cl^- + 6H^+ + 3O_2$$

在精炼实践中，从氯化物溶液中沉金通常还借助于 $FeSO_4$ 来进行。

从稀溶液中还原时金常常形成稳定的胶体。用氯化亚锡还原金时可以获得染色的金胶体：

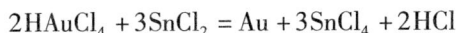

$$2HAuCl_4 + 3SnCl_2 = Au + 3SnCl_4 + 2HCl$$

这一反应常用来检查溶液中痕量金。按所形成的颗粒大小及形状区分，胶体金有红色、淡蓝色和紫色。用肼、甲醛、一氧化碳等还原剂都可生成胶体金。

其他的金（Ⅲ）卤化物较有意义的是 AuI_3。它是不溶于水的暗绿色粉末。将金氯氢酸加到 KI 溶液中，将生成 AuI_3：

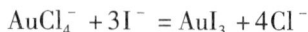

$$AuCl_4^- + 3I^- = AuI_3 + 4Cl^-$$

Au（Ⅲ）和 CN^- 离子也形成络阴离子，如当 KCN 处理 $AuCl_3$ 溶液时，后者脱色，因为 $Au(CN)_4^+$ 离子是无色的。

含氧酸（硫酸、硝酸）的金（Ⅲ）盐仅在相应的浓酸中才稳定，用水稀释时它们水解并生成 $Au(OH)_3$。在这些溶液中，金大概处于络阴离子状态，可通过蒸发浓 HNO_3 中的 $Au(OH)_3$ 溶液析出含水络酸晶体 $HAu(NO_3)_4 \cdot 3H_2O$ 间接地得到证明。与此相类似，浓硫酸中的 $Au(OH)_3$ 溶液蒸发同时添加硫酸氢钾，可以析出 $KAu(SO_4)_2$。

硫化金 Au_2S_3 是一黑色粉末，高于 200℃ 时分解成元素。Au_2S_3 只能用干法制取（如 H_2S 作用于无水乙醚中的 $AuCl_3$），因为 H_2S 作用于水中的 Au（Ⅲ）化合物时伴随有 Au^{3+} 被还原。Au_2S_3 不溶于盐酸和硫酸，但溶于王水、氰化钾水溶液。当 Au_2S_3 和硫化钠作用时，形成可溶性的硫代金酸盐：

$$Au_2S_3 + Na_2S = 2NaAuS_2$$

此化合物趋向于按下式离解：

$$NaAuS_2 = NaAuS + S$$

在水的作用下发生水解：

$$2NaAuS_2 + H_2O = Au_2S_3 + NaHS + NaOH$$

总之，由于形成络合物，降低了金的电位，促使一系列金的（一价和三价）溶解反应进行。近 20 年来的研究证明，金还能溶于氨基酸、缩氨酸、蛋白质、核酸的水溶液中。金和这些有机化合物作用形成相当稳定的络合物。例如，在碱性氨基乙酸溶液中，金按下式溶解：

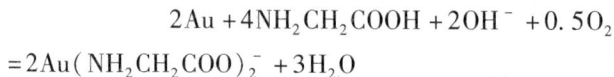

$$2Au + 4NH_2CH_2COOH + 2OH^- + 0.5O_2$$
$$= 2Au(NH_2CH_2COO)_2^- + 3H_2O$$

某些金络合形成时的电位列表 1-2。

表 1-2 形成络合物时金的电位

络 合 物	电 极 反 应	还原电位 $\varphi^\ominus$/V
—	$Au^+ + e \leftrightarrows Au$	+1.73
$Au(CN)_2^-$	$Au(CN)_2^- + e \leftrightarrows Au + 2CN^-$	-0.686
AuS^-	$AuS^- + e \leftrightarrows Au + S^{2-}$	-0.62
$Au(S_2O_3)_2^{3-}$	$Au(S_2O_3)_2^{3-} + e \leftrightarrows Au + 2S_2O_3^{2-}$	-0.007

续表 1－2

络　合　物	电　极　反　应	还原电位 $\varphi^{\ominus}/V$
$Au[CS(NH_2)_2]_2^+$	$Au[CS(NH_2)_2]_2^+ + e \leftrightarrows Au + 2CS(NH_2)_2$	+0.223
AuI_2^-	$AuI_2^- + e \leftrightarrows Au + 2I^-$	+0.42
$Au(SCN)_2^-$	$Au(SCN)_2^- + e \leftrightarrows Au + 2SCN^-$	+0.72
$AuBr_2^-$	$AuBr_2^- + e \leftrightarrows Au + 2Br^-$	+1.02
$AuCl_2^-$	$AuCl_2^- + e \leftrightarrows Au + 2Cl^-$	+1.2
-	$Au^{3+} + 3e \leftrightarrows Au$	+1.58
$AuBr_4^-$	$AuBr_4^- + 3e \leftrightarrows Au + 4Br^-$	+0.86
$AuCl_4^-$	$AuCl_4^- + 3e \leftrightarrows Au + 4Cl^-$	+1.00

1.3　银的化学性质

1.3.1　银

　　银与氧不直接化合，但在熔融状态下一体积银溶解近 20 倍体积的氧。固态下氧的溶解度很小，因此，在银熔体固化时溶于其中的氧析出，且常伴随有金属喷溅现象发生。银不直接与氢、氮、碳反应，仅在红热下与磷反应并生成磷化物。加热时银易与硫形成硫化银，某些硫化物（如黄铁矿、磁黄铁矿、黄铜矿）热离解时析出的气态硫作用于银时生成 Ag_2S。当与 H_2S 作用时，银表面生成一层黑色膜，该过程在室温下已能缓慢进行，这是银制品逐渐变黑的原因。

　　银还与游离氯、溴、碘相互作用形成相应的卤化物。这些反应甚至在常温下也能缓慢进行，而当有水存在、加热和光线照射下，反应加速。

　　银在水溶液中的电极电位是：

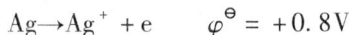

$$Ag \rightarrow Ag^+ + e \qquad \varphi^{\ominus} = +0.8V$$

　　因此，银像金一样，不能从酸性水溶液中析出氢，对碱溶液也是稳定的。但与金不同，银能溶于强氧化性酸，如硝酸和浓硫酸。与金一样，银易与王水、饱和有氯的盐酸作用，但银是形成微溶的氯化银而留于不溶渣中。人们常利用金和银的这种差别将二者分离。在与空气氧接触下细微银粉溶于稀硫酸。与金相似，银也溶于饱和有空气的碱金属和碱土金属的氰化物溶液中，溶于有 Fe^{3+} 存在的酸性硫脲溶液中。

1.3.2　银的化合物

　　绝大多数银化合物中银的氧化价态为 +1 价。更高氧化态（+2 和 +3）的银化合物比较少。

氧化银（Ag_2O）　它为黑棕色粉末，将碱加入含 Ag^+ 离子的溶液中即可获得：

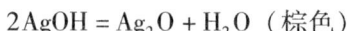

$$Ag^+ + OH^- = AgOH （白色）$$

$$2AgOH = Ag_2O + H_2O （棕色）$$

Ag_2O 微溶于水，其水的悬浮液明显地呈碱性。因此，银盐在水中不水解并呈中性。Ag_2O 受热分解为银和氧，但分解温度，各资料记载极不一致：从 100℃、185～190℃、250～400℃。这可能是由于 Ag_2O 的制备方法和测量条件不尽相同而造成的。

Ag_2O 遇光照则逐渐分解为金属银和氧气。

过氧化氢在室温下就能还原 Ag_2O：

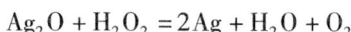

$$Ag_2O + H_2O_2 = 2Ag + H_2O + O_2$$

Ag_2O 溶于氨水并生成络合物：

$$Ag_2O + 4NH_4OH = 2Ag(NH_3)_2OH + 3H_2O$$

当溶液存放时，沉淀出即使在潮湿状态下也很易爆炸的氮化银——爆银。

对于爆银，可用氧化银（Ag_2O）溶于浓氨水制得。爆银呈黑色粉末状或带金属光泽的黑暗色结晶，爆银的成分还不甚清楚，可能是氮化银（Ag_3N）或者是亚铵银（Ag_2NH）。干燥的爆银稍经触动，例如碰击、摩擦、加热等，即立刻分解，从而发生剧烈爆炸，使容器粉碎，造成事故。因此，当使用氧化银或氯化银溶于浓氨水时，必须十分小心。有人曾强调在使用铵银溶液的过程中要注意爆炸的危险！尤其在铵银溶液中出现黑色沉淀时，特别是在干燥的情况下更应十分注意。

卤化银　卤化银中除 AgF 外，都难溶于水。将含 Cl^-、Br^-、I^- 离子的溶液加到含 Ag^+ 离子（如 $AgNO_3$）溶液中，将产生 $AgCl$、$AgBr$、AgI 沉淀。其溶度积分别为：1.8×10^{-10}、5.3×10^{-13}、8.3×10^{-17}。在贵金属湿法冶金中广泛采用氯化银沉淀法，即把 $NaCl$ 或 HCl 加到含 Ag^+ 的溶液中。

氯化银熔点455℃，沸点1550℃，在温度高于1000℃时氯化银明显挥发。由于银离子能和一系列的离子和分子如 CN^-、$S_2O_3^{2-}$、SO_3^{2-}、Cl^-、NH_3、$CS(NH_2)_2$ 等形成稳定的络合物，故不溶于水的 $AgCl$ 易溶于氰化钾、钠和铵的硫代硫酸盐及亚硫酸盐等：

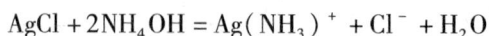

$$AgCl + 2CN^- = Ag(CN)_2^- + Cl^-$$

$$AgCl + 2S_2O_3^{2-} = Ag(S_2O_3)_2^{3-} + Cl^-$$

$$AgCl + 2NH_4OH = Ag(NH_3)^+ + Cl^- + H_2O$$

由于与 Cl^- 离子形成络合物，$AgCl$ 明显地溶解于浓盐酸和其他氯化物溶液：

$$AgCl + Cl^- = AgCl_2^-$$

AgCl 在 NaCl 的浓溶液中溶解度为 6.7×10^{-3} mol/L（0.72g/L Ag），而在水中为 1.3×10^{-5} mol/L，故浓食盐水早就用来从氯化焙烧的焙砂中浸银，在需彻底沉银时，必须避免 Cl^- 大量过量。

悬浮于稀硫酸中的 AgCl 很容易被负电性的金属如 Zn、Fe 还原成银。这一简单方法广泛用于银的精炼。

溴化银类似于氯化银的性质，溶于氨盐、硫代硫酸盐、亚硫酸盐和氰化物的溶液中，易还原成金属。

碘化银（AgI）是卤化银中最难溶的。它与 AgCl 和 AgBr 不同，不溶于氨水，但能溶于 CN^- 和 $S_2O_3^{2-}$ 溶液中，因为银与二者的络合物更稳定。在浓的碱金属碘化物溶液中，AgI 的溶解度很大，这是由于生成了 AgI_2^- 络离子之故。

难溶卤化银的感光性能是它们的最大特性和最重要的性质。在光的作用下，它们分解成银和游离卤素：

$$2AgX = 2Ag + X_2$$

基于这一性质，卤化银用于生产照相材料，其感光灵敏度依 AgI，AgCl，AgBr 次序增大，其中 AgBr 是生产照像材料（感光膜、胶片和相纸）的主要原料。

氰化银（AgCN）　它的性质很接近卤化银，当把碱金属氰化物溶液（不过量）加到含 Ag^+ 的溶液中时，它以白色沉淀产出。AgCN 实际上不溶于水（溶度积为 2.3×10^{-16}）和稀酸，但溶于氨、硫代硫酸盐和氰化物溶液，这是因为生成了相应的络合物。与卤化银不同，AgCN 在光的作用下不分解。

其他银的化合物　其中最为主要的有 $AgNO_3$ 和 Ag_2SO_4。$AgNO_3$ 通过 HNO_3 与 Ag 作用制得：

$$3Ag + 4HNO_3 = 3AgNO_3 + NO + 3H_2O$$

硝酸银是无色不吸潮的晶体，熔点 208.5℃，在高于 350℃ 时分解。$AgNO_3$ 易溶于水，20℃时每 100g 水可溶解 220g，100℃时增加到 952g。在有机物存在下，硝酸银由于部分还原成金属而发黑。硝酸银还是制取其他银化合物的原料。$AgNO_3$ 的水溶液用作银精炼的电解液。

硫酸银 Ag_2SO_4　可由银溶解于热的浓硫酸来制取：

$$2Ag + 2H_2SO_4 = Ag_2SO_4 + SO_2 + 2H_2O$$

硫酸银为无色结晶，660℃熔化，高于 1000℃ 时热分解。Ag_2SO_4 在水中的溶解度不大：25℃时每 100g 水溶解 0.8g。在浓硫酸中由于生成溶解度大的硫酸氢银（$AgHSO_4$）而溶解度大增。

硫化银 Ag_2S　它是银化合物中最难溶的（溶度积 6.3×10^{-50}）。往银盐溶

液中通 H_2S 时产生黑色 Ag_2S 沉淀。在潮湿空气氧存在下，H_2S 作用于金属银同样形成 Ag_2S：

$$4Ag + 2H_2S + O_2 = 2Ag_2S\downarrow + 2H_2O$$

Ag_2S 还可通过直接加热银和元素硫得到。

Ag_2S 溶于氰化物，因为形成络合物：

$$Ag_2S + 4CN^- = 2Ag(CN)_2^- + S^{2-}$$

此反应是可逆的，提高 CN^- 浓度和鼓风氧化 S^{2-} 可促使反应向右进行。

Ag_2S 与稀酸不起反应，浓硫酸和硝酸氧化 Ag_2S 成硫酸盐。在空气中加热时，Ag_2S 便分解形成金属银和二氧化硫：

$$Ag_2S + O_2 = 2Ag + SO_2$$

对于银的湿法冶金来说，上面列举的银化合物中特别感兴趣的是钾、钠和钙的氰化络合物。与金一样，银溶于含氧（鼓风）的氰化物溶液而形成银氰络合物：

$$4Ag + 8CN^- + O_2 + 2H_2O = 4Ag(CN)_2^- + 4OH^-$$

银也溶于有 Fe^{3+} 离子的硫脲水溶液中同时形成 $Ag[CS(NH_2)_2]_2^+$ 络阳离子。

1.4　金、银的用途

金、银主要是用作首饰、美术工艺、货币的原料，现在其用途深入到科技、工业和医疗等方面，详见表 1-3、表 1-4、表 1-5。

由于黄金、白银的化学性质稳定，色彩瑰丽夺目，久藏不变，易于加工，所以自古以来它们就是首饰、装潢、美术工艺的理想材料。直至今天，世界各国仍有大量黄金用于珠宝业。

表 1-3　全世界黄金消费统计/t

年份 项目	2007	2008	2009
首饰	2417	2193	1759
工业、牙科	465	439	373
金条、金币投资	447	643	503
交易所交易基金	253	321	617
其他投资	-10	215	228
总计	3572	3811	3480

自从商品出现以后，随之出现了货币。最早充当货币的不是金、银，而是农、牧产品，如羊、布、茶叶等，然后是铜，后来才是金、银。我国"虞夏之币，或黄，或白，或赤"，指的亦不一定是金、银、铜，因无出土文物为证。但可以确信无疑的是楚国的金币"郢爰"，又称金饼子，距今已有2000多年。公元前6世纪，古波斯铸造了著名的"大流克"金币。我国银币则较晚，自制的第一批银元，是清光绪年间（1828—1889）铸造的，每枚含银0.72两。

"金银天然不是货币，但货币天然是金银"。（《马克思全集》13卷143页）这话是指金、银被人类发现后，不是天然地就成为货币，而是当货币出现后，金、银才成为理想的货币。

尽管金、银是理想的货币材料，但今天已很少用金币、银币作流通手段，而大量是用作储备、支付手段。据统计，1980年生产的1000多t黄金，约有60%被国家银行、私人银行买进囤积。金、银已成为世界货币。一个国家拥有金、银的数量，是其财力的标志。

金、银用于科技、工业上为时不久。据统计，日本在1960年工业用金约12t，1976年上升到100.9t。据估计，今后工业用金将按3.5%~4%的速度逐年增加。金、银在科技、工业及其他方面的用途，大致如下：

表1-4　世界白银消费统计/t

项　目 ＼ 年　份	2007	2008	2009
工业用	14187	13790	10955
感光材料	3881	3263	2577
宝石	5084	4922	4870
银器	1816	1769	1851
银币	1235	2028	2447
生产者套头交易	753	360	694
私人投资	685	1498	4258
总计	27641	27630	27652

1. 电接触材料

银及其合金，是目前最重要、较经济的电接触材料，适用于中等负荷的电器中，如银-氧化镉合金，便是理想的高负荷电接触材料。金或金基合金，不仅可用作开关接点，还可用于滑动接触材料。

2. 电阻材料

金、银及其合金，常用作电阻材料。如银－锰（锡）合金的电阻系数适中，电阻温度系数低，对铜热电势小，可用作标准电阻。又如金－钯－铁合金中再加铝、钛、镓及钼等元素，可得到高电阻系数、低温度系数的电阻材料。

3. 测温材料

贵金属中的金、银和铂、钯、铱、铑组成的合金，可作测温元件。如PtRh10－AuPd40 的热电偶，用于航空测温仪表；Ag－Pd 热电偶，在 400℃ 以下很稳定，用作标准温度计。

表 1－5 2010 年国家、地区或组织黄金储备量/t

序号	名称	数量	序号	名称	数量	序号	名称	数量
1	美国	8314	14	葡萄牙	383	27	南非	125
2	德国	3403	15	委内瑞拉	364	28	国际清算银行	120
3	国际货币基金组织	2907	16	阿拉伯半岛	323	29	土耳其	116
4	意大利	2452	17	英国	310	30	希腊	112
5	法国	2435	18	黎巴嫩	287	31	罗马尼亚	104
6	中国	1054	19	西班牙	282	32	波兰	103
7	瑞士	1040	20	奥地利	280	33	泰国	100
8	日本	765	21	比利时	228	34	澳大利亚	80
9	俄罗斯	726	22	菲律宾	176	35	科威特	79
10	荷兰	613	23	阿尔及利亚	174	36	埃及	76
11	印度	558	24	利比亚	144	37	印尼	73
12	欧洲央行	501	25	新加坡	127	38	哈萨克斯坦	70
13	中国台湾地区	424	26	瑞典	126	39	丹麦	67
						40	巴基斯坦	64

4. 焊接材料

贵金属及其合金，是重要的焊接材料，如银基合金钎焊料的熔点低，强度高，塑性和加工性能好，在各种介质中有良好的耐蚀性以及良好的导电性。AgMn15 合金用来焊接高温工作零件，如喷气式发动机的涡轮导向叶片和燃烧室零件等。金基合金钎焊料，比银基合金具有更好的性能，如 AuNi18 合金有极好的高温性能，可用来钎焊航空发动机的叶片；AuNiCu 钎焊料，可用作电子原件的一级钎料。

5. 氢净化材料

钯对氢（及其同位素）具有选择透过性，但纯钯的稳定性差，不宜用作氢净化材料。一般地讲，在钯中添加第二组元，又会降低透氢速度，但加金、银则不然。金、银与钯组成的钯基合金，是极好的氢净化材料。

6. 厚膜浆料

厚膜浆料，通常是指在用厚膜工艺制作集成电路时，由丝网漏印法涂覆于陶瓷基体上，再经烧成而在基体上形成导体、电阻和介质膜的一种材料。性质良好的厚膜浆料多数是贵金属浆料。浆料又分导体浆料和电阻浆料。

银浆的导电性、可焊性、端接性和与陶瓷的附着力都比较好，是厚膜工艺中使用最早者。金浆在微波领域得到选用。金钯系浆料，可用于高度可靠性或多层厚膜的电路上。

电阻浆料中，银钯系属于第一代成功的电阻系列。在银钯电阻的基础上加金，其电阻值范围、电阻温度系数和热稳定性，都得到改善。

7. 催化剂

一般用于燃料电池或金属 - 空气电池；含金 0.3% ~ 0.6% 、Pd0.5% ~ 1% 的钯催化剂及 Au - Ag 网，均可用作石油化工催化剂。

8. 电镀

贵金属用于电镀最多的是金、银。纯银电镀，一般用于防腐、装饰、电工仪器、接触零件、反光器材、化学器皿等。银基合金电镀，用于提高镀层硬度、耐磨性、耐蚀性。纯金电镀用于仪表精饰加工、防腐，在电子工业上应用尤为广泛，如高频电子元件镀金，可提供十分良好的导电性；金基合金电镀，一般比电镀纯金，有较强的耐磨性和较高的光亮度。

9. 其他用途

金在宇航工业上还有特殊用途，宇航服镀上一层万分之二毫米厚的黄金，就可免受辐射和太阳热。美国"甲虫"号宇航站的外壳，加装了铝镀金塑料的隔热反射屏，就使站内温度由43℃降到24℃。

金铂合金用作化纤的喷丝头；金及其合金或化合物，广泛应用在制药、理疗、镶牙上。

银是重要的感光材料，大量银及银盐用于电影制片和医疗、科技、出版、民用摄影等方面。金、银还大量用于轻工、美术工艺工业上。

金、银的纯度必须达到用户所要求的纯度（又称成色）。我国对金、银纯度等级规定列于表 1 - 6、表 1 - 7，技术及货币用金、银均需在三号以上。首饰含金除按百分含量表示外，还按"开金"（克拉制）表示成色。国际上几种纯度制度列表 1 - 8。

表 1 - 6   我国金锭化学成分   GB/T 4134 - 2003

产品名称	代　号	化　学　成　分　/%							
		Au 含量 不小于	杂质含量，不大于						
			Ag	Cu	Fe	Pb	Bi	Sb	总和
一号金	Au - 1	99.99	0.005	0.002	0.002	0.001	0.002	0.002	0.01
二号金	Au - 2	99.95	0.025	0.020	0.003	0.003	0.002	0.002	0.05
三号金	Au - 3	99.9	—	—	—	—	—	—	0.1

表 1 - 7   我国银锭化学成分   GB/T 4135 - 2002

产品名称	代　号	化　学　成　分　/%								
		Au 含量 不小于	杂质含量，不大于							
			Bi	Cu	Fe	Pb	Sb	S	Au	C	总和
一号银	Ag - 1	99.99	0.002	0.003	0.001	0.001	0.001	—	—	—	0.01
二号银	Ag - 2	99.95	0.005	0.030	0.003	0.005	0.002	—	—	—	0.05
三号银	Ag - 3	99.9	—	—	—	—	—	—	—	—	0.1

表 1 - 8   各种制度的黄金纯度

公　制	俄　制	克拉制	配加合金成分	说　　明
1000	96	24	—	纯金
958**	92	23	铜	最高纯度的首饰合金
916	88	22	铜	英国金币合金
900	86.4*	21.6	铜	国际金币合金
750**	72	13	铜 银	贵重首饰制品合金
583**	56	14	铜 银	首饰合金
500**	48*	12*	铜	廉价首饰制品合金
375**	36*	9	铜 银	廉价首饰制品合金

　*　该制度中金合金的成色实际并不使用。

　**　前苏联国家标准规定用于首饰制品的合金。

第 2 章

金、银的矿物资源

2.1　矿石和矿床类型

金是一非常稀有的元素，它的克拉克值（C_c 值地壳中平均含量）为 $5 \times 10^{-7}\%$，即 5mg/t，为银的 C_c 值的 1/20。绝大部分金在海水中，但是，因其浓度太低（$10^{-3} \sim 10^{1} \text{mg/m}^3$），故从海水中提金暂时还无利可图。

金矿床分脉金（又称矿金、原生金）矿床和砂金（次生金）矿床。

工业上最重要的金矿床多数是属于热液型的。这类矿床的形成过程是：在地壳的深部或地幔上层的岩浆，向上运动，侵入地壳而未达到地表时慢慢冷却和结晶，岩浆主要是硅酸盐熔体，其中饱和有挥发组分——水、碳酸、硫化氢等等。在岩浆冷却时硅酸盐（橄榄石、辉石、石英等）按一定次序结晶形成脉石，它们中实际上不含有挥发组分；余下的熔体中挥发组分的含量增加，到某一时刻，它达到极限溶解度并产生气体析出，气体不仅含有挥发物，而且还有其他金属和非金属的组分，包括金。气体沿早先形成的脉石裂隙和晶洞深入到周围的脉石中，同时形成热水溶液，深部热液的水处于干蒸汽状态，它在温度低于 372℃ 时转变成液态水。在高温高压条件下水可溶解和带走很多在通常条件下所不溶的化合物，其中包括金、二氧化硅等。由于沿缝隙运动，热液进入到更低压力区就逐渐冷却。在低温低压影响下，金和其他矿物（石英、黄铁矿、毒砂等）从热液中沉淀出来，它们逐渐充填裂隙，形成矿脉。

这个过程可能进行若干次，这样金沉积在早先形成的矿物——石英、各种硫化物主要是黄铁矿和毒砂上。在同时沉淀时，金不仅可能沉淀在其他矿物表面上，还可能沉淀在它们的内部。根据热液成分和形成的条件不同，形成的金矿床为金 – 石英矿石（金与石英共生），或者为金 – 石英 – 硫化物矿石（金与石英，又与硫化物共生），通常金的硫化矿同时也是有色金属矿。

根据结晶温度，原生金矿分为深成热液矿床（400 ~ 300℃），中温热液矿床（300 ~ 150℃）和低温热液矿床。我国金的矿床主要是中、低温热液矿床，低温热液矿床含银比金多。

原生矿床形成之后，它的个别部分处在地壳的表面地带或者露出外表，遭受

风化作用。风化作用不仅机械地
破碎矿石和所包含的脉石，而且
伴随有许多矿物的化学变化。脉
石的碎块、石英粒、石榴子石和
其他稳定的矿物颗粒，包括金粒，
被自然水和水流冲到地形的低处
（见图2-1）。在此过程中进行着
按颗粒大小和形状、但主要是按
密度的分选。最重的矿物，包括

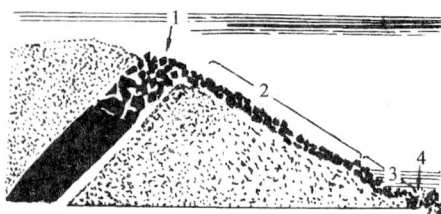

图2-1　含金石英脉风化时砂矿的形成
1—风化的矿脉部分　2—风化部分沿斜坡下滑
3—滑到坡底的砂矿　4—河道

金，迁移相当缓慢，因此基本上聚集于原生矿床附近，沿着山的斜坡或者河谷的
底逐步移动，这样就形成了砂金矿床。那种脱离了原生矿床，但还未滑到坡底的
砂矿叫做坡积砂矿。当砂矿滑到坡底时，常常遇到水流，并顺着山谷冲走，密度
大的金粒沉在水流底部并在低凹处沉积下来，这样形成的砂矿叫冲积砂矿。

含金砾岩是独特类型的金矿床，世界上最大的金矿——南非的威特沃特斯兰
德即属于此类型。含金砾岩是由细粒石英和其他矿物牢固地胶结而成，金处于胶
结体中。对这类金矿床的成因，地质学家还无一致的意见。多数人认为，砾岩本
身在大约五亿年前形成，在较晚的地质年代热水溶液沿着砾岩层流动，于是金留
在砾岩层里；另一些人则认为含金砾岩是遭受了改造过程的古代砂金矿。从技术
上讲，这类金矿床都属于原生矿床。

砂金矿床一般离地面较近（地表或地下200～300m深），因此较原生矿易于
开采。矿砂呈松散状态，金已与脉石分离，因而选金时无须耗昂贵的破碎、磨矿
费用，可采用在水中洗矿的简单而高效率的方法来提金，所以在采金史上，世界
各国都是从砂金开始。总之，开采和处理砂矿比脉矿要便宜数十倍，因此即使砂
矿含金很低，低至0.1g/t，都有开采价值。

对于脉金，现代技术条件下，工业意义的最低含金量通常为1～4g/t。除此
还取决于矿的贮量、种类、地质条件、开采条件以及其他因素。

大约在19世纪末，砂金已被基本采完，这才转向脉矿开采。现在金的总产
量中砂金占2%～3%。

前已述及，世界上最大的金矿床南非的金矿，已开采了近100年，提供了世
界金产量的大部分。该矿的特点是含金并不太高（13g/t），且很深，它的矿井是
世界上最深的（个别达4300m），矿石还含铀，这提高了它的利润率。

除南非外，现代大型原生矿在前苏联、加拿大、美国、巴布亚-新几内亚、
澳大利亚、津巴布韦、加纳、多米尼加、菲律宾等国家也有发现。

除了单独的金矿床外，有色金属铜、铜-镍、铜-钼、铅-锌、锑等的硫化
矿也是重要的提金原料。

银与金不同，很少有单一的矿床，银主要从处理有色金属复合矿中获得。它的主要原料是铅 - 锌矿，次为铜矿和铜 - 镍矿。此外，在采金时也可得到少量银。

2.2　金、银矿物

2.2.1　金矿物

由于金的化学惰性，矿石中金几乎均为自然金。自然金总是不纯的，其化学成分变化范围相当大，杂质主要是银、铜、铁。自然金含 Au 75% ~ 90%，Ag 1% ~ 10%（有时 20%，甚至 40%），铜和铁 1%。

化学化合物的金矿物有碲金矿（$AuTe_2$，$AuAgTe_4$，$AuAgTe_2$，Ag_3AuTe_2）、锑金矿（$AuSb_2$）。已知的金矿物有 20 余种，但有工业意义的很少。

2.2.2　银矿物

在自然界中也存在自然银，但大多数银是以化合物存在的。已知有 60 多种银矿物，可划分 6 大类：

（1）自然银和银金天然合金。

（2）硫化物，如辉银矿（Ag_2S）、银铜矿（$AgCuS$）。

（3）硫代酸盐，如深红银矿（$AgSbS_3$）、淡红银矿（Ag_3AsS_2）、脆银矿（Ag_5SbS_4）。

（4）砷化物，锑化物，如锑银矿（Ag_3Sb）。

（5）碲化物，硒化物，如碲银矿（Ag_2Te），硒银矿（Ag_2Se）、碲金银矿（Ag_2AuTe_2）等。

（6）卤化物，硫酸盐。如角银矿（$AgCl$）、银铁矾（$AgFe_3(OH)_6(SO_4)_2$）等。

最有工业价值的是自然银和银金合金、辉银矿、淡红银矿和角银矿。此外，银常常广泛存在于有色金属硫化物（如方铅矿）中。

2.3　提取金、银的一般原则

从矿物原料中提取金、银的工艺流程是多种多样的，选用何种流程取决于以下因素：

（1）金的粒度及赋存形态；

（2）矿石的物质组成；

（3）与金结合的矿物（一般是石英和硫化物）特征，如氧化程度、泥质等；

（4）矿石中其他有价成分；

（5）使处理工艺复杂化的组成（如炭、砷、锑等）。

金的粒度是最重要的工艺性质之一。根据在工艺操作中的金的行为，把金的粒度分为 3 类：粗粒金（>0.070mm），细粒金（0.07~0.01mm）和微粒金（<0.001mm）。硫化矿中金通常是微粒金。

粗粒金在矿石粉碎时形成游离金粒，易于在重选时捕集，但浮选不好，在氰化物中溶解也很缓慢。细粒金在磨矿时通常也可游离，但常与其他矿物形成连生体。细粒金浮游性能好，能迅速溶于氰化物溶液，但难于用重选提取。成连生体的细粒金也同样可转入氰化物溶液，它的浮选活性取决于与之相连矿物的浮选性能。微粒金在多数情况下被硫化物包裹，磨矿时，基本上还处于矿物载体（如黄铁矿和毒砂）之中，在氰化时不溶，在重选和浮选过程中与载体矿物一起提取。然后需用专门的方法处理。

金粒表面常覆盖有薄膜，薄膜是铁或锰的氧化物、辉银矿、方铅矿、铜蓝（CuS）和其他矿物。金粒上的薄膜也可能是在磨矿过程中受污染的结果。这种金在工艺过程中的行为取决于薄膜的特性。严密包裹的不透性膜在氰化时阻碍金的溶解。如果膜是多孔的或仅占着金粒的部分表面，则氰化是可能的，但是速度慢。重选时，包裹有薄膜的粗粒金进入精矿，需用特殊的方法从精矿中提金。浮选时，覆有薄膜的金通常比清洁表面的金效果差。因此，在选择处理流程时必须考虑金表面是否有薄膜存在。

从矿物中的提金过程由 3 大作业组成：矿石准备（破碎、磨矿）、选矿（重选、浮选等）和冶金（混汞、氰化、焙烧、熔炼等）。但对某一矿山而言，组合的工艺流程应该符合以下原则：经济效益最大（金的回收率最高，综合利用最好、材料单耗最少），能源消耗最小，环境保护好。

金、银的生产方法有两大类：一类是从矿石中直接回收金、银；另一类是从有色金属生产中综合回收金、银。

从砂金矿中提取金、银，一般用重力选矿法即可把金富集，然后提炼。从脉金矿中提取金、银，一般都要经过选矿流程，最后用混汞、氰化等方法提取。

有色金属（如铜、铅）生产中，矿石中的金、银富集于电解精炼的阳极泥中，然后从阳极泥中提取金、银。湿法炼锌时，银主要进入浸出渣或铅渣，用浮选法从浸出渣中回收银精矿，铅渣和银精矿送铅冶炼或单独提取银。竖罐炼锌时，银分布于罐渣（80%）和镉尘湿法处理的浸出渣（20%），在进一步回收铅、铜时银得到富集和回收。总之，锌冶炼中银的回收较困难，工艺有待进一步研究和完善。

硫酸厂的黄铁矿烧渣也含有金、银，一般也采用氰化法回收处理。

2.4　我国的金、银资源及生产概况

我国黄金总储量次于南非、澳大利亚、美国，居世界第 4 位（2004 年资料，下同），但仅占世界总储量的 4.56%，工业储量 2.88%，居第 9 位。

在我国探明的地质储量中，脉金占 43.5%，伴生金 45.6%，砂金 10.9%。脉金主要集中在胶东、东秦岭、黑龙江及吉林。矿石平均含金 6.15 ~ 15.7g/t。大型砂金矿全部集中在黑龙江省，皆为第四纪河谷冲积及阶地砂矿，平均品位 0.223 ~ 0.34g/m³。中型及小型砂金矿全国分布较广。伴生金以江西德兴斑铜矿床最大，其他也主要与铜矿伴生，分布较广。

我国探明的银矿资源几乎都是有色金属伴生矿，其中铅锌矿占 51.4%，铜矿占 34.9%，金矿占 2.7%，石英脉矿床占 1.7%，其他占 9.3%（如黄铁矿型多金属硫化矿）。

我国是世界上生产黄金最早、产金较多的国家之一。清朝末年列强入侵，满清王朝腐败无能，屡战屡败、割地赔款，不得不动员大量人力开采黄金抵债。到 1888 年，我国黄金产量达到历史最高水平（43 万两），当时居世界第五位，以后随着军阀战乱，黄金生产衰退。1949 年全国解放时，金产量不到历史最高产量的一半，大多是由黑龙江、吉林、辽宁等解放较早的省生产的。新中国成立后黄金生产发展缓慢。随着国际贸易往来的发展，为了外贸的需要，我国黄金生产走上了高速发展的道路。在 1975—1986 年，10 年间获得的储量超过 1949 年到 1975 年探明储量的总和。黄金生产平均每年递增 10% 以上。由于南非黄金产量持续下降，2010 年，我国黄金产量连续 4 年超过南非，成为全球第 1 产金大国。居世界第 1 位。

白银主要来自有色金属冶炼的综合回收，产量随着有色冶炼的发展而稳步上升。1982 年比 1949 年增长 123 倍，达 565.8t，2004 年达 2600t。我国银产量居世界第 3 位。

第 3 章

金、银提取前的
矿石准备及选矿

3.1　矿石准备

现代从脉金矿石中提取金、银，无论用湿法冶金方法，还是用选冶联合法，各种选矿方法都起着重要的作用。因为开采出的矿石是大块的，选矿之前首先必须将矿石破碎和细磨，其任务是使含金矿物颗粒，主要是自然金，全部或部分暴露，以保证随后的选矿或湿法冶金过程富有成效地进行。

对于脉金矿来说，提金方法主要是湿法冶金。磨矿的细磨程度应该是保证溶剂与暴露金、银矿物颗粒的接触。这种粒度通常由实验预先确定，即不同的粒度的矿粒在其他条件相同的情况下，试验考察 Au、Ag 的提取率。显然，金颗粒越细，矿石应磨得越细。对于粗颗粒金，磨至 -0.4mm（-35 目）粒级占 90% 就足够了；但大多数矿石中除有粗粒金外还有细粒金，故总是磨得更细些（达 -0.074mm，即 -200 目）；在金粒更细的某些情况下，矿石还必须磨至 -0.044mm（即 -325 目）的程度。

破碎、特别是细磨是一个能耗高的作业，占整个矿石加工费的 40% ~60%。磨矿的经济合理性由一系列因素决定：

（1）金的回收率；

（2）进一步细磨时药剂的消耗；

（3）进一步细磨增加的费用；

（4）给矿浆浓缩和过滤带来的困难及由此发生的附加费用。

破碎与磨矿流程的制定取决于矿石的物相组成和它的物理性质。照例矿石先在颚式破碎机和带有格筛的圆锥破碎机上进行粗碎和中碎，二段碎矿后粒度通常为 -20mm，有时也采用三段细碎（在短锥破碎机中进行），粒度为 6mm。

破碎后的矿石送去湿磨，一般在球磨机或棒磨机中进行。磨矿也分若干段，采用最广泛的是二段磨矿。在国外，金矿规模大，广泛采用矿石和矿石 - 砾石自磨机。与钢球磨机相比，自磨机有一系列的优点：金的回收率提高、劳动生产率高、减少电耗和药剂消耗、减少了钢球的消耗。

在破碎磨矿流程中，粒度分级占有重要地位，现代提金厂的分级设备，除螺旋分级机外，还广泛采用各种结构的水力旋流器，或采用装在磨机卸料端的滚动筛来进行初步分级。

如果矿泥含金少，或者泥质对工艺操作造成恶劣影响，应在湿法冶金或选矿之前脱去矿泥。脱泥可采用水力旋流器或浓缩槽。

3.2　金的重力选矿

重力选矿法（简称重选法），是在运动的介质（水）中，按矿粒密度（ρ）和粒度（d）的差异进行分选的方法。

当两个粒度相同而密度不同的矿粒在水中沉降时，其中密度大的沉降速度快，而密度小的沉降速度慢。如果两个密度相同而粒度不同的矿粒在水中沉降时，粒度大的沉降速度大，而粒度小的沉降速度小。显然，如果两个矿粒的密度不相同而且粒度也不相同，则密度大的小矿粒有可能具有和密度小的大矿粒相同的沉降速度（图 3 - 1），因而影响矿粒按密度分层和分选的效果。

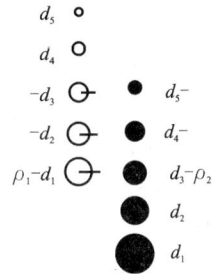

图 3 - 1　粒度在介质中的沉降

为了使颗粒尽量按密度分层，提高选分的精确度，应当尽量减小入选的粒度范围，也就是预先把矿石分级成几个窄级别，然后分别对它选别。

重选法不适合选分细矿粒，因为细小的矿粒在重力作用下的沉降速度很小，所以选分困难。为此，可以利用离心力选分细矿粒，因为离心力要比重力大几十倍，甚至几百倍。

由此可见，重选的难易程度不仅与矿粒密度有关，而且也与矿粒的粒度有关。

当在水中重选时，矿粒的选分难易程度可用下式表示。

$$e = \frac{\rho_2 - 1}{\rho_1 - 1}$$

式中：e——重选难易度；

ρ_2——重矿物的密度；

ρ_1——轻矿物的密度。

例如自然金的密度为 18 g/cm^3，石英的密度为 2.6，求得重选难度 e = 6.9 g/cm^3，因此极容易按密度选分。

和其他选矿方法相比，重选法具有设备简单、成本低、没有污染等优点，是最早用于选金的方法。

黄金矿山重选法得到广泛的应用，尤其是砂金选矿离不开重选。脉金矿山采用重选法主要是回收经单体分离的粗粒金。目前广泛用于选金的重选设备是跳汰机、摇床和溜槽。

1. 跳汰机

跳汰机的种类很多，图 3 - 2 为选金厂常用的典瓦尔跳汰机。这种跳汰机有两个区间：一个为矿石跳汰室，一个为隔膜鼓动室。固定于跳汰室的筛网上面铺有密度较大的矿石或钢球，称为床层。入选物料给到床层上面。通过偏心传动机构使隔膜做上下往复运动，带动室内的水也作上下交变运动。当水流向上冲击时，粒群呈松散悬浮状态，这时，轻、重、大、小不同的矿粒各具有不同的沉降速度，互相移动位置，大密度颗粒沉降于下层。当水流下降时，产生吸入作用，密度大而粒度小的矿粒穿过密度大的粗颗粒的间隙进入下层。如此反复运动，使粒群按密度分层，位于下层的大密度粗、细颗粒穿过床层从筛孔漏下来。而位于上层的轻颗粒，在连续给矿的推动下，移至跳汰机尾部排出。

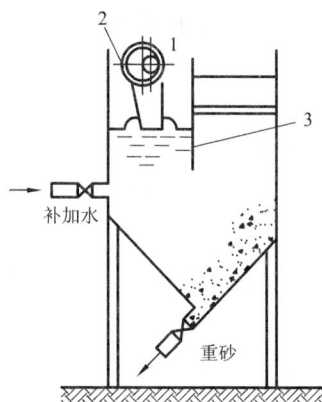

图 3 - 2　典瓦尔型跳汰机

1—偏心机构　2—隔膜　3—隔板

这种跳汰机又叫上动型隔膜跳汰机，规格为 300mm × 450mm，其最大给矿粒度可达 16mm，选别粒度下限为 0.1mm，国内金厂大多用它于磨矿分级回路中回收粗粒金。

2. 摇床

摇床是选别细物料的重要设备，其构造如图 3 - 3 所示。它有一个近似长方形的床面，床面略微向尾矿侧倾斜，床面上沿纵向钉有来复条或刻有沟槽，床面由传动机构带动，作纵向不对称的往复运动。前进时，运动速度由慢变快；后退时，运动速度由快变慢。

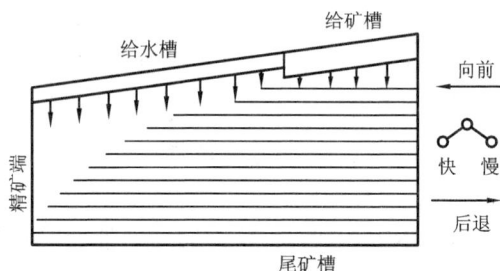

图 3 - 3　摇床示意图

矿浆由给矿槽给到床面上，受冲洗水的横向水流的作用和床面的纵向不对称往复运动的联合作用，使密度小的最细的矿泥直接沿床面倾斜方向下流；沉积在床面上来复条之间的矿粒，则按密度和粒度不同而发生分层。密度小、粒度大的矿粒在上层，其次是密度小、粒度小的矿粒及密度大、粒度大的矿粒，最下层为密度大、粒度小的矿粒。处于下层的大密度矿粒受床面运动的影响大，受横向冲洗水流的作用小；而在上层的小密度矿粒正相反，受横向冲洗水流的作用大，受床面运动的影响小。因此，大密度矿粒的纵向运动速度大，横向运动速度小；而小密度矿粒的纵向运动速度小，横向运动速度大。这样，不同密度的矿粒将沿着各自的合速度方向运动（图 3 – 4）。使密度大的矿粒移向精矿端，密度小的矿粒移向尾矿侧，最终形成按密度不同呈扇形分布的矿带（图 3 – 5）。

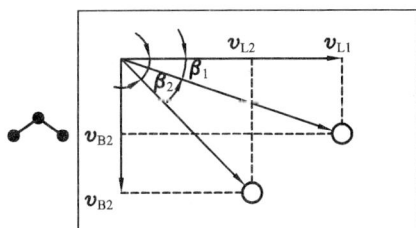

图 3 – 4　矿粒在床面上运动轨迹

v_{B1}、v_{L1}——大密度粗矿粒的横向及纵向运动速度

v_{B2}、v_{L2}——小密度细矿粒的横向及纵向运动速度

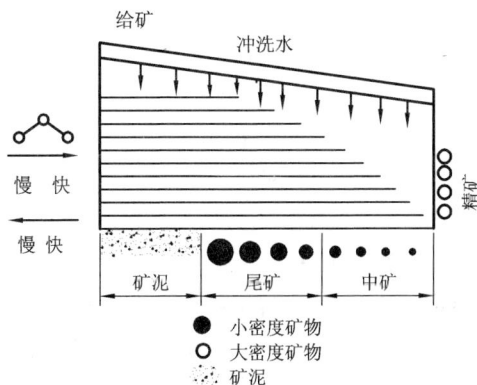

图 3 – 5　摇床工作原理图

　　摇床的富集比很高，可以直接获得最终精矿和废弃尾矿。根据选别粒度，可分为粗砂摇床（ >0.5mm），细砂摇床（0.5 ~ 0.074mm）和矿泥摇床（0.074 ~ 0.037mm）。在选金厂，摇床常用来精选从跳汰机得到的含金重砂，可以获得很高的金回收率。摇床的缺点是处理能力低，设备占地面积大。为克服这一缺点，又出现了多层摇床。

　　3. 溜槽

　　溜槽是一种最简单的重力选矿设备，它是一个倾斜的狭长槽子，长 ~15m，宽 0.6 ~ 0.8m，倾角一般为 3° ~ 4°，最大不超过 14° ~ 16°。槽底铺有格条或粗糙的软复面（例

图 3 – 6　格条溜槽选矿原理图

如灯芯绒、棉毯、毛毯）。矿浆从槽子上端给入（图 3 – 6），顺槽底向下流动，密度大的矿粒在重力和水流的联合作用下，沉于槽底格条之间，或滞留于粗糙复面上；密度小的矿粒则随水流从溜槽末端排出。当密度大的矿粒沉积到一定数量时，便停止给矿，进行清溜。因此，溜槽选矿为间歇作业，而且清溜劳动强度大。

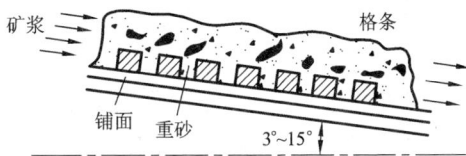

在脉金矿山，溜槽可以作为粗粒单体金的粗选设备；也可以从混汞或浮选尾矿中，补充回收金。通常格条溜槽适于处理粗粒物料，软复面溜槽适合处理细粒矿石。

3.3　金的浮选

浮选法是选金生产中应用最为广泛的一种选矿方法。浮选效率高，可以处理细粒浸染的矿石。对于成分复杂的矿石，浮选法可以得到很好的选分效果。

浮选法是利用矿物表面物理化学性质的差异来选矿石的一种方法。在矿浆中，不同的矿粒会选择性地附着在气泡上，主要原因是水在不同的矿物表面具有不同的润湿性。例如玻璃表面很容易被水润湿，而石蜡表面很难被水润湿（图3-7），或称玻璃为亲水的，而石蜡为疏水的。

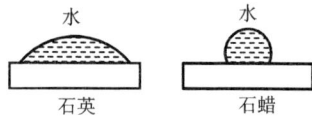

图3-7　润湿现象

不同的矿物例如黄铁矿、自然金粒表面是疏水的，很容易附着到气泡上，随气泡上浮到矿浆表面；而石英，长石颗粒表面是亲水的，不易附着在气泡上，所以仍然留在矿浆中。但是矿物表面的润湿性，或者可浮性，是可以利用浮选药剂的作用来改变的。

3.3.1　浮选药剂

浮选药剂在浮选中起着极为重要的作用。根据其用途不同，可分为三大类：捕收剂、起泡剂和调整剂。

1. 捕收剂

捕收剂的作用是它能选择地附着在某些矿物的表面上，增强其疏水性，使这类矿物容易附着于气泡上浮。在选金生产中，最常见到的是黄药和黑药，它是自然金和硫化矿物有效的捕收剂。

2. 起泡剂

浮选时，要求生产大量的气泡用以负载矿粒，气泡的大小要合适而且应有一定的强度。因此，必须向矿浆中添加起泡剂，选金所用的起泡剂主要是二号浮选油。

3. 调整剂

又可分为抑制剂、活化剂和介质调整剂。

抑制剂用来降低某些矿物的可浮性。活化剂的作用是使某种矿物易于吸附捕收剂而上浮。介质调整剂主要是调整矿浆的pH，调整其他药剂的作用，消除有害离子对于运动的影响，促使矿泥分散或絮凝。

选金厂浮选常用的调整剂例如石灰，它既可用于抑制黄铁矿，也可用为矿浆的 pH 调整剂。又如硫化钠是含金氧化铜矿的常用活化剂。

3.3.2　浮选机

国内选金厂目前常用的浮选机是机械搅拌式浮选机。

浮选机的构造示于图 3-8 中，一般由两个槽构成一个机组，第一槽为吸入槽，第二槽为直流槽，两槽是联通的。电动机通过三角皮带带动竖轴使叶轮旋转。于是在盖板和叶轮之间形成负压，使空气进入并在叶轮的强烈搅拌作用下，弥散成气泡。待浮矿物附着在气泡上带到矿浆表面，形成矿化泡沫层，由括板括出。其余矿浆则排到下一槽。槽内矿浆面的高低可用闸门来调节。进气管下部有孔供安装进浆管或中矿返回管之用。盖板上有矿浆循环孔，便于槽内矿浆进入叶轮上。

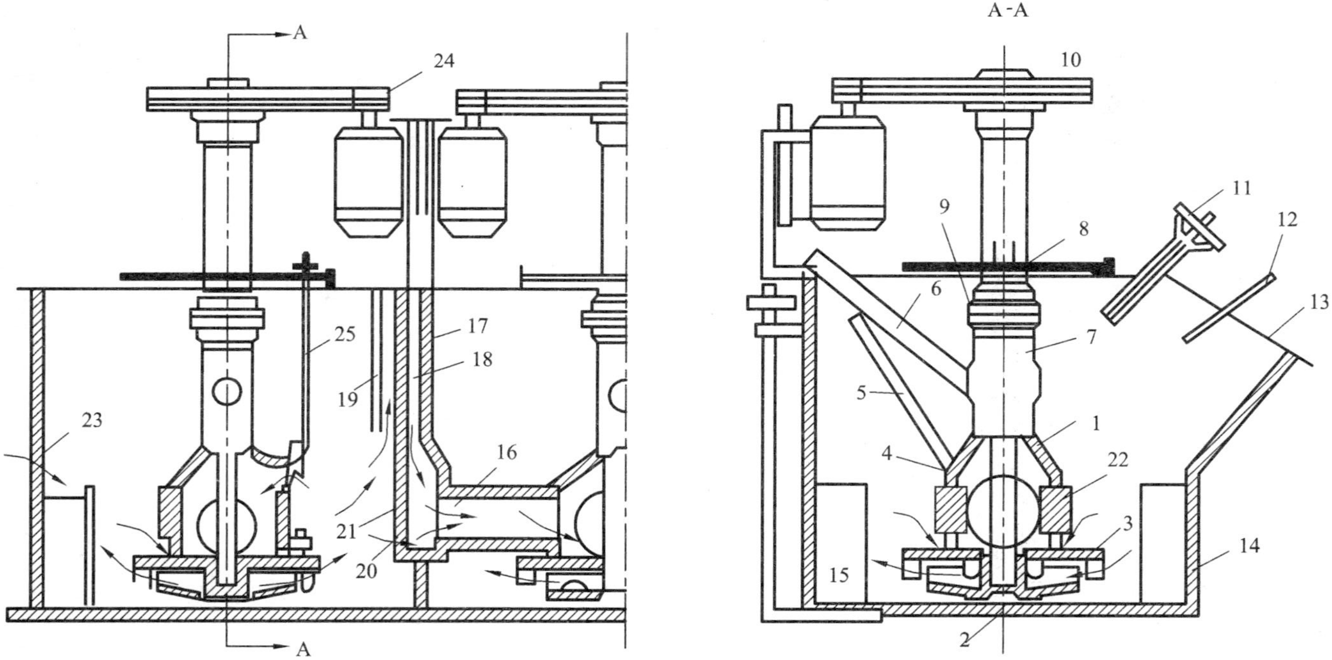

图3-8　XLL浮选机构造示意图

1—主轴 2—叶轮 3—盖板 4—连接管 5—砂孔闸门丝杆 6—进气管 7—空气筒 8—座板 9—轴承 10—皮带轮 11—溢流闸门手轮及丝杆 12—刮板 13—泡沫溢流唇 14—槽体 15—放砂闸门 16—给矿管 （吸浆管） 17—溢流堰 18—尾矿溢流闸门 19—闸门壳（中间室外壁） 20—砂孔 21—砂孔闸门 22—中矿返回孔 23—直流槽前尾矿溢流堰 24—电动机及皮带轮 25—循环孔调节杆

第 4 章

混汞法提金

混汞法是一种古老的提金方法，已有两千多年的历史。它的优点是设备、操作都比较简单，回收率也较高，成本较低，所以沿用至今。据报道，直到 20 世纪 50 年代，世界产金量仍有 28% ~ 40% 是用混汞法生产的。

4.1　混汞法的基本原理

混汞过程，实质上包括汞对金的湿润过程和汞齐化过程。

4.1.1　湿润过程

混汞是把汞与矿浆混合，因此，汞对金、银微粒的湿润，是在水介质中进行的，可用图 4-1 来表示。汞与水不互溶，所以混汞体系中，有水、汞两个液相和金（银）一个固相。

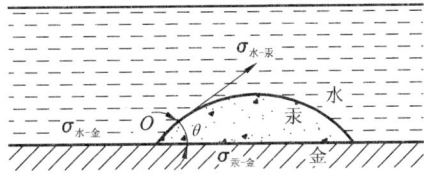

图 4-1　汞湿润金的示意图

由图 4-1 看出，汞湿润于金粒面上，形成一个半球面，使金粒与汞、水之间，有一个三相接触点 O。过 O 点有三个作用力，即水与汞的界面张力 $\sigma_{水-汞}$，水与金界面张力 $\sigma_{水-金}$，还有汞与金界面张力 $\sigma_{汞-金}$。根据力的平衡条件，三个界面张力应服从下列关系：

$$\sigma_{水-金} = \sigma_{汞-金} + \sigma_{汞-水}\cos\theta$$

即　　　　$$\cos\theta = \frac{\sigma_{水-金} - \sigma_{汞-金}}{\sigma_{汞-水}}$$

式中：σ——界面张力；

　　　　θ——接触角。

由图 4-1 还可直观地看出，θ 愈小，汞对金的湿润愈好，反之愈差。一般把 $\theta < 90°$，认为湿润性较好；$\theta > 90°$，认为湿润性差。

用上式判断：

若 $\sigma_{水-金} > \sigma_{汞-金}$，则 $\cos\theta > 0$，这时 $\theta < 90°$；

若 $\sigma_{水-金} < \sigma_{汞-金}$，则 $\cos\theta < 0$，这时 $\theta > 90°$。

因此，要使混汞效果良好，首先要使 $\sigma_{汞-金}$ 尽可能小。

要使汞液能很好地湿润金，就应使金粒尽量暴露于矿石的表面上，并保持金粒面的新鲜状态，即无污物覆盖。

汞对银的湿润性，略差于对金的湿润性。由于银多数以辉银矿（Ag_2S）、角银矿（$AgCl$）形式存在，因此，用混汞法提银时，应加入某些还原剂，使银还原出来而与汞形成汞膏。

如为角银矿，应加入铁（或借用磨矿设备带进的铁）：

$$2AgCl + Fe = 2Ag + FeCl_2$$

角银矿亦可被汞还原：

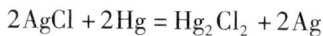

$$2AgCl + 2Hg = Hg_2Cl_2 + 2Ag$$

辉银矿，宜加入硫酸铜、食盐及铁：

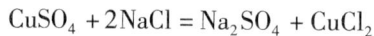

$$CuSO_4 + 2NaCl = Na_2SO_4 + CuCl_2$$

$$Fe + CuCl_2 = Cu + FeCl_2$$

$$Cu + CuCl_2 = 2CuCl$$

$$Ag_2S + 2CuCl = 2Ag + CuS + CuCl_2$$

自然界中的金、银，一般都共生或伴生，混汞时得到的汞膏，都含有金、银。

用混汞法提铂则比较困难，因为铂的表面容易钝化，不易被汞液所湿润，需要加以活化。活化的办法是加入锌汞膏，且在酸性介质或氨水中进行，因为酸可以解除铂粒表面的氧化膜，锌与酸作用产生氢气，可还原氧化膜。这样，铂的表面洁净了，才能被汞所湿润。

所谓汞对金属进行选择性湿润，不是指汞只湿润金、银、铂，而不湿润铜、铅、锌等，而是后者以化合物存在而不易被汞所湿润。脉石也不易被汞所湿润。

4.1.2 汞齐化过程

汞湿润金、银粒表面后，向其内部扩散形成合金的过程，叫汞齐化过程。

汞与金、汞与银、汞与铂形成合金，可用各该二元系状态图解释。

图 4-2 为 Au-Hg 二元系状态图。由图看出，金和汞在液态时有无限的溶解度。甚至在常温下，金仍可溶解于汞液中，含 Au 约 0.1%。汞与金可形成 Au_3Hg、Au_2Hg 和 $AuHg_2$ 等三种化合物。这三种化合物都不稳定，Au_3Hg 在 420℃时分解，Au_2Hg 在 402℃时分解，$AuHg_2$ 在 310℃时分解。Hg 溶解于金中形成的固溶体（Au），在 420℃时最大溶解度为含汞接近 20%（原子）。

汞湿润金粒表面后，向金粒内部扩散，形成各种 Au-Hg 化合物的过程，可用图 4-3 来表示。

金粒最外层被汞所包围，汞量很大，形成 $AuHg_2$，次外层形成 Au_2Hg，第三

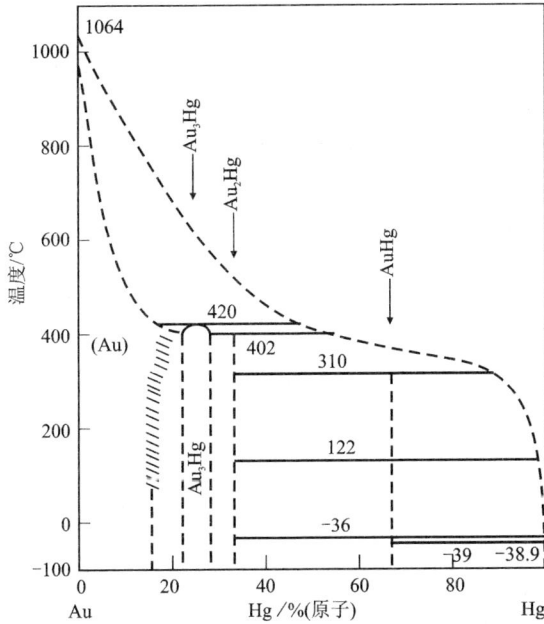

图 4 - 2　Au - Hg 系状态

层形成 Au_3Hg，第四层只有少量的汞扩散去，与金形成金基固溶体，金粒的内核未与汞接触，仍为纯金。

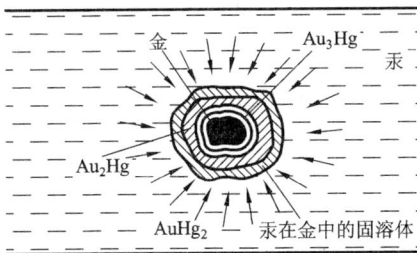

图 4 - 3　金的汞齐化过程图

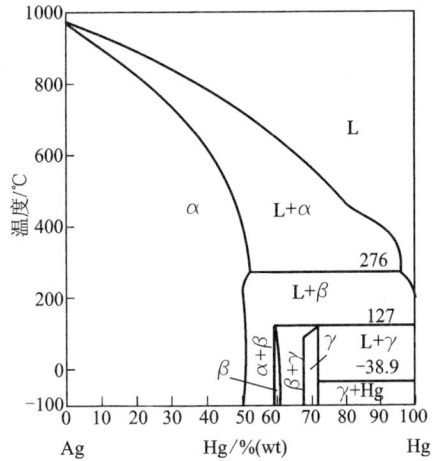

图 4 - 4　Ag - Hg 系状态图

　　银的汞齐化过程，也与金相同。Ag - Hg 系状态图 4 - 4 所示。由图可知，银与汞在液态下是互相溶解的；固态时汞溶解于银中形成银基固溶体 α，其最大溶解度为含汞 53% 。汞与银还形成两个化合物 β 和 γ。β 在 276℃ 时分解，γ 在 127℃时分解。

图 4 - 5 为 Pt - Hg 系状态图。由图可知，铂与汞形成一个铂基固溶体和三种化合物。这三种化合物是不稳定的。PtHg 在480℃ 时 分 解，$PtHg_2$ 在 245℃ 时 分 解，$PtHg_4$ 在 160℃ 时分解。铂基固溶体最大含汞量为 18% （原子）。

由 Au - Hg、Ag - Hg 和 Pt - Hg 系状态图可知，用混汞法产出的金汞膏、银汞膏和铂汞膏，都是汞与这些金属组成的固溶体和化合物。这些汞膏易与矿浆中其他金属化合物和脉石分离，因而达到富集贵金属的目的。

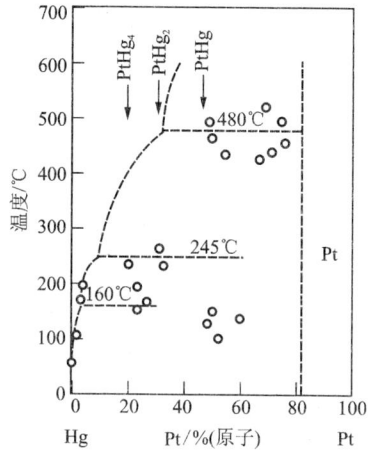

图 4 - 5　Pt - Hg 系状态图

4.1.3　影响混汞的因素

影响混汞的因素，包括影响汞湿润金粒的因素和影响汞向金粒内部扩散而形成汞膏的因素。主要有如下几点：

1. 汞液的组成

实践证明，纯汞对金的湿润效果不好。如汞液中含有少量的金、银或贱金属，能降低汞的表面张力，改善湿润效果。但是，含贱金属不能过量，否则，贱金属在汞珠表面形成氧化膜，反而会妨碍汞在金粒表面的湿润。

当汞中含金 0.1% ~ 0.2% 时，可以加速汞对金的汞齐化过程；含银 0.17% 时，汞对金的湿润能力提高 0.7 倍；当金、银含量达 5% 时，汞对金的湿润能力可提高两倍。

汞中含铜、铅和锌不超过 0.1% 时，能提高汞对金的湿润能力，超过这一数值，在碱性介质中，则起破坏作用；但若在酸性介质中，则影响不大，因贱金属的氧化膜易被酸溶解。

2. 接触面的洁净度

汞与金、银微粒的接触面是否洁净，取决于汞珠表面是否洁净和金、银微粒表面是否洁净。

金粒表面洁净，有利于汞的湿润。但金矿中常夹杂有银、铜等的化合物，易在金粒表面形成薄膜；在磨矿过程中，一些铁屑、脉石和机油，也易污染金粒表面。金粒表面被污染，常称之为"生锈"。

上述污染金粒的物料，也会污染汞珠的表面。汞珠表面被污染，则汞珠易于分散而"粉末化"，这种现象称为"汞病"。这是不利于汞对金粒湿润的。

防止和消除"生锈"和"汞病"的方法，一方面是防止污染物进入矿浆，另一方面是边磨矿边混汞，使刚露出来的新鲜金面即被汞所湿润。

3. 矿浆性质

酸性矿浆有利于防止、消除上述的污染，因贱金属的氧化膜易被酸所溶解。矿浆中加入氰化物也起溶解氧化膜的作用。酸性过高会妨碍矿泥凝聚，而矿泥也是污染源。磨矿用水不要含有铜离子，因铜离子易被铁置换成金属铜，这些新鲜的金属铜易与汞形成汞膏，影响金汞膏的纯度并使之变硬变脆，不便收集和进一步处理。矿石不能磨得过细，过细的微粒，也会污染接触面，影响混汞效果。

4. 温度

混汞温度要适当。温度高些，有利于汞表面张力的降低，易于湿润金粒，易于向金粒内扩散，加速汞齐化过程；但温度过高，会使矿浆中某些易溶杂质，进入汞液和介质中，污染汞液；还会使汞的蒸发加剧，污染环境。温度过低，不利于汞膏的凝聚而"硬化"、"粉化"，从而不利于回收和处理。

5. 汞相表面阴极化

当汞相表面阴极化时，能大大改善汞对金面的湿润作用，这是由于阴极化能降低汞的表面张力，且使混汞过程放出氢气，有利于金面活化，从而有利于混汞过程。

4.2 混汞的实践

混汞作业可分为三种类型：外混汞法；内混汞法；特殊混汞法。我国采用的是前两种。

4.2.1 外混汞法

所谓外混汞法，是先磨矿后混汞，混汞作业在磨矿设备之外进行。磨矿设备和混汞设备无结构上的联系，各为互可分离的两部分。外混汞法适于处理含金的多金属矿，用以捕集其中的粗金粒。在选金厂中很少单独采用，往往与浮选、重选和氰化法联合使用。

外混汞设备分混汞板和其他混汞机械。混汞板又分固定混汞板和振动混汞板。汞板的制作及其在混汞作业前的准备，对混汞作业的效果影响很大。制作汞板的材质有三种：紫铜板、镀银铜板和纯银板。我国生产实践说明，镀银铜板的混汞效果最好，金的回收率比紫铜板高 3% ~ 5%。镀银铜板，表面不易氧化；镀银层易与汞作用，降低汞的表面张力；板面形成一层银汞膏，使铜板耐磨、耐酸并能防止硫化物对混汞作业的干扰。

固定混汞板是我国目前常用的一种混汞设备，其构造如图 4 - 6 所示。它由支架、床面和汞板三个部分组成。支架与床面可用木材也可用钢材制成，但床面必须不漏矿浆。床面上铺镀银铜板（汞板），厚 3 ~ 5mm，宽 400 ~ 600mm，长 800 ~ 1000mm。汞板按支架的倾斜方向，一块接一块地搭接在床面上，如图 4 - 7 所示。

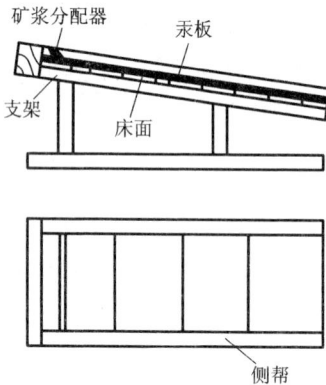

图 4 - 6　固定混汞板

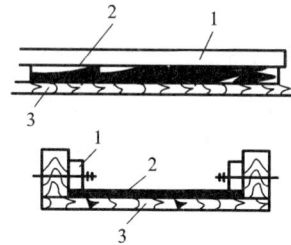

图 4 - 7　汞板搭接方式

1—螺栓　1—压条　2—汞板　3—床面

汞板面积，主要取决于所处理的矿石量、矿石性质以及混汞在提金流程中的作用。汞板的生产定额列入表 4 - 1。

表 4 - 1　汞板生产定额 [m² / (t · d)]

混汞在选金流程中的作业位置	矿 石 含 金 量			
	大于 10 ~ 15g/t		小于 10g/t	
	细金粒	粗金粒	细金粒	粗金粒
混汞作为独立的作业	0.4 ~ 0.5	0.3 ~ 0.4	0.3 ~ 0.4	0.2 ~ 0.3
混汞，然后再用溜槽扫选	0.3 ~ 0.4	0.2 ~ 0.3	0.2 ~ 0.3	0.15 ~ 0.2
混汞，其后有氰化或浮选	0.15 ~ 0.20	0.2 ~ 0.1	0.1 ~ 0.15	0.05 ~ 0.1

实践证明，影响混汞效果主要是汞板的宽度，而不是长度。因为当矿浆流量一定时，汞板宽些，可使矿浆流层变薄，分布均匀，利于金粒与汞板接触。由于金粒大部分在汞板前部即已汞齐化，所以汞板过长是无意义的。当混汞板作为内混汞的辅助设施，以捕收流失的汞膏和汞时，汞板长度一般为 5 ~ 6m；混汞板设在磨矿

分级闭路循环之中，若只捕收粗金粒，其长度在 2~4m 即可。

汞板的倾斜度与给矿粒度及矿浆浓度有关。当矿粒较粗，矿浆较浓时，倾角应大些；反之，应小些。

振动混汞板目前只有在国外使用。其特点是使床面受传动机构的驱使，作横向摆动，增加金粒与汞板面上汞液的接触机会，强化混汞作业过程。这种设备，适用于处理细金粒矿。

其他外混汞机械，有的是为了强化混汞作业，而在混汞设备中，设搅拌装置，使汞液与矿砂增加接触机会，金粒表面新鲜；有的是为了使混汞作业连续化；有的是在混汞设备内引进高压电流，促进汞液对金粒的湿润；有的是为了实现混汞作业的机械化、自动化。

外混汞作业，一般是回收从球磨机出来的矿浆中的粗金粒。在操作中要掌握好加汞时间和汞量、给矿粒度、给矿浓度、矿浆流速、矿浆酸碱度、刮汞膏时间及其他注意事项。

1. 加汞

汞板在投入生产时，要把汞液涂在汞板的镀银面上，初次涂汞量为 15~30g/m²，矿浆从板面流过即与汞液接触。开始作业后，再添加汞，添加汞量原则上为矿石含金量的 2~5 倍。加汞过多，会使汞和汞膏随矿浆流失，不易滞留在汞板面上；加汞过少，降低了捕金能力。增加添加次数，有利于金的回收；前苏联某金矿，由每日添加 2 次增加到 6 次，金的回收率提高 18%~30%。

2. 给矿

往混汞板给矿的粒度不宜过大，矿浆浓度也不宜过大，矿浆在混汞板上的流速，应控制适当。

3. 酸碱度

矿浆酸碱度对混汞效果影响很大。在酸性介质中，金粒表面洁净，有利于汞对金的湿润；但不利于矿泥凝聚，导至污染汞金接触面。在碱性介质中，则无此毛病，一般控制 pH 为 8~8.5。

4. 刮汞膏

混汞作业进行一段时间后，汞板面上滞留了一层汞膏，应该及时刮下。为了使汞膏柔软而易于刮下，可将汞板加热，也可往汞膏层上洒一些汞。

4.2.2　内混汞法

所谓内混汞法，是指混汞作业在磨矿设备内进行，即磨矿与混汞同时进行。

内混汞法只宜于处理铜、铅、锌含量甚微，不含硫化物的金矿；或为了使砂金与其他重砂分离。

内混汞设备有捣矿机、辗盘机、球磨机、棒磨机和混汞筒。

内混汞设备不设汞板。在磨矿过程中加入矿石的同时加入汞液，矿石磨碎的同时与汞珠混合，新暴露出来的金粒即与汞液接触而汞齐化。

经内混汞后的矿浆与汞膏由内混汞设备排出后，再用捕集器、溜槽、分级机等，把尾矿和汞膏分离。

为了提高金的回收率，在内混汞设备之外，再设混汞板，进行外混汞作业。

内混汞法中的辗盘机，最宜于处理银矿。若银矿为辉银矿、角银矿，则在混汞时还应加入食盐和胆矾等。

4.3　汞膏的处理

金矿混汞的产品是金汞膏，其主要成分是金汞合金；银矿混汞的产品是银汞膏，其主要成分是银汞合金。这些汞膏中还含有过剩的汞及其他杂质。

处理汞膏的目的，主要是提取金、银和回收汞。处理作业一般包括洗涤、压滤和蒸馏三个步骤。

4.3.1　洗涤

从混汞设备收集的汞膏，先经洗涤以除去夹杂在其中的重砂、脉石及其他杂质。

从混汞板刮下的汞膏，比较纯净，处理也比较简单。洗涤是在操作台上进行。操作台为长方形，面铺铜板，四周围上木条，防止汞和汞膏流洒。台面上钻有圆孔，下接管子通入承受器。把欲洗涤的汞膏，置于操作台上，用水反复冲洗，不断搓揉，直至汞膏洁净为止。

从混汞筒获得的汞膏，通常用一个尖底的淘金盘淘洗，因汞膏密度大于重砂而使汞膏与重砂分离。

4.3.2　压滤

经洗涤后的汞膏，仍含有大量的过剩的汞，即游离的汞，可用压滤法除去。

压滤的设备视生产规模而定。如生产规模小，用手工压滤即可，即把洗涤后的汞膏用滤布包紧，用人工挤压，就可使游离的汞液透过滤布外流，加以回收。

如生产规模较大，则用螺旋式压滤机。

压滤出来的汞液，含有 0.1% ~ 0.2% 的金，可供混汞作业重用；滤饼送去蒸馏。

4.3.3　蒸馏

压滤后的汞膏，仍含有相当数量的汞，其一部分与金、银等形成固溶体或金属间化合物，另一部分是压滤时仍未滤净的游离汞。一般含汞量为 20% ~ 50%。要除去这些汞，通常用蒸馏的方法。

由 Au – Hg 系状态图（图 4 – 2）和 Ag – Hg 系状态图（图 4 – 4）可知，欲使汞膏中的汞气化，不能只将其加热到汞的沸点（356℃），因这个温度只能使游离汞气化；而那些汞与金、汞与银组成的化合物、固溶体尚未分解，则难以气化。为使化合物全部分解，必须加热至 420℃；为使固溶体分解，则需加热至 800℃ 左右。

蒸馏设备，视生产规模而定，规模小可用蒸馏罐；规模大则用蒸馏炉。

蒸馏罐如图 4 – 8 所示。罐体为一钢制或铸铁圆锅，设有用螺杆连接的罐盖，盖顶有出气孔，与导管连接。导管外壁设有冷却水管套，管子末端与冷水盆相接。

操作时，把压滤后的汞膏装入罐内，将密封盖盖紧，然

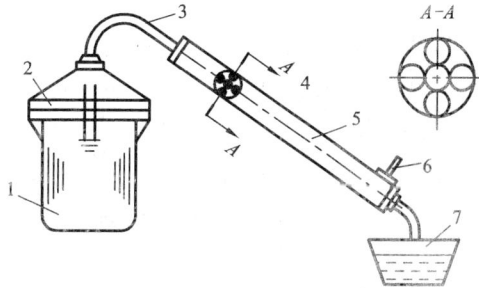

图 4 – 8　蒸馏罐

1—罐体　2—密封盖　3—引出铁管　4—出水口
5—冷却水套　6—入水口　7—冷水盆

后在罐底加热，使温度逐步升高。罐内汞膏受热分解、气化，由导管逸出。管内气体到冷却管套处，因温度低而液化，汞液顺管子流入冷却水盆中。汞与水不溶，比重大而沉于盆底，可回收重用。

汞膏中的金、银，在蒸馏温度下，以固态残存在蒸馏罐内，成为"海绵金"。汞膏中一些不易挥发的杂质，也残存于蒸馏罐中。

对于生产规模较大者，则用蒸馏炉。蒸馏炉由蒸馏缸、加热炉和冷却系统组成。蒸馏缸为一铸铁大圆筒，直径 225 ~ 300mm，长 900 ~ 1200mm，此缸横放于加热炉的炉管支座上。在下面的炉条上，用焦炭或煤加热。缸的一端有密封口，作放进或取出盛汞膏的铁盒子之用。缸的另一端，为汞蒸气出口，外接有冷却水管套的气管，管端接汞液接收器。

蒸馏时，把汞膏分盛在若干个铁盒内，然后把铁盒摆在蒸馏缸中，把缸密封。蒸馏缸受热而促使汞膏分解，汞以气体逸出蒸缸，在导管中遇冷液化后流入接收器中。汞膏中的金、银以固态存于铁盒中。经蒸馏而产出的海绵金，送去熔炼、精炼。

第 5 章

氰化过程的物理化学

重选法和混汞法,都是古老的提金方法,它们仅适于从矿石中提取粗粒金。但是大多数金矿石除有粗粒金外,还含有大量的、甚至有时全部是细粒金。从这种矿石中提取金、银必须借助于湿法冶金。

从矿石中用湿法提取金、银,主要包括下列两个步骤:

(1) 浸出——用溶剂使矿石中的金、银转入溶液;

(2) 沉积——从浸出液中提取金、银。

金矿的浸出是要将金矿中的金,氧化成易溶的金离子,且这种金离子在水溶液中必须是稳定的。在水溶液中稳定的金络合物离子有 $Au(CN)_2^-$、$Au(SCN_2H_4)^+$ 和金的氯化物络离子。

在用氧作氧化剂浸出金时,络合能力最强的络合剂是氰化物,其次是硫脲和 Cl^-。根据所用络合剂的不同,浸出金的方法有氰化法、硫脲法和水溶液氯化法等。

氰化法是以碱金属氰化物(KCN、$NaCN$)的水溶液作溶剂,浸出金、银矿石中的金、银,然后从含金、银的浸出液中提取金、银的方法。

1887 年首次用氰化物溶液从矿石中浸出金之后,氰化法迅速应用于世界各地金、银矿山,人类提金进入新阶段。新阶段的特点是:从采砂金为主转变到以采脉金为主,扩大了黄金资源;黄金产量迅速增加。据估计:人类共产金 11.6 万 t,而 1901 年以后就达 10.5 万 t,即 90% 的金是在氰化法工业应用之后产出的。这当然与其他工业技术的进步有关。事实上,尽管存在氰化物有剧毒这样的缺点,但氰化法至今仍是占统治地位的提金方法。这是因为氰化法的成本低,金回收率高,对矿石的适应性强。此外氰化工艺不断革新,出现了诸如炭浆法、树脂浆法等新技术。

5.1 氰化过程热力学

金、银的氰化过程可以写成下列依次发生的两个反应:

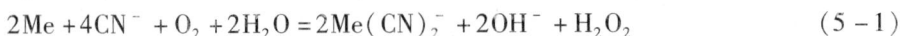

$$2Me + 4CN^- + O_2 + 2H_2O = 2Me(CN)_2^- + 2OH^- + H_2O_2 \qquad (5-1)$$

$$2Me^+ + H_2O_2 + 4CN^- = 2Me(CN)_2^- + 2OH^- \tag{5-2}$$

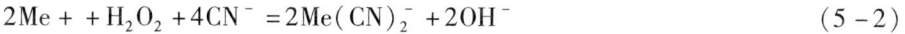

对于 Au，按式（5-2）进行的程度不大（15%），而主要的是按（5-1）式（85%）进行的，即：

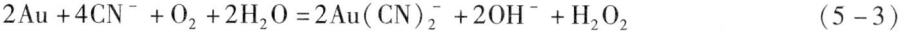

$$2Au + 4CN^- + O_2 + 2H_2O = 2Au(CN)_2^- + 2OH^- + H_2O_2 \tag{5-3}$$

相反地，对于 Ag，式（5-1）生成的全部 H_2O_2 参加反应（5-2），因此，Ag 的溶解反应为：

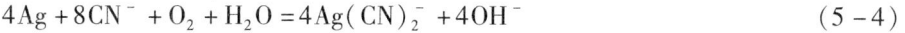

$$4Ag + 8CN^- + O_2 + H_2O = 4Ag(CN)_2^- + 4OH^- \tag{5-4}$$

这是式（5-1）、式（5-2）反应的总和。

根据热力学理论，金的标准电位非常高，$Au^+ + e = Au$，$\varphi^\ominus = 1.73V$。工业上常用的氧化剂电位都比它低，因此都不能使金氧化。

氰化物溶液呈碱性。在碱性介质中，使用最广泛的氧化剂是氧，其反应有：

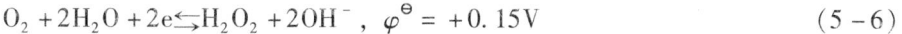

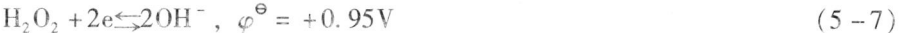

$$O_2 + 2H_2O + 4e \leftrightarrows 4OH^-，\quad \varphi^\ominus = +0.40V \tag{5-5}$$

$$O_2 + 2H_2O + 2e \leftrightarrows H_2O_2 + 2OH^-，\quad \varphi^\ominus = +0.15V \tag{5-6}$$

$$H_2O_2 + 2e \leftrightarrows 2OH^-，\quad \varphi^\ominus = +0.95V \tag{5-7}$$

上述反应都不足以使金氧化成 Au^+ 进入溶液。

但是，能斯特方程指出的，金属在它的溶液中的电位与这个金属的离子活度有关。

$$\varphi = \varphi^\ominus + (RT/nF) \ln a_{Me^{n+}} \tag{5-8}$$

25℃时金的电位方程为

$$\varphi = 1.73 + 0.059 \lg a_{Au^+} \tag{5-9}$$

金的电位随着溶液中 Au^+ 的活度降低而降低，这就是金能溶于氰化物溶液的依据。

Au^+ 和 CN^- 形成非常牢固的络合离子 $Au(CN)_2^-$，它的离解平衡为

$$Au(CN)_2^- \leftrightarrows Au^+ + 2CN^- \tag{5-10}$$

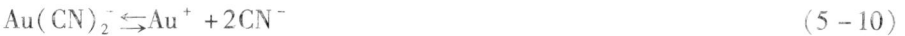

向左移动时，它的不稳定常数非常小

$$\beta = \frac{a_{Au^+} \cdot a_{CN^-}^2}{a_{Au(CN)_2^-}} = 1.1 \times 10^{-41} \tag{5-11}$$

因此，存在 CN^- 时，Au^+ 的活度急剧地降低。

从式（5-11）求出 a_{Au^+}，并代入式（5-9）得：

$$\varphi = 1.73 + 0.059 \lg \left(\frac{a_{Au(CN)_2^-}}{a_{CN^-}^2} \times 1.1 \times 10^{-41} \right)$$

化简得到：

$$\varphi = -0.686 + 0.059 \lg (a_{Au(CN)_2^-}/a_{CN^-}^2) \tag{5-12}$$

或　　　　$$\varphi = -0.686 + 0.118 pCN + 0.059 \lg a_{Au(CN)_2^-}$$

这式子表示了在有游离 CN^- 离子的溶液中金的电位:

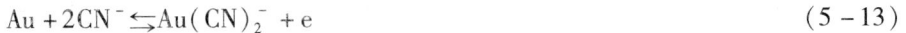

$$Au + 2CN^- \leftrightarrows Au(CN)_2^- + e \qquad\qquad (5-13)$$

这个半电池的标准电位为 $-0.686V$。

知道了标准电位,我们可以计算反应式(5-1)、式(5-2)的平衡常数和自由能变化:

$$\lg K = (\varphi^\ominus_{氧化} - \varphi^\ominus_{还原})nF/2.3RT$$

$$\Delta G^\ominus_{298} = -(\varphi^\ominus_{氧化} - \varphi^\ominus_{还原})nF$$

25℃下反应式(5-1)溶金:

$$\lg K = (-0.15 - (-0.686)] \times 2 \times 96500/2.3 \times 8.314 \times 298$$

$$\approx 18.15$$

$$K \approx 1.4 \times 10^{18}$$

$$\Delta G^\ominus_{298} = -[-0.15 - (-0.686)] \times 2 \times 96500 \times 10^{-3}$$

$$= -103.4kJ$$

按反应式(5-2)溶金:

$$\lg K = [+0.95 - (-0.686)] \times 2 \times 96500/2.3 \times 8.34 \times 298$$

$$\approx 55.4$$

$$K \approx 2.5 \times 10^{55}$$

$$\Delta G^\ominus_{298} = -[+0.95 - (-0.686)] \times 2 \times 96500 \times 10^{-3}$$

$$= -315.7kJ$$

如此大的平衡常数和自由能减小表明,反应式(5-1)、式(5-2)是朝着溶金方向进行的。由于 CN^- 与 Au^+ 结合成牢固的络合物,大大降低了金的电位,从而证明了金被氧化以 $Au(CN)_2^-$ 络阴离子形式进入溶液的热力学可能性。

不难指出,对金属银溶解也可以得到类似的结果。

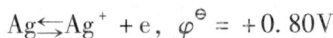

$$Ag \leftrightarrows Ag^+ + e, \quad \varphi^\ominus = +0.80V$$

$$\beta = \frac{\alpha_{Ag^+} \cdot \alpha_{CN^-}^+}{\alpha_{Ag(CN)_2^-}} = 1.8 \times 10^{-19}$$

得到 $Ag + 2CN^- \leftrightarrows Ag(CN)_2^- + e, \quad \varphi^\ominus = -0.31V$

由此求出 Ag 溶解的反应式(5-1)、式(5-2)的平衡常数等于 3×10^5 和 5×10^{42},自由能变化分别是 -30.9 和 $-243kJ$。

应该指出,金的溶解尽管反应式(5-1)、式(5-2)在热力学上可行,由于动力学上的困难,反应式(5-2)仍然难以实现,基本上是按反应式(5-1)进行的。

以上讨论的是在标准状态下的热力学,在接近工业条件下的氰化物溶 Au(Ag)过程,可用 Au(Ag)-CN⁻-H₂O 系电位 pH 图来进行热力学分析,见图5-1。

图5-1中各线分别表示下列方程:

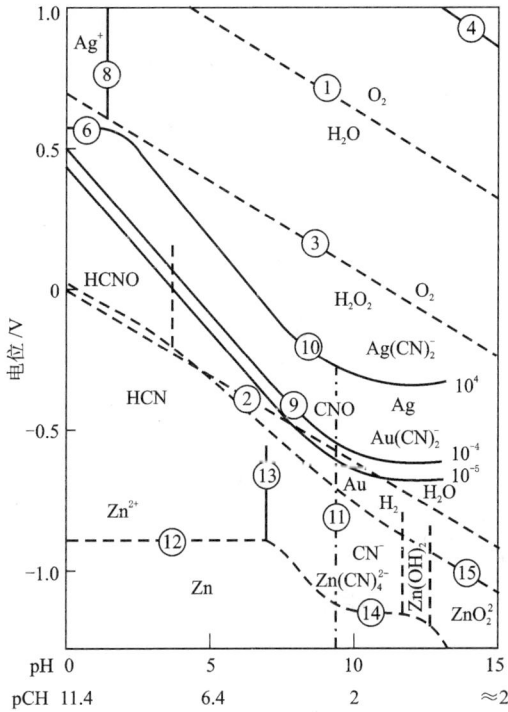

图 5 - 1　氰化过程电位 - pH 图

$$t = 25\,^\circ\!C,\ p_{O_2} = p_{H_2} = 1\ 大气压;\ [CN^-]_{总} = 10^{-2}\ mol/L;$$

$$a_{Au(CN)_2^-} = 10^{-4}\ mol/L;\ a_{Ag(CN)_2^-} = 10^{-4}\ mol/L;\ a_{Zn(CN)_4^{2-}} = 10^{-2}\ mol/L;$$

$$O_2 + 4H^+ + 4e = 2H_2O$$

$$\varphi = 1.228 - 0.0591pH + 0.0147\lg p_{O_2} \qquad\qquad ①$$

$$2H^+ + 2e = H_2$$

$$\varphi = 0.0591pH + 0.0295\lg p_{H_2} \qquad\qquad ②$$

$$O_2 + 2H^+ + 2e = H_2O_2$$

$$\varphi = 0.68 - 0.0591pH + 0.0295\lg \frac{p_{O_2}}{a_{H_2O_2}} \qquad\qquad ③$$

$$H_2O_2 + 2H^+ + 2e = 2H_2O$$

$$\varphi = 1.77 - 0.0591pH + 0.0295\lg a_{H_2O_2} \qquad\qquad ④$$

$$Au^+ + e = Au$$

$$\varphi = 1.73 + 0.0591\lg a_{Au^+} \qquad\qquad ⑤$$

$$Ag^+ + e = Ag$$

$$\varphi = 0.8 + 0.0591\lg a_{Ag^+} \qquad\qquad ⑥$$

$$Au^+ + 2CN^- = Au(CN)_2^-$$

$$pCN = 19 + 0.5\lg \frac{a_{Au^+}}{a_{Au(CN)_2^-}} \qquad ⑦$$

$$Ag^+ + 2CN^- = Ag(CN)_2^-$$

$$pCN = 9.4 + 0.5\lg \frac{a_{Ag^+}}{a_{Ag(CN)_2^-}} \qquad ⑧$$

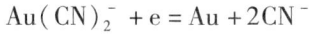

$$Au(CN)_2^- + e = Au + 2CN^-$$

$$\varphi = -0.68 + 0.118pCN + 0.0591\lg a_{Au(CN)_2^-} \qquad ⑨$$

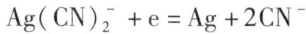

$$Ag(CN)_2^- + e = Ag + 2CN^-$$

$$\varphi = -0.31 + 0.118pCN + 0.0591\lg a_{Ag(CN)_2^-} \qquad ⑩$$

$$H^+ + (CN)^- = HCN$$

$$pCN + pH = 9.4 - \lg a_{HCN}$$

令　$A = a_{(CN)^-} + a_{HCN}$

则　$pH + pCN = 9.4 - \lg A + \lg(1 + 10^{pH-9.4})$ ⑪

$$Zn^{2+} + 2e = Zn$$

$$\varphi = -0.76 + 0.0295\lg a_{Zn^{2+}} \qquad ⑫$$

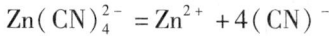

$$Zn(CN)_4^{2-} = Zn^{2+} + 4(CN)^-$$

$$pCN = 4.2 + 0.25\lg \frac{a_{Zn^{2+}}}{a_{Zn(CN)_4^{2-}}} \qquad ⑬$$

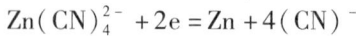

$$Zn(CN)_4^{2-} + 2e = Zn + 4(CN)^-$$

$$\varphi = -1.261 + 0.118pCN + 0.0295\lg a_{Zn(CN)_4^{2-}} \qquad ⑭$$

图中横坐标,既代表 pH,也可代表 pCN。pH 与 pCN 的关系,可用下式换算:

$$pH + pCN = 9.4 - \lg A + \lg(1 + 10^{pH-9.4})$$

以 $A = a_{(CN)^-} + a_{HCN} = [CN^-]_{总} = 10^{-2}$ mol/L 代入上式,化简可得方程:

$$pCN = 11.4 + \lg(1 + 10^{pH-9.4}) - pH$$

用该方程,可算出下列相关数值:

pH	0	2	4	6	8	9.4	10~16
pCN	11.4	9.4	7.4	5.4	3.4	2.3	2

由图 5-1 可以看出:

(1) 用氰化物溶液溶解金、银,生成的络合物离子的还原电极电位,比游离金、银离子的还原电极电位低得多,所以氰化物溶液是金、银的良好溶剂和络合剂。

(2) 金、银被氰化物溶液溶解而生成络合物离子的反应线⑨、⑩,几乎都落在水的稳定区,即线①与线②之间。这说明金、银的络合物离子 $Au(CN)_2^-$、$Ag(CN)_2^-$ 在水溶液中是稳定的。

(3) 金的游离离子的还原电位高于银离子,但金的络合物离子的还原电位则低于银络离子。这说明氰化物溶液溶金易于溶银。

（4）在 pH < 9 ~ 10 的范围内，金、银络合物离子的电极电位，随 pH 的升高而降低。说明在此范围内，提高 pH，对溶解金、银有利；但大于该范围，它们的电极电位几乎不变，pH 对溶解金、银无影响。

（5）氰化物溶金的曲线⑨及其下边的平行曲线说明，在 pH 相同时，金的络合物离子的电极电位，随络离子活度降低而降低。银也具有同样的规律。

（6）反应⑨、⑩线均在①线之下，说明 O_2/H_2O 电对是推动金、银溶解的氧化剂；同理 O_2/H_2O_2 也是如此。

（7）反应⑨与反应①或③组成溶金原电池，其电动势是与相应曲线间的垂直距离。当 pH = 9.4 时，垂直距离最大，也就是说，就热力学而言，此时的化学势最大。故在工业上一般控制氰化溶金的 pH 在 9 ~ 10 之间。

（8）反应⑨中 $a_{Au(CN)_2^-} = 10^{-5} mol/L$ 的曲线与②线相交，在相交的范围内，线⑨位于线②之下，在此范围内可以产生溶金过程并放出氢气。

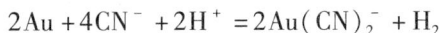

$$2Au + 4CN^- + 2H^+ = 2Au(CN)_2^- + H_2$$

在此范围之外，则上述反应为逆反应，即 $Au(CN)_2^-$ 被 H_2 还原，析出金属金。

（9）线⑮表示下一反应：

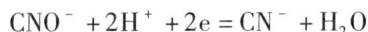

$$CNO^- + 2H^+ + 2e = CN^- + H_2O$$

氰化过程中，如用过强的氧化剂，如线④所示的 H_2O_2/H_2O，则会使 CN^- 氧化成 CNO^-，这将导至氰化物消耗的增加。因此，氰化溶金一般不用双氧水作氧化剂，这是其原因之一。

（10）线⑪表示，pH 在该线左边范围内，CN^- 转化为 HCN，这不仅使氰化物损失，且污染环境。

（11）反应⑫、⑬、⑭，对分析用锌粉从含金的氰化液中沉淀金，很有意义，这将在以后讨论。

5.2　氰化过程动力学

金、银在氰化物溶液中的溶解机理，本质上是一个电化学腐蚀过程。按电化学腐蚀观点，受腐蚀金属的两个相邻表面，一个是阴极，另一个是阳极（阳极是金；阴极是其他矿物或金的另一区域）。图 5 - 2 是该微电池的示意图。图中 A_1 表示金粒作为阴极区的面积；A_2 表示阳极区的面积。

电化腐蚀的电极反应如下：

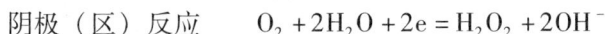

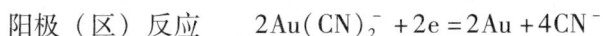

阴极（区）反应　　　$O_2 + 2H_2O + 2e = H_2O_2 + 2OH^-$

阳极（区）反应　　　$2Au(CN)_2^- + 2e = 2Au + 4CN^-$

此两式相减，则总反应为：

$$2Au + 4CN^- + O_2 + H_2O = 2Au(CN)_2^- + H_2O_2 + 2OH^-$$

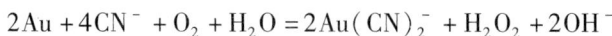

金（银）和氰化物溶液的相互作用，发生在固－液相界面上。因此，氰化过程是典型的多相反应，它的速度应该服从于一般多相反应动力学规律。

研究证明：金溶解速度在低氰化物浓度范围内随氰化物浓度增加而提高（见图5-3），氰化物浓度增加到某一极限值时，溶金速度不再提高。溶液中氧浓度的影响则有另外的特征：在低氰化物浓度下，溶解速度与溶液上空的氧压无关（两线重合）；在高氰化物浓度下则随氧压增加，溶解速度增加。换言之，反应速度在高氧浓度时取决于氰化物离子通过扩散层向阳极区的扩散；在高氰化物浓度时，则取决于氧通过扩散层向阴极区的扩散。在固定的氧压下，反应速度随着氰化物浓度增高而增高，最后接近平稳值，即该氧压下的极限速度。此平稳值与氧压成正比。

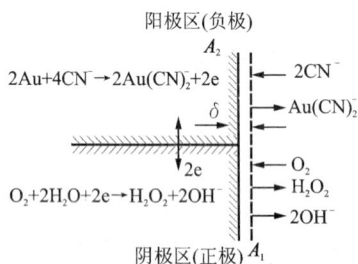

图5-2　氰化溶金示意图

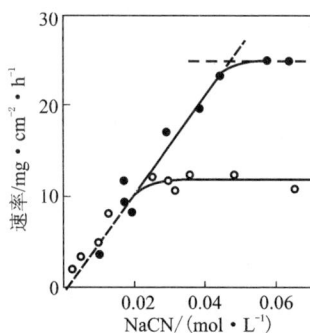

图5-3　氰化浓度和氧分压对金溶解速率的影响

温度24℃，○为 3.4×10^5 Pa，● 为 7.4×10^5 Pa氧压力

利用电化学方法研究也得到与上述结论相同的结果。图5-4是阳、阴极极化曲线重叠图。电位向正方向伸展的曲线为阳极极化曲线，$Au + 2CN^- = Au(CN)_2^- + e$；负方向伸展者为阴极极化曲线，$1/2O_2 + H_2O = 1/2H_2O_2 + OH^- - e$。二者的交点代表稳定态，该点电流即为该条件下的极限腐蚀电流，它与金的溶解速度成正比。假定氧分压等于0.021MPa，当KCN浓度等于0.0175%时，交点在氧还原的极限电流区。因此，在此条件下溶解速度被阴极反应速度所限制（它又由氧向金属表面扩散的速度所决定）；当KCN浓度低于

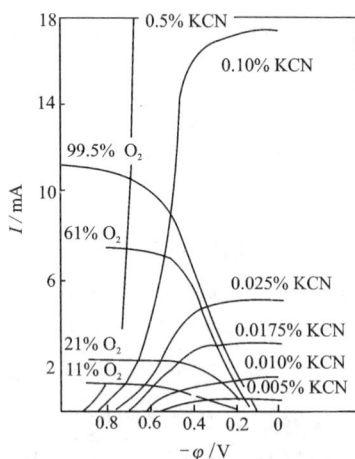

图5-4　阳极和阴极极化曲线重叠

（27℃　300r/min）

0.0175%，O_2 分压仍为 0.021 MPa 时，极化曲线交点在金离子化过程（阳极）的极限电流区。因此，在此条件下的限制因素是氰离子的扩散。随着氧分压提高，氰化物极限浓度可提高且最大溶解速度成正比地提高。

研究查明，金氰化反应速度常数 K 与温度 T 的关系式为：

$$\lg K = -3.423 - \frac{762}{T}$$

相应的活化能为 15kJ/mol。在高氰化物浓度下活化能更低，约 6kJ/mol。这说明氰化过程属于典型的扩散控制过程。

在氰化电化腐蚀系统中，影响阴阳极极化最大的因素是浓差极化，而浓差极化由菲克定律确定。

在阳极液中，CN^- 向金粒面扩散速度为：

$$\frac{d[CN^-]}{dt} = \frac{D_{CN^-}}{\delta} A_2 \left([CN^-] - [CN^-]_i \right) \text{mol/s}$$

式中：D_{CN^-}——CN^- 的扩散系数，cm^2/s；

　　　δ——扩散层厚度，cm；

　　　$[CN^-]$——扩散层外 CN^- 的浓度，mol/L；

　　　$[CN^-]_i$——扩散层内 CN^- 的浓度，mol/L。

由于化学反应速度很快，所以 $[CN^-]_i$ 趋于零，则：

$$\frac{d[CN^-]}{dt} = \frac{D_{CN^-}}{\delta} A_2 [CN^-]$$

在阴极液中，O_2 向金粒面扩散速度为：

$$\frac{d[O_2]}{dt} = \frac{D_{O_2}}{\delta} A_1 \left([O_2] - [O_2]_i \right)$$

式中：D_{O_2}——O_2 的扩散系数，cm^2/s；

　　　$[CN^-]$——扩散层外 O_2 的浓度，mol/L；

　　　$[CN^-]_i$——扩散层内 O_2 的浓度，mol/L。

由于化学反应速度很快，所以 $[O_2]_i$ 趋于零，则：

$$\frac{d[O_2]}{dt} = \frac{D_{O_2}}{\delta} A_1 [O_2]$$

由反应式

$$2Au + 4CN^- + O_2 + 2H_2O = 2Au(CN)_2^- + H_2O_2 + 2OH^-$$

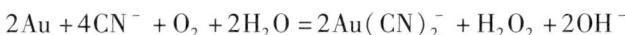

可知，金的溶解速度为氧的消耗速度的二倍，为氰的消耗速度的一半。以 $v_{金}$ 表示金的溶解速度，当溶液中氰化物的浓度 $[CN^-]$ 很低时：

$$v_{金} = \frac{1}{2} \times \frac{A D_{CN^-}}{\delta} \times [CN^-]$$

令　　　　$\dfrac{1}{2} \times \dfrac{AD_{CN^-}}{\delta} = K_1$

则：$v_{金} = K_1 [\, CN^- \,]$

这就是说,当氰化物浓度很低时,溶金速度只随氰化物浓度 $[\, CN^- \,]$ 而变。当溶液中氰化物浓度很高时:

$$v_{金} = 2 \times \dfrac{AD_{O_2}}{\delta} [\, O_2 \,]$$

令　　　　$2 \times \dfrac{AD_{O_2}}{\delta} = K_2$　　　则：$v_{金} = K_2 [\, O_2 \,]$

结果表明,当氰化物浓度很高时,溶金速度取决于氧的浓度。

当氰化物浓度处于过程从氰化物扩散控制过渡到由氧扩散控制（即图 5-3 曲线弯折点）时, 上二式都有效。得到:

$$v_{金} = 2 \times \dfrac{D_{O_2}}{\delta} A_1 [\, O_2 \,] = \dfrac{1}{2} \times \dfrac{D_{CN^-}}{\delta} A_2 [\, CN^- \,]$$

此时获得极限溶金速度。

如 $A_1 = A_2$,且两极扩散层厚度(δ)也相等时,则有:

$$D_{CN^-} [\, CN^- \,] = 4D_{O_2} [\, O_2 \,]$$

即　　　　$\dfrac{[\, CN^- \,]}{[\, O_2 \,]} = 4 \dfrac{D_{O_2}}{D_{CN^-}}$

扩散系数(D_{O_2}、D_{CN^-})的数值,可从表 5-1 查出。

表 5-1 扩散系数值

温度 /℃	KCN /%	D_{CN^-} /($\times 10^{-3} cm \cdot s^{-1}$)	D_{O_2} /($\times 10^{-5} cm \cdot s^{-1}$)	$\dfrac{D_{O_2}}{D_{CN^-}}$
18	—	1.72	2.54	1.48
25	0.03	2.01	3.54	1.76
27	0.0175	1.75	2.20	1.26
平均值	—	1.83	2.76	1.5

如都取平均值,则:

$$D_{O_2} = 2.76 \times 10^{-5} cm^2/s$$

$$D_{CN^-} = 1.83 \times 10^{-5} cm^2/s$$

平均比值为:

$$\frac{D_{O_2}}{D_{CN^-}} = \frac{2.76 \times 10^{-5} \, cm^2/s}{1.83 \times 10^{-5} \, cm^2/s} = 1.5$$

则在氰化液中，CN^-、O_2 的最佳比值为：

$$\frac{[CN^-]}{[O_2]} = 4 \times 1.5 = 6$$

这个比值的意义在于，生产当中无论是溶液中的 O_2 或是 CN^-，对氰化物溶金都是重要的，两者的浓度应符合一定的比值，才能使金的溶解速度达到极限。生产中如果只致力于提高溶液中 $[O_2]$ 的浓度，即一味充气，而溶液中缺少游离氰化物，则金的溶解速度不会达到最大值；相反，只提高氰化物浓度 $[CN^-]$，不进行适当的充气，显然，过量的氰只是一种浪费。

例如，在室温和大气下，一升水中能溶解 8.2 mLO_2，相当于 0.27×10^{-3} mol/L。因此，溶金的极限速度的出现，应在 KCN 浓度等于 $6 \times 0.27 \times 10^{-3}$ mol/L 或 0.01% 的时候。

表 5 - 2 为金、银溶解的实验数据。

表 5 - 2 金银在氰化物溶液中溶解的极限比值

金属	温度 /℃	p_{O_2} /atm	溶液中 $[O_2]$ / ($\times 10^{-3}$ mol·L^{-1})	溶液中 $[CN^-]$ / ($\times 10^{-3}$ mol·L^{-1})	$\frac{[CN^-]}{[O_2]}$
金	25	1.00	1.28	6.0	4.69
	25	0.21	0.27	1.3	4.86
	25	1.00	1.28	8.8	6.8
银	24	7.48	9.55	56.0	5.85
	24	3.4	4.35	25.0	5.75

从表 5 - 2 中看出，$\frac{[CN^-]}{[O_2]}$ 在 4.6 ~ 6.8 的范围内，此值与理论比值 6 接近。

5.3 工业条件下影响氰化速度的因素

前一节关于氰化过程动力学研究，是用纯氰化物溶液和纯金属，即在实验室条件下进行的。在工厂条件下，氰化物溶液还含有大量杂质，金矿石也含有大量可与氰化物作用的其他矿物。因此，研究工业条件下金矿石的浸出具有实际意义。

5.3.1 氰化物浓度和氧浓度

前已述及，在室温和大气下，浸金的最佳游离氰化物的浓度约 0.01%，溶银约0.02%。实际上，在大多数情况下，采用的氰化物溶液为0.02% ~ 0.05%或者还浓一点。这是因为氰化物溶液通常含有大量降低溶液活性（溶解性能）的杂质，金矿石组分中含有许多可被氧化的伴生矿物，使部分氰化物和溶解的氧无益地消耗于这些副反应。

在氰化实践中，用低浓度氰化物溶液处理含金矿石时，有利于金、银的溶解，且各种非贵金属的溶解速度和数量将会大大降低，从而减少氰化生产的药剂消耗。

在氰化物浓度较低时，金的溶解速度只取决于氰化物溶液的浓度；相反，氰化物浓度较高时，溶液中氧的浓度就成了决定性的条件。所以在氰化过程中，任何引起氧浓度的降低，都将导致金溶解速度的降低。例如，在某些矿石中所伴生的大部分白铁矿、磁黄铁矿及部分黄铁矿很容易氧化，导致了大量溶解氧的消耗，如果氧补充不及时，则氰化物溶液中氧浓度将低于该温度和氧分压下的平衡浓度，就会直接影响金的溶解。为了防止有害杂质的这种不良影响，除了在氰化过程中充入大量空气外，往往在浸出之前向碱性矿浆中通入空气并进行强烈搅拌，以使硫化铁氧化成$Fe(OH)_3$，因为$Fe(OH)_3$不与氰化物发生作用，故不再消耗溶液中的氧，这样有利于提高金的浸出率。

为了强化金的浸出过程，提高氧在溶液中的浓度，可以通过渗氧溶液或在高压下进行氰化来实现。例如，在氧气分压为7 atm时，根据各种矿石的不同性质，金的溶解速度，可以提高为通常情况下溶解速度的数十倍。

在氰化法提金生产中，浸出溶液中氰化物浓度的高低依各厂的条件不同而变化。一般说来，当进行渗滤氰化，精矿氰化和循环使用贫液浸出时，可采用较高的氰化物浓度。相反，在搅拌浸出、全泥氰化和溶液中杂质含量较低的条件下，应该采用较低的氰化物浓度。

5.3.2　搅拌

含金矿石浸出研究表明，溶金过程在大多数情况下都具有扩散特征。因此，所有加速CN^-和O_2扩散的因素，都应当是强化氰化过程的可能途径。

扩散速度随搅拌速度提高而提高，因此，在激烈搅拌时可大大提高溶解速度。这一重要结论已广泛用于金矿的浸出实践。

5.3.3　温度

温度从两个方面影响氰化过程：一方面提高温度将导致扩散系数增大和扩散层减薄；另一方面会降低氧的溶解度从而降低溶液中氧的浓度。这两个互相矛盾的作用在很大程度上抵消了温度的影响，故表面活化能很小。

氰化液温度过高，还会导致氰化成本提高，污染环境，降低浸出液的纯度。

如，加速氰化液的蒸发；副反应速度增加，使矿石中的贱金属更易于溶解；促进氰化物的水解；增加能耗等。因此，工业上一般不对矿浆进行人工加热，即使在冬天也只采取保温措施，使矿浆保持室温（15~20℃）。

5.3.4　金粒大小和形状

金粒的大小和形状是决定氰化速度的最重要因素之一。由于粗粒金的比表面比细粒金的比表面小，故粗粒金的溶解速度小，完全溶解的时间很长，以致使用氰化提金不合算。此外，在磨矿时，金粒具有很强的韧性，导致不能和其他矿石一样达到理想的细度。对于这部分金，宜于用重选或混汞法等辅助方法回收，以免在氰化中，由于粗粒溶解缓慢，过度地延长浸出时间，或者因为粗粒浸出不完全而使其损失在氰化尾矿中。另外，在闭路磨矿系统中，粗粒金很容易在循环物料中富集和镶嵌在磨矿机衬板和介质上，因此如有可能可把氰化物加到磨矿机中，以便有效地加速粗粒金的浸出。

对于粒度范围介于 1~70μm 的细粒金，在浸出前经过磨矿，一般都能够得到单体分离或从伴生矿物的表面上暴露出来，用氰化法处理可以取得很好的效果。在工业生产中，金粒的暴露情况与磨矿细度相关，磨矿粒度越细、金粒的暴露越完全，浸出速度就越快。氰化矿石合理的磨矿细度，应通过试验，根据金的实际浸出效果与磨矿费用、药剂消耗和氰化洗涤条件等因素，综合分析后确定。一般地说，金颗粒均匀，极细粒较少的矿石适于粗磨，而全泥氰化矿石粒度的要求，往往比浮选精矿氰化的粒度要粗些。我国精矿氰化厂，磨矿细度大多要求 -325 目占 80%~95%，而全泥氰化厂的磨矿细度多数控制在 -325 目占 60%~80%。

颗粒小于 1μm 的微粒金，在磨矿时很难从包裹的矿物中分离或暴露出来，因此不适宜直接用氰化法回收。如果金被包裹在有用矿物（如硫化矿）中，则可以用浮选的方法使金富集在精矿中，经火法冶炼随同其他元素一起回收，或者精矿焙烧后再用氰化法回收。某些含金氧化矿石，虽然金粒很细，但矿石呈多孔状，在粗磨的情况下，也能得到较好的氰化浸出效果。

金粒的形状对金的浸出过程有很大影响。在矿石中，金粒的形状有浑圆状、片状、脉状或树枝状、内孔穴和其他不规则形状。浑圆状的金具有较小的比表面，浸出速度比较慢，同时随着浸出作用的不断进行，浑圆体的金粒表面积在不断减少，因而导致金的浸出速度逐渐降低。其他形状的金都比浑圆状的金具有较大的比表面，浸出速度一般较快。片状的金，表面积不随浸出时间延长而降低，所以在浸出过程中金的浸出量接近一致；有内孔穴的金粒经过一段时间浸出后，内孔穴的表面积增加，金的溶解也就越来越快。

5.3.5 矿浆粘度的影响

氰化矿浆的粘度会直接影响氰化物和氧的扩散速度，并且当矿浆粘度较高时，对金粒与溶液间的相对流动会产生阻碍作用。

在矿浆温度等条件相同的情况下，矿浆浓度和含泥量是决定矿浆粘度的主要条件，这是因为固体颗粒在液体中被水润湿后，在其表面形成一个水膜，水膜与固体颗粒之间，由于吸附和水合等作用很难产生相对流动。当固体颗粒越多，粒度越小时，这个含水体的排列就越密，尤其是当矿浆中含泥量较高时，数量极多、极细的矿泥微粒高度地分散在矿浆中，组成了一接近胶体的矿浆，从而大大地提高了矿浆的粘度。

在矿浆中，矿泥分原生矿泥和次生矿泥两种。原生矿泥主要是矿床中的高岭土一类的矿物（$Al_2O_3 \cdot 2SiO_2 \cdot 2H_2O$）和赭石（$Fe_2O_3 \cdot nH_2O$）。次生矿泥是在采矿、选矿和运输等生产过程中，尤其是磨矿时生成的一些极细微石英、硅酸盐、硫化物和其他金属矿粉末。因此，为了改善氰化条件，在生产中应该尽量避免原生矿泥的进入和次生矿泥的生成。

矿浆的粘度高会大大降低金的溶解速度。这类矿石的氰化仅在低矿浆浓度下（<20%）才有可能进行，但提高液固比要求大容积的氰化设备，并增加药剂消耗。此外，矿浆中存在的大量矿泥，会使随后的浓缩、过滤、洗涤作业发生困难。因此，含矿泥高的矿石也属于顽固矿之一，不宜用常规的氰化工艺处理。

5.3.6 金粒的表面薄膜

氰化过程中金粒表面保持新鲜状态与溶剂接触，将加速金的溶解。但生产实践中，金粒表面常常形成一层薄膜，妨碍金粒与溶剂接触而降低溶金速度。

在实验室条件下，人们早就发现金（银）氰化过程的钝化现象。其原因与金粒表面生成薄膜有关。

1. 硫化物薄膜

在氰化物溶液中，S^{2-} 离子浓度只要达到 0.5×10^{-6} mol/L，就会降低溶金速度。这可视为是在金粒表面形成了一层硫化亚金薄膜，妨碍金的溶解。

2. 过氧化钙（CaO_2）薄膜

用 $Ca(OH)_2$ 作为保护碱，当 pH 大于 11.5 时，它有碍于金的溶解。有人认为这是氰化过程产生的 H_2O_2 与石灰发生以下反应：

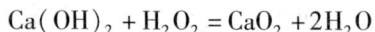

$$Ca(OH)_2 + H_2O_2 = CaO_2 + 2H_2O$$

而在金粒表面生成 CaO_2 膜所致。

3. 不溶性氰化物膜

氰化过程中，加入少量铅盐（硝酸铅、醋酸铅），对溶金有增速效应，这是

因为金与 Pb^{2+} 发生置换反应，生成的铅与金构成原电池。此时金成阳极得以电化溶解。但过多的铅盐，则在金粒表面形成不溶性 $Pb(CN)_2$ 薄膜。另外，还可生成 CuCN 也属此类。

4. 黄原酸盐薄膜

如氰化处理的金矿是来自浮选，必然会把一些浮选药剂（如黄药）带入氰化液中。当氰化液中黄药浓度超过 0.4ppm 时，就有可能在金粒表面上生成黄原酸金薄膜。其他浮选药剂都可能吸附在金粒上，阻碍金溶解。因此，为了克服浮选药剂对氰化过程的不良影响，最好在氰化前采用浓密机或过滤机脱药。

对于上述表面薄膜的组成、结构都有待进一步研究来证实。

5.4　氰化物水解和保护碱

浸金所用的氰化物是弱酸（HCN）和强碱（KOH、NaOH、$Ca(OH)_2$）生成的盐。因此，在水溶解时会水解并形成挥发性的氢氰酸和氢氧根。

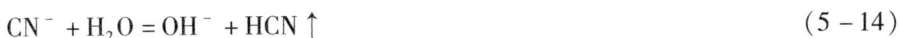

$$CN^- + H_2O = OH^- + HCN \uparrow \qquad (5-14)$$

氰化物水解是极不希望的，因为这不仅会损失氰化物，而且还会使车间空气被有毒的 HCN 气体污染。

式（5-14）水解常数可表达为：$K_a = (a_{OH^-} \cdot a_{HCN})/a_{CN^-}$。在稀溶液中，可认为活度大致等于浓度，那么

$$K_a = [OH^-][HCN]/[CN^-] \qquad (5-15)$$

氢氰酸部分离解：

$$HCN = H^+ + CN^-$$

离解常数　$K_b = [H^+][CN^-]/[HCN]$ $\qquad (5-16)$

从式（5-16）求出 [HCN] 代入式（5-15）得到

$K_a = [OH^-][H^+]/K_b$，式中分子项是水的离子积 K_w，则

$$K_a = K_w/K_b \qquad (5-17)$$

在 25℃时，$K_w = 1.0 \times 10^{-14}$ 和 $K_b = 7.9 \times 10^{-10}$，则

$$K_a = 1.26 \times 10^{-5}$$

现在我们求 NaCN 的水解率。设液中 NaCN 的浓度为 C_0，它的水解率为 h，那么水解的 NaCN 为 $(C_0 - C_0 h)$ mol/L。若水解的 NaCN 完全离解成离子，则它的浓度等于 CN^- 离子浓度：

$$[CN^-] = C_0(1-h) \qquad (5-18)$$

在水解时，形成等当量的 HCN 分子和 OH^- 离子。因此 $[OH^-] = [HCN]$，又由于水解时一个 CN^- 形成一个 HCN，所以 HCN 浓度等于已水解的

NaCN 浓度。即：

$$[HCN] = [OH^-] = C_0 h \qquad (5-19)$$

将式 (5-18)、(5-19) 代入式 (5-14)：

$$K_a = C_0^2 h / C_0 (1-h) = C_0 h^2 / (1-h)$$

$$h = -(K_a / 2C_0) + \sqrt{(K_a^2 / 4C_0^2) + (K_a / C_0)} \qquad (5-20)$$

式 (5-20) 可用来计算氰化物的水解率 (见表 5-3)。可见，水解率随氰化物浓度降低而急剧增加。在实践采用的氰化物浓度下，水解率可达很大的数值 (5%~10%)。

表 5-3　NaCN 的水解率

NaCN 浓度		水解率/%〔在不同 CaO 浓度% (mol/L)时〕		
/%	$\lambda 10^{-2}/(mol \cdot L^{-1})$	0	$0.01(1.87 \times 10^{-3})$	$0.05(8.92 \times 10^{-3})$
0.5	10.20	1.1	0.32	0.07
0.2	4.08	1.7	0.34	0.07
0.1	2.04	2.5	0.35	0.07
0.05	1.02	3.5	0.35	0.07
0.02	0.408	5.4	0.35	0.07
0.01	0.204	7.6	0.35	0.07
0.005	0.102	10.5	0.35	0.07
0.002	0.041	16.1	0.35	0.07

从反应 (5-14) 知：为了抑制氰化物水解，必须加碱。现在让我们来计算碱浓度为 C_0' 时氰化物的水解率。

CN^- 浓度和 HCN 分子浓度仍用式 (5-18)、(5-19) 确定，为了计算 OH^- 离子浓度，应该考虑它是由加入的碱和氰化物水解两方面提供的。假定加入的碱是 $Ca(OH)_2$，那么 OH^- 浓度为：

$$[OH^-] = 2C_0' + C_0 h \qquad (5-21)$$

式中：C_0'——$Ca(OH)_2$ 浓度，mol/L；

　　　C_0——NaCN 浓度，mol/L；

　　　h——NaCN 水解率，%。

将式 (5-18)、(5-19)、(5-21) 代入式 (5-15)：

$$K_a = \frac{(2C_0' + C_0 h) \cdot C_0 h}{C_0 (1-h)} = \frac{2C_0' h + C_0 h^2}{1-h}$$

求出加碱后的水解率为：

$$h = -\frac{2C_0' + K_a}{2C_0} + \sqrt{\frac{(2C_0' + K_a)^2}{4C_0^2} + \frac{K_a}{C_0}} \qquad (5-22)$$

计算结果也列在表5-3中。从表可见，即使加入的碱浓度不大，水解率也大幅度下降。为此，生产实践中，加入数量不多的碱（CaO 或 NaOH）来保护氰化物免受水解分解，故称之为保护碱。

保护碱的加入量，从氰化过程电位 pH 图（图5-1）来看，只要维持 pH 在线⑪的右侧，即 pH > 9.4 即可，加碱过多会影响下一步的加锌沉金作业。最佳的加碱量（pH），要通过试验来确定。生产中通常加价廉的石灰，达到浓度为 CaO 0.03% ~ 0.05%。

保护碱除抑制氰化物水解外，还可以中和氰化过程中产生的硫酸、碳酸。这些酸会与氰化物作用生成 HCN：

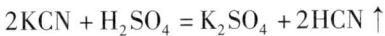

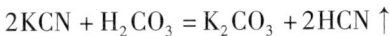

$$2KCN + H_2SO_4 = K_2SO_4 + 2HCN \uparrow$$

$$2KCN + H_2CO_3 = K_2CO_3 + 2HCN \uparrow$$

加入保护碱可把这些酸中和：

$$Ca(OH)_2 + H_2SO_4 = CaSO_4 + 2H_2O$$

另外，矿浆中的黄铁矿氧化时，除可能产生硫酸外，还可能产生硫酸亚铁，从而导致氰化物的化学损失：

$$FeSO_4 + 6KCN = K_4Fe(CN)_6 + K_2SO_4$$

氰化物液中如有足够的氧，可使 $FeSO_4$ 转变成 $Fe_2(SO_4)_3$，如果加有保护碱，则生成 $Fe(OH)_3$ 沉淀，而 $Fe(OH)_3$ 是不与氰化物作用的，从而防止了由于黄铁矿存在而引起的耗氰作用。

保护碱从上述三方面防止氰化物的化学损失，此外，CaO 在矿浆浓缩时还起着凝聚剂的作用而促进矿粒的沉降。

第 6 章

氰化物溶液与
伴生矿物的作用

　　金矿石的矿物组成是各种各样的，除了惰性的、不与氰化物作用的矿物（石英、硅酸盐、氧化铁）外，常常存在能与氰化物及溶液中氧起反应的物质。它们进行的副反应，增加反应剂的消耗，降低金的浸出速度和浸出率。这些副反应的产物还可能使锌沉淀作业发生困难。因此，金矿石的矿物组成，是决定氰化指标的主要因素之一。金矿石中，常见的并强烈影响氰化过程的矿物有：铁、铜、锑、砷的矿物；锌、汞、铅和其他矿物虽然比较少，但也可能影响氰化过程。

6.1　铁矿物

　　金矿中的铁矿物可分为氧化矿和硫化矿两大类型。赤铁矿 Fe_2O_3、磁铁矿 Fe_3O_4、针铁矿 $FeOOH$、菱铁矿 $FeCO_3$ 等属于氧化矿，这一类铁矿物不与氰化物作用，对氰化过程不造成有害影响。相反，铁的硫化矿，如黄铁矿 FeS_2、白铁矿 FeS_2、磁黄铁矿 $Fe_{1-x}S$（$x = 0 \sim 0.2$）在氰化过程中发生显著的、有时是非常重要的变化，引起一系列不希望的后果。这些硫化矿在氰化过程中的稳定程度，取决于它们自身的结晶构造、性质、粒度及氰化条件。

　　铁的硫化矿在氰化时的行为特点，与其说氰化物溶液与硫化铁矿本身起作用，还不如说是和它们的氧化产物作用。

　　按照氧化速度的快慢，可相对地划分慢氧化的和快氧化的硫化铁矿两类。大部分黄铁矿、特别是那些具有致密的、粗颗粒结晶结构（正方体和五角十二面体）的黄铁矿属于前一类。它们的氧化速度很慢，在包括磨矿、氰化的整个工艺过程中不发生氧化。因此，从这类慢氧化黄铁矿中氰化提金，通常不会有困难。

　　属于第二类的矿石是结晶细小，结构松疏的硫化铁变体，主要是磁黄铁矿和大部分白铁矿。极个别情况下，含有细小结晶的黄铁矿也属于这一类。它们具有高氧化速度，在开采、运输、贮存，特别是磨矿和氰化时发生显著的氧化。如果不采用特殊措施，处理这类矿物将增加氰化物消耗和降低金回收率。

这类矿石在进入氰化前，已部分氧化，除了原始的硫化物之外，还含有一定数量的元素硫、Fe（Ⅱ）和 Fe（Ⅲ）的硫酸盐，它们的作用非常大，会和 CN^-，O_2 及保护碱产生一系列的反应：

$$S + CN^- = CNS^-$$

部分 S 氧化成硫代硫酸盐：

$$2S + 2OH^- + O_2 = S_2O_3^{2-} + H_2O$$

在碱性氰化物中，Fe（Ⅱ）水解

$$Fe^{2+} + 2OH^- = Fe(OH)_2$$

并和 CN^- 形成不溶于水的氰化铁：

$$Fe(OH)_2 + 2CN^- = Fe(CN)_2 \downarrow + 2OH^-$$

白色的 $Fe(CN)_2$ 沉淀溶于过剩的氰化物，生成亚铁氰酸盐：

$$Fe(CN)_2 + 4CN^- = [Fe(CN)_6]^{4-}$$

当保护碱不够时，将生成普鲁士蓝：

$$2Na^+ + Fe^{2+} + [Fe(CN)_6]^{4-} = Na_2Fe[Fe(CN)_6]$$

$$4Na_2Fe[Fe(CN)_6] + O_2 + 2H_2O$$
$$= Fe_4[Fe(CN)_6]_3 + Fe(CN)_6^{4-} + 4OH^- + 8Na^+$$

或者直接与 Fe^{3+} 反应：

$$4Fe^{3+} + 3[Fe(CN)_6]^{4-} = Fe_4[Fe(CN)_6]_3$$

当保护碱足够时，蓝色消失：

$$Fe_4[Fe(CN)_6]_3 + 12OH^- = 3[Fe(CN)_6]^{4-} + 4Fe(OH)_3$$

在碱性氰化物溶液中，铁的硫化物比在水中氧化要激烈得多，并消耗大量氰化物和氧：

$$4FeS + 3O_2 + 4CN^- + 6H_2O = 4CNS^- + Fe(OH)_3$$

此外，硫化铁可以直接与碱、氰化物作用：

$$FeS_2 + CN^- = FeS + CNS^-$$

$$FeS + 6CN^- = [Fe(CN)_6]^{4-} + S^{2-}$$

$$FeS + 2OH^- = Fe(OH)_2 + S^{2-}$$

$$Fe(OH)_2 + 6CN^- = [Fe(CN)_6]^{4-} + 2OH^-$$

造成硫氰酸化合物在溶液中的积累；S^{2-} 阴离子则部分留在溶液中，一部分转为 CNS^-、$S_2O_3^{2-}$ 和 SO_4^{2-}：

$$2S^{2-} + 2O_2 + H_2O = S_2O_3^{2-} + 2OH^-$$

$$S_2O_3^{2-} + 2O_4 + 2OH^- = 2SO_4^{2-} + H_2O$$

$$2S^{2-} + 2CN^- + O_2 + 2H_2O = 2CNS^- + 4OH^-$$

实际上,铁的硫化物与氰化物溶液作用相当复杂,溶液中还有 SO_3^{2-}、S_n^{2-}、$S_xO_6^{2-}$ 等。过程进行的结果,使氰化物溶液的组成变得十分复杂。在所有的离子中,SO_4^{2-}、$S_2O_3^{2-}$、CNS^-、$Fe(CN)_6^{4-}$ 不影响金溶解。SO_3^{2-} 离子可与白铁矿、磁黄铁矿、黄铁矿中不牢固的硫结合,变成相对无害的 $S_2O_3^{2-}$:

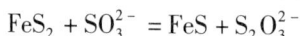

$$FeS_2 + SO_3^{2-} = FeS + S_2O_3^{2-}$$

这将给氰化带来好的影响。但是,S^{2-} 离子降低溶金速度,使锌置换沉金困难,因而,它仍是最有害的氧化产物。

由于快氧化硫化铁一系列副反应的结果,给氰化带来的困难主要是:

(1) 降低了溶金的速度和完全程度,因为它大大降低了溶液中氧的浓度(有时从 7~6mg/L 降到 2~3mg/L),且积累了碱金属和碱土金属硫化物(或者是 S^{2-} 离子)。

(2) 增加了氰化物的消耗。氰化物变成无用的硫氰化物和亚铁氰化物。

为了消除快氧化硫化铁矿氰化时的这些有害影响,在生产实践中采用以下主要措施:

①氰化前在碱性溶液中充气;

②在氰化时强烈充气;

③在氰化矿浆中加氧化铅或可溶性铅盐。

①项措施是基于,在不含氰化物的碱性溶液中充气时,硫化亚铁氧化成 $Fe(OH)_3$:

$$4FeS + 9O_2 + 8OH^- + 2H_2O = 4Fe(OH)_3 + 4SO_4^{2-}$$

而 $Fe(OH)_3$ 不与氰化物反应。此外,还在硫化物颗粒的表面生成 $Fe(OH)_3$ 薄膜,由于 $Fe(OH)_3$ 膜的包裹,防止了硫化物与氰化物溶液进一步发生反应。这样,在氰化时,就提高了氰化物溶液中的氧浓度,相应地提高了溶金速度,同时降低了氰化物的消耗。

②项措施是基于:强烈充气促使 S^{2-} 氧化成 $S_2O_3^{2-}$ 和 SO_4^{2-},相应地减少 FeS 与氰化物、氧作用生成 CNS^- 的那部分 S^{2-} 的比例。这样,减少了硫氰酸盐的浓度,降低了氰化物的消耗。同时强烈充气提高了氧浓度,从而提高了溶金速度。

③项措施是为了将已溶解的硫化物(S^{2-})转变成硫氰化物。这个问题将在 6.3 节进一步讨论。

采用以上措施虽然还不能完全排除快氧化硫化铁矿的全部危害,但毕竟能够获得可以接受的工艺指标。

6.2 铜矿物

在金矿石中,常伴生有铜矿物。它们和氰化物溶液作用,形成铜氰络合物,造成氰化物大量消耗。从表 6-1 看到：除了硅孔雀石，特别是黄铜矿与氰化物作用较弱以外，几乎所有的铜矿物都相当完全、迅速地溶于氰化物溶液。

铜在氰化物溶液中呈络合阴离子$[Cu(CN)_{n+1}]^{n-}$（$n=1$，2，3）。在工业条件下（游离氰化物浓度 0.01% ~ 0.1%），主要呈$Cu(CN)_3^{2-}$，其次为$Cu(CN)_4^{3-}$。

表 6-1 铜矿物在 0.1% NaCN 液中的溶解率

矿物名称	分 子 式	铜溶解率/%	
		23℃	45℃
自然铜	Cu	90.0	100.0
蓝铜矿	$2CuCO_3 \cdot Cu(OH)_2$	94.5	100.0
赤铜矿	Cu_2O	85.5	100.0
硅孔雀石	$CuSiO_3$	11.8	15.7
辉铜矿	Cu_2S	90.2	100.0
黄铜矿	$CuFeS_2$	5.6	8.2
斑铜矿	$FeS \cdot 2Cu_2S \cdot CuS$	70.0	100.0
孔雀石	$CuCO_3 \cdot Cu(OH)_2$	90.2	100.0
硫砷铜矿	$3CuS \cdot As_2S_3$	65.8	75.1
黝铜矿	$4Cu_2S \cdot Sb_2S_3$	21.9	43.7

二价铜的化合物与氰化物作用的特点是Cu^{2+}被CN^-还原成一价，而CN^-被氧化成氰$(CN)_2$：

$$Cu(OH)_2 + 2CN^- = CuCN + 2OH^- + 1/2(CN)_2$$
$$CuCO_3 + 2CN^- = CuCN + CO_3^{2-} + 1/2(CN)_2$$
$$CuSO_4 + 2CN^- = CuCN + SO_4^{2-} + 1/2(CN)_2$$

简单的 CuCN 易溶于过量的氰化物溶液中：

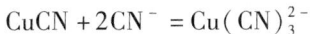

$$CuCN + 2CN^- = Cu(CN)_3^{2-}$$

$(CN)_2$ 和 OH^- 作用生成 CN^- 和 CNO^- 氰酸根：

$$(CN)_2 + 2OH^- = CN^- + CNO^- + H_2O$$

辉铜矿与氰化物作用时形成中间产物铜蓝：

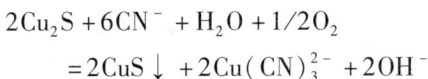

$$2Cu_2S + 6CN^- + H_2O + 1/2O_2$$
$$= 2CuS \downarrow + 2Cu(CN)_3^{2-} + 2OH^-$$

铜蓝溶解析出单质硫：

$$CuS + 6CN^- + H_2O + 1/2O_2 = 2Cu(CN)_3^{2-} + 2OH^- + 2S$$

单质硫将与 CN^- 作用进一步形成 CNS^- 离子。

这个机理的细节还不十分清楚，人们只知道 Cu_2S 溶解先生成 S^{2-} 和简单的 $CuCN$：

$$Cu_2S + 2CN^- = S^{2-} + 2CuCN$$

然后生成 $CuCNS$：

$$CuCN + S^{2-} + H_2O + 1/2O_2 = CuCNS + 2OH^-$$

生成的 $CuCNS$ 像 $CuCN$ 一样，溶于过剩的氰化物中：

$$CuCNS + 3CN^- = [Cu(CNS)(CN)_3]^{3-}$$

或者 $Cu(CN)_3^{2-} + CNS^- = [Cu(CNS)(CN)_3]^{3-}$

自然铜在氰化过程中，与金、银不同，它即使在无氧的情况下也可被水氧化而溶解：

$$2Cu + 6CN^- + 2H_2O = 2Cu(CN)_3^{2-} + 2OH^- + H_2\uparrow$$

综上所述，铜矿物极易与氰化物起反应。因此，哪怕它的含量很少（0.1%），也会引起氰化物大量的消耗，使得采用一般的氰化工艺提金将无利可图。

处理含铜矿物的困难，远不只在于氰化物消耗高，更重要的是 $Cu(CN)_3^{2-}$ 的存在明显地降低金的溶解速度，因而降低金的回收率。有两种理论解释这个现象：

其一，当氰化物溶液中有铜时，大部分 CN^- 离子与铜形成 $[Cu(CN)_{n+1}]^{n-}$，因此，所剩的游离 CN^- 浓度很低，因为此时会形成更高配位数的铜氰络阴离子。为了提高溶金速度，必须使溶液中全部铜都成 $Cu(CN)_4^{3-}$ 离子。但是，这样做了以后，实际上仍然不能达到加速浸出和提高金回收率的目的。这表明铜对氰化过程的影响是复杂的，不只局限于与 CN^- 形成铜氰络离子。

其二，铜的有害影响，不仅在于降低游离 CN^- 浓度，而且还在金表面形成一层薄膜，减低了金的溶解速度。按此理论，金表面附近（扩散层中）游离 CN^- 浓度变得如此之小，以致铜氰络离子的离解平衡向右进行：

$$Cu(CN)_3^{2-} \leftrightarrows Cu(CN)_2^- + CN^- \leftrightarrows CuCN\downarrow + 2CN^-$$

重新成为不溶性氰化铜。$CuCN$ 沉淀覆盖于金表面，使金难于进入溶液。经用放射性同位素精确研究已经证明，在含铜的氰化物液中，贵金属表面确实存在铜，并且，随着铜的浓度的增加，薄膜的密度增加，金的溶解速度相应地降低。在溶液中铜浓度不高时（<0.05%），形成的薄膜具有"镶嵌"的特征，即定位在表面活性最高的部位，这种膜是多孔的，溶剂可进入，反应产物还可以扩散出来，故对金溶解速度影响较小。

根据上述理论，生产上往往采用多段浸洗流程处理含铜的金矿石。最末段浸出用新水调浆，这就减少了氰化液中铜的浓度。

当氰化物浓度低时，铜矿物与氰化物的作用缓慢，有时利用这一特性来处理含铜的金矿石。

对于高铜的金矿，氰化前必须进行焙烧、浸铜等预处理。

6.3　砷、锑矿物

贵金属氰化过程中最有害的矿物是砷、锑矿物。锑矿物主要是辉锑矿，在金矿石中常见的砷矿物有毒砂 $FeAsS$、雌黄 As_2S_3、雄黄 As_4S_4。

Sb_2S_3 易与保护碱反应，并形成相应的含氧酸的和硫代锑酸的盐：

$$Sb_2S_3 + 6OH^- - SbO_3^{3-} + SbS_3^{3-} + 3H_2O$$

生成的 SbS_3^{3-} 一部分与碱反应形成 SbO_3^{3-} 和 S^{2-}

$$2SbS_3^{3-} + 12OH^- = 2SbO_3^{3-} + 6S^{2-} + 6H_2O$$

另一部分与 CN^-、O_2 反应形成 CNS^-：

$$2SbS_3^{3-} + 6CN^- + 3O_2 = 6CNS^- + 2SbO_3^{3-}$$

也有可能直接反应：

$$Sb_2S_3 + 3S^{2-} = 2SbS_3^{3-}$$

如前节所述，S^{2-} 在溶解的 O_2 的作用下，形成硫代硫酸盐、硫酸盐以及硫氰酸盐。

雄黄分解时，首先氧化成亚砷酐和 As_2S_3：

$$3As_4S_4 + 3O_2 = 2As_2O_3 + 4As_2S_3$$

As_2O_3 溶于碱：

$$As_2O_3 + 6OH^- = 2AsO_3^{3-} + 3H_2O$$

As_2S_3 的行为与 Sb_2S_3 相同。

这些反应的结果，氰化物溶液中积累了砷锑硫化物的分解产物：AsS_3^{3-}、SbS_3^{3-}、S^{2-}、AsO_3^{3-}、SbO_3^{3-}，其结果在金的表面生成薄且致密的膜。它阻碍 CN^- 和 O_2 通向金粒，因而使金的溶解速度急剧变慢。这就是含砷、锑的金矿极难氰化处理的主要原因。这种膜的性质和形成机理还未最终弄清，只知道它们的形成与氰化物液中积累了上述离子有关。

关于 Sb_2S_3、As_2S_3 和 As_4S_4 溶解的动力学研究表明：它们的溶解速度主要取决于保护碱浓度。降低氰化物溶液的 pH，可大大降低它们的分解率。因此，含砷、锑硫化物的金矿石氰化时，应采用尽可能低的保护碱浓度。

氰化处理这种金矿的另一措施是添加铅盐，使溶液中砷锑的分解产物尽快地转变成相对无害的 CNS^- 离子。这个过程通常进行得很慢，若加入可溶性铅盐，则能够加快这个过程，其机理可能是铅盐在碱性溶液中形成 PbO_2^{2-}，它与 S^{2-}、SbS_3^{3-}、AsS_3^{3-} 相结合形成不溶的 PbS，如：

$$PbO_2^{2-} + S^{2-} + 2H_2O = PbS \downarrow + 4OH^-$$

$$3PbO_2^{2-} + 2SbS_3^{3-} + 6H_2O = 3PbS \downarrow + Sb_2S_3 + 12OH^-$$

进一步氧化成 CNS^{2-} 和 PbO_2^{2-}：

$$PbS + CN^- + 1/2O_2 + 2OH^- = CNS^- + PbO_2^{2-} + H_2O$$

然后，再生的 PbO_2^{2-} 再沉淀新的 S^{2-}、SbS_3^{3-}、AsS_3^{3-} 等有害离子，直至完全转化为 CNS^- 离子。

必须指出：毒砂是金矿石中广泛伴生矿物之一。它与 As_2S_3 不同，在碱性氰化物溶液中，实际上不溶。因此，它本身对氰化提金并不造成坏的影响。但是，毒砂常常包裹有微粒金，甚至在超细磨矿时，也不能将其包裹的微粒金暴露。在这种情况下，必须用特殊的方法提金。

6.4 锌、铅、汞矿物

金矿石中一般含锌矿物很少，它的存在基本上不影响氰化过程。

闪锌矿 ZnS 与氰化物溶液反应很慢：

$$ZnS + 4CN^- = Zn(CN)_4^{2-} + S^{2-}$$

$$2ZnS + 10CN^- + O_2 + 2H_2O = 2Zn(CN)_4^{2-} + 2CNS^- + 4OH^-$$

氧化锌矿则溶解很快：

$$ZnO + 4CN^- + H_2O = Zn(CN)_4^{2-} + 2OH^-$$

在含金矿石中最常见的是方铅矿（PbS）。当矿石中含有适量的铅时，对金银的氰化往往是有利的，因为铅可以消除氰化液中碱金属硫化物的有害影响，在置换时，铅能在锌粉表面上形成锌－铅局部电池而促进金的沉淀；对于辉银矿（Ag_2S）矿石的氰化，为了促进银在氰化物溶液中的溶解，可利用铅盐消除 Na_2S，使下式的反应向右进行：

$$Ag_2S + 4NaCN \rightleftharpoons 2NaAg(CN)_2 + Na_2S$$

但是对于复杂的银的硫酸盐矿石，不起上面的作用。

方铅矿在未被氧化的情况下，与氰化物作用比较微弱，生成 NaCNS 和 Na_2PbO_2，氧化铅矿石（$PbCO_2$）可以被氰化液中的碱溶解生成 $CaPbO_2$ 或 Na_2PbO_2，再与可溶性氰化物反应生成 PbS 沉淀。应该注意，溶液中过量的铅对金的浸出也会带来不利的影响，尤其是在用石灰作保护碱时，要控制石灰的用量，金的浸出率会随着石灰用量的增加而明显降低，表 6－2 为不同的铅盐在各种石灰用量的条件下，对金浸出的影响。

表6-2　铅盐在不同石灰用量下对金溶液的影响

CaO 用量 / (kg·t^{-1})	PbCO$_3$		PbSO$_4$		PbO	
	NaCN 消耗 / (kg·t^{-1})	金的溶解 /%	NaCN 消耗 / (kg·t^{-1})	金的溶解 /%	NaCN 消耗 / (kg·t^{-1})	金的溶解 /%
0	0.28	94	0.68	96.4	0.28	99.4
1	0.06	57.5	0.08	56.2	0.04	61.4
2	0.04	57.4	0.04	49.7	0.04	35.2
4	0.08	65.8	0.04	52.4	0.04	47.8

少数金矿石中含有辰砂 HgS，碲汞矿 HgTe。混汞尾矿中可能有少量金属汞和它的氧化物。

氧化汞和氯化汞在氰化液中能按下面反应很好地溶解：

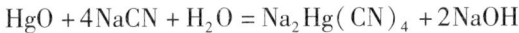

$$HgO + 4NaCN + H_2O = Na_2Hg(CN)_4 + 2NaOH$$

当用氰化液处理一价汞的氯化物和氧化物时，有一半的汞被还原为金属而留在尾砂中。

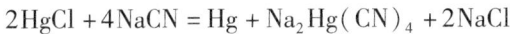

$$2HgCl + 4NaCN = Hg + Na_2Hg(CN)_4 + 2NaCl$$

金属汞氰化时溶解很慢：

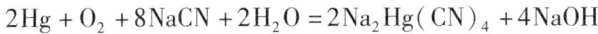

$$2Hg + O_2 + 8NaCN + 2H_2O = 2Na_2Hg(CN)_4 + 4NaOH$$

HgS 在氰化时溶解极慢。与铅盐类似，当氰化物溶液中有少量汞时，可以减少 S^{2-} 的有害影响。

6.5　其他矿物

金、银矿石中还可能有硒、碲、碳等化合物。

硒溶解在氰化物溶液中，形成硒氰化物。

$$NaCN + Se = NaCNSe$$

硒的溶解速度同氰化物浓度存在着下列关系：

NaCN 浓度（%）　　0.03　0.06　0.11　0.25
硒溶解量（%）　　2.32　7.18　15.8　31.2

在氰化物溶液中，硒化物的溶解反应为：

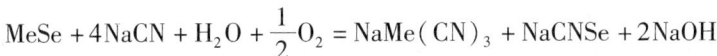

$$MeSe + 4NaCN + H_2O + \frac{1}{2}O_2 = NaMe(CN)_3 + NaCNSe + 2NaOH$$

氢氧化钠能提高硒的溶解度（石灰却不能），在氢氧化钠溶液中形成 Na$_2$SeO$_2$。

$$2NaOH + Se + O_2 = Na_2SeO_2 + H_2O$$

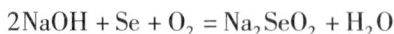

矿石中的硒对金的溶解速度影响不大，但会增加氰化物的消耗，并给锌置换金带来困难。

为了消除或减少硒对氰化过程的有害影响，可以采取以下措施：

（1）用低浓度氰化物溶液进行氰化。

（2）用活性碳从氰化液中或矿浆中沉淀金，因为溶液中硒的存在对活性炭吸附金的能力影响较小。

（3）在温度 $600 \sim 700℃$ 条件下，对矿石进行焙烧，在焙烧过程中，硒几乎完全挥发，然后再用氰化法处理焙砂。

在金银矿石中，碲矿物主要有碲金矿（$AuTe_2$）和辉碲铋矿（Bi_2TeS），碲矿物在氰化物溶液中很难溶解，但碲矿物在细磨、高碱度和大量充气的条件下，也能用氰化法处理。

在氰化物溶液中，碲溶解后生成碲化钠 Na_2Te 继而生成亚碲酸盐，结果使氰化物分解并吸收溶液中的氧，而不利于氰化法提金。

金矿中有时含有石墨。氰化溶金时，溶液中的 $Au(CN)_2^-$ 金络离子被炭吸附，使已溶金又随炭粒返回矿砂中，造成金的回收率降低。为了防止这一影响，可在氰化前加入少量煤油，以抑制炭的吸附作用，或进行焙烧，把炭烧掉。

6.6　氰化物溶液的疲劳

氰化物溶液与伴生矿物作用，不仅增加了氰化物的消耗，而且，还导致大量杂质在溶液中积累。在氰化物溶液多次返回使用时，杂质的浓度可达很高的数值。

杂质的积累引起氰化物溶液的活性降低，即溶解金（银）的能力下降的现象，称之为氰化物溶液疲劳。杂质积累到某一极限时，尽管添加游离氰化物，溶液的活性仍不能回复到原来的状态。

脏污的氰化物溶液活性低的主要原因，是在贵金属表面形成各种各样的薄膜，阻碍溶解过程。薄膜形成的原因，除了杂质与贵金属表面的化学作用外，还由于存在于溶液中的表面活性物质的吸附。

膜的钝化作用与膜的结构（孔隙度）、厚度有关，而膜的孔隙度和厚度主要取决于形成这种膜的杂质的性质和浓度。比如，在氰化物溶液中的铜、锌和铁的络阴离子，它们形成膜的机理大致是相同的：带负电荷的 $Cu(CN)_3^{2-}$、$Zn(CN)_4^{2-}$、$Fe(CN)_6^{4-}$ 等金属络阴离子吸附于金（银）表面，形成屏蔽，阻止溶解过程；在低氰浓度下，形成简单氰化物相薄膜——$CuCN$、$Zn(CN)_2$、$Fe(CN)_2$。但是，它们形成的膜的孔隙度则大不相同：铜化合物形成的膜最致密，氰化物和氧极难渗透过去；相反，铁的化合物形成多孔的膜，很好渗透；锌化合物膜介乎两者之间。与此相应，杂质的钝化程度按铁—锌—铜顺序增大。

前已述及，在氰化物溶液中存在锑、砷化合物时，形成致密的膜，大大降低溶解速度。因此，当矿石中有辉锑矿、雄黄、雌黄时，氰化物溶液疲劳是特别厉害的。

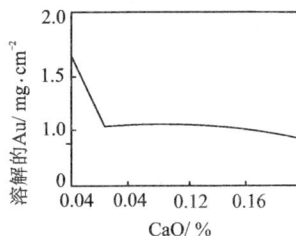

图 6 - 1　金溶解速度与石灰浓度的关系

氰化物溶液中加保护碱时，同样也降低其活性。如图 6 - 1 所示，随着石灰浓度增加，溶金速度下降。用苛性钠作保护碱时，也有大致相同的效果。产生这一现象的原因，大概也是在金的表面形成了薄膜。此膜的性质还不清楚。为了减弱保护碱的这种"降速效应"，保护碱的浓度应该维持在抑制氰化物水解所必需的最低水平。

在贵金属表面形成的膜，可由于机械的作用而清除（如颗粒彼此之间，颗粒与器壁之间的摩擦），因此，氰化物的疲劳还与浸出方法有关，疲劳最厉害的是渗滤，最弱的是搅拌，特别是在磨机中浸出。

氰化物的疲劳现象是非常复杂的，远未研究清楚。特别是几种杂质同时存在时的钝化机理，至今仍不明白。

第7章

氰化实践

7.1　氰化方法

氰化法在 19 世纪末就应用于提金工业。那时，矿石细磨的成本很高，大批矿石连续浸出、脱水和过滤的方法还未研制出来，因此，在氰化法发展的第一阶段是渗滤浸出。渗滤浸出只宜于处理粗颗粒矿石，不允许物料中有粘土、矿泥等微细颗粒。因此，在浸出前，将细碎的矿石分级（淘洗），分离矿泥，将粗泥产品（砂）用渗滤法氰化处理。

随着湿法冶金设备的完善（研制出矿浆搅拌槽、过滤机、浓密机等），除了矿砂用渗滤浸出外，分出的矿泥产品可用搅拌槽氰化。

随着磨矿、浓缩和过滤技术的进步以及转向从微粒金矿石中提金，开始将全部矿石细磨后在强烈搅拌的槽中浸出。这一方法称之为"金泥氰化"法。由于它具有回收率高、速度快等优点，得到迅速推广。

金泥氰化矿浆量大且往往在沉降、过滤方面产生困难。为克服这方面的困难，20 世纪 70 年代后出现了炭浆法（CIP）——用活性炭从氰化矿浆中吸附金，炭浸法（CIL）——在氰化浸出的同时加入活性炭，树脂矿浆法（RIP）——用离子交换树脂从氰化矿浆中吸附金。现代，大多数提金企业都在按以上几种全泥氰化流程工作，当然，粗粒金仍然是用重选法回收。渗滤氰化法已失去了原来的地位，现在，仅用它来处理那些不值得建搅拌氰化厂的小矿或贫矿。近十年来迅速推广的堆浸法，可看成是渗滤浸出的变种。

7.2　渗滤浸出

渗滤法是使氰化液自然地或强制地渗过矿粒层，使液固接触，达到溶金的目的。因此，在渗滤之前，必须把泥质除去，以利于溶剂的渗透。

1. 渗滤槽

渗滤氰化，通常在木槽、铁槽或水泥槽中进行。渗滤槽的构造见图 7-1。

槽底为水平的或稍为倾斜的；形
状有圆柱、长方或正方形。槽的直径
或边长尺寸，根据应有的容积和高度
而定，一般为 5 ~ 12m。槽高则根据
溶液对矿砂的渗滤能力来决定，通常
为 2 ~ 2.5m。如渗滤速度（即单位时
间滤液面上升或下降的距离）小，则
槽的高度可小些（1.5m）；如渗滤速
度大，则宜高些（4m）。槽的容积则

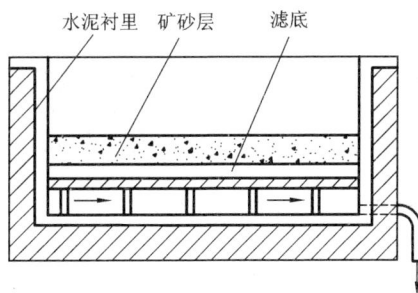

图 7 - 1 渗滤槽

根据处理量来决定，一般为 75 ~ 150t，有高达 800t 的。一些小厂则为 15 ~ 30t。

滤底又称假底，在距槽底 100 ~ 200mm 处，用方木条组成格子，上铺滤布构
成。槽底和假底之间的槽壁处，设有放出滤液的管道。有的槽底中心处，设有工
作门，供卸出浸出渣之用，整个槽子安装在基座上，槽底高出地面，以便在槽下
操作。

2. 装卸料

矿砂装入渗滤槽的基本要求是分布均匀，使粒度、疏松度达到一致，以保证
渗滤正常进行。

装料分干法和湿法。干装料适用于含水低于 20% 的砂矿，其优点是使料层
中存有空气。湿装料又称水力装料，其优点是砂浆不必脱水，缺点是料层中充气
不足。

渗滤后尾砂的卸出，也分干法和湿法。

3. 氰化液的供排

装料完毕后，即可把氰化液送入槽中。氰化液在槽中的流向有两种：一是上
进下出，即溶液从槽顶注入，靠重力作用，由上而下，通过矿砂层；另一是下进
上出，即溶液靠压力作用，由下而上，通过矿砂层。前一流向的优点是动力消耗
少，缺点是矿泥易于淤塞滤底，降低渗滤速度；后一方法的优点是溶液托起矿
砂，溶金速度较快，不易淤底，缺点是动力消耗多。

渗滤速度以保持在 50 ~ 70mm/h 为宜。渗滤速度与矿砂粒度、形状、均匀程
度、料层厚度、矿泥多少以及滤底孔眼大小等因素有关。

供液有间歇、连续两种方式。

如用苛性钠作保护碱，则在进行供液的同时，把它溶解在氰化液内，注入槽
内。如用石灰作保护碱，则与矿砂一起装入槽中。

4. 浸出指标

用渗滤法浸出时，一般是用浓度逐渐降低的氰化液浸出。通常开始用含
NaCN 0.1% ~ 0.2% 的，然后用 0.05% ~ 0.08% 的，最后用 0.03% ~ 0.06% 的氰

化液。通过矿砂层的氰化液总量为干矿砂量的 0.8 ~ 2 倍。生产中,往往根据具体情况,通过实验来确定最佳数值。

药剂的消耗量,视矿沙的性质而定。通常每吨矿砂消耗氰化钠 0.25 ~ 0.75kg,石灰 1 ~ 2kg 或苛性钠 0.75 ~ 1.5kg。

金的提取率与金粒大小、磨矿细度、渗滤速度、杂质含量、作业时间、氰化液用量、尾矿洗涤程度等因素有关。在处理石英矿时,金的提取率可达 85% ~ 90%,但当矿石过粗,分级不好时,则降至 70% ~ 60%。

对含粘土较多的矿石,可添加 0.5% 水泥,用氰化物溶液制粒,可大大缩短浸出时间。

为了提高金的提取率,可采取下列措施:

(1) 矿石磨碎后,要很好分级,按级渗滤;

(2) 干法装料,应尽量把矿砂中水分降低,以利充气;

(3) 氰化之前,先用水、酸或碱洗涤矿砂,除去有害杂质;

(4) 氰化溶液在浸出之前,应预先充气,以提高含氧量;

(5) 将压缩空气鼓入矿砂层。

我国某厂处理含金石英氧化矿,原矿含金 8 ~ 10g/t,经混汞并用摇床选出粗金后,送去氰化的矿砂含金 3.48g/t,含水 5 ~ 6%,粒度小于 0.074mm 的占 40%,用干法加料,间歇法供液,上进下出,氰化液浓度为 0.5%,pH 为 9 ~ 10,一批矿砂渗滤时间为 5d,其浸出率为 81.3%,氰化尾砂含金为 0.61g/t,保护碱($NaOH$)消耗量为 0.5kg/t。

渗滤法的优点是设备简单、能耗少、成本低。缺点是金的提取率不高,生产率低。因此,渗滤法只宜用于处理低品位矿石或尾矿。现时我国群众采金仍广泛采用此法。

7.3 堆 浸

堆浸过程就其实质而言,近似于渗滤浸出。堆浸不是在槽中,而是暴露在空气中进行。

堆浸流程如图 7-2 所示。它包括在专门的不透水的台(底垫)上堆矿石,而后在矿堆上喷洒氰化物溶液,当溶液缓慢地穿过矿石(渗滤)时,发生金、银溶解。从底面流出的含金溶液(贵液)送去沉淀贵金属。沉淀金通常用活性炭吸附法。脱金后的氰化物溶液(贫液)返回喷淋矿堆。

7.3.1 对矿石的要求

适合于堆浸的矿石必须具备以下要求:

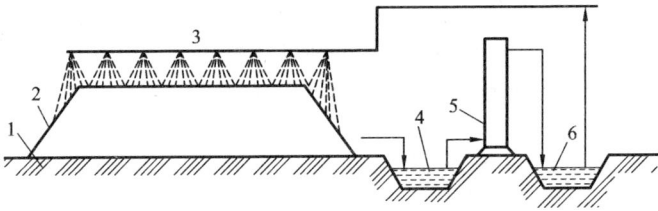

图 7 - 2　堆浸示意图

1—不透水底垫　2—矿堆　3—喷头　4—贵液池　5—活性炭吸附柱　6—贫液池

（1）矿石具有裂隙，或通过破碎能产生裂隙，有利于氰化物溶液渗透；

（2）金粒必须非常小，且处于裂隙的表面，能与氰化物溶液充分接触；

（3）矿石中粘土含量少，或通过制粒能提高其渗透性；

（4）矿石中不含过多的锑、砷、铜、铁的硫化物和碳等对氰化过程有害的矿物；

（5）矿石中不含过多的能与保护碱起反应的酸性组分。

7.3.2　堆浸台

对堆浸台（底垫）和储液池的基本要求是不透水，以防止含金、银的氰化液渗漏损失，并消除对局部水流及地下水源的污染。场地还必须有足够的强度，能承受整个矿堆及筑堆设备的重量。场地表面平坦，具有一定的坡度（2% ~ 7%），以利排液，而且有足够的面积，能接纳被风吹散的溶液。

目前国内外使用的底垫材料有：热压沥青、混凝土、塑料薄膜、天然膨润土型粘土、木质素磺酸盐（造纸废渣）和粘土混合物、细泥尾矿与皂土混合物。底垫的选择，必须因地置宜。我国底垫的结构多种多样，有的在混凝土上铺一层塑料薄膜及一层油毡纸的，有的在夯实的地基上铺两层塑料薄膜，其上再铺一层油毡纸，有的在地基上铺两层 0.1mm 厚氯乙烯薄膜。塑料薄膜底垫构筑容易，多用于小规模堆浸，只能使用一次。

各种底垫在垒矿以前都需先铺上一层 20cm 左右厚的卵石或竹席等，作为底垫的保护层及排液层。

7.3.3　垒堆

垒堆（筑堆）——在已建好的底垫上布矿，是堆浸最关键的作业。要求垒好的矿堆，必须是矿块均布、矿堆松疏的四棱台，能均匀透过氰化物溶液而不产生沟流。

筑堆方法对矿堆的渗透性能影响很大。影响矿堆渗透性的原因是堆内粗、细矿块的偏析作用，以及卡车和其他筑堆设备对矿堆的压实作用。

正确的筑堆方法是：先用废石筑一条通往底垫的坡道，卡车从坡道上矿堆只走一条窄道，卸下的矿石用推土机推至矿堆的四周。

对于含泥较多的未制粒矿石筑堆时，先往矿石中喷水，润湿后的矿石筑堆可以减轻粗细矿石的偏析作用。粉矿与块矿不宜单独分层筑堆，应混合润湿后上堆。当粉矿量大，严重影响渗透性时，应当制粒。

制粒方法是将含粘土的矿石或粉矿与水泥（用量为 3.5~5kg/t）混合，用氰化钠溶液（0.2%~0.5%）润湿制粒，使团粒湿度达 8%~12%，经过一定时间固化，就能得到具有良好渗透性能的团粒。制粒时加入的水泥，能维持堆浸时所需的保护碱。由于氰化物在制粒时就开始和金起反应，故浸出时间大为缩短。

堆浸矿石的块度，常为 5~20mm，但有时达 100mm 甚至更大。由于浸出过程是在矿石表面及裂隙中进行的，粒度减小，表面积增大。同时，在破碎过程中，矿石内部会产生更多的裂隙，所以，小粒级的矿石堆浸速度快，达到相同浸出率所需天数少。但粒度过细也会产生不利的影响，大量细泥会使渗透能力下降，结果反而延长了浸出、洗涤时间，回收率下降。对于处理含金石英脉，其块度宜取低限（<6mm）。

矿堆高度与矿石的渗透性有关，渗透性好的矿石可以筑得高些，反之则低些。矿堆太高会影响下部矿石的供氧量及渗透性。适宜的堆高可通过试验确定，一般为 3~6m。

7.3.4　喷淋

氰化物溶液用管道输送到矿堆上，然后通过喷头、滴管或者矿堆上的布液池，向矿堆提供浸出液。布液池仅用于渗透性能较差的矿石，较少采用。广泛采用的是喷头喷淋。

对喷淋的要求是均匀，使溶液饱和空气中的氧并尽量减少氰化物损失，为此，喷洒的液滴大小要适当。太小的雾状水滴蒸发损失大、容易被风吹散，通常喷头的喷孔直径为 2~3mm。

在喷淋氰化液前，先往矿堆喷洒石灰水，中和矿石中硫化铁氧化产生的酸，直到达到要求的 pH。这段时间通常需 1~2 星期。

首先喷淋的氰化物溶液浓度一般为 0.1%~0.15%。喷淋一般是间断进行的，这有利于空气进入矿堆。

从矿堆上流出的富液，当其含金量达到 1~10g/m³ 时，输入到活性炭吸附柱，吸附后的贫液酌情补加氰化物和碱后，返回喷淋。喷淋前期溶液的氰化钠浓度控制在 0.06%~0.08%，中期为 0.04%~0.05%，末期为 0.02%~0.03%。

溶液的喷淋强度一般为 5~12（L/m²）时，实践表明，适当增大喷淋强度，可以缩短浸出时间。因为增大喷淋强度时，加速了传质。但喷淋强度过大时，浸出液中金的浓度明显地降低。

堆浸所用的保护碱常用 NaOH，因为用石灰时，常引起喷头堵塞。

浸出结束，用新鲜水淋洗矿堆以充分回收已浸出的金银。洗涤水量取决于蒸发损失及尾渣中的水损失，通常为总液量的 15% ~ 30%，而开始浸出时的总液量按每吨矿石 50 ~ 80L 配制。

洗水排完后拆堆（卸矿）。从筑堆至拆堆完成一个循环，需时 30 ~ 90d，视堆的大小、矿石性质及机械化程度而异。

7.3.5　适用对象

堆浸的优点是工艺简单、操作容易，占地少，规模可大可小，投资少，生产成本低。缺点是金的回收率不高（60% ~ 80%）。因而堆浸适于处理低品位金矿石（1 ~ 3g/t），包括矿山开采过程中剥离的"废石"、围岩，老金矿的尾矿或废石，或者含金品位稍高，但规模小的金矿。

在国外，堆浸自 20 世纪 70 年代起，得到广泛的应用。特别是在美国，堆浸被认为是对贫矿和小矿最有利润的提金方法。每堆的规模达 10 ~ 20 万 t，甚至 200 万 t。在我国，堆浸始于 80 年代，现多为万吨以内的小规模。堆浸已成为充分利用金矿资源的重要方法。

7.4　搅拌氰化

7.4.1　工艺流程及特点

搅拌氰化法，是将矿石或精矿经细磨浓缩后，在搅拌浸出槽中进行氰化浸出。按处理的物料不同，分为直接处理矿石的全泥氰化和处理金精矿的精矿氰化。

搅拌氰化（又称常规氰化）工艺流程如图 7 - 3 所示。

搅拌氰化比渗滤法过程大为强化。这是因为金粒更好的暴露（由于细磨），反应剂向金表面扩散的条件更好（由于强烈搅拌），以及浸出过程中矿浆充气良好。因此，无论从浸出速度，还是金、银的提取率，都高于渗滤浸出和堆浸。

矿石必须的细磨程度取决于金的粒度，在某些情况下，需磨到 - 0.074mm 甚至 - 0.043mm（-325 目）。但如果金的嵌布特征不要求这样细，那么较粗粒矿浆也可以搅拌氰化，例如 - 0.3mm。

经细磨后的矿浆很稀（液固比 5:1），为了减小湿法冶金设备的容积，必须先浓缩至液固比（1 ~ 2）:1，再进行氰化。对于精矿氰化，浓缩过程同时也是脱除浮选药剂的过程。氰化后含金溶液经倾析或过滤送去沉金。尾矿洗涤后送尾矿

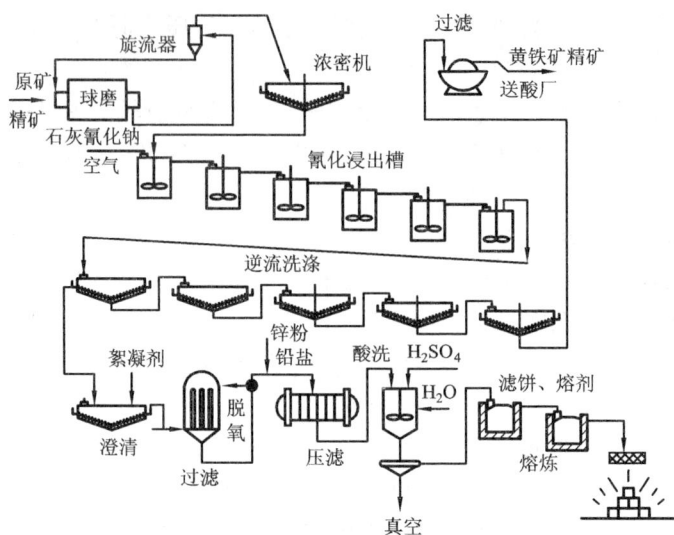

图 7 – 3　搅拌氰化工艺流程图

坝。对于含硫化铁的金精矿氰化，其尾矿是硫精矿，它是制硫酸的原料。

矿石细磨和矿浆的过滤是耗能的作业，因此，搅拌氰化比渗滤和堆浸能耗高得多。

7.4.2　浓缩

一般采用中心转动的浓缩槽（或称浓密机），矿浆在槽中自由沉降。底流（浓缩产品）含固体颗粒 40% ~ 50%，即液固比（1.5 ~ 1）:1。矿浆的浓缩程度取决于矿粒的粒度、密度和物理化学性质。通常根据矿浆的沉降试验来选用标准的浓缩槽。

7.4.3　浸出

进入氰化槽的矿浆粘度较大，加上部分硫化物易氧化，因此，强烈搅拌和不断充气具有特别大的作用。

搅拌氰化时，氰化物浓度为 0.01% ~ 0.1%，多为 0.02% ~ 0.05%，CaO 0.01% ~ 0.03%（pH = 9 ~ 11）。具体药剂制度要由试验确定。液固比是氰化的主要参数之一。最佳液固比应由试验确定，在保证溶金速度下，液固比应尽可能小些。通常，对石英质矿石液固比为（1.2 ~ 1.5）:1；对含泥质的矿石液固比为（2 ~ 2.5）:1，即矿浆浓度 33% ~ 28%。在充气条件下，搅拌时间在 24h 以上，以使 95% 以上的金溶解。

搅拌氰化有间断浸出和连续浸出两种。连续浸出具有生产能力大、自动化程度高，动力消耗少，厂房占地面积小等优点，因此，大多数提金厂都采用连续搅拌氰化法，只有在对难溶金矿石实行阶段浸出时以及每段浸出需要用新的氰化物溶液时，才采用间断氰化法。

连续浸出时（见图7-4），矿浆经过依次串联的若干个（级）搅拌浸出槽。矿浆在槽中停留的时间，即平均浸出时间用下公式计算：

$$\tau = V/Q$$

式中：V——串联槽的总容积，m^3；

Q——矿浆流速，m^3/h。

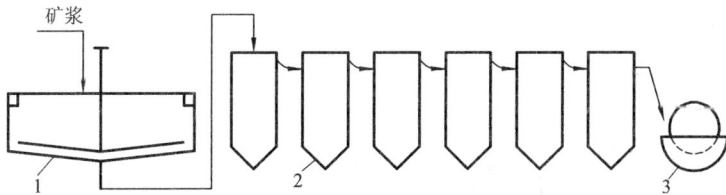

图7-4　连续浸出

1—浓缩槽　2—搅拌槽　3—过滤机

串联槽的个数或级数应保证全部金转入溶液有足够的时间。槽数不应少于4～6个，最好8～12个，因为当级数太少时，个别矿粒在串联槽中呆的时间与平均时间τ的偏差很大。换言之，相当一部分矿粒在跑过全部槽子所花的时间，不足以使金、银转入溶液，而相当一部分矿粒则在槽中停留又太久。这都是所不希望的。

根据搅拌的方式不同，搅拌氰化槽分机械搅拌浸出槽、空气搅拌浸出槽和机械空气联合搅拌浸出槽。

1. 机械搅拌浸出槽

矿浆在机械浸出槽中可采用不同类型的搅拌装置（如螺旋桨、叶轮及涡轮搅拌装置）进行搅拌。图7-5所示的搅拌浸出槽是氰化厂较普遍应用的一种。

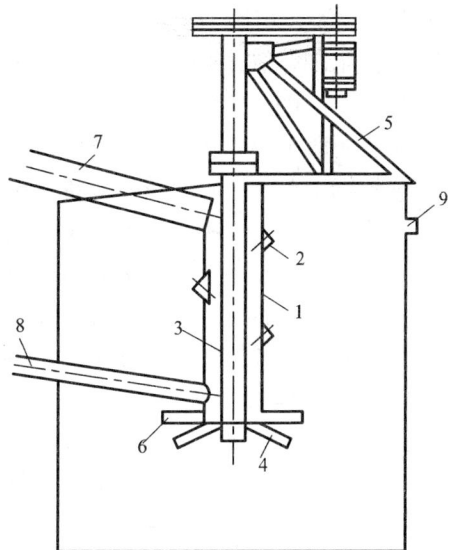

图7-5　机械搅拌槽

1—矿浆接受管　2—支管　3—竖轴
4—螺旋桨　5—支架　6—盖板
7—溜槽　8—进料管　9—排料管

在搅拌槽体的中央装有矿浆接受管 1，管上装有几个支管 2。竖轴 3 位于矿浆接受管的中央，竖轴的下端有搅拌螺旋桨 4，并安装在支架 5 上，管 1 的下端装有盖板 6，该盖板焊接在管 1 上。竖轴通过电机 9、小皮带轮以及大皮带轮，以三角皮带传动，使竖轴和叶轮一起快速转动。矿浆由给矿管 7 给入，并至排料管 9 排到下一作业。

当搅拌叶轮快速转动时，槽内矿浆经由支管 2 流入矿浆接受管 1，从而形成了旋涡。空气则被吸入旋涡中，使矿浆中溶解有一定的空气。在叶轮旋转时，矿浆排往槽壁并被提升，重新经支管 2 进入管 1。生产中在槽内垂直插入几根压缩空气管或在槽体内（外）缘，安设空气提升器，以提高充气和搅拌能力。

这种搅拌槽的优点是能够均匀而强烈的搅拌矿浆，缺点是动力消耗大，设备维修工作量大。适用于处理粒度大，比重大，浸出矿浆浓度小，供电不正常的中、小型氰化厂。

2. 空气搅拌浸出槽

空气搅拌浸出槽是利用压缩空气的气动作用来搅拌矿浆的。在槽内装有各种类型的空气提升器。图 7-6 为空气搅拌浸出槽。

该槽是带有锥底的，直径 3m，高 11.038m 的圆柱形槽体。在槽内设有二个两端开口的主风管 3 和辅助风管 4。主风管插入中心循环管 1 的底部。矿浆由矿浆给入管 2 进入槽内。压缩空气经主风管 3 给入中心循环管，以气泡状态向上升起。由于中心矿浆管内矿浆的压力低于槽体内矿浆的压力，所以矿浆总是处于运动状态。矿浆沿中心循环管 1 上升，在其上端溢流出来，从而使矿浆经常保持悬浮状态，矿浆由上部矿浆排出管 5 排出。为了防止下部矿浆沉淀，安装有辅助风管。

空气搅拌浸出槽的事故，大部分出自突然停电或给入的矿浆性质改变等，引起矿浆的分层、沉淀、堵塞主风管和辅助风管，致使浸出

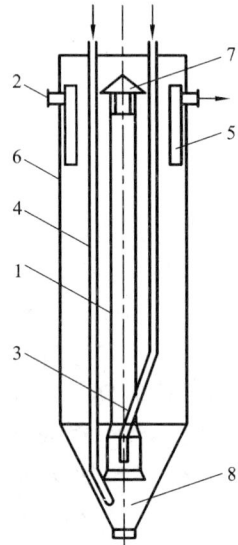

图 7-6 空气搅拌浸出槽

1—中心循环管 2—矿浆给入管
3—主风管 4—辅助风管
5—排出矿浆管 6—槽体
7—防溅帽 8—锥底

槽停止搅拌。当辅助风管被堵塞，只有主风管工作时，浸出槽内的搅拌作用没有完全停止，但锥体部分已产生沉降。若主风管被堵塞，辅助风管未堵时，浸出槽的搅拌作用就会消失而停止工作。

风管被堵塞的时间不长时，一般是采用突然加大压缩空气量的办法，冲开被堵塞的管段，恢复主、辅风管的工作，使浸出槽正常作业，还可以打开锥体底部

阀门，向事故池排出沉降的粗颗粒矿浆，恢复主、辅风管的正常工作。

空气搅拌浸出槽的优点是构造简单，可在矿山现场就地制造，安装。设备费用低。设备本身没有运动件，在运行过程中故障少，操作简便，适于长期连续工作。检修周期长，检修工作量少，几乎不需要加工备品备件。生产、维护费用低。对细颗粒组成高浓矿浆，空气搅拌效果好，空气搅拌浸出槽比机械搅拌浸出槽的能源消耗低。

空气搅拌浸出槽的缺点是，必须有空气压缩机供给压缩空气，使用价格较贵的空气压缩机设备。为了防止突然停电事故，造成矿浆沉淀，须有备用电源，确保搅拌槽能连续运行。

空气搅拌浸出槽不适合处理粒度粗，比重大，浓度低的矿浆，因它容易沿槽体高度产生浓度分层，使粗颗粒沉淀堵塞搅拌槽，为了避免产生上述现象，应增加矿浆搅拌、循环，这样需要使用较多的空气量，因而，增加能源消耗。

3. 空气和机械联合搅拌浸出槽

空气和机械联合搅拌浸出槽的中央装有空气提升器和机械耙，或者在槽子周边装有空气提升器、槽中央也有循环管和螺旋桨。图 7-7 是氰化厂应用较广泛的一种空气和机械联合搅拌浸出槽。

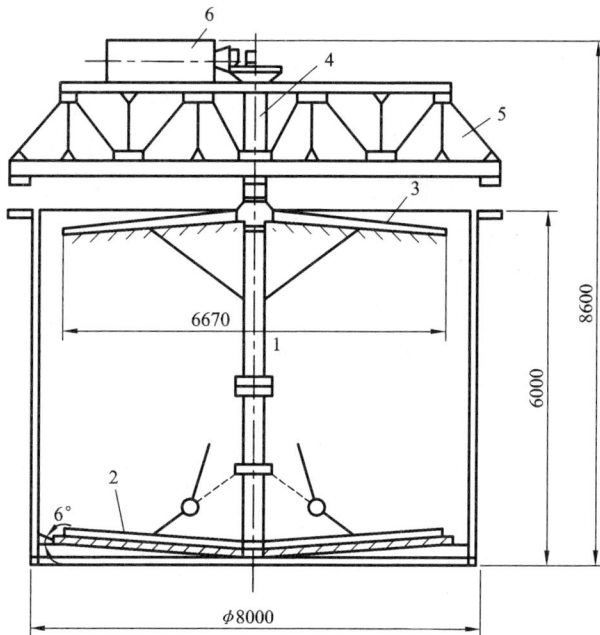

图 7-7 空气和机械联合搅拌浸出槽

1—空气提升管 2—耙子 3—溜槽 4—竖轴 5—横架 6—传动装置

槽的直径为 3.5~15m，高为 1.7~7.5m，槽底为平底。在槽中央装有直径 125~250mm 的空气提升管 1。管 1 的下端有耙子 2，其上端装有带孔洞的溜槽 3。管 1 上端与悬挂在横架上 5 的竖轴 4 连接。竖轴通过传动装置 6 由电动机带动旋转，其转数为 1~4r/min，进入槽内的矿浆分层次向槽底沉落，而沉落在槽底的浓矿浆，借助于耙子 2 的旋转作用，向空气提升管口聚集，在管 1 中的压缩空气的影响下，浓矿浆沿空气提升管上升，并在其上部溢出后流入溜槽 3 中，再经由溜槽 3 上的开孔流回浸出槽内。因为溜槽随同竖轴作旋转运动，所以矿浆在槽内分布很均匀，矿浆由位于槽上部的进料口不断进入，并通过位置恰好与进料口相对应的排矿口连续排出。

这种型式的搅拌浸出槽具有动力消耗少、容积大等优点，多用于大型氰化厂。

7.5　洗涤与固液分离

7.5.1　洗涤的意义

矿石经氰化浸出后，产出由含金溶液和尾矿组成的矿浆。为了使含金溶液与固体尾矿分离，需进行洗涤和过滤。含金较低的固体可以废弃或再处理，而将含金溶液用于金的沉淀。在固液分离时，要加入洗涤水，洗涤水一般用置换作业排放的贫液或清水。当处理的矿石中有害氰化的杂质较少时，可采用贫液全部返回到浸出作业的流程，此时，一般使用清水作为洗涤水，这样既可提高洗涤效率，又可使氰化尾矿溶液中氰化钠浓度降低，减少氰化钠的损失，简化污水处理作业。当处理的矿石中有害氰化的杂质较多时，贫液一般不返回浸出流程中去，而使用部分贫液作洗涤水，此时，如使用清水作为洗涤水，虽然洗涤效率有所提高，但因贫液排放量增加，使贫液中金的损失量增加，降低了总置换率，增加氰化物消耗量，并使污水处理量和成本增加。

7.5.2　洗涤流程

搅拌氰化法一般采用逆流倾析洗涤、过滤洗涤以及两者联合的洗涤流程。

逆流洗涤也即倾析法洗涤，它是将浸出后的矿浆通过浓缩进行固液分离，浓缩产品再用脱金溶液或水洗涤并再一次进行固液分离。根据分离方式可分为间歇倾析和连续倾析。

间歇倾析法洗涤常与间歇搅拌氰化配合使用，其工艺为浸出→分离→分离后的浸渣再浸出→再分离，如此反复几次，直至溶液中含金降至微量为止。间歇倾析法洗涤，因其操作时间长，溶液数量多，厂房占地面积大，很少应用。

连续倾析法是采用逆流洗涤原理，将氰化矿浆浓缩分离含金溶液，它适合处理含泥量小易沉淀的物料。

连续倾析流程可以通过几台单层浓缩机串联在一起，对氰化矿浆实行洗涤。也可以将几个浓缩机重叠在一起使用，如图 7-8 所示。前者操作简单，金的洗涤率高，易实现自动化，但其占地面积大，设备多，矿浆须多次用泵输送，管理不便等。而多层浓密机其层间排矿浓度很难控制，排矿浓度过高或过低都影响洗涤效率。为改善这种情况，需要增加下层的排矿浓度，并保证上层溢流洁净，因此，多层浓密机的最上层和最下层的高度都比中间高。有些采用多层浓缩机逆流洗涤的氰化厂，为了使上层溢流不因给入洗涤作业矿浆量的波动而跑混，第一级洗涤采用一台直径较大的单层浓缩机，或在置换作业前设一个较大的沉淀池，既可澄清贵液，又可给置换作业起缓冲作用。单层浓密机多用于大型氰化厂，中小型氰化厂一般使用一台或两台多层（2~3层）浓密机。

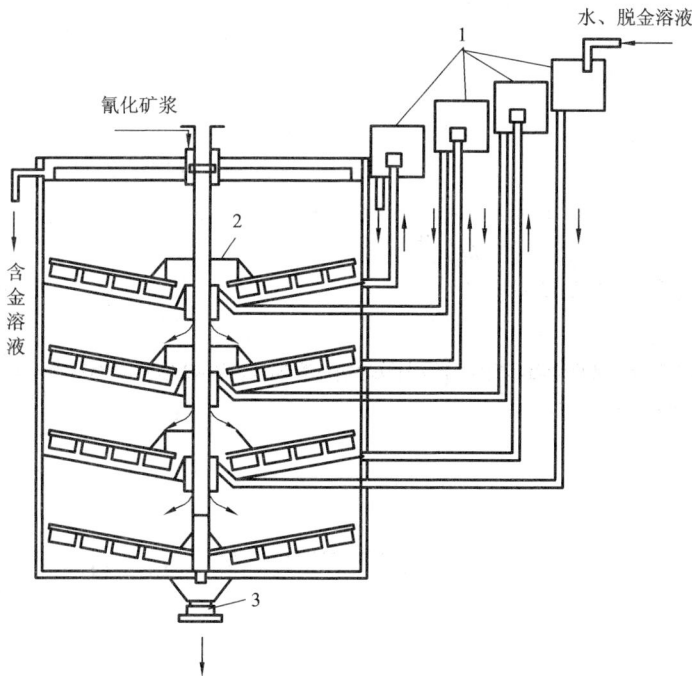

图 7-8　四层洗涤浓缩机
1—洗涤液箱　2—层间闸门　3—排料　4—第二层溢流进第一层或送沉金工序

三段连续倾析洗涤流程，见图 7-9。另一种分离方法是过滤洗涤法，该法是通过过滤机从氰化矿浆中分离出含金溶液，其分离方式也分为连续式和间歇式两种。间歇式是采用框式真空过滤机和压滤机，对难过滤的泥质氰化矿浆进行过滤，并对滤饼实行长时间的洗涤，这种方式生产能力低，附属设备多，厂房占地面积大，因此很少使用。

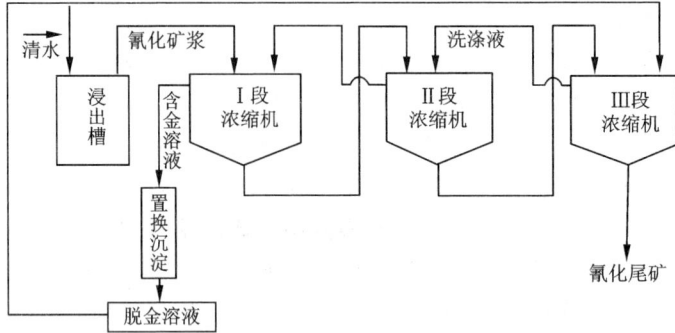

图 7 - 9　三段连续倾析法洗涤流程

　　连续式过滤洗涤，是采用圆筒真空过滤机和圆盘真空过滤机对氰化矿浆进行过滤，滤饼再经洗涤后成为氰化尾矿。一般多采用两段过滤洗涤，即对氰化矿浆进行I段过滤之后，其滤饼用稀 NaCN 溶液或水调成浓度为50%的矿浆再进行II段过滤洗涤，洗涤流程见图 7 - 10。为了提高过滤机的处理能力和过滤效率，在过滤前常增设浓缩机，并向其中加入一定数量的凝聚剂，使浓缩产品浓度达55%以上。实践证明：从滤饼中可以洗出98%的含金溶液。

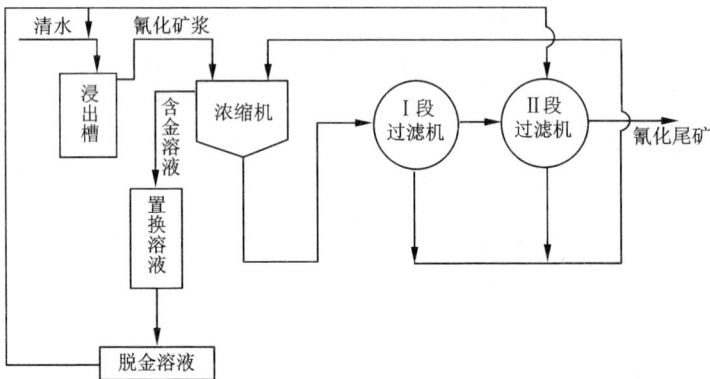

图 7 - 10　两段过滤洗涤流程

　　逆流洗涤与过滤洗涤相结合的联合洗涤流程，目前已得到较广泛的应用。由浓缩机和过滤机可组成各种联合流程，但最常使用的是前面几段采用逆流洗涤流程，最后一段使用过滤机洗涤。这种组合流程具有两种单一流程的特点，操作维护方便，最终排放的尾矿即滤饼，含水份低，可作化工原料，便于运输。

逆流洗涤流程的优点是：设备简单，操作维护方便；缺点：洗水量大，贵液中金品位低时置换作业处理量大，排放的氰化尾矿需净化。该流程适用于小型氰化厂。对于粒度粗、含泥量较少的矿石，采用阶段浸出流程的大型氰化厂，可考虑采用过滤洗涤流程。从目前的发展趋势看，国内的过滤洗涤流程将逐渐被其他两种流程所取代。

洗涤流程的段数决定着氰化矿浆中液体金的回收率，氰化厂常采用三段洗涤。为保证洗涤效率在99%以上，有些氰化厂采用四段洗涤，对那些矿浆含泥量大，沉降困难、排矿浓度低、洗水金品位较高的氰化厂，为保证洗涤回收率，也可采用五段以上的洗涤流程。

7.5.3　洗涤效率

连续逆流倾析法洗涤效率计算举例。

选择的流程方案如图7-11。大写字母V、W、X、Y、Z代表相应的浓缩槽。用返回的氰化物溶液磨矿。因此，大部分金在磨矿过程中溶解，其余在搅拌槽中浸出。浸出矿浆的洗涤系统由四个串联的洗涤浓缩槽W、X、Y、Z组成，用沉金后的氰化物溶液（贫液）进行洗涤，因为贫液中还含有少量金，故不是把它加到最末一个槽，而是加到倒数第二个浓缩槽Y，这样可以再回收部分贫液中的金。在最末一个浓缩槽Z加清水。

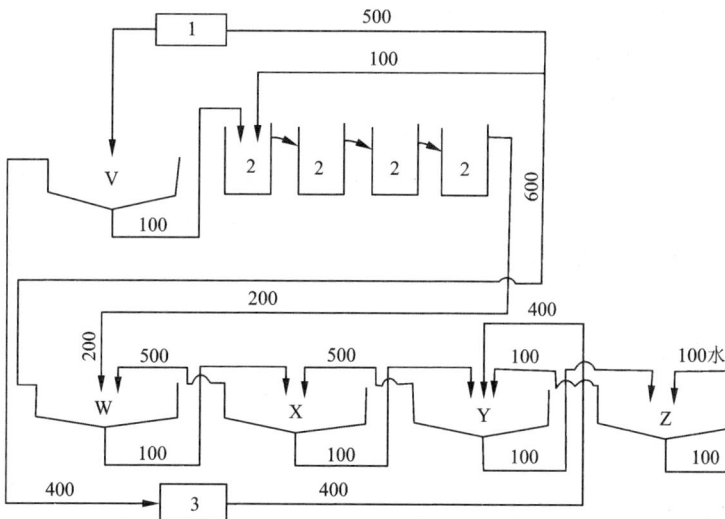

图7-11　连续逆流倾析系统液体平衡计算

1—磨矿机分级　2—搅拌槽　3—沉金装置　V、W、X、Y、Z—浓缩槽称号

已知矿石处理量为 100t/h。为了计算液体平衡，我们采用以下矿浆浓度（%）：

浸出：33（液∶固 = 2∶1）

所有浓缩槽底流：50（液∶固 = 1∶1）

浓缩槽 V 的给料：16.7（液∶固 = 5∶1）

假定在整个处理系统中干矿量不变（即固体尾矿产出率占原矿量的 100%），那么不难计算出液体平衡。计算结果标明在图 7 - 11 中。

已知矿石中被溶解的金为 16g/t，其中 75% 在磨机中溶解，25% 在搅拌槽溶解（假定在矿浆输送、浓缩过程中不发生金溶解）。贫液中金的浓度为 0.03g/t。

假定同一浓缩槽的溢流与底流中液体含金浓度相同，并用小写字母 v、w、x、y、z 表示（g/t）。那么，根据各台浓缩槽进入液体含金量与该浓缩槽排出的液体含金量平衡的原理，可以写出以下方程组：

(1) $100v + 400v = 500w + 0.75 \times 16 \times 100$

(2) $100w + 600w = 500x + 100w + 0.25 + 16 \times 100 + 100v$

(3) $100x + 500x = 100w + 500y$

(4) $100y + 500y = 100z + 100x + 400 \times 0.03$

(5) $100z + 100z = 100y$

化简及解此方程组，得：

(1) $v = w + 2.4$,　　　　　$v = 4.02$

(2) $w = x + 1.28$,　　　　　$w = 1.62$

(3) $x = y + 0.256$,　　　　$x = 0.339$

(4) $y = 0.2z + 0.075$,　　　$y = 0.083$

(5) $2z = y$,　　　　　　　$z = 0.042$

计算表明，没有洗出而随尾矿损失的金量很少，为 $0.042 \times 100 = 4.2g$，或者 $4.2 : (16 \times 100) \times 100\% = 0.3\%$。因而金的洗涤率很高，为 99.7%。同样，可以计算出其他级的洗涤效率。

7.6　生产实例

7.6.1　渗滤浸出

我国某选金厂处理含金石英脉氧化矿石。矿石中有用矿物主要为自然金、方铅矿、黄铁矿、褐铁矿、孔雀石等。脉石矿物为石英、云母、方解石、高岭土等。原矿含金 8 ~ 10g/t，铅 1%。金粒细小，矿泥和可溶性盐类在原矿中含量较多。该厂采用混汞 - 重选 - 渗滤氰化联合流程回收金，见图 7 - 12。

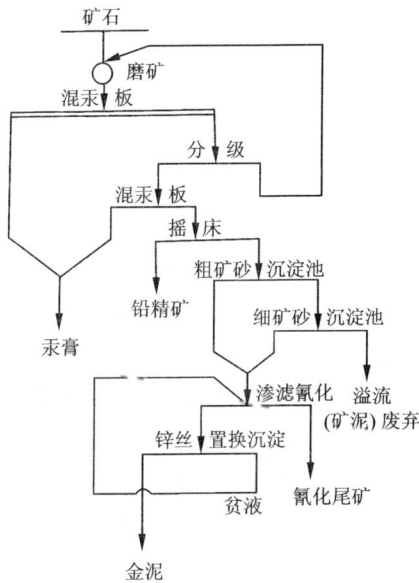

图 7 - 12 我国某选金厂混汞 - 重选 - 渗滤氰化工艺流程

矿石经一段磨矿（60% - 0.074mm）之后，用安装在球磨机排矿端和分级机溢流处的混汞板回收粗粒金，混汞回收率约 20%。混汞尾矿用水力分级箱进行分级，并按粒级用摇床进行选别，摇床精矿为铅精矿，铅品位 50%，含金 11.6g/t，金回收率约 15%。将摇床尾矿用粗、细两种矿砂沉淀池分别进行沉淀。粗矿砂颗粒为 98% - 0.42mm，细矿砂粒度为 98% - 0.125mm。细矿砂沉淀池溢流（矿泥）废弃。粗、细矿砂分别用挖掘机挖出，经自然干燥后，按粗、细（矿砂）= 3:1 的比例进行混合，作为渗滤氰化的原料（含金 3.48g/t 含水 5% ~ 6%，粒度 40% - 0.74mm），用人工干法装入渗滤槽，并按规定要求往槽内加入氰化钠和氢氧化钠循环溶液——脱金溶液（贫液）进行渗滤浸出。

该厂用渗滤浸出槽为长方形，其规格（长 × 宽 × 高）为 4 × 3 × 1.2（m³），可装矿砂 16t。槽底坡度为 0.3%。滤底距槽底高为 100mm，滤底是用竹子所编的帘子并在其上铺以麻袋。槽底无工作门，该厂采用间歇渗滤氰化法，在浸出过程中，氰化溶液由槽的上部给入，其浓度为 0.5%，pH 为 9 ~ 10。一批矿砂的渗滤氰化延续时间为 5d。

含金溶液给入锌丝置换沉淀箱，该箱共有 6 个格，每格（长 × 宽 × 高）为 0.2 × 0.2 × 0.3（m³），置换时间为 7min。

氰化尾矿用挖掘机挖出，并用斜坡卷扬机运至尾矿场。脱金溶液经循环使用一个半月后，用漂白粉去毒后排放。

氰化尾矿含金 0.64g/t，金的浸出率为 81.3%。氰化钠消耗 2kg/t，氢氧化钠消耗 0.5kg/t，全厂金的总回收率 74.4%。

7.6.2 堆浸

1. 美国园山金矿

美国烟谷采矿公司园山金矿有大规模堆浸金矿石的先进工艺，该矿储量为 105.37 万 t，原矿含金 2.09g/t，边界品位 0.69g/t，原矿含银约为 2.4g/t，剥离比 1:1，1976 年末开始堆浸。矿石为流纹状凝灰岩，有时也称为含金斑岩，矿石不易泥化。矿石中金呈细粒不均匀分布。

矿区海拔高度为 1920m，年降雨量 203mm，年堆浸时间平均为 10 个月，工厂供水量约 1500L/min，生产三班制，每周工作 7d，矿山日产矿石 12700t（包括 6350t 矿石和 6350t 废石）。矿石用 45t 卡车送到采场附近的破碎场，用 1070mm ×1650mm 的圆锥破碎到 178mm，再经两次破碎到 92% <9.5mm，即 100% < 12.5mm。用卡车把碎好的矿石运到底垫上。底垫为 178mm 厚的沥青层，其下层是耐磨橡胶和 50mm 厚的沥青构成的不透水层。底垫长 880m，宽 76m，分为 24 个场地进行连续堆浸。通常都是一部分在装矿，另一部分在卸矿，两天一循环。在任何时候都有 19 个场地在浸出，一个场地在冲洗，一个场地在排液，一个场地在卸矿，一个空着，一个在装矿。用前端装载机把矿石堆到 4.3m 高。

浸出液的 NaCN 浓度为 0.5kg/t 溶液，用 NaOH 将 pH 调至 10。从主输液管向每个场地分出四个塑料管，向相应的场地布液。在小的塑料支管上每隔 10.7m 装一个摇摆式喷头。每个场地喷淋 40d，喷液速度为每个场地每分钟 380L。喷头是直径为 6.3mm，长 230mm 的乳胶管，每个场地有 21 个喷头，每个喷头复盖 116m²。通常是 40d 为一个喷淋周期，两天冲洗，两天排液，整个浸出周期大约 48d。用一台 7.6m³ 的装载机和两台 45t 卡车连续装矿卸矿。卡车只把矿石运到底垫边上，由装载机堆矿。堆浸过的矿石用装载机卸矿。贵液靠重力通过 5 个串联的活性炭吸附塔，速度为 6050L/min，塔的直径为 3.66m，高为 2.1m。溶液先给入中心管，然后流入有 50mm 的塑料接头的收缩盘，穿过 6.5mm 的孔，这时液流的速度加快，以 610L/（m²·min）的速度通过炭塔，每塔装活性炭 2275kg，炭的粒度 0.59~1.41mm。第五塔流出的贫液补加 NaCN 及 NaOH 之后，返回堆浸作业。每天用水力喷射器从塔中取出一吨炭，从第一塔取出的炭，每 t 含金银 8575g。

载金炭解吸用两个串联的解吸塔，解吸温度 88℃，解吸液含有 0.1% NaCN 及 1.0% NaOH。解吸炭在煤气间接加热的回转炉中再生，然后用稀硝酸洗涤，返回 5 号吸附塔。

从解吸塔出来的贵液含金 85g/t，流入三个并联的电解槽，其阴极为钢棉，槽电压 2.5V，电流 60A，钢棉载金 6800g。电解贫液返回解吸循环。载金钢棉阴极约含金银 62000g，送去熔炼。所用的熔剂：硼砂 11kg，硝酸钠 9kg，石英粉 8kg，熔炼出的多尔合金含金 65%，含银 34%。

1980 年 2 月安装了贫液加热系统，因此在环境温度为 −10℃的情况下，仍能进行浸出。

园山金矿在 1980 年堆淋情况：

矿石品位：1.87g/tAu，2.18g/tAg

堆浸矿石粒度：100% <12.5、92% <9.5mm

生产能力：6350t/d，181500t/年

筑堆设备：45t 卡车及前端装载机

矿堆大小：5 个堆，4 堆浸出，每个矿堆尺寸为 $122 \times 76 \times 3.7 m^3$，约 36300t

底垫结构：在 50mm 的沥青耐磨橡胶层上再铺上一层 150mm 厚的沥青

堆下排液层：200 ~ 250mm 的矿石留在底垫下保护沥青

供液方式：摇摆式喷头

喷淋强度：$9.6 L/m^2 h$

浸出液：NaCN0.25 ~ 0.5kg/t、CaO <1kg/t，或用 NaOH 调 pH 至 9.5 ~ 10.5

药剂消耗：NaCN 0.3、NaOH 0.15（kg/t）

贵液：含 Au 0.86g/t，Au/Ag = 2:1，NaCN 浓度 0.15kg/t

贵液流量：6056l/min，部分流出液循环到矿堆上

炭吸附：5 个 $\phi 3.66mm \times 2.43mm$ 的吸附塔，装炭 4500kg，粒度为 0.6 ~ 1.7mm，向上流速为 $576 L/m^2 \cdot min$

炭载金量：8575 ~ 10290g/t

炭解吸：三个解吸塔，两个串联使用，温度 88℃，压力为 103 千巴（$1.1 kg/cm^2$），1% NaOH，0.1NaCN

解吸液品位：85g/t Au

电解：三个平行的矩形电解槽，2.5V，60A，阴极钢棉含金银 6340g/t，每个阴极 4.5kg 钢棉

炭再生：回转炉，600℃

熔炼：3 个坩锅炉，多尔合金中有 2/3Au，1/3Ag

回收率：Au67%，Ag30%

2. 我国小型堆浸

矿石属含金石英脉氧化矿，自然金主要赋存在石英及糜棱岩中，含金矿物主要是自然金，嵌布于石英、褐铁矿及黄铁矿中，自然金粒度 90% 以上小于 0.074mm。堆浸主要是处理矿山采出的低品位矿石及含金围岩，低品位金矿石的储量在 10 万 t 以上，金品位为 3g/t 左右。

有四个堆浸场地,每个场地堆矿石1500t。场地采用临时性底垫。平整压实的场地其坡度5%~8%。地基上铺两层聚乙烯塑料薄膜,其上再铺一层油毡纸。矿堆周围有300mm左右的排水沟。

矿石用250mm×400mm的颚式破碎机破碎至50mm左右。筑堆时,在矿堆底部先用人工铺放一层200~300mm厚的大块贫矿石,然后用汽车上矿,矿堆最终高度3m左右。

矿堆在喷氰化物溶液前,先用氧化钙水溶液进行处理,使矿堆pH达到10,一般处理时间为5~10d,喷淋氰化物的时间50d左右,矿石堆浸结束后,用水洗矿堆一次,洗水返回储液槽供下次堆浸用,然后用漂白粉处理矿堆,当达到排放标准后,清理废渣。

1983年堆浸情况:

矿石品位:含金3g/t左右,银2g/t左右

堆浸矿石粒度: <50mm

生产规模:1500t堆浸场4个

筑堆设备:卡车

底垫结构:两层塑料薄膜上铺一层油毡纸

堆下排液层:厚度为300mm的大块贫矿石

供液方式:莲蓬头喷淋

喷淋强度:10~20 L/(h·m²)

浸出液:NaCN浓度0.03~0.05%,pH为10~11

药剂消耗:NaCN400~500g/t,石灰3~4kg/t

贵液:含金3~5g/m³

炭吸附:ϕ300mm×1200mm吸附塔四个串联使用,每塔装炭25~30kg,吸附率大于97%

炭载金量:9432g/t

炭解吸:ϕ300mm×1200mm的解吸塔,装炭26kg;转化液成分为NaCN 5%、NaOH 2%,转化时间2~6h,洗涤水用量为10床体积,转化及洗涤温度95℃,洗涤时间10h

解吸贵液:Au 300g/m³左右

电解:矩形电解槽,槽电压3~3.5V,电流密度15~20A/m²,电解时间24~48h,极间距为35mm,电解效率大于98%

金浸出率:63.76%

7.6.3 搅拌氰化工艺

某金矿金品位5~6g/t,金主要为自然金,银金矿,多嵌布于石英颗粒间或石英

与方解石颗粒间隙中，粒度平均为0.056mm。其他金属矿物主要是黄铁矿，其次为黄铜矿、闪锌矿、方铅矿、褐铁矿。

该厂采用全泥氰化浸出、逆流洗涤、锌丝置换工艺流程（见图7-13）。

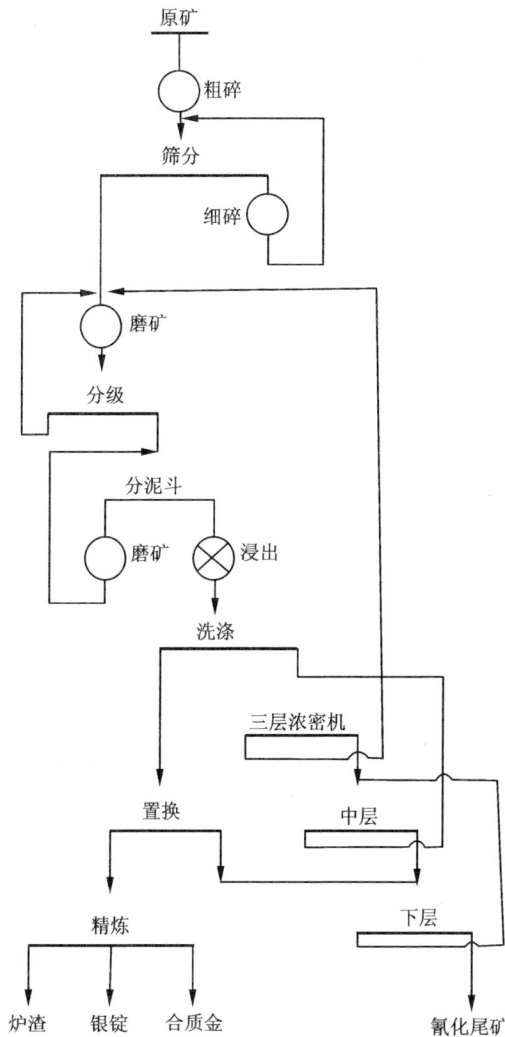

图7-13 某厂搅拌氰化流程图

1. 碎矿

采用两段-闭路碎矿流程，给矿的最大粒度小于300mm。在原矿仓顶设800×320格筛。矿石经980mm×1240mm槽式给矿机给入400mm×600mm颚式破碎机粗碎，粗碎、细碎排矿由胶带运输机送往900mm×1800mm振动筛筛分，筛上产品用胶带运输机返回 $\phi900mm$ 中型圆锥破碎机细碎，筛下产品送粉矿仓。碎矿产品粒度为 12 ~ 10mm。

2. 磨矿

采用两段全闭路流程。第一段为 MQY1500mm × 3000mm 溢流型球磨机与 FDC - 1200mm 沉没式单螺旋分级机构成闭路，磨矿细度为 75% - 200 目，处理原矿量 3.5t/h，利用系数 0.465t/m³h，分级机返砂比约 96%。第二段磨矿设计为 $\phi1200 × 2400mm$ 球磨机与 $\phi200mm$ 旋流器构成闭路，但生产中未使用旋流器而用 $\phi1200mm$ 分泥斗代替，磨矿细度 85% ~ 90% - 200 目。分泥斗的溢流浓度约 24%。

3. 浸出

采用全泥氰化浸出流程。贫液返回磨矿系统，并向球磨机加氰化钠浸出，磨矿的浸出率在 50% 左右。二段磨矿分泥斗的溢流送到五台 $\phi3500mm × 3500mm$ 机械搅拌槽浸出，浸出浓度约 24%，氰化钠浓度 0.037% ~ 0.042%，pH10 ~ 11，浸出率 87% ~ 95%。

4. 洗涤

采用四段浓密机逆流洗涤。浸出结束后的矿浆，先经 $\phi9000mm$ 单层浓密机作第一段洗涤，其溢流即贵液送置换作业。排矿用泵扬到 $\phi9000mm$ 三层浓密机进行三段逆流洗涤，为了加速矿泥的沉降，需要加 3# 中性凝聚剂 100g/t 左右。这样单层浓密机的排矿浓度由 30% 提高到 52%，同时使三层浓密机指标也得到改善，排矿浓度由 30% 提高到 48%，使洗涤效率有明显提高。洗涤率 98%。

5. 置换

采用锌丝置换法。贫液经澄清、砂滤后送金柜进行置换。贵液池和贫液池容积均为 115m³。锌的消耗量 0.62kg/t。

6. 熔炼

置换作业的产品金泥经酸洗、水洗、烘干、配料，用坩埚在 37kW 箱式电炉粗炼。渣送回收系统，通过颚式破碎机、对辊破碎，自制的 $\phi900 × 900mm$ 球磨机磨矿，用摇床回收金并返回熔炼。粗炼后的合质金再熔化水淬，用硝酸溶解银，溶液用铜板置换得海绵银，再经熔铸得银锭，其纯度在 98% 以上。经硝酸除银后的渣再水洗、烘干，用坩埚在 37kW 箱式电炉中精炼，精炼温度 1300℃，得到的合金含金品位为 60% ~ 80%。渣送回收系统。

第 8 章

从氰化物溶液
中沉淀金、银

从氰化物溶液中析出金、银的方法有：锌置换、活性炭吸附，离子交换树脂吸附、铝置换、电积和萃取等。

从氰化法发展开始直到现在，锌置换法是主要的沉金方法。但是，从 20 世纪 70 年代开始，全世界广泛应用活性炭吸附和树脂吸附。可以认为：吸附法的作用和地位将大为提高。

铝置换法曾用于银矿氰化过程。与锌不同，铝与 CN^- 不形成络合物，而形成 AlO_2^-，因此，用铝置换时可再生 CN^-：

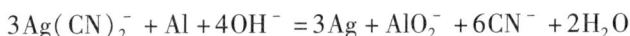

$$3Ag(CN)_2^- + Al + 4OH^- = 3Ag + AlO_2^- + 6CN^- + 2H_2O$$

但是，用铝置换金的效果比置换银差，并且在氰化物溶液含 Ag 不小于 $60g/m^3$ 时，才可以达到沉金完全。此外，用铝作沉淀剂时，沉淀速度慢，而且在沉淀前氰化物溶液必须除 Ca^{2+}（否则会生成 $CaAl_2O_4$ 沉淀混入金泥）。因此，铝置换法没有得到推广。

电积法和萃取法尚处在研究之中。

8.1　锌置换沉淀的物理化学

在氰化物溶液中，锌的标准电位 $-1.26V$，比金（$-0.68V$）、银（$-0.31V$）的电位更负，因此，金属锌很容易从氰化物溶液中置换出 Au、Ag：

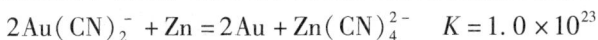

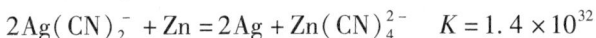

$$2Au(CN)_2^- + Zn = 2Au + Zn(CN)_4^{2-} \quad K = 1.0 \times 10^{23}$$

$$2Ag(CN)_2^- + Zn = 2Ag + Zn(CN)_4^{2-} \quad K = 1.4 \times 10^{32}$$

接近工业条件下的电位 - pH 图（即图 5 - 1）中，氰化溶锌线⑭位于氰化溶金线⑨、氰化溶银线⑩的下方，表示锌是 $Au(CN)_2^-$、$Ag(CN)_2^-$ 的强还原剂。

从图 5 - 1 看出，线⑭与线⑨、⑩是平行的，所以它们之间的垂直距离无最大值，故加锌沉金、银无最佳 pH 的问题。但这并不是说，加锌时不需控制溶液的 pH，因为还须考虑其他副反应的发生。从图 5 - 1 看出，线⑭在氢线②的下方，即锌能使水还原放出氢：

$$2H_2O + 2e = H_2 + 2OH^- \qquad \varphi^\ominus = -0.83V$$

$$Zn + 4CN^- + 2H_2O = Zn(CN)_4^{2-} + H_2 + 2OH^-$$

当 pH = 9.4 时，这个反应的电位最大。但是，pH 过高，有可能产生 $Zn(OH)_2$ 沉淀，这将在下面进一步阐述。

氰化物溶液中的氧被锌还原成 OH^-

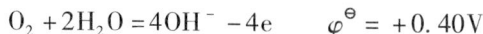

$$O_2 + 2H_2O = 4OH^- - 4e \qquad \varphi^\ominus = +0.40V$$

$$2Zn + 8CN^- + O_2 + 2H_2O = 2Zn(CN)_4^{2-} + 4OH^-$$

上述两个副反应将大量消耗锌。按置换金的反应计算，1g 金只要 0.19g 锌，实际却要高出此值数十倍。

由图 5 - 1 中还能看出，氧线①与金线⑨的垂直距离，大于金线⑨与锌线⑭的垂直距离，说明氰化物溶液中如有氧存在，金有可能反溶。

由此可见，为了减少锌耗和防止金反溶，加锌沉淀前应把溶液中的氧除去。

从电位 - pH 图可看出，锌被氧化后的产物，pH 由低到高，依次为 $Zn(CN)_4^{2-}$、$Zn(OH)_2$、$HZnO_2^-$ 和 ZnO_2^{2-}。热力学计算表明：它们的稳定区域还与溶液中总氰化物浓度有关。在总氰化物浓度不变时，不溶氢氧化锌的稳定范围随总 Zn^{2+} 浓度增加而加大。当氰化物总浓度为 10^{-3} mol/L，锌浓度只要在 4×10^{-5} mol/L 以下时，任何 pH 都不出现 $Zn(OH)_2$ 沉淀。

当氰化物浓度不够而碱度较高时，形成 ZnO_3^{2-}（见图 5 - 1）：

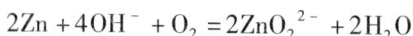

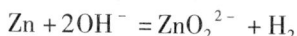

$$2Zn + 4OH^- + O_2 = 2ZnO_2^{2-} + 2H_2O$$

$$Zn + 2OH^- = ZnO_2^{2-} + H_2$$

在碱度稍低时，生成的 ZnO_2^{2-} 水解形成不溶于水的 $Zn(OH)_2$ 沉淀：

$$ZnO_2^{2-} + 2H_2O = Zn(OH)_2\downarrow + 2OH^-$$

在氰化物浓度不够时，$Zn(OH)_2$ 和锌氰络合物作用生成氰化锌沉淀：

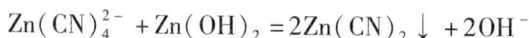

$$Zn(CN)_4^{2-} + Zn(OH)_2 = 2Zn(CN)_2\downarrow + 2OH^-$$

从碱和游离氰化物都不够的溶液中沉金、银时，形成所谓白色沉淀，其主要组成就是 $Zn(OH)_2$ 和 $Zn(CN)_2$。

为了防止生成白色沉淀，进行沉淀金、银的溶液要有足够浓的碱和氰化物。除此以外，预先脱氧是最有效的防止白沉淀生成的措施。因为氰化物溶液脱氧后，大大减少锌的氧化，从而降低了溶液中的总氰浓度。例如，不脱氧时，防止白色沉淀出现的氰化物浓度是 0.05% ~0.08% 以及同样浓度的碱，如果预先脱氧，则可降至 0.02% ~0.03%。

按照现代的观点，置换过程是一电化学过程，相当于一原电池的工作。当锌加入氰化物溶液时，锌与溶液之间开始交换离子，结果，在阳极区锌进行离子化，在阴极区进行金、氧和水的还原，电子通过金属从阳极传到阴极。

现在我们利用极化曲线 [图 8 - 1 (a)] 来研究这个置换电池的工作。因为在氰化物溶液中金和氧的浓度都不大，通常不超过 $x$mg/L 级，金 (曲线 1) 和氧 (曲线 2) 的极化曲线有清晰可辨的极限电流区。氢的阴极还原 (曲线 3) 速度取决于氰化物溶液的碱度和氢在金、锌上析出的超电压。碱度越高、氢的超电压越低，析出氢所消耗的电流就越大。

当阴极区同时进行金、氧和水的还原反应时，总的阴极极化曲线将如图 8 - 1 (a) (曲线 4) 所示。

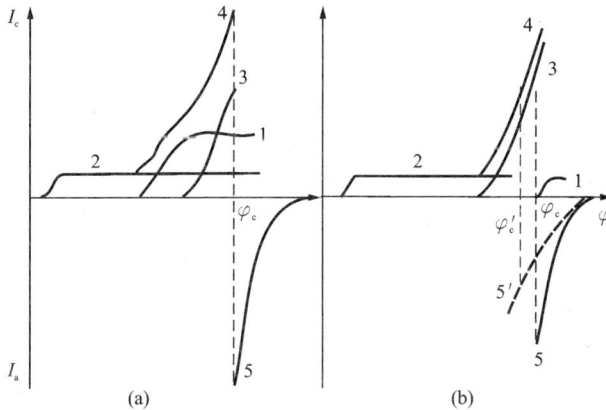

图 8 - 1　置换过程开始 (a) 和结束 (b) 的极化曲线

1—金还原　2—氧还原　3—水还原　4—阴极过程总曲线

5, 5′—锌氧化 (注：横轴向右为 $-\varphi$，不是 φ)

如果略去电解液 (氰化溶液) 和金属的欧姆电阻，那么可以认为，置换电池的阴极和阳极具有相同的稳定态混合电位。这个电位的大小，应保证阳极区电流和阴极电流相等。正如图 8 - 1 (a) 所示，电位 φ_C 符合这一条件。

随着沉淀过程进行，溶液中的金的浓度逐渐降低，相应地，它的平衡电位和极限电流也逐渐降低，直到稳定态电位变得与平衡电位相等，金停止进一步沉淀，虽然此时并未达到热力学平衡。这一状态的极化曲线见图 8 - 1 (b)。从图可见，在此情况下仅仅进行水和氧的还原。

不但如此，在某些条件下还可能出现金的重溶。因为锌被水和氧长时间地氧化，它的表面积大大变小，阴极电位大大增加 (阴极极化曲线 5 向横座标轴靠近)，稳定态电位向正方向移动，出现金反溶现象。在图 8 - 1 (b) 上，与这状态对应的是阴极极化曲线 5′和稳定态电位 φ_C'。

从极化曲线图可以找到获得更大置换速度和置换深度的途径。为了降低溶液中残余的金的浓度，必须将阴极电位移向更负。最简单的办法是，使用具有大表面积的锌，使阳极极化降低。这种条件下，阳极极化曲线 5 会变得更陡，因而稳定态电位减小，获得深度置换。

金的沉淀速度由极限电流的大小决定，即受制于 $Au(CN)_2^-$ 向阴极区表面的扩散速度。

因此，为了加速置换过程，可采用一切增加扩散速度的方法，如增加阴极表面积，强化搅拌，提高温度等。

实践中，为了增大沉淀速度，广泛采用的措施之一，是用可溶性的铅盐（醋酸铅、硝酸铅）溶液处理锌粉。此时，在锌表面上置换出一层松疏的海绵铅，它具有非常大的比表面，从而大大加速了沉淀过程。显然，用细粒锌粉置换比用锌丝时，沉淀速度更快。

强烈搅拌在置换时会产生两方面的影响：一方面，它提高金还原的极限电流，加速沉淀；但另一方面，它也提高氧还原的极限电流，增加了锌的无益消耗。此外，在强烈搅拌下，已析出的金有可能从金属锌上脱落。当金不与锌接触时，由于溶液中氧的作用，而出现金反溶。

因此，在实践中，氰化物溶液在沉淀金以前大都进行脱氧处理。无氧的溶液从锌粉层渗滤而过，完成沉金过程。这样既保证了 $Au(CN)_2^-$ 向锌表面足够高的扩散速度，同时又保持了沉淀物的结构，加之溶液无氧，故金反溶的可能性降到最低限度，还减少了锌耗。此外，在过滤置换中，含贵金属最富的溶液与活性最差的（已置换有金属的）锌接触，而最贫的溶液随着过滤进入到最新鲜的锌粉层，即按逆流原理进行，从而提高了沉淀的速度和深度。

根据以上分析，沉淀贵金属的最佳条件为：

（1）溶液预先脱氧；

（2）采用具有大比表面的金属锌（锌粉）；

（3）添加可溶性铅盐；

（4）氰化物和碱浓度足够高，但不过分高；

（5）用渗漏法（过滤法）进行置换。

氰化物溶液中的杂质，大都对置换过程有不良影响。例如溶液中存在的碱金属硫化物，引起形成铅、锌的硫化物薄膜，它们覆盖于锌表面，阻碍金、银沉淀。溶液中的砷的浓度即使不大，也会显著恶化沉淀过程，因为在锌表面上形成砷酸钙的隔离膜。胶状硅酸，由于与石灰形成硅酸钙膜，也同样显示出有害影响。铅，如果它在溶液中以亚铅酸根存在，也会在锌表面形成亚铅酸钙膜，同样降低锌的活性。铜在溶液中以 $Cu(CN)_3^{2-}$ 存在，易与锌发生置换反应：

$$2Cu(CN)_3^{2-} + Zn = 2Cu\downarrow + ZnCN)_4^{2-} + 2CN^-$$

反应沉淀的铜覆盖于锌的表面上；当铜的浓度相当高时，有可能使沉金中断。为了避免出现这种情况，有时把含铜高的氰化物溶液先与纯锌接触，沉去大部分铜后，再用包有铅的锌（用铅盐处理过的）沉金。在含铜不高时，利用包有铅的锌可以不至于形成致密的膜。在某些情况下，为了避免大量铜在氰化物溶液中积累，沉金后的氰化物液必须进行再生处理。

8.2　加锌沉淀金的实践

贵液的清洁程度是置换能否正常进行的重要条件之一。进入置换作业时的贵液必须达到清彻透明，不允许带有超过规定的悬浮物和油类，因为悬浮物（主要是细粒矿泥）在置换中会污染锌的表面而降低金置换速度。使用锌粉置换时大量矿泥进入置换过滤机将堵塞滤布，使置换无法进行。另外，悬浮物也几乎全部进入金泥，影响金泥质量。所以在置换作业之前，要对贵液进行净化处理。生产中要求贵液中悬浮物含量在5mg/L以下。

目前常用的含金溶液净化设备是框式过滤机、压滤机、砂滤池或沉淀池。砂滤池和沉淀池由于设备简单，不需要动力，多用于中小型氰化厂。砂滤池的滤底上，铺有滤布（帆布或麻袋片），滤布上分别装有厚120～150mm的砾石及厚60mm的细砂层。砂滤池一般设两个，以轮换使用。在轮换时，需更换细砂。砂滤池和沉淀池，因单位面积生产率低，澄清效果差，所以常与框式过滤机配合使用。

1. 锌丝沉淀法

此法使用较早，是在沉淀箱中进行，即把锌丝放在沉淀箱中，让含金溶液流经沉淀箱，使之与锌丝接触而发生置换沉淀作用，金粉沉淀于箱底。

锌丝置换沉淀箱的构造，见图8－2。箱子用木板、钢材或水泥制成，长3.5～7m，宽0.45～1m，深0.75～0.9m。用下横间壁3分成若干格，间壁与底1相连，但略低于箱子的上缘2，每格中又有上间壁4，它与箱的上缘相接，相邻两间壁距离很近，形成浸出液流入锌箱的通道。浸出液在每个格子中，由下部流进，从上部流出。锌丝7置于带有6～12目的网5的铁框6中，每格有一个铁框，铁框设有手把10，作抖动锌丝用，以除去其表面气泡，使金粉脱落，沉到箱底，积成金泥8，积累一定数量，从排出口放出。

含金浸出液由第一格流入，在这里不装锌丝，只澄清和调整溶液浓度（在此加入氰化物等），然后由下而上，依次流入装有锌丝的各格；溶液中含金量，顺流愈来愈低。从含金低的贫液中沉金，宜用新鲜的锌丝，以提高沉金效率。一般是在溶液流经的最后一个格子中，盛新鲜锌丝，使用一段时间后，逆流上移，移至第一个盛锌丝的格子，锌丝逐渐变少、细、碎，沉金能力降低，取出淘洗，较粗、长的锌丝，返回重用。沉到箱底的金泥，夹杂不少碎锌丝及其他杂质，取出后进一步处理。每产出1kg金，需消耗锌丝4～20kg。

此法优点是所用设备简单，易于操作，少耗动力；缺点是耗锌量大，金泥含

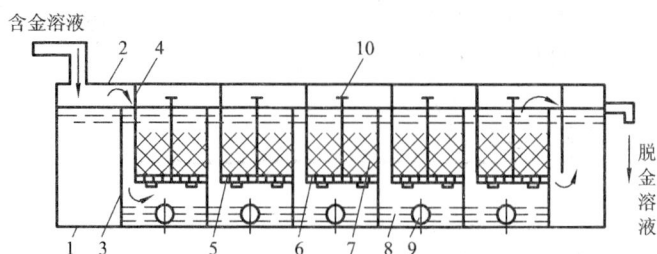

图 8 – 2　锌丝置换沉淀箱

1—箱底　2—箱上缘　3—横间墙　4—间墙上端　5—筛网
6—铁框　7—锌丝　8—金泥　9—排放口　10—把柄

锌高，工场占地面积大，所以近年来，逐步被锌粉法所代替。

2. 锌粉沉淀法

锌粉单位质量的表面积要比锌丝大得多，这就使锌粉沉金的效率比锌丝高得多。

所谓锌粉法，就是把锌粉与含金溶液混合，然后送去过滤，被置换出来的金粉与过剩的锌粉进入滤饼，与脱金后液分离。

为了减少浸出液中的氧对锌粉沉金的副作用（耗锌，金反溶），在加锌粉前要先脱气（脱氧）。脱气在脱气塔中进行，其构造见图 8 –3。脱气塔是一个圆柱体，排气管与真空泵相连。浸出液由进液管 1 进入塔内，喷洒在木格条 2 上，溅泼成小液滴，由于液面增大，气体易于逸出，又受到真空泵的吸力，气体由排气口 3 排出。经脱气的液滴，汇集于塔体下部，由排液口排出，经离心泵送去加锌粉

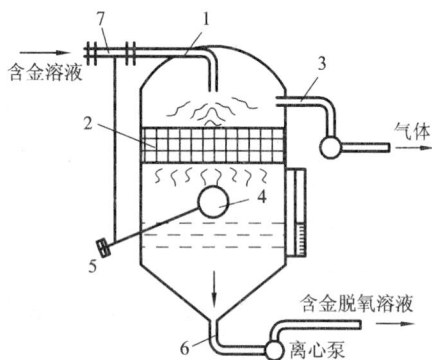

图 8 –3　脱气塔构造

1—进液管　2—木格条　3—排气口　4—浮标
5—平衡锤　6—排液口　7—蝶阀

沉金。为了保持塔内脱气后液面水位，液面浮标 4 通过杠杆连接平衡锤 5 以控制液蝶阀 7。这样，蝶阀的启闭，受液面高低的控制。

脱气后液送入锌粉沉金设备沉金。较新式的锌粉沉金设备如图 8 – 4 所示。锌粉沉淀设备，由混合槽 4 和锌粉沉淀器 6 等主要部分组成。经过脱气后的含金液，用离心泵打入混合槽，同时由锌粉给料器 5，往槽内给入锌粉并加入适量的铅盐。含金液与锌粉在槽内混合成浆，然后自动流入锌粉沉淀器 6 下部的锥体空间中，受到螺旋桨 9 的搅拌。在沉淀器中部的支架上，安有滤框四个，以有孔 U

形管为骨架。布袋过滤片 7 的一端堵死，一端接真空泵。经搅拌后的锌浆，在真空泵 14 的抽力作用下，滤液经排出管 13 抽出，而被沉淀出来的金粉与过剩的锌粉沉积在滤布上。含金溶液与滤布面上沉积的锌粉接触而起置换沉金作用。当滤布表面沉积层达到一定厚度时，停车卸出。为了使作业不因卸出金泥而间断，沉淀器宜并联 2~3 个，交替使用。

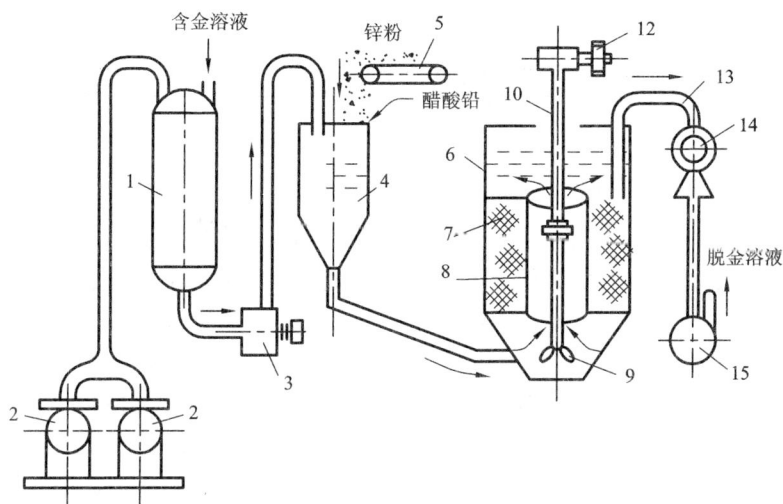

图 8 – 4　锌粉沉金设备连接图

1—脱气塔　2—真空泵　3—离心泵　4—混合槽　5—锌粉给料器
6—锌粉沉淀器　7—布袋过滤片　8—槽铁架　9—螺旋桨　10—中心轴
11—小叶轮　12—传动机构　13—滤液排出管　14—总管和真空泵　15—离心泵

锌粉沉金的金泥，送下一工序处理；脱金后液，一部分返回氰化系统，一部分经净化后排放。

我国氰化厂还广泛采用压滤机作为沉金设备。生产中，需先往过滤机内加入一层相当于沉淀重量 50% 以上的锌粉，形成锌粉沉淀层。

锌粉置换比锌丝置换具有的优点是：锌粉价格比锌丝便宜；金银沉淀更为完全；金泥含锌量低，处理费用低；锌粉的消耗低；锌粉置换易实现自动化。因此，国内外已普遍采用。

锌粉法的缺点是：设备多，投资大，能量消耗大。

8.3　金泥处理

从含金氰化液中，加锌沉淀而产生出的金（银）泥，含金一般不超过 20%。

表 8 – 1 为某厂的金泥成分。

表 8 – 1　某厂金泥成分

元　　素	Au	Ag	Pb	Cu	Zn	S	其他
/%	19.30	1.88	8.74	0.47	48.17	4.19	余量

从表 8 – 1 可以看出，金泥的处理，主要是要除去锌、铅及硫等。金泥的处理方法，主要采用火法工艺，近年来开始采用湿法工艺。

火法工艺一般为酸溶、焙烧和熔炼三步。

8.3.1　酸溶

所谓酸溶，就是以稀硫酸（10% ～15% H_2SO_4）溶液为溶剂，洗涤、溶解金泥，使金泥中可溶于稀硫酸的成分溶解而从金泥中分离出来。锌易溶于稀硫酸：

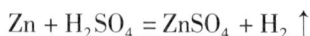

$$Zn + H_2SO_4 = ZnSO_4 + H_2 \uparrow$$

铜等可溶性物质，也被溶解；金泥中的银，也有可能少量溶解。

由于酸溶时产生大量氢气，所以酸溶操作须在有机械搅拌装置的槽子中进行，槽上应有烟罩，使氢气及时排出。

为了减少金泥中的锌量，酸洗前先用筛子把较粗的锌粒、锌丝筛去。为了防止反应过剧而引起喷溅，加入稀酸不宜过快，并应加入冷水降温。

如金泥含有砷，则会产出砷化氢气体；还可能产生氢氰酸气体。这些都是有害气体，所以酸溶槽须密封，并设有烟罩。

硫酸的消耗量，一般为锌重量的 1.5 倍。酸溶时间一般为 3h，澄清 3h。

经酸溶后的金泥，成分发生显著的变化。表 8 – 2 为某厂经酸溶后的金泥成分。

表 8 – 2　酸溶后的金泥成分

元　　素	Au	Ag	Pb	Cu	Zn	S	其他
/%	52.00	4.58	24.23	1.49	4.32	2.63	余量

从表 8 – 2 看出，经酸溶后，金泥中含金量明显升高，含锌量明显降低；含铅量的升高，是因为铅以硫酸铅形态留在金泥中。

经酸溶后，进行液固分离，金泥再经水洗、压滤后，金泥成为滤饼。

8.3.2　焙烧

滤饼还含有水分和结晶水以及某些化合物。焙烧的目的，是为了除去这些水分，并使硫化物、硫酸盐变成氧化物，为下一步熔炼创造有利条件。

焙烧时将滤饼放在铁盘中，放进加热炉内缓慢加热，温度宜控制在碳酸盐、硫酸盐以及氰化物能解离的范围内，但应防止固体物料熔化。一般最高温度控制在600℃左右。

南非一些工厂的焙烧是在电炉中进行，每炉可容6～12个铁盘，每盘可装金泥60kg，焙烧时间16h，焙烧温度保持为600～700℃。

为了避免金泥受热而粘在铁盘上，可先在铁盘内壁涂上石灰等涂料。为了使杂质在焙烧时氧化，可往滤饼里加入适量的硝石作氧化剂。为了避免炽热的金泥飞散，焙烧过程不宜搅拌。如焙烧时温度过高，可缓慢加入冷料降温。

一些小厂焙烧金泥，可在铁锅中进行，用煤或焦炭加热，称之为"炒砂子"。

焙烧后的金泥称为焙砂，送去熔炼。

8.3.3　熔炼

焙烧后金泥的主要组成是金、银、贱金属的氧化物和非金属氧化物。

熔炼的目的，就是使杂质进入炉渣与金、银分离，同时得到粗金——金、银合金。

熔炼时，按金泥的成分，配入适量的熔剂，用坩埚炉、小型反射炉或小型转炉熔炼。配入的熔剂，常用的有碳酸钠（Na_2CO_3）、石英（SiO_2）、硼砂（$Na_2B_4O_7 \cdot 10H_2O$）或萤石（CaF_2）。熔炼时，金泥中的杂质与熔剂组成炉渣，金、银组成合金，两者互不溶解，密度差又大，很易分离。

金泥的熔炼，从原理方法，都与阳极泥处理中的熔炼过程相似，这部分内容，将在以后介绍。

上述火法工艺处理金泥的主要缺点是不能得到纯金。所得的金银合金必须进一步精炼。正因为如此，人们对湿法工艺感兴趣。南非和澳大利亚研究的金泥湿法处理流程如图8－5所示。

金泥用硫酸浸出后，酸溶性的杂质进

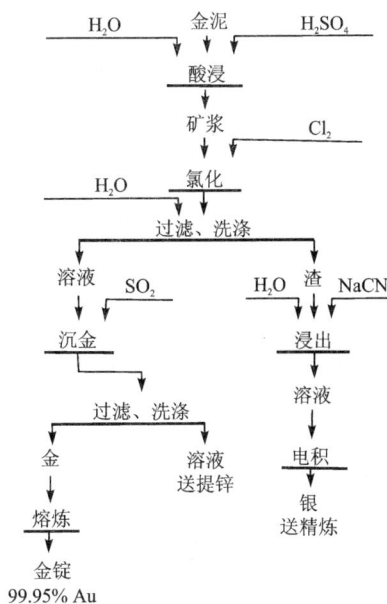

图8－5　氯化法处理金泥

入溶液，得到的矿浆（不过滤）用氯气氯化，这样，99.8%金进入溶液：

$$2Au + 3Cl_2 + 2Cl^- = 2AuCl_4^-$$

银以 AgCl 形态留于不溶渣中。氯化后的矿浆过滤，滤液用 SO_3 还原金：

$$2AuCl_4^- + 2SO_3 + 6H_2O = 2Au + 12H^+ + 8Cl^- + 3SO_4^{2-}$$

得到的金粉熔成金锭。用 5% 氰化钠溶液从氰化渣中浸出银及少量的残留金。得到的溶液电解沉积金属银，金作为杂质也同时沉积。阴极银送精炼。按此流程金的损失不超过 0.04%，此流程的优点是可获得纯度为 99.95% 的金，在许多场合下可不进行精炼。

8.4　锌置换生产实例

我国某厂处理的矿石属于含少量黄铁矿的石英脉矿石，原矿含金为 4~5g/t，采用浮选 - 精矿氰化 - 锌置换工艺，精矿含金 115~130g/t，其他元素分析见表 8 - 3。

表 8 - 3　精矿多元素分析

分析元素	Au	Ag	Cu	Pb	Zn	Fe	S	As	SiO$_2$	CaO	Al$_2$O$_3$
含量/%	117.5	43.17	0.18	0.09	0.05	26.26	25.46	0.01	25.16	2.60	6.80

氰化工艺由精矿脱药 - 再磨矿 - 两段浸洗 - 锌置换等作业组成，浸洗产出的贵液组成见表 8 - 4。

表 8 - 4　贵液多元素分析

分析元素	Au	CN$^-$	CNS$^-$	总 CN$^-$	CaO	SiO$_2$	Cu	Zn	Fe	悬浮物
含量 /(g·m^{-3})	13.41	476	1120	1260	300	116	340	86	3.8	119

该矿在 1980 年以前采用锌丝置换法，1980 年以后改用锌粉置换，两种置换方法的生产实践情况如下：

8.4.1　锌丝的置换实践

锌丝置换工艺如图 8 - 6。贵液经砂滤进行初步净化、除去部分矿泥后用泵扬入贵液池。贵液池的放液管高出池底 1m，以便贵液在池中进一步沉淀澄清。澄清液自流给入置换箱。置换箱尺寸为 $3400 \times 800 \times 6300$（$mm^3$）的铁板箱。箱内分八槽。第一槽不装锌丝为缓冲槽，第八槽也不装锌丝，作为被贫液带出的金泥回收槽。总计为 14 个置换箱，置换时间为 90min 左右。

工艺条件及技术指标：

液流量	180m³/d
CN⁻浓度	0.05% ~0.06%
CaO 浓度	0.03%
锌丝耗量	240g/m³（20g/g 金）
Pb(Ac)₂耗量	33g/m³
贫液含金	0.15~0.20g/m³
置换率	99.0%~99.5%（最高年度达 99.7%）

锌丝为本矿加工，厚度为 0.2mm，宽 2mm，含铅 0.1%。

图 8-6　锌丝置换流程图

生产过程中每班要补加锌丝，置换周期为一个月，提取的金泥用人工淘洗，真空滤盘过滤，故劳动条件差，劳动强度大，需 8 个人工作 84h。滤饼含水约 30%。

提取金泥过程中的细碎锌丝头，与金泥同时送炼金房进行硫酸浸洗，酸浸后干金泥平均含金品位 8%~10%。酸浸后金泥各元素分析见表 8-5。

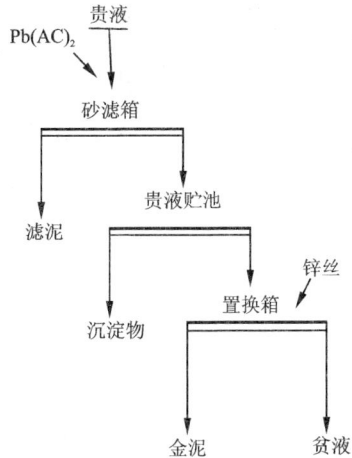

表 8-5　两种置换方法金泥多元素分析/%

置换方法 / 分析元素	Au	Ag	Cu	Pb	Zn	Fe	S	SiO₂	CaO	MgO	Al₂O₃
锌　丝	8.12	2.02	4.06	9.00	13.22	3.63	8.01	12.33	6.89	0.90	2.21
锌　粉	17.96	3.47	8.57	7.63	42.26	0.45	0.45	0.43	0.11	0.024	0.082

8.4.2　锌粉置换实践

该矿锌粉置换于 1980 年投产，用以代替原有的锌丝置换工艺，锌粉置换工艺由净化-脱氧-锌粉置换三个作业组成。详见图 8-7。

净化采用板框式真空过滤器，过滤面积为 75m²。铁板箱体尺寸为 3×1.6×2（m³），内 18 片 1.4m×1.5m 外套帆布袋的过滤片，两片过滤器交替使用。

脱氧采用真空脱氧塔，规格为 φ1000×3500（mm²）底锥圆柱塔，以木格为填料，配有 ZBA-60 型水力喷射泵真空装置，脱氧液用 2BA 型水封泵扬入置

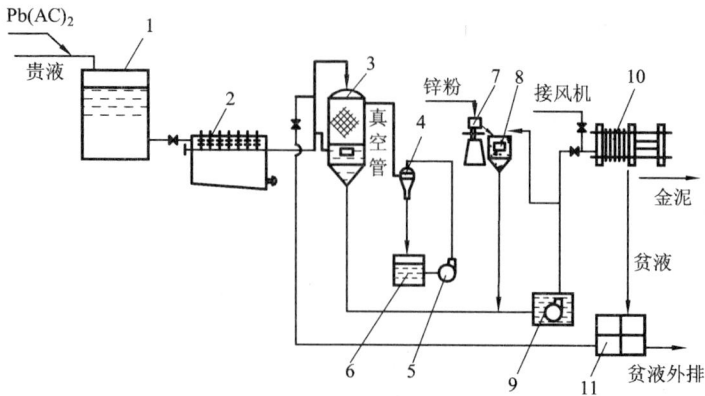

图 8 - 7 锌粉置换设备联接图

1—贵液贮池　2—澄清槽　3—脱氧塔　4—水力喷射泵　5—水泵
6—水池　7—锌粉加料机　8—锌粉混合器　9—水封泵　10—板框压滤机　11—贫液池

换机。

置换机采用 BMT20/635×25 型板框式压滤机，滤片上有帆布和滤纸，不用助滤剂。锌粉加料装置由 ϕ10mm 圆盘式加料机与底锥阀式混合器组成。

生产工艺及技术指标：

贵液中 CN⁻ 浓度	$0.04\% \sim 0.05\%$
氧化钙浓度	$0.02\% \sim 0.03\%$
醋酸铅浓度	0.003%
悬浮物浓度	$10 \sim 20 \text{g/m}^3$
真空度	$700 \sim 720 \text{mm}$ 汞柱
脱氧液含氧量	小于 0.25g/m^3
锌粉用量	80g/m^3
贵液流量	$200 \sim 220 \text{m}^3/\text{d}$
贵液含金	$10 \sim 18 \text{g/m}^3$
贫液含金	$0.02 \sim 0.006 \text{g/m}^3$
置换率	$99.87\% \sim 99.90\%$
金泥金品位（不经酸浸）	$15\% \sim 20\%$

8.4.3　锌粉与锌丝置换技术经济指标对比

表 8 - 6 为两种置换方法技术经济指标对比。由表可知：

（1）锌粉置换率比锌丝置换率高 0.77%。

（2）锌粉置换成本比锌丝置换成本低 6.57 元/t。

（3）由于锌粉置换金泥量大大减少，使火法冶炼成本降低0.58元/两。

表8-6　两种置换方法技术经济指标比较

项　目	锌　粉　置　换		锌　丝　置　换	
贵液品位/(g·m^{-3})	18.03		17.50	
贫液品位/(g·m^{-3})	0.021		0.154	
置换率/%	99.89		99.12	
金泥量/kg	5649		10084	
金泥品位/%	17.13		8.60	
置　换　成　本	单　耗	单位成本	单　耗	单位成本
锌	0.616kg	1.67元	2.20kg	9.24元
醋　酸　铅	0.206kg	0.76元	0.20kg	0.74元
滤　布	0.094m	0.25元	—	0
滤　纸	0.17张	0.10元	—	0.01元
电　力	6.13kW·h	0.44元	—	0
工　资	—	0.39元	—	0.30元
设　备	—	0.16元	—	0.50元
合　计	—	2.77元	—	10.79元
冶　炼　成　本	单　耗	单位成本	单　耗	单位成本
柴　油	0.19kg	0.10元	0.492kg	0.25元
硝　酸　铵	0.04kg	0.01元	—	0
硫　酸	0.22kg	0.11元	0.61kg	0.31元
火　碱	0.10kg	0.09元	—	0
硝　酸	0.002kg	0.01元	0.053kg	0.04元
硼　砂	0.02kg	0.02元	0.13kg	0.18元
电　力	1.36kW·h	0.11元	0.599kg	0.04元
坩　埚	0.03个	0.06元	0.33kg	0.04元
工　资	—	0.15元	—	0.16元
合　计	—	0.76元	—	1.02元

注：①置换成本单耗按处理1t氰化原矿计算。

②冶炼成本单耗按每生产1两黄金计算。

第 9 章

炭浆法

传统的氰化法，存在的主要问题是，液固分离需设置庞大的逆流倾析、过滤系统，占地大、投资和生产费用高，而且泥质金矿难以处理。为了解决这一问题，炭浆法应运而生。炭浆法只保留了浸出这一主体工序，取消了液固分离和加锌沉淀这两个后续工序，代之以炭吸附、解吸和电解，因而从根本上解决了传统氰化法存在的问题。随着炭浆法的发展，又演化出炭浸法。它们已成为当今全泥氰化法提金中最有生命力的新工艺。

9.1 活性炭

将有机物质，如树木、果壳、果核、糖以及褐煤、烟煤、无烟煤等，在 CO、CO_2、H_2O 的气氛下（隔绝空气）加热到 $800 \sim 900℃$，进行活化，即得到活性炭。在活化过程中，大约有20%炭被气化：

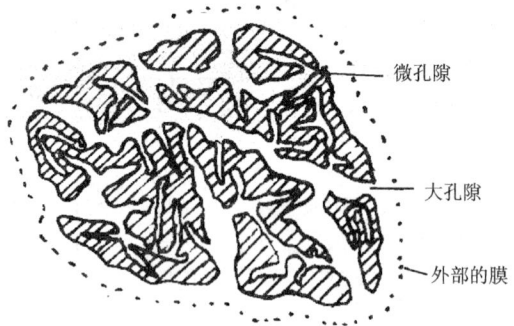

图 9-1 炭孔隙结构的示意图

$$C + CO_2 = 2CO$$
$$C + H_2O = CO + H_2$$

留下的炭呈透穿微孔结构（见图9-1），孔隙非常发达，且多为开口孔隙，微孔直径 $0.5 \sim 2nm$。因此活性炭具有巨大的比表面（$400 \sim 1000m^2/g$）。活性炭的活性，是巨大的比表面和存在于表面的反应基团二者结合所产生的作用。

我国生产的活性炭种类较多，按原料来源可分为煤质类、果壳类、木质类。炭浆工艺对炭种的选择，主要是考虑炭质强度、吸附速率和吸附容量等。炭种选定原则是技术上适用，经济上便宜和货源充足。我国活性炭种类、性能见表9-1。目前，我国炭浆工艺多选用杏核炭，国外广泛使用柳壳炭。至于从溶液中吸附金（活性炭柱）则用煤质炭也可以。

关于活性炭的表面化学结构，目前仍然不清楚。

表 9 – 1　国产活性炭种类性能

炭　种　类	粒　度 /mm	金吸附率/%			金吸附量 / (g·t⁻¹)	强度磨损率 /%
		30min	60min	90min		
GH – 16 型杏核炭	1.7 ~ 0.6	55.32	61.70	73.40	6075	5.40
GH – 15 型杏核炭	0.71 ~ 0.3	73.30	84.90	87.10	6860	/
大粒椰子壳炭	1.7 ~ 0.6	42.13	58.54	70.37	8045	8.03
小粒椰子壳炭	0.71 ~ 0.3	67.80	81.00	83.50	7700	/
ZX – 15 煤质炭	$\phi1.5 \times 3$	33.60	45.54	54.05	/	15.12
橄榄核炭	0.6 ~ 0.3	70.74	85.11	88.33	7285	/
棒状木质炭	$\phi3 \times 3$	33.33	38.89	38.89	/	/
球状煤质炭	1.7 ~ 0.6	17.02	23.40	39.79	5610	/

9.2　活性炭吸附金的机理

关于活性炭从氰化物溶液中吸附金的机理，现在尚无一致的结论。大体可归纳为四个类型。

9.2.1　以金属被吸附

活性炭从金氯络合物（$AuCl_4^-$）溶液中吸附金后，可明显地看到炭表面有黄色金属金。以此推断金氰络合物也可被炭还原。这种观点认为炭上吸附的还原性气体，如 CO，可把金还原。

近年应用 X 射线光电光谱（XPS）对炭上被吸附物中金的氧化状态的研究表明，被吸附的金表观价态为 + 0.3 价。据此，可认为炭吸附时，确有还原作用，尽管是部分还原。此外，从载金活性炭上解吸金，所用的解吸剂非氰化物不可，因为氰化物溶液是金属金最好的溶剂。这一事实也支持还原吸附的观点。

但是，把 CO 气体通入金氰化物溶液中并没有金被还原；而且，从它们的还原电位 〔（相对于甘汞电极，活性炭：- 0.14V，$AuCl_4^-$：+ 0.8V，$AuBr_2^-$：+ 0.7V，AuI_2^-：+ 0.3V，$Au(CN)_2^-$：- 0.85V）〕来判断，炭可把 $AuCl_4^-$、$AuBr_2^-$、AuI_2^- 还原，而不能把比其更负电性的 $Au(CN)_2^-$ 还原。因此，以为金氰络合物被炭还原为金属金而吸附的机理，在理论上还有待进一步研究。

9.2.2　以 $Au(CN)_2^-$ 阴离子形式被吸附

金以 $Au(CN)_2^-$ 阴离子形式被活性炭吸附的机理，即阴离子交换机理。这种理论认为，炭表面上存在带正电荷的格点。这些正电荷格点是这样产生的：活性炭在室温下与空气氧接触，形成具有碱性特征的表面氧化物，这种氧在炭上的结合是不牢固的。当炭与水作用时，它会转入溶液并形成 OH^-，这样炭表面带正电荷：

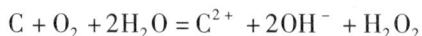

$$C + O_2 + 2H_2O = C^{2+} + 2OH^- + H_2O_2$$

双电层中的 OH^- 和溶液中的 $Au(CN)_2^-$ 交换，亦即具有阴离子交换剂性质。也可以说，炭上带正电荷的格点吸附溶液中 $Au(CN)_2^-$ 阴离子。

这种机理解释了炭的吸附能力随氰化物溶液的酸度提高而提高的现象，因为在较低 pH 下，上述反应平衡向右移动，产生出更多的正电荷格点，故能吸附更多的 $Au(CN)_2^-$ 阴离子。

同样，氰化物溶液中氧的存在，对吸附有利。

研究证明，炭对下列离子的吸附强度顺序为：

$$Au(CN)_2^- > Ag(CN)_2^- > CN^-$$

这一机理遇到难以解释的问题是：当氰化溶液中有大量的 Cl^- 或 ClO_4^- 阴离子存在时，并不降低 $Au(CN)_2^-$ 的吸附容量。Cl^- 阴离子，特别是 ClO_4^- 阴离子，它与 $Au(CN)_2^-$ 相像，同属于大而弱水化的阴离子，理应与 $Au(CN)_2^-$ 竞相被炭吸附，但事实并非如此。而这种溶液在离子交换树脂吸附时，ClO_4^- 的存在，会明显地降低金的吸附容量。由此看来，以 $Au(CN)_2^-$ 形式被吸附的机理，也不是完全令人信服的。

9.2.3　以 $M^{n+}[Au(CN)_2]_n^-$ 离子对被吸附

提出这一机理是基于以下事实：氰化物溶液中存在阴离子（如 Cl^-，ClO_4^-），甚至其浓度高达 1.5mol 时，也不降低金的吸附容量。但是当溶液中有中性分子（如煤油）存在时，会使金的吸附量下降。

炭吸附的金的中性分子的组成，取决于溶液的 pH。在酸性溶液中，金以 $HAu(CN)_2$ 被吸附，在中性和碱性介质中，金以一种盐类形式被吸附。这种吸附，是靠范德华力即所谓"弥散力"的作用而富集在炭上的。

研究者们发现，吸附了 $NaAu(CN)_2$ 的木炭燃烧后，所得灰烬中的钠含量不足以形成 $NaAu(CN)_2$；被松木炭和糖炭吸附过的 $KAu(CN)_2$ 溶液中，含有大量的酸式碳酸盐，而且钾离子也仍然留在溶液中；酸的存在能促进金的吸附，而盐的存在（如 $CaCl_2$ 等），也能提高金的吸附容量。从以上发现得出：金是以

$M^{n+}[Au(CN)_2]_n^-$ 的形式被炭吸附。当 M^{n+} 为碱金属阳离子时吸附不如碱土金属阳离子时牢固，即吸附强度取决于金属阳离子，其顺序为：

$$Ca^{2+} > Mg^{2+} > H^+ > Li^+ > Na^+ > K^+$$

这样，活性炭灰分中的 Ca^{2+} 以及溶液中的 Ca^{2+}、H^+ 都可能取代 Na^+、K^+，如：

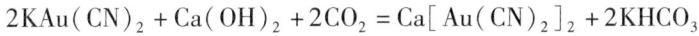

$$2KAu(CN)_2 + Ca(OH)_2 + 2CO_2 = Ca[Au(CN)_2]_2 + 2KHCO_3$$

式中 $Ca(OH)_2$ 是松木炭的灰分中含有 50% 的 CaO 所致。

按此机理，金以 $M^{n+}[Au(CN)_2]_n^-$ 离子对或中性分子被炭吸附，其中 M^{n+} 为碱土金属阳离子而不是碱金属离子，其吸附作用，既是炭的表面吸附作用，也可是通过孔隙中的沉淀作用。

9.2.4　以 AuCN 沉淀

早期有人认为在炭的孔隙里能沉淀出不溶性的 AuCN。AuCN 的产生是氧化作用的结果：

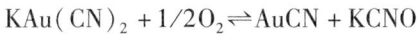

$$KAu(CN)_2 + 1/2O_2 \rightleftharpoons AuCN + KCNO$$

也有人认为是酸分解的结果：

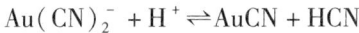

$$Au(CN)_2^- + H^+ \rightleftharpoons AuCN + HCN$$

试验证明，溶液 pH 愈低，炭中吸附的金容量愈大：

pH	1	2	3	6	12
载金量[mg(Au)/g(C)]	200	160	120	80	60

综上所述，活性炭吸附金氰络合物的机理研究，迄今仍是不充分的，无论那一种机理，都有其可信和不可信的成分。因此，有人提出了一个综合性的吸附机理：

（1）在炭的巨大内表面上或微孔中，吸附 $M^{n+}[Au(CN)_2]_n^-$ 离子对或中性分子，并随即排出 M^{n+}；

（2）$Au(CN)_2^-$ 化学分解成不溶性的 AuCN，AuCN 保留在微孔中；

（3）AuCN 部分还原成某种 0 价和 1 价的金原子的混合物（+0.3 价）。

9.3　从氰化物溶液中吸附金

现代堆浸所得的含金氰化物溶液均采用活性炭吸附，有的渗滤浸出也用活性炭吸附。

与搅拌氰化相比，堆浸溶液含金、银浓度更低（$1.5 \sim 5g/m^3$，有时只有 $0.5g/m^3$）且杂质含量高。这种溶液用锌置换和离子交换树脂法沉金，效果都不好。由于活性炭对金的选择性吸附性能好，因此，它可以从如此贫而复杂的溶液中，相当彻底地吸附金。

吸附过程在装有活性炭的吸附塔（槽）中进行。按溶液走向分有两种方法，一种是使含金氰化溶液自上而下渗透，通过固定的活性炭层；另一种是含金氰化溶液依靠泵的压力，以一定的速度由下而上通过炭层，并使炭层处于沸腾状态，或使炭在溶液中呈悬浮状态。方法的选择，取决于浸出液的混浊度及含泥量。对于固定的炭层和压紧的炭柱，最大给液流速是 $3.4 \text{ l/m}^2 \cdot \text{s}$。给液中不能有游离的细物料，因为固定炭层像砂滤器一样，矿泥将会堵塞炭层，影响溶液通过。

这两种方法比较起来，第一种方法的优点在于所需的活性炭要少一些，但对溶液的要求高。在工业生产实践中常采用第二种方法，吸附没有经过澄清的含少量泥质的堆浸富液。在设计第二种方法即用沸腾层吸附方案时，还要考虑下述四个因素：

（1）给液的流速，根据每天从堆浸作业中排出的富液量确定。

（2）贵金属日生产量，根据不同操作时期的各堆排出溶液最大含金量确定。

（3）活性炭最大载金能力。

（4）所用活性炭的粒度和类型。

如果能把活性炭的吸附能力利用到最大限度，就可以减少炭的用量并缩小吸附和解吸设备的规模。在工业上，一般说来，每吨活性炭吸附 2～5kg 金（或金和银）是合适的。

国外堆浸中使用的活性炭粒度为 3.35～1.0mm 或 1.40～0.6mm。一般说来，为了使 3.35～1.0mm 活性炭层保持悬浮状态所需的流速为 17 L/（$m^2 \cdot s$）。对于 1.4～0.6mm 的活性炭，所需的流速为 10 L/（$m^2 \cdot s$）。在上述条件下，活性炭可以膨胀 50%。在静止时，活性炭层的高度不应大于吸附塔直径的 3 倍；塔的高度应当为静止炭层高度的 2.5～3 倍，这样可以为炭层的膨胀和溶液的翻动提供足够的空间。

使用 1.4～0.6mm 炭颗粒的流态化吸附系统，所需活性炭的数量是每日取出解吸炭量的 10 倍。若使用 3.35～1.0mm 的活性炭，则所需的炭量是每日取出解吸炭量的 15 倍。这是因为后者的给液速度高，接触时间短。工业生产经验表明：对于较成功的和较有效的炭吸附系统来说，是将相同质量的活性炭分装在 4～5 个串联的炭塔（槽）里。

堆浸的氰化富液在炭逆流吸附系统的开始阶段，第一个吸附塔可能会把所有的贵金属全部吸附掉。经过一段时间，当第一塔里每吨炭吸附到 600g 金左右时，从第一塔里流出的溶液含金量将逐渐增加，并被后面的炭层吸附掉。要经常检查吸附情况，每个炭塔流出的溶液要按一定时间间隔取样分析。当最后一塔贫液含金品位较高时，或第一塔炭的载金量已达到要求值或饱和值时，从第一塔取出部分载金炭送去解吸，从下塔里取出等量炭补充之，各塔中的炭依次往有推进，并把等量的新鲜炭装入最后一个塔里。活性炭也可以整塔往前推进，最后一塔换上新炭。图9-2是日处理5000t矿石氰化浸出液时获得的金的分布图。溶液含金3.1g/t，采用四个串联的炭吸附槽，每槽装炭1t。

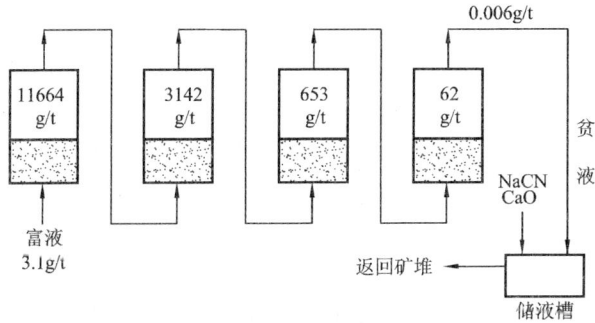

图9-2 活性炭连续吸附过程中金的分布图

目前大规模堆浸作业普遍使用的活性炭吸附槽，溶液由管道进入槽底通过孔板上升，并穿过炭层，溢流到下一槽。槽体的工作高度大于1.5m，槽中炭层的静止高度为0.6~0.7m，炭的重量290~370 kg/m²。溶液流速保持在600~1200 L/m²·min，使炭床得到充分的扩展。

中小规模堆浸作业常用的吸附塔，如图9-3所示。一个规格为φ300mm×1200mm的吸附塔可装活性炭25~30kg。塔体可用2mm厚的低炭钢板制作，上下端盖用法兰连接，并加密封衬垫，塔的上下端均有筛板防止炭的流出。生产中通常采用4个塔串联使用，进行逆流吸附。这种吸附塔结构简单，制造容易，操作方便，采用泵输送溶液，所以各个吸附塔可以配置在同一水平面上。炭在吸附系统中通常是整塔推进。

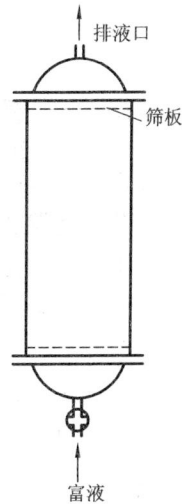

图9-3 活性炭吸附塔示意图

大规模堆浸作业中，通常使用水力喷射装置或液压装置输送炭。南非用蛋形提酸器的原理在水中输送炭，空气压到炭塔中，并在排出管保持1.5m/s的速度。美国平森矿使用开槽叶轮输送含炭矿浆，它比空气提升更为平缓。

活性炭在加入吸附塔以前，需要用安全筛预先筛去小于0.4mm的细粒炭，以防止细粒炭吸附金以后损失于矿堆上。

国外堆浸作业中，普遍使用粒度为0.59~1.68mm的椰壳活性炭。它具有强度高，使用中不易粉碎，吸附能力强等优点。北京光华木材厂生产的杏核炭（GH16A）使用效果良好，太原新华化工厂产的 ZX – 15 型活性炭也可使用。

9.4　炭浆工艺

所谓炭浆法（carbon in pulp）一般是指在氰化浸出完成之后，再进行炭吸附的工艺过程。而炭浸法（carbon in leach）则是浸出与吸附过程同时进行的工艺。两者都是从矿浆中吸附金，无本质的区别，只不过炭浆法是浸出与吸附分别在各自的槽中进行；而炭浸法则是浸出与吸附在同一槽中进行，这种槽称之为浸出 – 吸附槽或炭浸槽。实际上，在炭浸工艺中，往往头 1 或 2 个槽并不加炭（称预氰化），因此，两者之间并无严格的界限，只是炭浸法的搅拌槽数少一些而已。

传统的氰化法，沉金是在液固分离后的溶液中进行的，沉金对金的浸出率不可能有任何影响。而炭浆法，特别是炭浸法，金矿石、氰化物溶液与活性炭是直接接触的，即矿石中的金被氰化浸出后，立即被活性炭所吸附。这样就使氰化浸出液中金的浓度保持在较低水平，从而有利于浸出率的提高。

典型的炭浆工艺流程如图 9 – 4 所示。它由预筛、氰化溶出、吸附、解吸、电解（或电积）和炭的再生等几个主要作业组成。

9.4.1　预筛

预筛的作用是除去矿浆中的杂物，避免以后与载金炭混在一起。一般采用 28 网目（0.6mm）的筛子，预筛的筛上物主要是木屑。木屑易使分离矿浆和载金炭的筛子堵塞。此外在磨矿时，金粒、石英等矿粒嵌入木屑，使含金量常常很高；氰化过程中，木屑不仅会吸附金氰络合物，而且用一般的洗涤方法，很难把木屑上的金洗脱下来。同时，在炭浆法中，吸附槽内存在少量木屑，会降低金炭的吸附效率。因此在矿浆入浸前，要经 1～2 次除屑筛除屑。

9.4.2　吸附

来自浸出作业的矿浆给入第一台吸附槽进入吸附作业，且连续流过串联的几台吸附槽，用活性炭吸附矿浆中溶解的金，再从最后一台吸附槽排出，即为氰化尾矿。新鲜的活性炭加在最后一台吸附槽，用气升泵或凹叶轮立式离心泵提炭，使活性炭和矿浆之间成逆流接触。从第一个吸附槽排出的载金炭在输送到解吸工序以前要过筛和洗涤。

矿浆与炭的分离是采用筛子实现的。炭浆法使用的活性炭粒度通常是 6～16 目，炭预筛一般为 20 目。因此给入第一个吸附槽的矿浆通常在 28 目筛上过筛以便除去大颗粒物料。氰化尾矿离开最后一个吸附槽时，也同样要在 28 目筛上过

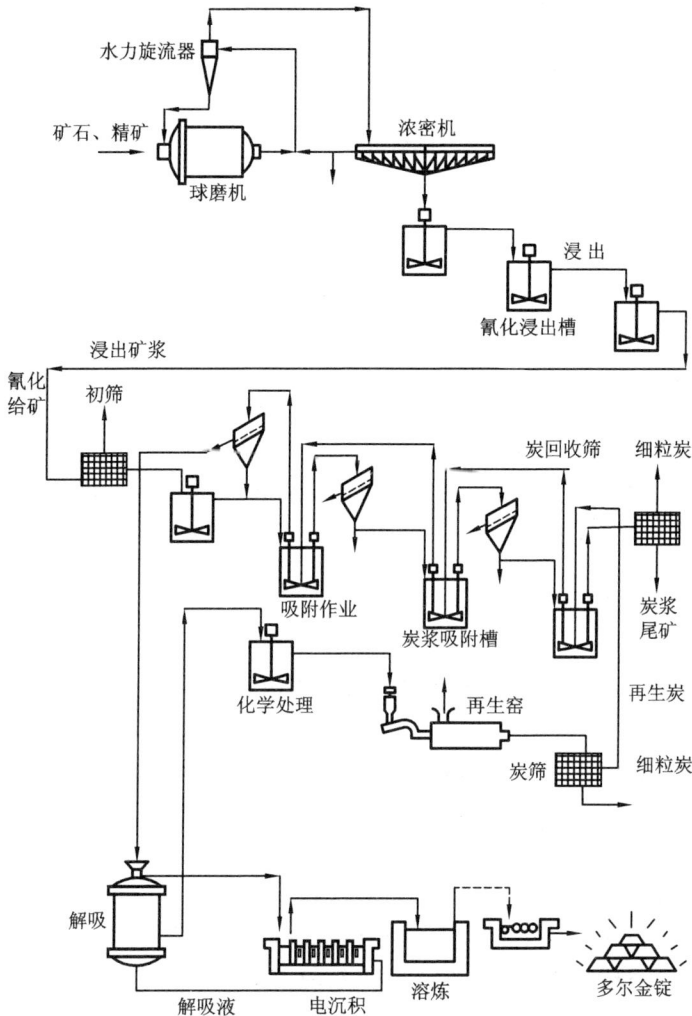

图 9 – 4　典型炭浆工艺流程示意图

筛，目的是为了回收细粒炭，并将其送去熔炼，以便回收被吸附的金。中间筛为 20 目。

影响吸附效率的因素包括：每吨矿浆中炭的浓度，吸附槽的数目，炭移动的相对速度，矿浆在吸附段的停留时间，炭的载金量等。这些参数根据给入矿浆中金的品位和最终排出的矿浆的含金量的变化，通过试验和经验来确定。一般每升矿浆加炭 40g 左右，吸附槽 4 ~ 7 个，吸附率 99% 以上。

研究证实：炭对金的吸附平衡容量与液中金浓度有密切的关系（见图 9 – 5）。炭的吸附等温线与离子交换和溶剂萃取时得到的相类似。在溶液中平衡浓度为 10

~0.1mg/kg 范围内几乎成直线。同时还发现,金浓度愈低,平衡建立得愈慢。因此,为了获得含金量极低的尾矿,必须有较长的停留时间并增加矿浆中炭的浓度。这就意味着槽子的总容积和槽中的存炭量,意味着炭上最终的载金量会明显地低于它可能达到的平衡载金量。这一点已为生产实践所证实。一般地说,溶液金浓度越高,则炭的载金量也越高。

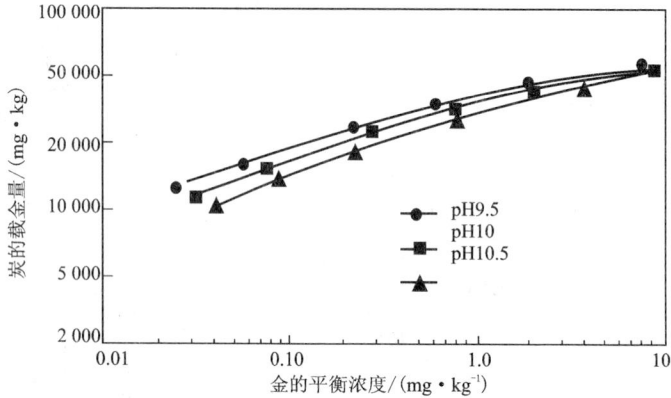

图 9-5 炭的吸附等温线

较之于炭浸法,炭浆法溶液含金浓度高,槽中存炭量少,故炭上载金量也高些。炭浸法通常是前两个槽不加炭,专门溶金,其目的是提高炭上的载金量。

炭吸附系统设备要求:

(1) 在吸附槽内炭和矿浆最充分的接触。

(2) 载金炭和矿浆在筛上进行最有效的分离。

(3) 尽可能地减少整个吸附系统内炭粒的磨损。

(4) 在吸附槽内应尽量避免矿浆发生短路现象。

9.4.3 解吸

载金炭的解吸通常可采用 3 种方法。

1. 常压解吸法

常压解吸法是在 85℃ 的情况下,用 1% 的氰化钠和 1% 的氢氧化钠溶液从载金炭上解吸金。该法在常压下进行,根据溶液的化学组成和操作方法,将炭解吸到规定的最低的载金量,所需解吸时间一般为 24~60h。如在 95℃ 下,用 2% NaOH 和 4% NaCN 溶液,解吸时间为 12~14h。该法简单,基建和生产费用较低,适于小规模生产。

2. 酒精解吸法

该法是在 80℃ 和常压下，采用含有 0.1% 氰化钠，1% 氢氧化钠，再加入 20% 体积的酒精作为解吸液从载金炭上解吸金。往解吸液中加入酒精，可显著地使解吸时间缩短到 5 ~ 6h。该法的优点是可以缩小解吸工段规模，主要缺点是酒精易燃，极不安全，以及酒精易挥发损失而使生产费用增高。在设计这种解吸装置时，必须采取安全防火措施，同时必须安装有效回收酒精的装置。

3. 高压解吸法

载金炭是用 0.1% 氰化钠和 1% 氢氧化钠溶液，于 160℃ 和 3.5×10^5 Pa 的压力下，解吸 2 ~ 9h。或者，用含 5% 氢氧化钠和 1% 氰化钠溶液预处理载金炭 0.5 ~ 0.1h，然后用 5 个载金炭体积的热水（流速为每小时 3 个载金炭的体积）解吸炭，作业温度为 110℃，操作压力为 0.5×10^5 ~ 1.0×10^5 Pa，总的解吸时间（包括酸洗）为 9h。

采用高压解吸的优点是试剂消耗少和解吸时间短。但该法需高压高温，故设备较昂贵，并且为了避免急剧蒸发，在减压前排出的液体必须冷却。

9.4.4　电解

解吸液是一种纯净的金、银氰化物溶液。金的浓度为 300 ~ 600g/m³。这种稀溶液若采用常规的板状阴极电解，则电流效率极低。采用扩大阴极表面积的办法电解，取得了满意的效果。

我国广泛采用塑料制作的矩形电解槽，阳极为钻孔的不锈钢板，阴极为不锈钢棉（盛于尼龙网或塑料筐内）。电解过程阴极沉积金、银和析出氢气：

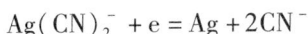

$$Au(CN)_2^- + e = Au + 2CN^-$$

$$Ag(CN)_2^- + e = Ag + 2CN^-$$

$$2H_2O + 2e = H_2 + 2OH^-$$

阳极析出氧及氰离子的氧化产物：

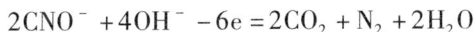

$$4OH^- - 4e = 2H_2O + O_2$$

$$CN^- + 2OH^- - 2e = CNO^- + H_2O$$

$$2CNO^- + 4OH^- - 6e = 2CO_2 + N_2 + 2H_2O$$

钢棉的最大沉金量为它自身重量的 20 倍，通常在达到这一数值之前就应将其取出。金粘附于钢棉上，用盐酸处理所得金粉，然后熔炼成金锭。

电解液（解吸液）通过若干个装有数对阳、阴极的电解槽，电流密度 8 ~ 15A/m²，槽压 2.5 ~ 3.5V，金的沉积率 99% 以上。电解后液补加 NaCN 和 NaOH 后作解吸液或返回浸出。

9.4.5 炭再生

在吸附的过程中，炭粒上吸附有各种无机物和有机物，这些物质即使经过解吸也不可能都被除掉，造成炭粒的污染，降低了炭对贵金属的吸附活性，因此炭再返回到吸附系统之前，必须再生。再生分为两部分：用酸洗除去碳酸钙及大部分贱金属络合物；加热活化除去其他无机和有机杂质。

1. 酸洗

吸附过程中由于碳酸钙的聚积，炭表面上常发生物理的堵塞作用，采用稀盐酸或稀硝酸即可除去。在设计和操作这一作业时必须小心，因为可能生成极毒的氰化氢气体。酸洗可安排在三个地方：

解吸之前酸洗：酸洗能明显地改善金的解吸，酸洗和解吸既可在同一容器内进行，也可在各自的容器中进行。前者的缺点是要求容器既能耐高温又要耐酸的腐蚀。在进行解吸前炭应中和并用水洗涤。

解吸之后酸洗：酸洗是在单独的容器中用稀硝酸或盐酸于室温下进行，为了防止引起再生窑的腐蚀，因此在送往加热活化系统之前，要中和炭床中的酸并用水冲洗炭。

热活化之后酸洗：在热活化之后酸洗炭，能减少酸洗过程中氢氰酸气体生成的机会，并可以解决窑内腐蚀问题。但为确保活性炭的质量，酸洗在热活化之前进行较好。

2. 加热活化

有些杂质（某些无机物和有机物）不能用洗涤和酸洗的方法从炭上除去，因此有必要定期将炭加热活化，加热活化处理是在迴转窑中没有空气存在的情况下，将炭加热到 650℃，保持 30min。活化程度根据被处理矿石的类型而有所变化。

热活化后炭可采取在空气中冷却或用水冷却的方法，还应在 20 目筛上过筛除去细粒炭，在返回到吸附工序之前还要用水清洗。

9.4.6 炭浆法的优点

与传统的氰化法比较，炭浆法（包括 CIP 和 CIL）有以下优点：

（1）省去了固液分离作业和不必采用庞大的过滤或倾析设备，占地少，基建投资可节省 10%，故生产费用低。

（2）在处理低品位难选原矿时，可获得较高的金回收率，尤其适合于处理含泥较多、难于沉降和过滤、细泥吸附已溶金的矿石。另外，对含铜等杂质较多的溶液，对锌置换有不利影响，但却不妨碍活性炭吸附金。

（3）金的纯度高，熔炼时熔剂消耗少，金随炉渣和烟气的损失也少。

炭浆法也存在一些缺点，如全部矿浆需要预筛除屑和大颗粒；有细粒载金炭随尾矿损失，因此要求高强度优质炭粒；有一定数量的大颗粒载金炭滞留于槽中暂时不能回收。

此外，活性炭的载金量有限，且对 $Ag(CN)_2^-$ 吸附效果差，因此，炭浆法不宜于处理高品位原矿或精矿及含银高的矿石。

9.4.7　生产实例

1. CIP 流程

我国某厂金矿属中低温岩浆热液型金矿床，矿石属石英脉含金氧化矿，具有金的嵌布粒度很细（0.02～0.04mm 占 50%，<0.02mm 占 26%），矿物组成简单，矿石易泥化等特点。通过试验，采用了如图 9-6 的全泥氰化炭浆法提金的工艺流程。

选厂流程共分：碎矿、磨矿、浸出、吸附、解吸、电解、炭再生、尾矿浆（污水）处理 8 道工序。

原矿由汽车运至选厂粗矿仓，粒度 <210mm。经 250×400 颚式破碎机和 $\phi610m×400m$ 对辊破碎机破碎后，得到 -12mm 的产品，然后由 $\phi800mm$ 园盘给料机卸入皮带给入 $\phi1.5m×1.5m$ 格子型球磨机进行一段磨矿，并与 $\phi1m$ 螺旋分级机构成闭路。分级机溢流与二段 $\phi1.5m×1.5m$ 溢流型球磨机的排矿一起进入 $\phi125mm$ 水力旋流器进行分级。旋流器与二段球磨构成闭路，其溢流通过木屑筛（螺旋筛）进入 1 号 $\phi9m$ 浓密机进行浓缩，浓密底流用贫液调至 40% 的浓度进入 10 台 $\phi2.5m×2.5m$ 浸出槽，加药搅拌 22h，浸出后的矿浆再给入四台 $\phi2.2m×2.5m$ 吸附槽，由活性炭吸附 8h。吸附槽中的梯形筛和矿浆提升器使活性炭和矿浆进行逆向运动。新鲜的活性炭（包括处理后的再生炭）加入 4 号吸附槽，并定时定量地由 4 号槽依次向前串动，载金炭最后由 1 号槽提升出来，经螺旋筛清洗后送到解吸系统，进行解吸和电解处理，获得合质金。解吸后的炭，经过酸处理和用回转式再生炉火法处理后返回使用。尾矿浆由 4 号吸附槽排出并通过安全筛分离，将筛上的细粒载金炭收集起来，直接冶炼回收金。尾矿浆用砂泵打入 2 号 $\phi9m$ 浓密机，以便回收部分贫液。浓密机底流经一段泵站打入 $\phi2.0m×2.0m$ 污水处理槽，采用漂白粉破坏氰化物后再经二级泵站打入尾矿坝。

载金炭解吸过程分两部分进行，载金炭先装在解吸塔中，同时装入事先配好的解吸液，将盖盖好，加热，进行解吸处理，接着将预热后的普通水给入解吸塔进行洗涤。从塔中流出的含金贵液集中在一起进行电解。脱金炭（解吸炭）经再生处理即可重复使用。含金贵液冷却过滤后，给入电解槽，电解一定时间后，金沉积在阴板钢棉上，将载金钢棉用盐酸处理，得到金粉，集中熔炼铸锭。

主要作业工艺条件：

（1）氰化浸出部分：矿浆浓度（40±2）%，磨矿细度 -320 目占 95% 左右，

原矿石
↓
粗碎
↓
细碎
↓
石灰 → 一段磨矿
↓
分级
↓
旋流器
↓
除杂筛   分级
↓   ↓
浓缩   二段磨矿
↓
浸出 ← NaCN
↓
活性炭 → 吸附
↓
矿浆   载金炭
↓   ↓
安全筛   解吸 ← NaCN+NaOH
↓   ↓
筛上炭 浓缩 漂白粉 含金贵液   脱金炭 ← HCl
（去熔炼）   ↓   ↓
吸附柱 净化处理   电解   炭再生
↓   ↓   ↓
载金炭 尾液 尾液 金粉 尾液 酸水   炭
（去解吸）   ↓   ↓
            送尾矿坝   熔炼   中和   炭再生炉
                        ↓   ↓   ↓
                       金锭   废酸液   筛分
                             （弃去）   ↓
                                  碎炭   再生炭
                                （送熔炼）

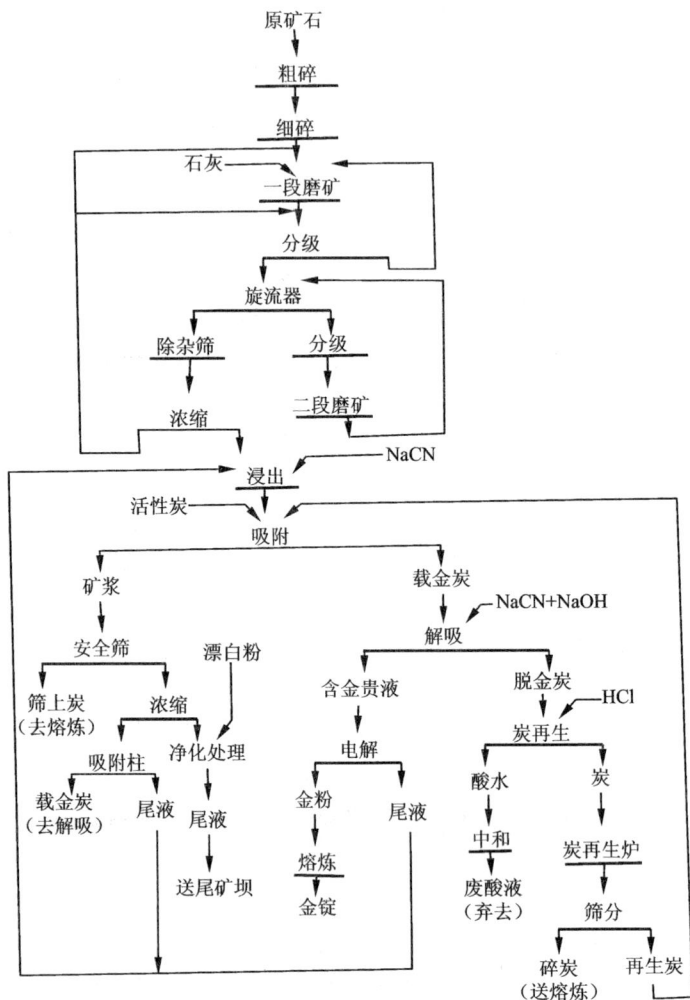

图 9-6 某厂炭浆法提金工艺流程

pH10.5~11，氰化钠浓度0.03%，浸出时间22h。

（2）炭浆吸附部分：活性炭为国产杏核 GH-17，吸附段数4段，矿浆停留时间8h，矿浆浓度40%~45%，活性炭串动速度2kg/h，载金炭品位7kg/t，底炭密度9.5g/L。

（3）载金炭解吸部分：解吸液成分为氰化钠4%，氢氧化钠2%，解吸温度95℃，解吸时间2h。

（4）电解提金部分：阴极电流密度 $10A/m^2$，槽电压 3~3.5V，电解温度为常温，电解时间12h，阴极材料钛板或钢棉。

（5）炭再生：酸再生 5% 盐酸（除酸溶物），火法再生 700℃ 温度活化，挥发有机物。

（6）污水处理部分：尾矿浆浓度 35%，漂白粉用量 2.2kg/t 矿，反应时间 1h，氰化物与漂白粉之比 1:5.4，漂白粉纯度含活性氯 31.49%。

（7）金锭熔炼部分：熔炼温度 1250℃，保温时间 30min。

技术经济指标：

① 原矿品位　　8.16g/t　　② 尾渣品位　　　　0.39g/t

③ 浸出率　　　95.22%　　④ 吸附率　　　　　99.55%

⑤ 解吸率　　　98.85%　　⑥ 解吸炭品位　　　78.74g/t

⑦ 电解回收率　99.78%　　⑧ 电解尾液品位　　0.70g/m^3

⑨ 金总回收率　93.50%

2. CIL 流程

我国某地金矿属于低硫氧化矿床，矿石含金品位低，氧化程度深，含泥量大，金的嵌布粒度细，属难选矿石。过去用混汞 - 浮选流程，金的回收率 75% 左右。1987 年改为 CIL 流程，生产工艺为：

（1）磨矿浓缩：一段磨矿矿浆（-200 目，50% ~ 55%，浓度 30%），经除屑、再磨、旋流器分级，溢流（-200 目，90%，浓度 20%）经中频共振筛（35 目）二次除屑进高效浓密机（ϕ5.18m，自动加絮凝剂 10g/t）。溢流水循环使用，底流（浓度 50%）泵送缓冲槽或浸出槽。

（2）炭浸：二个浸出槽（ϕ5.15m），七个炭浸槽（ϕ5.15m），中间筛为桥式筛。炭浓度为 10g/L，凹形叶轮立式离心泵提炭泵串炭，载金炭（含金银 3500g/t）由炭浸 1 号槽泵送回金回收回路的载金炭筛，矿浆返回炭浸。在炭浸 7 号槽加新炭。尾矿浆经安全筛泵送污水处理回路。

（3）污水处理：尾矿浆经加石灰，氯气（3kg/t）处理达标（CN^- ≤0.5mg/L）后，自流至尾矿坝，尾矿澄清水大部分返回利用。

（4）金回收：载金炭在筛上经洗涤进贮槽入解吸柱（ϕ700mm × 4800mm）。解吸液（NaOH 1%、NaCN 1%）经热交换器和电热器进入解吸柱，在压力 350kPa、温度 135℃ 的条件下解吸。解吸贵液经过滤器、热交换器，进电解槽。阴极为钢棉，阳极为不锈钢板，载金阴极定期用中频电炉冶炼、铸锭，电解贫液循环使用。

（5）解吸炭再生：解吸炭先经酸洗（硝酸浓度 5%）、水洗、碱洗（NaOH 浓度 1%）后，进行热力再生，700kg 一批进入再生窑，温度 810℃，停留 30min 后排入淬火槽，淬火后筛选，合格粒级循环使用。

该厂矿石品位 4.14g/t，金回收率 91.48%，比原混汞 - 浮选流程提高 17%。

第 10 章

树脂矿浆法

应用离子交换树脂作为吸附剂，从氰化矿浆中吸附金的方法，称树脂矿浆法（RIP）。

10.1 离子交换树脂及交换反应

工业上应用的离子交换树脂是人工合成的，它类似于塑料的结构，在酸和碱性溶液中都为稳定的固态三维聚合物，其组成中含有在溶液中能离解的离子化基团。离子化基团由与树脂的聚合物骨架（树脂基体）牢固结合的固定离子和与固定离子电荷符号相反的反离子所构成。树脂的反离子就是与溶液中离子进行交换的离子。按照离子交换树脂中反离子电荷的符号，分为阳离子交换树脂和阴离子交换树脂。如以 R 表示离子交换树脂中的固定离子，则离子交换反应中写为如下反应式：

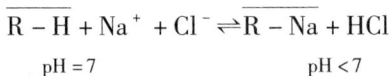

$$\overline{R-H} + Na^+ + Cl^- \rightleftharpoons \overline{R-Na} + HCl$$
$$pH = 7 \qquad\qquad pH < 7$$

上式表明阳离子交换树脂离子化基团组成中的反离子 H^+ 与溶液中 Na^+ 进行交换。反应的结果，Na^+ 从溶液中进入到树脂上，而 H^+ 进入溶液，溶液由中性变成显酸性。

阴离子交换反应形式为：

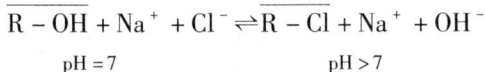

$$\overline{R-OH} + Na^+ + Cl^- \rightleftharpoons \overline{R-Cl} + Na^+ + OH^-$$
$$pH = 7 \qquad\qquad pH > 7$$

溶液由中性变为碱性。

树脂的离子交换能力，与离子化基团（又称活性基团）的离解度有关。例如，离子化基团——SO_3H（磺基）完全离解，可在广泛的 pH 范围内进行离子交换；相反，—COOH（羧基）即使在弱酸介质中的离解度也很低。根据离子化基团的离解度大小，树脂分为强酸性（如—SO_3H、—PO_3H_2）和弱酸性（—COOH）阳离子交换树脂；强碱性和弱碱性阴离子交换树脂。强碱性阴离子交换树脂含有离解度大的离子化基团季胺碱（$\equiv [N]^+OH^-$），它在酸性介质中和在碱性介质中都能进行阴离子交换。弱碱性阴离子交换树脂含有固定离子伯胺 $-$ NH_2^+，仲胺 $=NH_2^+$，叔胺 $\equiv N^+$，它们具有弱碱性，在酸性介质下与酸结合成相应的活性基团： $-N^+H_3A^-$ ， $=N^+H_2A^-$ ； $\equiv N^+HA^-$ 。但是，所形成的这些盐在碱性介质中，甚至中性介质中分解，失去所结合的酸而成显碱性的胺，表现出阴离子交换能力。因此，它们只能用于酸性介质。而季胺盐在强碱下不分解，变成季胺碱，它的碱性与氢氧化钠相当。

工业上使用的离子交换树脂，必须满足以下两点基本要求：

（1）无论是常温还是高温下，不溶于水或酸、碱的水溶液，即需具有不溶性和化学稳定性，保证树脂能多次重复使用。

（2）具有耐磨损和抗冲击负荷的高机械强度。为此，树脂基体中含有 8% ~12% 二乙烯苯。二乙烯苯的百分含量称为"交联度"。

树脂为规则球粒，粒度在 0.2 ~1.2mm 中选择。

只含一种形式活性基团的离子交换树脂称单功能树脂，含几种形式活性基团的叫多功能树脂。用于吸附金工艺的为多功能阴离子交换对脂。如前苏联 AM - 26 阴离子交换树脂，是双功能的，引入了季胺碱基团和叔胺基团，基体为氯代甲醇处理过的苯乙烯和对二乙烯苯的共聚物组成，交联度 10% ~12% ：

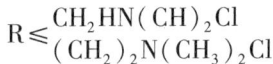

$$R \leqslant \begin{array}{l} CH_2HN(CH)_2Cl \\ (CH_2)_2N(CH_3)_2Cl \end{array}$$

新树脂使用前用 3 ~4 倍于它的体积的 0.5% HCl 或 H_2SO_4 溶液洗涤，以除去树脂合成时的化学产物，将洗涤过程中生成的由树脂细粒和碎片组成的泡沫除去。洗涤最好与筛析（筛孔 0.4mm）同时进行，以除去细粒树脂。这些细粒加入吸附过程会造成金随尾矿的损失。

在吸附过程中，贵金属和杂质（Zn，Cu，Ni，Co 等）的氰化络合阴离子按下列反应被吸附：

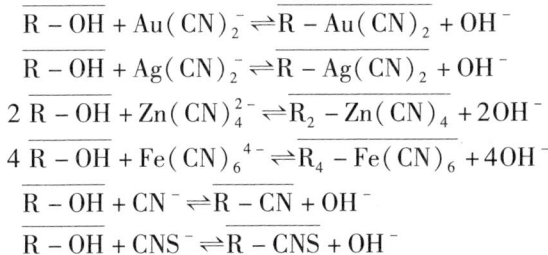

$$\overline{R-OH} + Au(CN)_2^- \rightleftharpoons \overline{R-Au(CN)_2} + OH^-$$

$$\overline{R-OH} + Ag(CN)_2^- \rightleftharpoons \overline{R-Ag(CN)_2} + OH^-$$

$$2\overline{R-OH} + Zn(CN)_4^{2-} \rightleftharpoons \overline{R_2-Zn(CN)_4} + 2OH^-$$

$$4\overline{R-OH} + Fe(CN)_6^{4-} \rightleftharpoons \overline{R_4-Fe(CN)_6} + 4OH^-$$

$$\overline{R-OH} + CN^- \rightleftharpoons \overline{R-CN} + OH^-$$

$$\overline{R-OH} + CNS^- \rightleftharpoons \overline{R-CNS} + OH^-$$

由于副反应的进行，部分活性基团被杂质的阴离子所占据，这就降低了树脂吸附金的操作容量。通常，从矿浆溶液中吸附到树脂上的杂质比金高几倍。

已经查明，在离子交换树脂相中，存在有多电荷的银氰络合离子 $Ag(CN)_3^{2-}$ ， $Ag(CN)_4^{3-}$ 。这是因为树脂中吸附有大量简单的 CN^- ，它们进一步发生络合而成。

如果金、银和杂质金属氰化络合离子共存，则它们在 AM - 26 阴离子交换树脂上吸附的次序为：$Au(CN)_2^- > Zn(CN)_4^{2-} > Ni(CN)_4^{2-} > Ag(CN)_3^{2-} > Cu(CN)_4^{3-} > Fe(CN)_6^{4-}$。这次序表明，树脂对 $Au(CN)_2^-$ 的亲和力最大，可把位于其后的其他阴离子取代出来。

10. 2　吸附流程

图 10 - 1 为典型的矿石氰化浸出吸附流程，或者吸附浸出流程。它与炭浆法基本类似。

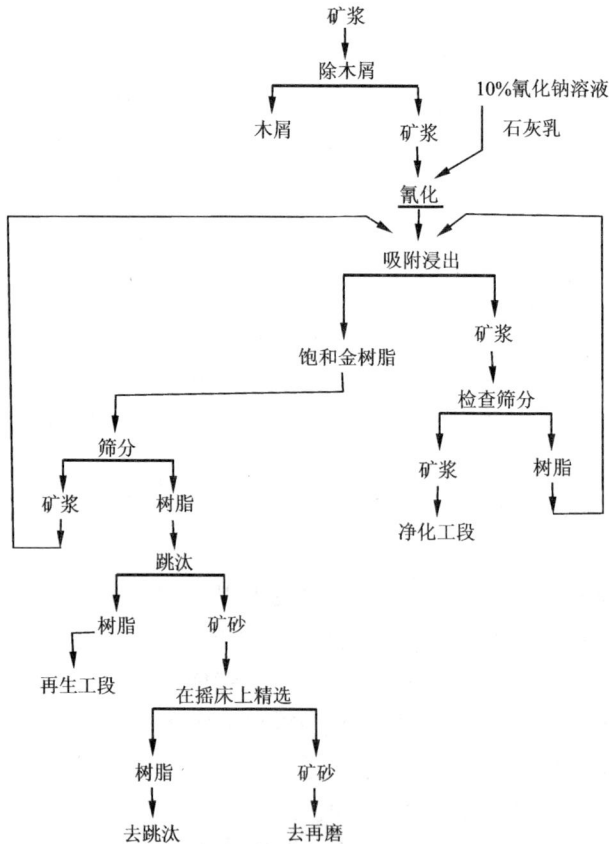

图 10 - 1　树脂吸附处理金矿的典型工艺流程

磨细的矿石以含固体 40% ~ 50% 的矿浆进入吸附浸出。先到筛析工序以除去木屑。因为木屑在氰化、吸附过程中，特别是在树脂再生过程中对贵金属的技术经济指标有很坏的影响。在矿石细磨和分级后，浓密前进行筛分除木屑比较合适，因为这时矿浆浓度低，筛析不会发生困难。

与 CIL 法一样，也只用前 2～3 个槽作预氰化。如果氰化在磨矿时就开始，那么可不设预氰化槽，而仅设吸附浸出槽。在吸附浸出系统中，矿浆和树脂也是逆流运动。从最末吸附浸出槽排出的尾矿需经过检查筛分，回收细粒载金树脂，以免造成永久性的金损失。从第一个吸附浸出槽产出的载金树脂在筛上与矿浆分离，同时，用水洗涤。过筛后，树脂给跳汰机，将粒度 >0.4mm 的粗矿砂与树脂分开，因为少量的粗砂在下一步再生树脂时，将造成设备操作困难，并恶化再生过程指标。

吸附浸出槽，前苏联使用帕丘卡（即空气搅拌槽），并在槽上部装有筛子（见图10-2）。借助于气升泵和筛子实现矿浆与树脂的逆向流动。槽子容积达 500m³。

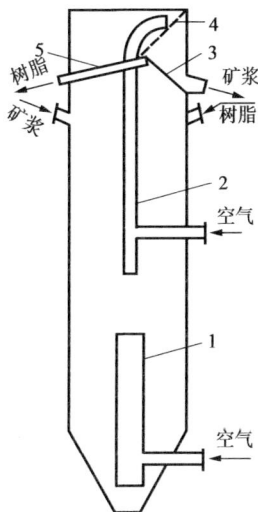

图 10-2　吸附浸出帕丘卡工作原理
1—矿浆气动循环器　2—气升泵
3—矿浆斗　4—筛子　5—树脂输送管

对于金品位为 3～5g/t 的矿石，树脂载金 5～20kg/t，约为原矿的 2000～4000 倍。因此，送去再生的树脂数量很少。

吸附浸出过程氰化物浓度为 0.01%～0.02%，这比传统的氰化法低得多（0.03%～0.05%），这样作的原因是，随着 CN^- 浓度增加，它被树脂吸附也增加，因而降低树脂对金的吸附容量；此外，随 CN^- 浓度增加，转入溶液的杂质种类和数量增加，这同样会导致降低树脂的载金容量。

10.3　树脂再生

负载有贵金属和杂质的阴离子交换树脂的再生工艺流程示于图10-3。树脂再生的基本过程是解吸。因为树脂吸附的选择性差，有大量杂质负载于树脂上，为了获得较纯净的贵液，解吸时必须分步分离杂质。再生的主要工序为：

1. 洗涤除泥和木屑

载金树脂中含有矿泥，它会与试剂相互作用并污染工艺溶液。木屑也会增加试剂消耗，因此必须在解吸前除去。洗涤的办法是把树脂放到再生柱中，通以新鲜的水流，最好是热水进行逆流洗涤。

```
                        载金树脂
                                      新鲜水
                          洗泥  ←───
              ┌───────────┴───────────┐
            洗水                    树脂   4%~5% NaCN
              │                    氰化处理 ←──┘
        去氰化过程              ┌──────┴──────┐
          水     树脂         树脂          洗出液
              │                          去氰化过程
          洗除氰化物                      增浓氰化钠
        ┌─────┴─────┐
  3%硫酸  树脂      洗涤水
        │                      3%硫酸+9%硫脲
      酸处理 ←──────────────┐
    ┌───┴───┐
  洗涤液    树脂
    │     吸附硫脲 ←────────── 3%硫酸+9%硫脲
    │   ┌───┴───┐
    │ 溶液     树脂
    │   │    解吸金银
    │  中和  ┌───┴───┐
    │   │  树脂      贵液
  送尾矿场  水        去电解
    │   │  洗涤硫脲
    │ ┌───┴───┐
  3%氢氧化钠 树脂   溶液
    │  碱处理      去制备硫脲溶液
    │ ┌───┴───┐
   溶液    树脂   水
    │    洗去碱
    │ ┌───┴───┐
   溶液      树脂
  去制备新鲜  去吸附过程
  氰化钠溶液
```

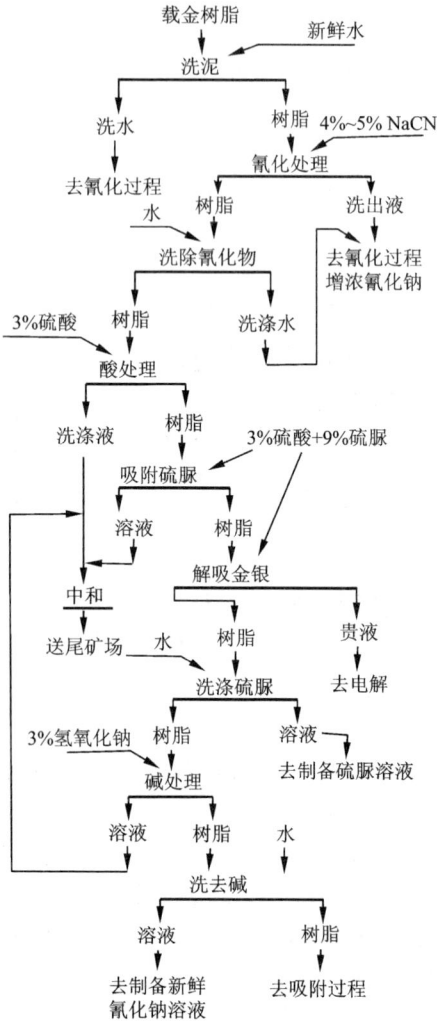

图 10 – 3　载金的阴离子交换树脂再生的全工艺流程

2. 用浓氰化钠溶液洗铜、铁

用 4% ~ 5% NaCN 溶液洗铜、铁的机理是 CN^- 离子取代铜、铁络离子的交换反应：

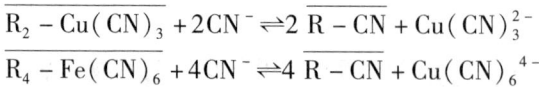

$$\overline{R_2 - Cu(CN)_3} + 2CN^- \rightleftharpoons 2\overline{R - CN} + Cu(CN)_3^{2-}$$

$$\overline{R_4 - Fe(CN)_6} + 4CN^- \rightleftharpoons 4\overline{R - CN} + Cu(CN)_6^{4-}$$

此时金、银也有部分被洗下，故只在铜、铁积累到严重降低树脂对金的操作容量时才进行氰化处理。

3. 水洗氰化物

此工序是机械除去上道工序留在树脂中的氰化物溶液，洗至排出的水中游离氰化钠消失为止。

4. 酸处理解吸锌、钴和破坏 CN^-

用 20～30g/L 的 H_2SO_4 作为解吸液，其化学反应如下：

$$\overline{R_2-Zn(CN)_4}+H_2SO_4 \rightleftharpoons \overline{R_2-SO_4}+Zn^{2+}+2HCN\uparrow$$

$$2\overline{R-CN}+H_2SO_4 \rightleftharpoons \overline{R_2-SO_4}+2HCN\uparrow$$

5. 硫脲解吸金、银

用酸性硫脲溶液作为洗脱液，是最有效的金、银解吸剂。硫脲的解吸作用是它与金、银生成稳定的络阳离子 $[AuCS(NH_2)_2]^+$ 转入水溶液：

$$2\overline{R-Au(CN)_2}+2H_2SO_4+2CS(NH_2)_2$$
$$=\overline{R_2-SO_4}+[AuCS(NH_2)_2]_2SO_4+4HCN$$

解吸液组成为 9% 硫脲 +3% 硫酸。解吸金分两道工序：吸附硫脲和解吸金。头一段洗出液不含金，也不含硫脲。从反应式还可知，解吸是通过 SO_4^{2-} 进行交换，故工序中硫脲耗量不大。

6. 水洗硫脲

解吸金后，在树脂相中和表面上都残留着硫脲。洗除硫脲的目的，一是应回收这部分硫脲，二是这部分硫脲若带回吸附过程，会在树脂相中生成难溶的硫化物而降低树脂的交换速度。

7. 碱处理

此工序的目的是：除去树脂相中不溶的化合物，如硅酸盐，并使树脂转变成 OH^- 型，以便返回吸附。碱液为 3%～4% 氢氧化钠溶液。OH^- 与 SO_4^{2-} 交换。

8. 水洗除碱

用新鲜水洗出上工序过剩的碱。

10.4 金、银电积

从硫脲解吸液中沉淀金、银的方法有以下几种。

1. 置换沉淀法

用 Zn、Al、Pb 来置换硫脲解吸液中的贵金属。例如用锌置换：

$$2Au(Thio)_2^+ + Zn = Zn(Thio)_2^{2+} + 2Tnio + 2Au$$

$$K=2\times10^{39}$$

置换法所得金泥的品位低，金银总含量不超过 15%～20%。

2. 碱沉淀法

在加温（50～60℃）下加碱，此时硫脲络合物中的金转变为氢氧化物沉淀，过滤、灼烧，得到含金银36%～50%的烧渣。

3. 电积法

这是最合理的方法。与上述二法相比，其优点是可以得到品位高的贵金属，而不用冗长的金泥富贵工序；大大降低试剂（特别是硫脲）的消耗，避免了杂质对循环硫脲溶液的污染，从而改善树脂再生过程的指标。

电积在特殊的电解槽中进行。阴极用炭纤维或片状石墨组；阳极用钛网，阴极室和阳极室用阳离子交换膜隔开、阴极液为贵液（解吸液）；阳极液为2% H_2SO_4 溶液。

在阴极发生金、银还原，同时再生出硫脲：

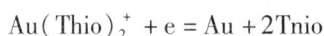

$$Au(Thio)_2^+ + e = Au + 2Tnio$$
$$\varphi^\ominus = +0.38V$$
$$Ag(Tnio)_3^+ + e = Ag + 3Thio$$
$$\varphi^\ominus = +0.023V$$

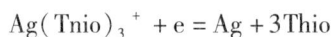

由于金、银的浓度不高，虽在大表面阴极上电解，除金、银析出之外，还有 H^+ 共同放电：

$$2H^+ + 2e = H_2$$

因此，电流效率，按金计不超过10%～15%。

在阳极，水分子氧化并析出气体氧：

$$2H_2O = 4H^+ + O_2 + 4e$$

所生成的 H^+ 会穿过阳离子隔膜，进入阴极液（见图 10-4）。处于阴极液中的硫脲，由于受隔膜的阻挡，不能进入阳极区，因而不会在阳极氧化。SO_4^{2-} 也留于阴极液中（因为阳离子膜不能透过阴离子）。这样，阴极液发生金贫化和硫脲、硫酸的积累，每沉积1mol金，将积累2mol硫脲和0.5mol H_2SO_4，而阳极液成分不改变。

图 10-4　阳离子隔膜电解金

炭纤维阴极比表面大（0.2～0.3 m^2/g），为 $Au(Thio)_2^+$ 向阴极扩散提供了极好的条件，故生产率比相同尺寸的平板电板高出60～100倍。1kg炭纤维可以沉积50kg金。阴极取出后用水洗、压缩空气吹干，在500～600℃下烧去炭基体，即得金＋银90%～95%的金粉产品，阴极液则返回解吸金。

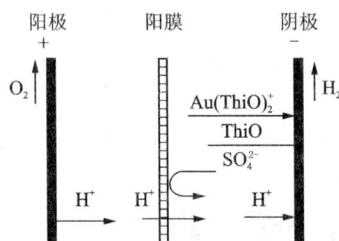

10.5　树脂矿浆法与炭浆法的比较

树脂矿浆法在前苏联、南非已得到工业应用，特别是在前苏联，被广泛地用于大型氰化厂，成为一种基本的生产工艺。它的技术经济指标及对原料的适应性，不亚于炭浆法。两者比较如下：

（1）树脂矿浆法的吸附（离子交换）速度比炭浆法快，载金能力也强；

（2）载金树脂在常温下即可解吸，而载金活性炭需要加温解吸；

（3）树脂较易再生，活性炭的再生比较困难，需一套活化设备；

（4）树脂不吸附钙，而活性炭吸附钙；

（5）活性炭价格比树脂低，但活性炭易磨损，每吨矿石耗损活性炭 50 ~ 100g，而树脂为 10 ~ 20g；

（6）活性炭对金、银的选择性好，树脂则较差；

（7）树脂对 CN^- 的吸附容量大，因而污水易处理；

（8）载金活性炭与矿浆的分离较易；

（9）树脂矿浆可以处理含碳的金矿。

第 11 章

氰化厂污水处理

11.1　氰化厂污水及排放标准

氰化厂排出的污水有脱金后液（贫液）、真空过滤饼滤的输送水、矿浆吸附后的尾矿等等。这些污水中含有剧毒的物质。

氰化污水处理的最佳方案是返回使用。但返回水量是有限度的，因为选矿、浸出、洗涤过程带进大量清水，它的量超过溶液蒸发量。氰化溶液循环使用时，杂质不断积累，使氰化溶液"疲劳"，浸出效率下降。因此，氰化厂排出部分污水是不可避免的。随着氰化厂处理的矿石成分、工艺及地区的不同，各厂排出污水的数量和化学成分不同。污水中通常含有 CN^-、CNS^- 及 Zn、Cu、Fe 的氰化络合物。CN^- 浓度可高达 $500 \sim 1000mg/L$。氰化物是一种剧毒物质，人若口服 $0.1g$ 氰化钠或 $0.12g$ 氰化钾或 $0.05g$ 氢氰酸，瞬间就能死亡。其他动物或牲畜的致死剂量更小。

硫氰酸盐比较稳定，不易分解，可以认为是无毒的，其他的含氰化合物，包括可溶的和不可溶的，都是有毒的或在一定条件下可转变成有毒的化合物。因此，对含氰污水的处理成败就成了氰化工艺是否能广泛应用的重要前提，也是有关人民健康、发展工业生产和搞好环境保护的重要问题。

我国对各种水质颁布了一系列标准，其中对氰含量（以游离 CN^- 计算）的标准是：生活饮用水与地面水质，最高允许浓度为 $0.05mg/L$，渔业用水最高允许浓度为 $0.02mg/L$，农田灌溉用水与工业"三废"排放标准一样，最高允许含量 $0.5mg/L$。

含氰污水的处理方法可划分为两大类：一类是净化法，另一类是回收（再生）法。

11.2　净化方法

净化法处理含氰污水的方法较多，有碱氯化法、SO_2 - 空气法、臭氧法、过氧化氢法、硫酸亚铁石灰法、电解法、空气吹脱法、尾矿池内自然净化法等等。

氰化厂多采用前二方法。

11.2.1　SO_2 - 空气法

SO_2 - 空气法是净化含氰污水的新工艺。近几年来，国外对这项试验研究工作非常重视，其化学反应方程式如下：

$$CN_{总}^- + SO_2 + O_2 + H_2O = CNO^- + H_2SO_4$$

这一方法是以铜离子作为催化剂，反应中生成的酸用石灰中和。处理过程的控制条件是：pH9 ~ 10，SO_2 浓度（体积比）为 1% ~ 3%，药剂消耗为每 1g 总氰消耗 3.8g SO_2，5.7 克 $Ca(OH)_2$。该法对温度的要求不高，在 4 ~ 60℃ 的范围内无明显影响。对金属氰化物除去的次序是：Zn > Fe > Ni > Cu。净化处理时，铁生成不溶解的 $MeFe(CN)_6 \cdot xH_2O$ 盐类（Me = Zn，Cu，Ni）而沉淀。除铁后，残留的 Cu、Zn、Ni 最终成为氢氧化物固体而沉淀。由于 Ni 固体可与硫氰酸盐产生逆反应，所以含氰污水中有 Ni 存在时，采用一段处理往往不能将氰化物彻底除去，例如加拿大的坎佩尔红湖矿处理含 Ni 氰化污水试验厂就是采用两段处理的方法，在两段之间除去固体物质。

SO_2/空气法净化含氰污水的优点是：游离或络合氰化物，特别是铁氰络合物均能被氧化而除去。处理后的废液中总氰能达到标准（小于 1mg/L）。例如某试验厂的废液中含总氰 400 ~ 1000mg/L，净化后其残余总氰小于 1mg/L。该法反应速度较快，在室温下就能高速反应。氰的氧化次序是：氰离子 > 氰络离子 > 硫氰酸根离子。一般认为：CNS^- 是无毒的，可以不需要进行氧化，如果操作条件控制得较好，只氧化到无氰络离子为止，这样氧化剂的消耗量就可减少。又因氧化剂（SO_2）可来源于焙烧炉的烟气或燃烧单质硫，价廉易得，所以处理成本较低，净化效果很好，这是一种很有发展前途的新方法。

国际金属公司用 SO_2 - 空气法除去氰化物的中间厂半工业试验流程如图 11 - 1。

11.2.2　碱氯化法

用漂白粉（$CaOCl_2$），或液氯（Cl_2）净化含氰污水的方法，统称为碱氯化法。该法是在碱性介质中利用次氯酸根（ClO^-）有强烈的氧化作用将氰化物氧化成氰酸盐，如果有足够的次氯酸根，氰酸盐还可继续氧化成二氧化碳和氮气，从而将氰根的毒性解除，达到净化的目的。

1. 碱氯化法处理含氰污水的原理

漂白粉（或液氯）水解后，生成具有强氧化性的次氯酸根（ClO^-）。

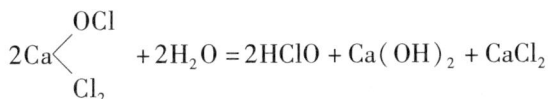

$$2Ca{\Big\langle}{OCl \atop Cl_2} + 2H_2O = 2HClO + Ca(OH)_2 + CaCl_2$$

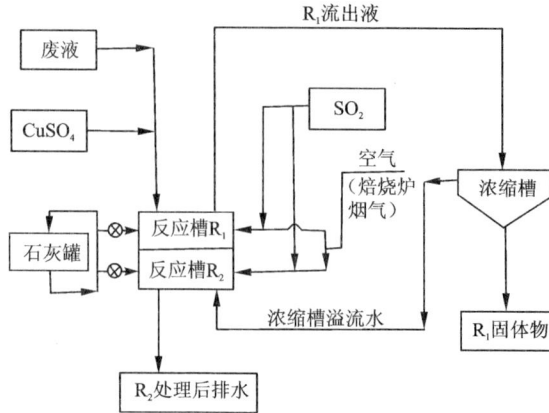

图 11-1 SO$_2$-空气法净化含氰污水工艺流程图

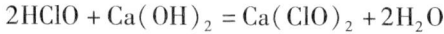

$HClO = H^+ + ClO^-$

$Cl_2 + H_2O = HClO + H^+ + Cl^-$

$2HClO + Ca(OH)_2 = Ca(ClO)_2 + 2H_2O$

次氯酸根氧化成氰根时，是分阶段进行的：

（1）初部氧化阶段：即氰酸根的生成阶段，化学反应式如下：

$CN^- + ClO^- + H_2O = CNCl + 2OH^-$

$CNCl + 2OH^- = CNO^- + Cl^- + H_2O$

在氧化过程中，介质的作用很重要，初部氧化阶段，一定要保证 pH 达 10 以上，因为中间产物氯化氰也是易挥发的物质，其毒性和氰化氢（HCN）相等。只有在碱性较大的溶液中，CNCl 才能与 OH$^-$ 反应生成氰酸根。如果溶液为酸性，则因 CNCl 很稳定，随污水排放，易造成二次污染。实践表明：pH < 9.0 时，CNCl 的水解反应也很不完全，并且反应速度很慢，有时长达几小时以上，只有在 pH > 10 时，反应速度才很快，只需要 10~15min，反应基本完成。

（2）完全反应阶段：即氰酸根中（CNO$^-$）的碳（C）与氮（N）之间的化学键彻底破坏阶段。虽然氰酸根的毒性只有氰根的千分之一，但是为了完全彻底地除去毒性，一定要进行第二阶段的处理——完全氧化。这一阶段可以通过增加氧化剂（漂白粉或液氯）的用量来实现，化学反应式如下：

$2CNO^- + 3ClO^- = CO_2\uparrow + N_2\uparrow + 3Cl^- + CO_3^{2-}$

此反应的 pH 控制在 7.5~8.5 之间最有效，完全氧化时间只需要 30min 左右。用碱氯化法处理含氰络合物时，初步氧化阶段的反应式如下：

处理铜氰络合物：

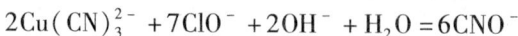

$2Cu(CN)_3^{2-} + 7ClO^- + 2OH^- + H_2O = 6CNO^-$

$$+2Cl^- + 2Cu(OH)_2 \downarrow$$

处理锌氰络合物:

$$2Zn(CN)_4^{2-} + 4ClO^- + 2OH^- = 4CNO^- + Zn(OH)_2 \downarrow + 4Cl^-$$

上两式生成的氰酸根, 如果有足够的氧化剂时, 将完全氧化为 CO_2 和 N_2。

2. 碱氯化处理含氰污水流程

该法的流程示意图见图 11 - 2。

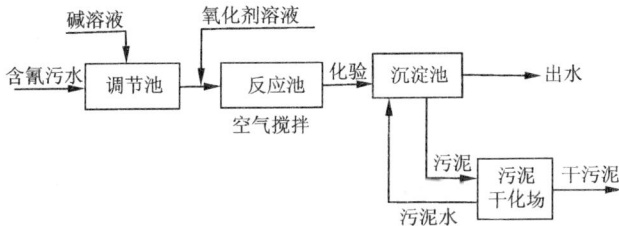

图 11 - 2　碱氯化法处理含氰水污水流程图

由图可知, 含氰污水在调节池内加碱, 使 pH 达 10 以上, 然后加入氧化剂 (液氯或漂白粉), 共同进入反应池进行反应。在反应过程中鼓入空气进行搅拌, 处理一段时间后, 取样化验, 如果残氰降到排放标准, 便可放到沉淀池进行沉淀, 池内的上清液即可外排, 沉淀污泥排到污泥干化场进行干化, 干化场上的上清液再返回沉淀池。如果处理后的残氰没有达到排放标准或者有氯化氰产生, 其污水不能外排, 必须再加碱, 加氧化剂继续处理, 直到残氰达到外排标准才进入下一步工序。碱氯化法净化含氰污水采用间断式或轮换作业, 不能连续处理。

3. 碱氯化法的特点

碱氯化法处理含氰污水已在国内、外的氰化厂得到广泛地应用。主要原因是处理后的污水含氰浓度可降到 0.1mg/L; 沉渣少; 设备少且构造简单; 一次性投资费用低; 建设速度快; 流程简单, 工艺成熟, 操作容易掌握; 与其他净化方法比较处理成本较低。

但是, 该法不能化害为利, 综合回收; 药剂消耗较多, 特别是用漂白粉处理高氰化物浓度的污水, 药剂消耗更多; 处理后的污水, 余氯含量较高, 如不进行再处理, 则不能用来灌溉农田和排入其他水系; 与回收法比较, 处理成本高; 由于液氯是毒品, 其耗量又大, 特别是漂白粉, 耗量更大。

另外碱氯化法处理亚铁氰化物和铁氰络合物的效果很差, 残存的 $Fe(CN)_6^{4-}$ 和 $Fe(CN)_6^{3-}$ 具有释放出游离氰化物的潜在危险。无毒的硫氰酸盐优先于氰络离子被氧化, 所以含氰根较高的污水若用氯化法进行处理, 试剂消耗更多。同时, 在初步氧化阶段, 碱度如果控制不好, 易产生氯化氰而造成二次污染。所以碱氯化法只适宜于氰化物浓度较低、组成又比较简单的污水处理。

氰化厂选择那种氧化剂，应根据各自的具体情况，如生产规模、交通条件及污水中氰化物的浓度等来确定。

11.3   回收法

回收法是把含氰污水中的氰化物再生，并把其中的其他金属回收，化害为利的处理方法。目前，氰化厂采用的氰化物的再生回收方法有两种：酸化法和硫酸锌 – 硫酸法。

11.3.1   酸化法

酸化法，即酸化挥发 – 碱液吸收法。该法的原理是含氰污水在酸性条件下，简单氰化物和铜、锌等金属的络合氰化物容易解析、挥发出氢氰酸（HCN），将挥发出的氢氰酸收集起来，然后用碱液吸收。这样既净化了含氰污水，又回收了氰化物，并能回收废液中的铜和其他金属，达到了综合回收目的。

用酸化法处理含氰污水时，可以往污水中加硫酸。也可以通入气体（SO_2 或 CO_2），也能得到较好的指标，但只有在气源便利的化工厂附近才可能实现。生产实践中一般加硫酸。

1. 基本原理

（1）酸化阶段   同氰化过程电位 – pH 图（图 5 – 1）得知，氰线⑪右边的 pH 范围内 CN^- 稳定，左边则 HCN 稳定。就是说，pH 低于⑪线时，溶液中的 CN^- 转化为 HCN。

当往含氰污水中加酸时，首先是中和保护碱，然后分解简单氰化物和络合氰化物，并生成氰化氢气体（HCN 沸点 26.5℃）：

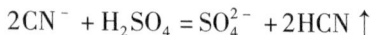

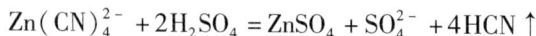

$$2CN^- + H_2SO_4 = SO_4^{2-} + 2HCN\uparrow$$

$$Zn(CN)_4^{2-} + 2H_2SO_4 = ZnSO_4 + SO_4^{2-} + 4HCN\uparrow$$

$$2Cu(CN)_3^{2-} + 2H_2SO_4 = Cu_2CN_2\downarrow + 2SO_4^{2-} + 4HCN\uparrow$$

生成的氰化亚铜与污水中的硫氰酸盐反应,生成稳定的硫氰化亚铜沉淀：

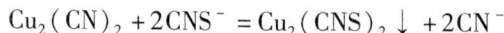

$$Cu_2(CN)_2 + 2CNS^- = Cu_2(CNS)_2\downarrow + 2CN^-$$

（2）吹脱阶段   将酸化处理后的溶液，充分地暴露在空气中，借助于空气流的作用，把上述各反应式中生成的氰化氢从液相中挥发逸出并随气流带走，可以使污水中氰化物的净化率达 96% 以上。

（3）吸收阶段   挥发逸出的氢氰酸随空气流带走后，用氢氧化钠的溶液中和，生成氰化钠而回收。

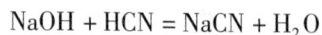

$$NaOH + HCN = NaCN + H_2O$$

（4）沉淀过滤阶段　经酸化、吹脱处理后的废液中有乳白色的沉淀如：$Cu_2(CNS)_2$、$Cu_2(CN)_2$ 以及少量的 AgCNS 等化合物，可用浓缩过滤的方法将其回收。其浓缩溢流或滤液经再处理（中和残酸或再处理残氰）后，排放到尾矿库或污水池。

2. 工艺流程

酸化法原则工艺流程如图 11 - 3 所示。

酸化法净化含氰污水，最适宜的温度是接近或大于氢氰酸的沸点（26.5℃）。因此，应根据季节不同对污水进行加温，然后将加温后的污水按一定比例与浓硫酸进行混合，使之发生酸化反应。收集解离出来的氢氰酸气体，用氢氧化钠溶液吸收生成氰化钠。由于碱浓度较高（＞15%），瞬间吸收生成的氰化钠浓度较低，因此必须进行较长时间的多次循环吸收，随着氢氧化钠浓度逐步降低，氰化钠浓度逐渐增高，待增高全一定浓度后便返回氰化系统，氰化钠的回收率达95%。氢氰酸被吸收后的废气再供发生用，使发生与吸收形成一个气体闭路循环，保持操作室与周围的空气中含 HCN 气体浓度不超过国家标准。

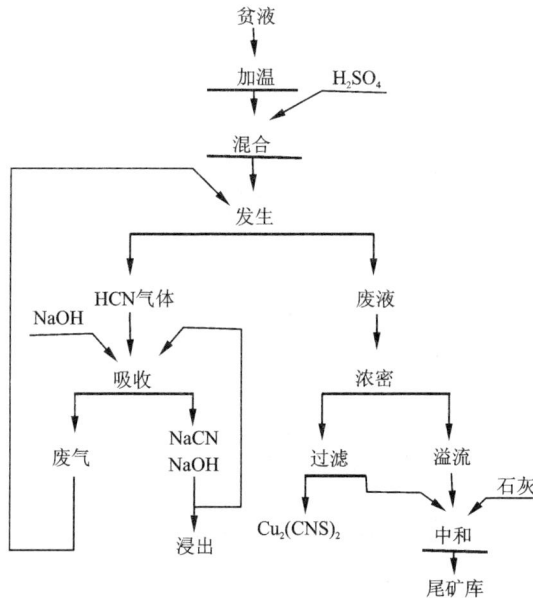

图 11 - 3　酸化法处理含氰污水工艺流程

发生后的废液中生成的乳白色硫氰化亚铜沉淀，经浓密、过滤后得到回收。其浓密溢流与滤液用石灰中和后，将废液（含氰＜22mg/L）与浮选尾矿用泵泵入尾矿库。通过自然净化使污水中的残氰进一步净化，达到排放标准。

11.3.2　硫酸锌－硫酸法

此法的原理是：先往含氰污水中加入硫酸锌，使游离氰化物和铜、锌等金属的络合氰化物转变成氰化锌的白色沉淀：

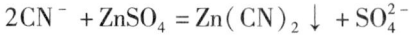

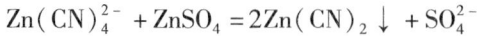

$$2CN^- + ZnSO_4 = Zn(CN)_2\downarrow + SO_4^{2-}$$
$$Zn(CN)_4^{2-} + ZnSO_4 = 2Zn(CN)_2\downarrow + SO_4^{2-}$$
$$2Cu(CN)_2^- + ZnSO_4 = Zn(CN)_2\downarrow + Cu_2(CN)_2\downarrow + SO_4^{2-}$$

将生成的氰化锌分离，并用硫酸处理：

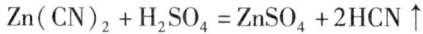

$$Zn(CN)_2 + H_2SO_4 = ZnSO_4 + 2HCN\uparrow$$

生成的氰化氢气体挥发逸出，用碱液吸收，再生氰化物溶液，返回浸出使用。所产出的硫酸锌，可以用来处理另一批氰化污水。

这种处理方法的特点是：只需对小体积的氰化锌沉淀物进行酸处理，无需对全部污水进行酸处理，从而大大减少了酸的用量，处理成本较低，同时生成的硫酸锌还可以返回再用。日本串木野金矿用此法从含氰1510mg/L的污水中回收氰化物，可使废液含氰降至50mg/L；氰化锌的沉淀率达96.7%；氰化锌用硫酸处理后的脱氰率达92.3%；氰化物总的回收率达88%；副产品回收铜72kg/d，硫酸锌85kg/d。其工艺流程见图11-4。

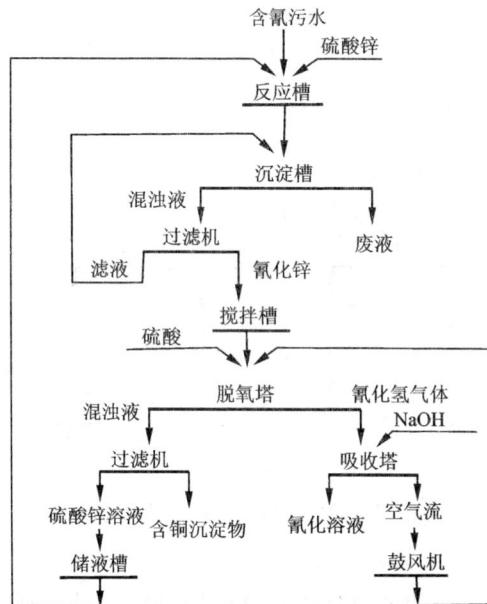

图11-4　硫酸－硫酸锌法处理含氰污水工艺流程

第 **12** 章

从事汞和氰化物
工作的安全技术

汞和氰化物都是极毒的物质。为了避免不幸事故，在和汞、氰化物打交道时必须严格遵守安全技术规章。只有经过安全培训，熟知本岗位操作规程的人，才能上岗工作。

每个工厂都应该制订详细的从事汞和氰化物工作的安全法规和技术条令，张贴于工作地点，并教育所有的工人、领导和职员贯彻执行。

12.1　混汞工作的主要防预措施

汞中毒主要是由于吸入汞蒸气或汞的化合物穿过消化道侵入人体引起的。此外液态汞也能穿过皮肤侵入人体。其症状，轻者头痛、疲乏、记忆力减退，重者手指颤抖、贫血、智力减退、患汞毒性脑病等。

预防汞中毒，首先要防止汞蒸发。我国规定空气中含汞不超过 $0.01 \sim 0.02 \mathrm{mg/m^3}$，水中汞及其化合物最高允许浓度为 $0.05 \mathrm{mg/L}$。为此必须：

（1）盛汞器皿要密封，防止汞蒸气外溢；操作时必须佩戴防护用品，不在有汞的场所吃饭、吸烟。

（2）车间要有良好的通风设施。汞膏处理要在通风橱中进行，混汞板处须设局部抽风。

（3）车间四壁、顶棚、地面不能用吸汞材料（木材、混凝土是汞的良好吸附剂），应刷油漆、铺塑料等，并经常洗刷，保持干净。

（4）精心操作，严防汞液外溢，汞洒在地板上时，应立即用吸液管或银片收集。为便于收集流散的汞，地面应光滑，呈 $1\% \sim 3\%$ 的坡度，地板水应流经集汞罐然后排放。

（5）车间抽出的废气，可用充氯活性炭吸附：

$$Hg + Cl_2 = HgCl_2 \downarrow$$

也可用稀硫酸 MnO_2 矿浆淋洗：

$$MnO_2 + 2Hg = Hg_2MnO_2$$

$$Hg_2MnO_2 + 4H_2SO_4 + MnO_2 = 2HgSO_4 + 2MnSO_4 + 4H_2O$$

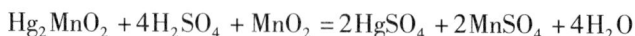

然后用铁屑从液中置换汞。也可用水淋洗，使汞气净化。

（6）含汞废水的净化，可用滤布过滤；也可用在碱液中加铝置换的办法。

12.2 氰化物工作的主要预防措施

氰化物中毒，可由吸入 HCN 气体或者氰化物从皮肤裂口、伤口侵入血液而引起。入人体后，生成氰化氢，抑制细胞色素氧化酶，使之不能吸收血液中的溶解氧。

人被氰化物中毒后，症状大致可以分为三个阶段：

（1）轻微症状阶段：有恶心、呕吐、便意等现象，口中有苦杏仁味，呼吸稍快，头部充血，有头昏之感。这种轻微中毒，只要送到空气新鲜的地方，便能很快恢复健康。

（2）呼吸困难阶段：中毒特征有：耳鸣、震颤、全身乏力，有衰弱感，呼吸困难，眼孔突出，出现痉挛、麻痹、角弓反射等。

（3）麻痹阶段：此阶段又称窒息阶段。尿便失禁、条件反射消失，肠子泄空，高度角弓反射以致死亡。

当 HCN 气中毒时应立即将中毒者撤离现场，到空气新鲜的地方去，并给中毒者吸入硝酸戊酯。必要时作人工呼吸。如果是氰化物（液体或固体）经消化道进入人体，服以 0.4% 高锰酸钾溶液或 2% 双氧水，然后用纸管刺激咽喉，使其呕吐。

抢救中毒者最要紧的是及时发现，并在任何情况下，不论中毒的轻重，都要找来医生。

我国规定车间空气中允许的 HCN 最大含量为 $0.3mg/m^3$。为此，所有进行氰化物溶液作业的工作区，都应有换气通风装置，每个可能析出氰化氢的设备都应有局部通风。在可能有大量氰化氢逸到空气中的地方，还要有紧急通风系统，或装上自动报警器，当空气中氰化氢含量增高时能发出光的或音响讯号报警。

为了避免污染环境空气，由通风系统抽出的气体在排放到大气之前，应净化除去有害物质，不得超过国家规定的标准。

在工艺氰化物溶液中，必须维持足以抑制氰化物水解的保护碱浓度。不允许在同一个区间同时进行氰化物体系和酸性介质体系的工作，除非工艺条件非这样做不可（如酸处理金泥，这时须采用专门的防预措施）。

氰化物溶液和矿浆的容器上应装溢流管和防止不规则溢流的自动装置。工艺过程的控制及设备监督应最大限度地自动化和远距离操作。

配制浓氰化物溶液（10%）时，采取特殊的防预措施，在专门的隔离室进行，除了全面换气通风和紧急通风系统外，溶解槽还装有局部抽风。装氰化钠的包装桶用漂白粉迅速消毒。氰化钠溶液的容器应标上"有毒"字样，并绘上头颅和枯骨的标志。工作人员必须按规定佩戴劳保用品。

金泥处理时须采用类似的措施。

和氰化物溶液接触的所有人员，工作完毕时应该淋浴，更衣。操作完毕后，用专门配好的解毒液或清水洗手。严禁将食物和餐具带入现场。不允许在现场吸烟。

第 13 章

非氰浸金方法

氰化法至今仍是一占统治地位的提金方法，但是氰化法有其固有的缺点：首先，药剂有剧毒，特别是在堆浸及废液排放，贮存的地方，必须防止对环境造成污染。在有些情况下（如地下浸出），不能使用氰化法；其次，氰化物浸金速度缓慢，溶解银则更慢。为克服此缺点，就得增加药剂消耗和生产成本。此外，氰化法也不是万能的，对于含有 Cu、As、Sb 的金矿，氰化法浸金很困难。因此，人们一直在寻求非氰浸金工艺。比较有前途的非氰工艺是硫脲法和水氯化法。此外，细菌浸出法也越来越受到人们的重视。

13.1　硫脲法

用酸性硫脲溶液作溶剂，在有氧化剂存在的条件下浸出矿石中的金、银的方法称为硫脲法。

13.1.1　硫脲的性质

硫脲又名硫代尿素，其结构式为：

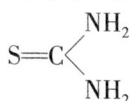

$$S=C\diagup\begin{matrix} NH_2 \\ \\ NH_2 \end{matrix}$$

相对分子质量为 76.12。它具有白色有光泽的菱形面晶，味苦，密度 1.405，熔点 $180 \sim 182 ℃$。它易溶于水，其水溶液呈中性。

硫脲在碱性溶液中不稳定，易分解为硫化物和氨基氰：

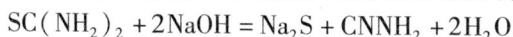

$$SC(NH_2)_2 + 2NaOH = Na_2S + CNNH_2 + 2H_2O$$

分解生成的氨基氰可转变为尿素：

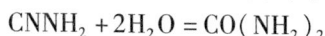

$$CNNH_2 + 2H_2O = CO(NH_2)_2$$

硫脲在酸性溶液中具有还原性质，可被氧化而生成多种产物。在室温下比较容易氧化为二硫甲脒（SCN_2H_3）$_2$：

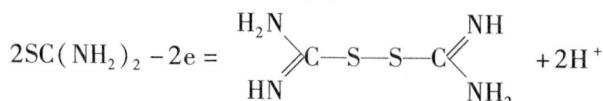

$$2SC(NH_2)_2 - 2e = \begin{matrix} H_2N \\ \diagup \\ HN \end{matrix} C-S-S-C \begin{matrix} NH \\ \diagdown \\ NH_2 \end{matrix} + 2H^+$$

$$\varphi^{\ominus} = 0.42V$$

二硫甲脒是活泼的氧化剂。它可进一步分解为硫脲、氨基氰和元素硫

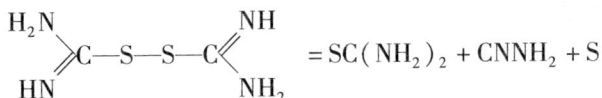

$$= SC(NH_2)_2 + CNNH_2 + S$$

硫脲在酸性或碱性溶液中，加热至60℃时均会发生水解：

$$SC(NH_2)_2 + 2H_2O = CO_2 + 2NH_3 + H_2S$$

13.1.2　硫脲溶金、银的原理

在氧化剂存在的条件下，金（银）可溶于酸性硫脲溶液中：

$$Au + 2SC(NH_2)_2 = Au[SC(NH_2)_2]_2^+ + e$$

$$\varphi^{\ominus} = 0.38V$$

$$Ag + 2SC(NH_2)_2 = Ag[SC(NH_2)_2]_2^+ + e$$

$$Ag + 3SC(NH_2)_2 = Ag[SC(NH_2)_2]_3^+ + e$$

$$\varphi^{\ominus} = 0.025V$$

可见金溶解在标准电位（0.38V）与硫脲氧化的标准电位（0.42V）很接近。

图13-1为金在硫脲溶液中的阳极极化曲线。极化曲线表明发生了两种不同的反应：金的氧化和硫脲的氧化。二者之间只有一个很窄的电位区。在此电位区内只出现金的溶解而不发生硫脲迅速氧化。但由于动力学的原因，只有在氧化性更强的条件下，金的溶解速度才比较快。因此，硫脲的氧化是难以避免的。

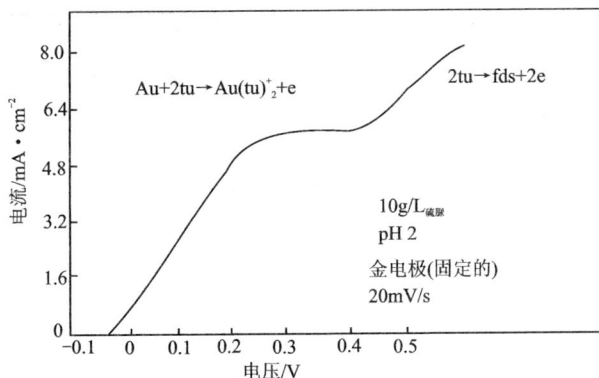

图13-1　金在硫脲中溶解的电流-电位曲线

有人提出：二硫甲脒有可能作为金的氧化剂。但是因为它的分解速度相当快，在pH较高时尤为明显，因而会导致硫脲的损耗。为了避免硫脲过多的氧化，应该选择合适的氧化剂和浓度。试验研究证明，硫酸高铁较为合适。

$$Fe^{3+} + e = Fe^{2+} \qquad\qquad \varphi^{\ominus} = 0.77V$$

$$Fe^{3+} + Au + 2SC(NH_2)_2 = Au[SC(NH_2)_2]_2^+ + Fe^{2+}$$

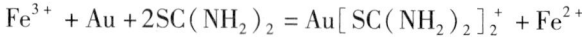

在硫脲溶金时,溶液中有氧存在是有利的:

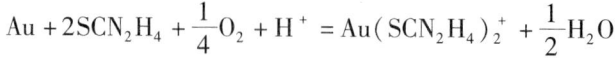

$$Au + 2SCN_2H_4 + \frac{1}{4}O_2 + H^+ = Au(SCN_2H_4)_2^+ + \frac{1}{2}H_2O$$

与氰化溶金、银相仿,要使金以最大速度溶解,溶液中硫脲浓度与溶液中氧的浓度应保持一定的比值。在室温条件下,其比值为 10~20。

由于硫脲溶解金、银时,溶液中的氧化剂除了溶解的氧外,还有高铁盐,而且高铁盐在溶液中的浓度比氧的浓度要高得多,所以硫脲溶金、银比氰化物更有利。

图 13－2 为酸性硫脲法和氰化法提取细磨金矿溶金速度的比较。

图 13－3 为酸性硫脲法和氰化法提取细磨银矿溶银速度的比较。

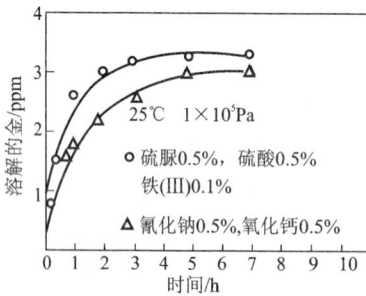

图 13－2　酸性硫脲法与
氰化法浸出金效果比较

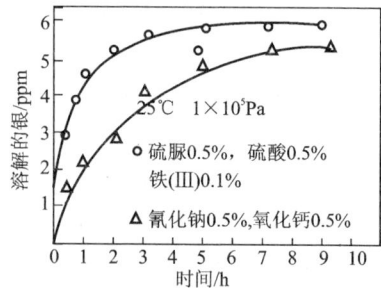

图 13－3　酸性硫脲法与
氰化法浸出银效果比较

由图 13－2、图 13－3 看出,在浸出时间相同时,硫脲法溶金、银的速度比氰化法快。

铜、铅、锌、铋、镉等金属也能与硫脲形成带正电荷的络离子,但溶解速度要比在氰化物溶液中的溶解速度小得多。

通常浸金溶液成分为:硫脲 1%～2%,硫酸调 pH = 1~1.5,Fe^{3+} = 1~2g/L。

13.1.3　硫脲法的应用

硫脲溶金的最早报告是 1941 年由前苏联冶金学家普拉克辛提出的。20 年后普氏等人又重新研究了该工艺。此后,各国研究者作了广泛的试验研究。在我国,此项研究已持续了 20 余年,现在硫脲法已投入小规模生产运转。国外也有小规模生产应用。

我国某金矿采用低浓度硫脲浸出 – 铁板置换同时进行工艺（又称铁浸法、一步法）。该矿为含金黄铁矿，浮选得硫金精矿，金大部分以细粒嵌于黄铁矿裂隙中，精矿经浓密后再磨至 – 320 目 90% 进行浸出。在浸出槽内悬挂铁板置换，置换铁板定时取出，刮洗金泥。

浸置条件：硫脲初始浓度 0.2% ~ 0.3%，pH 1 ~ 1.5，液固比 2∶1；浸出时间 36 ~ 40h；铁板面积 $3m^2/m^3$ 矿浆，金泥刮洗周期为 2h。

技术经济指标：硫脲消耗 4kg/t 矿，硫酸消耗 50kg/t 矿，铁板消耗 6kg/t 矿，金浸出率 89%，置换率 99%。

1982 年新英格兰锑公司投产了一每班处理 8t 精矿的硫脲浸金厂，精矿含金 30 ~ 40g/t，浸出时间仅 15min，间断作业，硫脲消耗为 2kg/t 精矿，浸出效果好。用活性炭回收金，得到含金 2 ~ 8kg/t 的载金炭，贫液用 H_2O_2 调整氧化还原电位，并循环使用。浸出控制的主要参数是氧化还原电位、硫脲浓度和铁离子浓度。

硫脲法的优点是：毒性低，脱金后溶液易处理，可再生重用，可用不排污工艺流程进行生产；金、银溶解速度快；对贱金属（Cu、As、Sb、Pb 等）有害杂质不敏感。

硫脲法存在的问题是：硫脲价格较高，消耗量也较大，因而成本高；使用硫酸，要求设备防腐蚀，也不宜于处理含碱性脉石较多的矿石。因此，目前它还不能取代氰化法，而只能用于不适合氰化法处理的特殊矿石。

13.2　水氯化法

氯化法有干氯化（挥发焙烧）和水氯化之分。

水氯化法浸金原理是：金在饱和有 Cl_2 的酸性氯化物溶液中被氧化，形成三价金的络阴离子：

$$2Au + Cl_2 + 2HCl = 2HAuCl_4$$
$$2Au + Cl_2 + 2NaCl = 2NaAuCl_4$$

对于银，首先是生成氯化银的沉淀，然后，与过量的氯化物形成络阴离子而进入溶液：

$$AgCl + Cl^- = AgCl_2^-$$

三价金在氯化物溶液中电位相当高：

$$Au + 4Cl^- = AuCl_4^- + 3e$$
$$\varphi^\ominus = 1.00V$$

因此，已溶金很易被还原，故矿石浸出时溶液中必须饱和氯气。

在 20 世纪初，水氯化法曾被用来从矿石中浸金。由于氰化法的改进，此法未能推广。水氯化法的最大优点是便宜，浸出速度快，不存在金的钝化问题，并且从溶液中回收金很容易。

但是，水氯化法也存在严重的局限性：在硫化矿浸出时，会有一部分或大部分 MeS 溶解，这使废液处理复杂化，因此，对于含 $S<0.5\%$ 的酸性矿石，用水氯化法可能是适合的。除此，水氯化法还存在 Cl_2 对现场的危害以及设备复杂化的问题。

南非有一座大型水氯化法处理重选金精矿的试验工厂，所用流程是：精矿在 800℃下氧化焙烧脱硫后，将焙砂在通氯气的盐酸溶液中浸出，金的浸出率达 99%。然后用 SO_2 还原，从溶液中沉淀金。用氯化铵溶液洗涤后的金粉，纯度达 99.9%。

13.3　微生物提金

微生物提金包括三个方面：其一，利用细菌脱除砷黄铁矿或黄铁矿中的砷和硫，使其包裹的金暴露，然后氰化浸出。在这里，细菌浸出作为氰化前的预处理（见第 14 章）。其二，用微生物直接浸出矿石中的金。其三，用微生物回收水（液）中的金、银。

微生物提金目前尚处于研究阶段。

用微生物直接浸出矿石中的金，确切地说，是利用微生物的某些代谢产物浸出金。因为它们的代谢产物中有大量氨基酸。如天门冬氨酸、丝氨酸、组氨酸、甘氨酸、丙氨酸，这些氨基酸能和金起络合作用。溶金能力为（mg/L）：苯丙氨酸 33.1，天门冬氨酸 31.8，丝氨酸 24.5，组氨酸 20.7，甘氨酸 18.1，蛋氨酸 14.8。

为了提高微生物的溶金能力，研究发现，菌株经人工诱变后，溶金能力比"野生"菌株强。如以尿素和二代磷酸铵为氮源，葡萄糖和糖蜜为碳源培育细菌，所获得的浸金率比"野生"菌株浸金高 5~10 倍。进一步研究发现，添加氧化剂（如高锰酸钾、过氧化钠、过硫酸钾）还可进一步提高溶金能力。

溶金能力比较强的细菌有：巨大芽孢杆菌 20 号和 30 号，液化假单孢菌 9 号，肠膜芽孢杆菌 12 号等细菌。此外，某些真菌、放线菌也具有溶金能力。

1986 年加拿大一公司宣称已研制成功可取代传统试剂（氰化物）的新浸金剂（Bio-D），内主要含有某微生物的代谢产物，它无毒、性能优于氰化物（如温度低于 −4℃ 仍可使用），以及试剂费用较低。该公司声称新浸金剂已在加拿大某金厂使用了约一年。

前苏联曾用黑曲霉的代谢物（蛋白质水解物）进行溶浸金的试验，试料中 70% 金与石英有联系，30% 和黄铁矿相联，当液固比 2:1 时，经 20 昼夜可浸出

72.1%金。

能从低浓度金的水（液）中回收金的微生物有：芽枝霉属、青霉菌属、木霉属以及黑色头孢霉等真菌，它们能将水中呈溶解状态的金转变为不溶性金。美国新泽西州一公司已成功地利用上述微生物从工业废水中回收低浓度金、银及其他贵金属，回收率高，成本低，操作容易。

用上述真菌回收金，仅适用于 pH 低于 4 的酸性溶液。同时，需往废水中加硫酸钙或白云石等含钙矿物，作为真菌的营养物，也可使真菌集聚在它的表面，废水中的金因被真菌转化而附着于含钙物表面上。

真菌回收过程中，真菌与含废水需接触一段时间（4h 到 6d），使真菌能充分地把废水中的金化合物转化为单体金，附着于真菌上的单体金，然后用常规离心或过滤法分离。

前苏联的研究认为黑曲霉和米曲霉沉淀金最为有效。

第 **14** 章

从顽固矿中提金

14.1　顽固金矿的一般特征

顽固金矿，通常又称难处理金矿或难浸金矿。用氰化法（包括与重选、混汞配合）不能保证获得高的回收率的一类矿石，称之为"顽固"金矿石。前苏联学者还把单元工序（如磨矿、氰化、脱水、沉金工序）的消耗很高的矿石，也归入顽固矿石这一类，并提出适合氰化处理的矿石要符合以下条件：

(1) 氰化浸出率不低 90%，氰化尾矿含金不大于 $0.5 \sim 1.0 g/t$；

(2) 氰化给矿粒度 80% ~ 90% −0.074mm（200 目）；

(3) 搅拌氰化时间不多于 24h；

(4) 能用传统的锌粉置换法沉淀溶液中的金，置换率不小于 95% ~ 97%；

(5) 氰化矿浆要易于浓缩和过滤；

(6) 氰化物的消耗不超过 $0.5 \sim 1.0 kg/t$ 矿浆。

很明显，只有含铁的硫化物和氧化物不高的、金处于游离状态的石英质矿石，才能满足这些要求，其他矿石都不同程度地具有"顽固"性，要求采取一些特殊的处理措施。

根据各国学者的大量研究成果，表 14 - 1 列出了几种主要顽固金矿石。

表 14 -1　顽固金矿及其原因

	金矿石种类	氰化时矿石顽固的原因
1	含微粒包裹金	微粒金在石英或硫化物（黄铁矿、毒砂等）中，难以用磨矿方法使金暴露
2	含铜矿	氰化物消耗高，在金粒表面形成次生薄膜，阻障溶解；氰化物溶液迅速"疲劳"
3	含锑矿	金面上形成致密的膜，急剧降低溶解速度；与保护碱发生反应
4	含碳的矿	已溶金被碳质吸附
5	含粘土的矿	恶化氰化矿浆的过滤性能；粘土能明显地吸附已溶金和氰化物
6	含铁的矿	在金粒上有氢氧化铁膜，阻障金溶解

应该指出，由于炭浆法、树脂浆法等新技术的出现，顽固金矿石的范畴缩小了，或者说，适合于氰化处理的矿石种类增加了。比如从含粘土的矿石中提金不再成为困难。

从以上资料可知，金矿石的顽固性，可能是由各种原因引起的，首先取决于它属于那一类矿石。因此，顽固矿的处理流程也是差别很大，各种各样的。实际上，常常遇到这样一些矿石，它们顽固的根源不只一个，而是两个或者更多。这种情况下，处理流程也就必须综合治理，消除一切影响提金的因素。

浮选，在顽固矿提金中具有极大的作用。因为它可大大减少需要特殊处理的物料量（精矿产率通常为 5% ~ 8%）。

14.2　含微细粒包裹金的矿石

金以极细小颗粒被矿物包裹，是金矿表现出"顽固性"的最广泛、最常见的原因。这一类矿石可分为两个基本类型：石英包裹和硫化物包裹。

14.2.1　石英包裹金

这类矿石经细磨和超细磨后，可达到金粒相当程度的暴露。通常采用三段磨矿流程，粒度达到 90% ~ 95% - 0.04mm。虽然氰化尾矿含金不高，但是磨矿费用很高，脱水也困难。

这类矿石最理想的处理方案是送铜、铅冶炼厂作为熔剂，在炼铜和炼铅时顺便回收金。

14.2.2　硫化物包裹金

这类矿石的特点是：金更细分散于黄铁矿和毒砂矿中。经过浮选，含金硫化物和微细单体金进入精矿，然后精矿用相应的办法处理。

如果金粒不是很细，可通过精矿再磨，使金粒暴露，而后氰化。

但是，硫化物中的金常常如此的细，以至超细磨矿都不能达到必要的暴露程度，因为金处于毒砂或黄铁矿晶格晶格之中，而不是处于它们的晶粒间或裂隙边沿。在这种情况下，只能求助于化学法破坏毒砂和黄铁矿，即脱除砷和硫，使金粒暴露，然后氰化。

1. 氧化焙烧

这是处理硫化矿包裹的最主要的、应用最广泛的方法。硫化物经氧化焙烧，砷和硫被氧化挥发，形成多孔的、渗透性好的焙砂。

黄铁矿在 450 ~ 500℃ 开始氧化，先形成中间产物 FeS，然后继续氧化：

$$FeS_2 + O_2 = FeS + SO_2$$

$$3FeS + 5O_2 = Fe_3O_4 + 3SO_2$$
$$4Fe_3O_4 + O_2 = 6Fe_2O_3$$

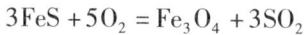

600℃以上 FeS_2 分解:

$$FeS_2 = 2FeS + S$$

元素硫再氧化。

焙烧最重要的条件是温度。在低于500℃时，氧化速度慢，焙砂中存在未完全氧化的黄铁矿，氰化效果不好；提高焙烧温度，黄铁矿氧化加速并完全，但在温度高于900～950℃时，可能由于形成相当量的易熔共晶混合物而使局部熔化，导致物料结块，得到很致密的烧渣，氰化效果反而降低。

焙烧时气相中氧浓度对焙烧效果产生本质上的影响。氧浓度低时，硫化物氧化慢，氧化不完全，使金不能完全暴露；而在氧浓度太高时，过程的速度太快，使颗粒温度会升到900～950℃也不利。

实际上，最佳的温度取决于精矿的物质组成，波动于500～700℃。为了得到多孔的焙砂颗粒，必须控制鼓入的空气量和改善热交换条件。

在氧化焙烧时，砷黄铁矿（毒砂）的行为与黄铁矿相似。约在450℃时，毒砂开始激烈氧化并形成中间产物 FeS 和 Fe_3O_4

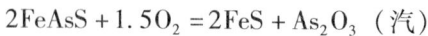

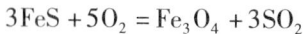

$$2FeAsS + 1.5O_2 = 2FeS + As_2O_3（汽）$$
$$3FeS + 5O_2 = Fe_3O_4 + 3SO_2$$
$$2Fe_3O_4 + 0.5O_2 = 3Fe_2O_3$$

在600℃以上时，FeAsS 分解:

$$4FeAsS = 4FeS + As_4（汽）$$

气态砷氧化:

$$As_4 + 3O_2 = 2As_2O_3$$

而 FeS 氧化成 Fe_2O_3。

As_2O_3 在457℃时，蒸气压达760mm 汞柱（10^5Pa），所以砷氧化成 As_2O_3 后转入气相。

但在有过剩氧的情况下，As_2O_3 能被氧化成 As_2O_5。As_2O_5 与 Fe_2O_3 作用形成的砷酸盐 $Fe_3(AsO_4)_2$，$AsAsO_4$ 不挥发而留于焙砂中，这是不希望的。因为在随后的氰化时，砷会转入到溶液并且妨碍锌置换，使贫液的返回利用成为不可能。此外，五价砷化合物在氰化时会在金上形成薄膜，阻碍金溶解。

因此，焙烧时必须使砷进入气相。为此，含砷精矿焙烧时，应该在弱的氧化气氛下进行，以保证形成挥发性的 As_2O_3。但是，这不能满足脱硫的要求，脱硫要求相当强的氧化气氛。也就是说，在脱砷和脱硫条件上出现了互相矛盾。

最合理的办法是采用两段焙烧：第一段在弱氧化气氛下焙烧脱砷，所得的焙砂加入第二段焙烧在相当强的氧化气氛下，使硫化物完全氧化。这样可以得到有利于氰化的多孔的焙砂。

加拿大、澳大利亚、南非、津巴布韦、美国等国家现在仍用两段沸腾焙烧法处理浮选含砷黄铁矿（见图 14 - 1）。

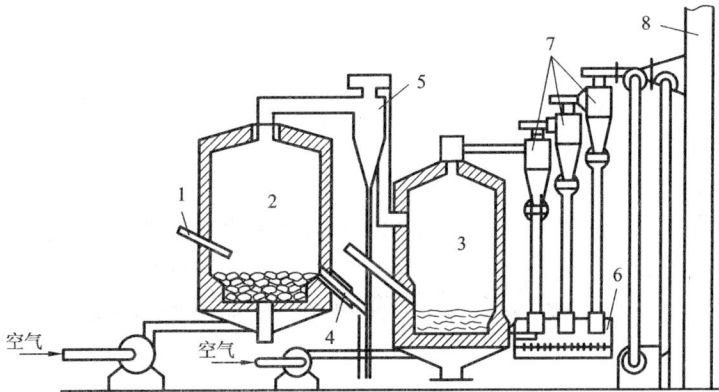

图 14 - 1　精矿两段沸腾焙烧装置
1—加料管　2—一段焙烧炉　3—二段焙烧炉　4—排矿管
5—中间旋风收尘器　6—焙砂水冷槽　7—旋风收尘器　8—烟囱

但是，我国的生产实践表明：上述两段焙烧、焙砂氰化浸出的工艺并不都是成功的，金的回收率甚至低到 80% 。

在回转窑或者长膛炉（爱德华炉）内，固体物料和气体逆流运动，这种一段焙烧也可以获得大约与两段法相类似的效果。实际上，它是在一个炉子中实现二段焙烧；精矿入炉后先与已经部分利用的空气接触，因此氧浓度不高，有利于脱砷；随着物料在炉内运动，逐步与富氧（新鲜）的空气接触进行脱硫。

我国已有回转窑处理含砷黄铁矿精矿的工业生产实践。

氧化焙烧法存在一个大的缺点是对环境有污染，SO_2 烟气不容易达到制硫酸的要求。

2. 热压法（加压氧浸）

这是用湿法冶金方法来暴露微粒金，是 20 世纪 80 年代发展的新技术。

含砷黄铁矿精矿加压浸出可在酸性或碱性介质中进行。在 120 ~ 180℃，氧压 0.2 ~ 1.0MPa 下浸出 2 ~ 4h，金完全暴露并全部留于渣中。

在酸性介质下发生以下反应：

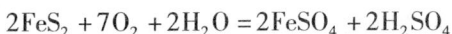

$$2FeS_2 + 7O_2 + 2H_2O = 2FeSO_4 + 2H_2SO_4$$

$$2FeAsS + 6.5O_2 + 3H_2O = 2FeSO_4 + 2H_3AsO_4$$

Fe^{2+} 被 O_2 氧化成 Fe^{3+}：

$$2FeSO_4 + 0.5O_2 + H_2SO_4 = Fe_2(SO_4)_3 + H_2O$$

Fe^{3+}作为强氧化剂同样也参加反应:

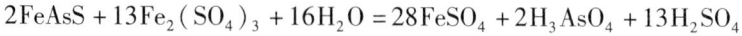

$$FeS_2 + 7Fe_2(SO_4)_3 + 8H_2O = 15FeSO_4 + 8H_2SO_4$$

$$2FeAsS + 13Fe_2(SO_4)_3 + 16H_2O = 28FeSO_4 + 2H_3AsO_4 + 13H_2SO_4$$

进入溶液中的砷以微溶性的砷酸铁沉淀:

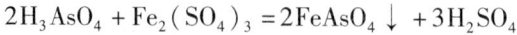

$$2H_3AsO_4 + Fe_2(SO_4)_3 = 2FeAsO_4 \downarrow + 3H_2SO_4$$

Fe^{3+}浓度越高,溶液酸度越小则砷沉淀越完全。部分Fe^{3+}按下式水解:

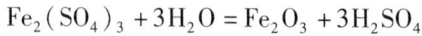

$$Fe_2(SO_4)_3 + 3H_2O = Fe_2O_3 + 3H_2SO_4$$

水解程度随着浸出温度提高和酸度降低而增大。

这些反应进行的结果,大部分铁和所有的硫酸进入溶液,绝大部分砷留于渣中。渣由脉石、铁的氧化物、砷酸铁组成。固液分离,洗涤后进行氰化。

在碱性介质下则不同,所有的铁都留于渣中,而溶液中不仅有硫,还有全部的砷:

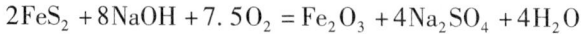

$$2FeS_2 + 8NaOH + 7.5O_2 = Fe_2O_3 + 4Na_2SO_4 + 4H_2O$$

$$2FeAsS + 10NaOH + 7O_2 = Fe_2O_3 + 2Na_3AsO_4 + 2Na_2SO_4 + 5H_2O$$

高压浸出渣氰化时,金的回收率非常高,但由于碱耗高以及再生复杂,难以推广。20世纪90年代出现了用CaO代NaOH的新技术,将热压法推向了新的阶段。近年的研究证明:在酸性介质中加入少量硝酸盐时,浸出温度和压力可大幅度降低。

与焙烧法比较,热压法更有效地暴露金,这是由于热压法所暴露的金是游离的,而焙烧时金部分地被易熔化合物覆盖。所以,热压后氰化浸出率达96% ~ 98%,高于焙烧法。此外,热压法避免了金随As_2O_3损失,省去了复杂的收尘设备,大大改善了劳动条件。

3. 细菌浸出

细菌浸出也是打开硫化物包裹金的湿法冶金方法。与热压法相似,它包括用氧来氧化硫化物,但不是依靠提高温度和氧压来获得所需的氧化速度,而是在矿浆中加入微生物。这种含有酶的细菌是氧化过程的生物催化剂。细菌靠氧化时放出的能来维持自己的生命活动。

对于氧化黄铁矿和毒砂来说,最适宜的细菌是氧化亚铁硫杆菌。它促进硫化物、硫酸亚铁、元素硫、硫代硫酸盐以及其他低价硫化物氧化。细菌浸出时,硫化物氧化的机理是复杂的。人们认为,氧化亚铁硫杆菌是直接地和间接地参加氧化。

在第一种情况下,细菌固结在硫化物表面直接参加氧化过程,完成将电子从硫化物传递到氧,这时进行的化学过程可写为:

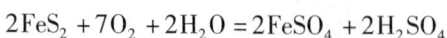

$$2FeS_2 + 7O_2 + 2H_2O = 2FeSO_4 + 2H_2SO_4$$

$$2FeAsS + 6.5O_2 + 3H_2O = 2FeSO_4 + 2H_3AsO_4$$

氧化的中间产物元素硫，在细菌存在下被氧氧化成 H_2SO_4。

在第二种情况下，细菌的作用在于加速硫酸亚铁氧化成硫酸盐：

$$2FeSO_4 + 0.5O_2 + H_2SO_4 = Fe_2(SO_4)_3 + H_2O$$

在常温和常压下，此过程无细菌时进行得很缓慢。形成的硫酸盐参加与硫化物的化学作用（无须细菌参加），将硫化物氧化成硫酸盐：

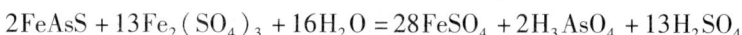

$$FeS_2 + 7Fe_2(SO_4)_3 + 8H_2O = 15FeSO_4 + 8H_2SO_4$$

$$2FeAsS + 13Fe_2(SO_4)_3 + 16H_2O = 28FeSO_4 + 2H_3AsO_4 + 13H_2SO_4$$

上述二反应的速度相当快。这样，细菌间接地参加了硫化物的氧化，且再生了硫酸高铁。

细菌的直接作用是主要的。

细菌浸出只能在有利于细菌生活机能的条件下进行（矿浆充空气、温度 28~35℃、pH1.7~2.4），过程的时间为 90~120h。固液分离、洗涤后氰化。

含砷硫金精矿的细菌浸出－氰化的研究，在国外已进行了十几年，现已有小规模工业应用。大规模的试验证明，经细菌浸出后金的回收率超过氧化焙烧法，总成本也比焙烧法低。

14.3　含铜的矿石

含铜的金矿是相当普遍的一类金矿。铜矿物的存在，使氰化过程复杂化，并增加氰化物的消耗，降低金的回收率。在选择这类矿石的处理流程时，有时还必须考虑综合回收铜。

在金矿石中的铜，可能是氧化物，也可能是硫化物，可能两者都存在。如果主要以硫化物态存在，处理这种矿石的最佳方案是浮选，得到含金－铜精矿，送铜冶炼厂。尾矿视其含金情况，或氰化，或废弃。

最难以处理的是铜的氧化矿和氧化物－硫化物混合矿。在这些矿石中，铜的氧化物难以浮选。但浮选仍是必需的，要求严格地选择药剂和采用新的浮选系统。通常是把金和铜富集到精矿中，金－铜精矿送铜冶炼；当浮选不能获得令人满意的指标时，那么湿法冶金方案可能是合理的，比如，用稀硫酸溶液浸出铜，然后从溶液中沉淀铜（铁屑置换、不溶阳极电解等），浸出后的尾矿采用氰化提金；如果矿中含有大量的、可与硫酸反应的碱性脉石时，那么硫酸耗量会很高。这时，用氨－碳酸铵溶液浸铜是合适的。

处理这种混合矿，还可采用湿法冶金和浮选联合法。该法用硫酸溶解氧化铜，随后加海绵铁到矿浆中，直接在矿浆中置换形成金属铜。然后铜、金一起浮选，矿石中的硫化铜也一道进入精矿。

　　上述流程都是铜、金综合回收。当矿石中铜的含量不高，回收的铜价值不足以抵偿因回收铜而附加的消耗时，则应采用只提金的较便宜的方法。比如，采用低氰浓度（0.01%～0.02%）浸出。因为氰化物浓度低时，铜矿物与它的反应速度大大降低，大部分铜仍留在氰化尾矿中。此外，采用硫酸法处理贫液，再生氰化物，也可减少氰化物的消耗。

　　我国从含铜（2%）的硫精矿中提金，广泛采用硫酸盐化焙烧（沸腾层温度600～650℃，空气过剩系数1.3）－稀硫酸浸出铜－氰化提金的工艺流程。焙烧时精矿中的铜、锌转变成硫酸盐，稀硫酸浸出时溶解于水，固液分离后，采用萃取－电积提取铜或用铁置换回收金属铜；如果精矿中还含有铅，且达到危害氰化过程时，为避免钙铅矾包裹层的影响，须用碳酸钠将酸浸渣中的硫酸铅转化成碳酸铅。浸出渣经洗涤氰化。金、银、铜的回收率分别达（%）：96.8，63.1，92.4。

14.4　含锑的矿石

　　含锑矿物的矿石，直接用氰化法提金很困难，金的浸出率低且氰化物消耗高。只有当锑的含量很低（<0.5%）时，才能直接氰化，但必须采用低保护碱（<0.02%）、低氰浓度并添加铅盐（见第6章第3节）。

　　当锑－金矿石中含锑较高时，通常是先浮选出锑－金精矿。当锑的价值超过金的价值时处理这种精矿的流程，必须综合回收锑。以下概略介绍国内外处理锑金矿的炼锑厂现用或曾进行过研究认为有效的几种工艺流程。

14.4.1　鼓风炉挥发熔炼－贵锑电解流程

　　火法处理锑金复合原料收回金的原理，在于锑是金的良好捕集剂，在熔炼过程中，金能溶于锑内，形成SbAu金属间化合物。利用锑金的这一特性我国某金矿分离出粗粒金以后的浮选精矿采用鼓风炉挥发熔炼－贵锑电解工艺流程，取得了相当高的回收率。某金矿的锑金精矿成分（%）为：Sb30～40，Fe9～16，S26～30，$SiO_2$14，CaO3.5，$Al_2O_3$1.0，Pb0.3，As0.8，Cu0.1～0.2，Au6～75g/t，精矿中的金为小于0.1μm的次显微金。所用鼓风炉挥发熔炼－电解流程如图14－2所示。

　　与一般硫化锑矿的鼓风炉挥发熔炼一样，首先在精矿内拌以5%～8%消石灰并压成团矿，经自然干燥作为鼓风炉炉料。鼓风炉挥发熔炼的产物有粗锑、锑硫、炉渣、锑氧。大部分金富集于前床内的粗锑中，俗称贵锑。

　　贵锑经反射炉烟化精炼后进行电解，分离金锑，金富集于阳极泥中，再用火法处理回收。

图中流程：

石灰、水　　锑金精矿
↓
压团
↓
自然干燥
↓
干团矿　　焦炭、石灰石、铁矿石
↓
鼓风炉挥发熔炼
→ 废气 → 废气处理车间 → 锑氧 → 送炼锑
→ 高金高铅锑氧 → 烟化炉吹炼 → 高铅贵锑 / 粗锑 → 烟化炉富集熔炼 → 阳极板 → 铅电解 → 电解铅 / 阳极泥
→ 低金锑氧 → 送炼锑
→ 熔体 → 鼓风炉加热前床捕集金 → 高金贵锑 / 炉渣（弃置） / 锑锍（沸腾焙烧 → 废气 → 废气车间 / 焙砂 / 烟尘）

高金贵锑 → 烟化炉氧化熔炼 → 锑氧（送炼锑）/ 阳极板 → 硫酸、氢氟酸 → 电解 → 阴极锑 / 阳极泥 → 坩埚炉还原熔炼 → 马弗炉富集熔炼 → 锑氧（送炼锑）/ 马弗炉查（返回提金）/ 粗金（坩埚炉铸锭）→ 金锭

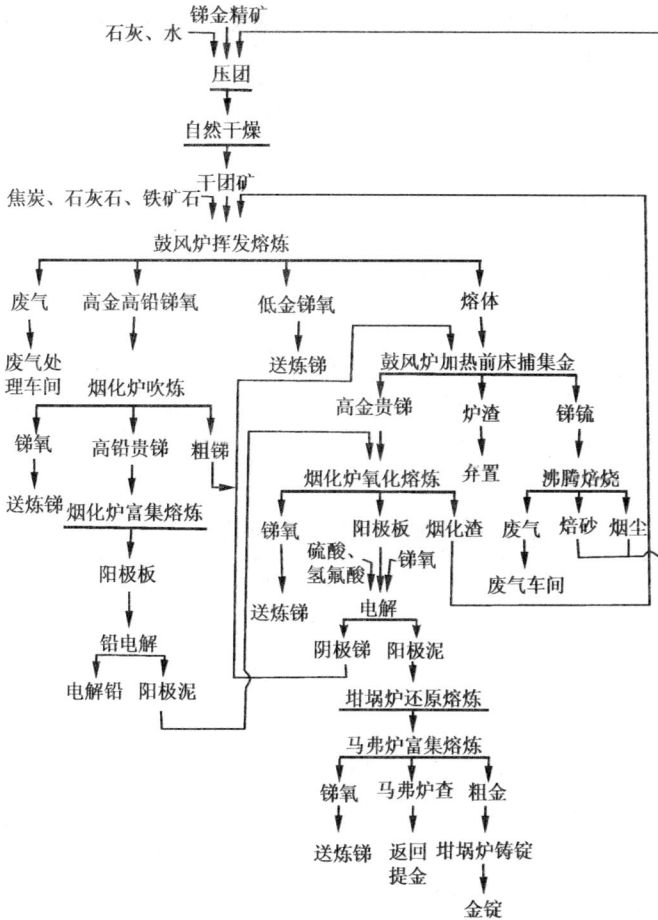

图 14-2　鼓风炉挥发熔炼-贵锑电解流程

　　鼓风炉-电解流程回收金和锑是锑金的逐步分离和金的逐步富集过程。挥发熔炼使大部分金富集在贵锑和锑氧内，初步分离锑金。烟化-电解过程则进一步富集金，并回收金。

　　在鼓风炉挥发熔炼过程中，大部分金随粗锑、锑锍和炉渣进入前床，为加入前床的粗锑所捕集，而小部分金随氧化锑挥发，进入收尘系统。

　　鼓风炉加热前床产出的贵锑一般含金 1000～2000g/t，含铁 20%±，需要除去部分铁，才能满足电解的要求。一般送入反射炉烟化精炼，熔析去铁和氧化除铁，同时进一步氧化挥发锑，金则富集于贵锑中，浇铸成阳极，进行贵锑电解。

　　贵锑电解产出的阴极锑不作最终产品，返回加热前床，与粗锑一起，捕集贵金属。电解的主要目的是使金进入阳极泥，将金的品位富集到 5%～30%，为下一步坩埚炉、马弗炉处理提供优质原料，产出合格金锭。

加热前床产出的锑锍含铁高，可作铁矿石使用，经沸腾焙烧后返回制团，又可作为鼓风炉的熔剂。

鼓风炉挥发熔炼产出的锑氧分两部分处理：一部分含金较高的布袋氧和结氧，另一部分为含金较低的粉氧和粉结氧。前者供烟化炉吹炼，产出高铅贵锑，再经炼金烟化炉富集，铸成阳极板，进行铅电解，得电解铅和阳极泥，金富集于阳极泥中，送贵锑灰吹炉处理。

鼓风炉产出的含金较低的锑氧，连同烟化炉、马弗炉及反射炉产出的锑氧，经反射炉还原熔炼和加纯碱精炼后产出精锑出售。

某金矿所用的鼓风炉，风口区截面积为 $1.2m^2$，炉床能力按团矿计为 $30 \sim 33t/（m^2 \cdot d）$，焦率 $30\% \sim 35\%$。铁矿石率 $17\% \sim 18\%$。操作控制和技术条件与硫化锑精矿挥发熔炼鼓风炉基本相同。金、锑的分布平衡于表 14 - 2 中。

表 14 - 2　鼓风炉熔炼金、锑的分布平衡

金属名称	加入精矿、粗锑阴极锑、炼金渣炉/%	产出，%										误差（无名损失）/%
		锑　氧					红水、炉缸渣	贵锑	锑锍	炉渣	合计	
		布袋氧	粉氧	粉结氧	结氧	小计						
Au	100	5.46	0.31	0.24	0.22	6.23	2.51	81.83	5.33	1.52	97.42	2.58
Sb	100	55.45	13.32	9.75	4.39	82.91	1.02	9.29	1.64	2.09	96.95	3.05
Pb	100	58.88	6.05	3.85	1.36	70.14	4.08	6.95	13.0		94.17	5.83
As	100	66.00	15.78	1.75	2.45	85.98	0.73	9.95	1.82		98.48	1.52

从表 14 - 2 看出，金绝大部分富集于贵锑中。随炉渣损失的金占 1.52%，锑占 2.09%。炉渣的组成对熔炼过程和有价金属在渣中的损失起决定性的影响。实践表明：炉渣组成在 SiO_2 37% ~ 42%，FeO 25% ~ 30%，CaO 18% ~ 20%，Al_2O_3 5% ~ 7% 的范围内炉况正常，指标较好，损失于渣中的金不超过 2g/t，锑不超过 2%。

鼓风炉所产的贵锑铸成阳极，进行电解精炼。电解精炼所产的阳极泥采用热浓硫酸浸煮，所得海绵金可在石墨坩埚中加入白硝、纯碱和硼砂熔铸成锭，粗金纯度在 94% 以上，由贵锑至金锭的回收率在 99% 以上。

这一流程的优点是：

（1）金属回收率高，资源综合利用较充分。由精矿至金锭的总回收率可达95%，锑的总回收率93%，同时可综合回收铅和镍，也正在研究进一步收铜；

（2）采用这种工艺流程可处理各种含金的中间物料；

（3）冶炼成本较低。

14.4.2　氧化焙烧 – 还原熔炼过程

浮选锑金精矿先氧化焙烧脱硫，烧渣、烟尘进行还原熔炼，综合回收锑和黄金。美国黄松选冶厂和前捷克瓦伊斯科瓦冶炼厂所采用的工艺流程即属于此类，即多膛炉焙烧 – 电炉熔炼 – 转炉吹炼流程。

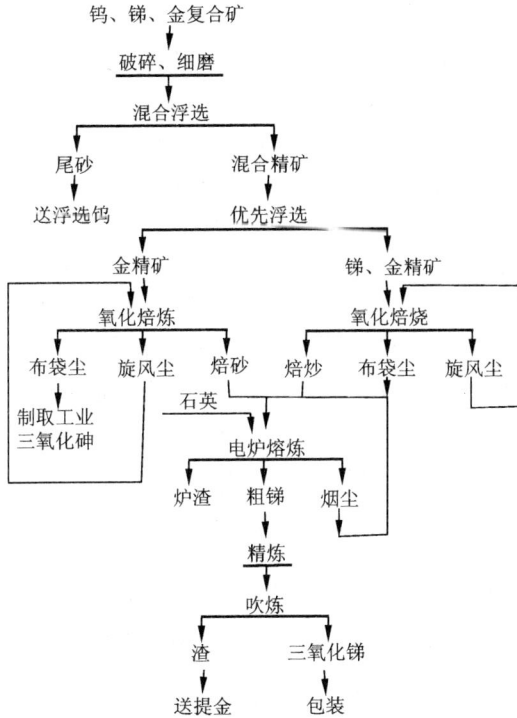

图 14 – 3　黄松厂钨、锑、金复合矿处理流程

美国黄松选冶厂所用的选冶流程如图 14 – 3 所示。矿石为含钨、锑、金的复合矿，首先采用集合浮选，控制 pH = 8.4，选出所有硫化物，得混合精矿，尾砂送去浮选钨。混合精矿再用 $CuSO_4$ 和 NaOH 进行选择性浮选，分别获得锑金精矿和金精矿。其成分如表 14 – 3 所示。

表 14 – 3　黄松精矿成分

精矿名称	Sb	S	As	Au/ (g/t)	Ag/ (g/t)
锑金精矿/%	46	22	1.8	17	482
金精矿/%	4	35	9	71	85

　　金精矿用直径为 6.5m 的八层多膛炉进行氧化焙烧。金精矿含硫很高，焙烧时只需加很少的燃料（石油）。焙烧温度：第一层炉膛为 370℃，第七层 730℃，烧渣含硫约 1.5%。锑金精矿用直径 6.5m 的十层多膛炉焙烧。前五层的温度为 450 ~ 470℃，然后逐渐升高，至第十层炉，炉膛温度达 550℃，75% 的锑以 Sb_2O_4 形态残存于烧渣中，其余 25% 以三氧化物形态随烟尘带走，用收尘设备捕集。

　　以焙烧产出的烧渣和烟尘配料，炉料成分（%）为：金精矿烧渣为 25%，锑金精矿烧渣为 45%，锑金精矿烟尘为 20%，石英为 10%。配好的炉料在 2000kW 的三相电炉（2.2×5.2m）内熔炼，产出粗锑。每炉可以炼出 11t 金属。

　　粗锑在 1.5×2.1m 的反射炉中以石油为燃料，苛性钠为熔剂进行精炼，一直进行到砷和铁在金属中的含量分别低于 0.1% 和 0.05% 为止，使砷进入炉渣。每公斤砷需消耗 3.5kg 苛性钠。精炼渣（Sb18%，As14% 和 Fe17%）用水浸出，浸出渣（Sb85%，As7%）返回电炉。

　　所得金属锑进行吹炼，制取高质量的三氧化二锑及富集有贵金属的炉渣，两者均可直接销售。锑的吹炼在两台特制的转炉中以石油为燃料进行。由安装在炉侧的四个不锈钢喷嘴往炉中供给空气。粒化过的锑由有排气孔的炉顶给入炉内。转炉炉气经两段冷却降至 104℃ 后进入布袋收尘室，所得高质量氧化锑，即可包装出售。

　　吹炼过程中所产中间渣占原料的 10%，每隔两周集中重新焙烧，产出含有大量金、银的终渣，经粒化后，用铁罐包装送往金银精炼。吹炼原料和产物成分见表 14 - 4。

表 14 - 4　原料及吹炼产物的成分

物　料	Au/（g·t^{-1}）	Ag/（g·t^{-1}）	Pb/%	Sb/%
金属锑原料	141.8	1417.8	0.6	98.5
吹炼中间渣	1474.2	14175.0	4.0	88.0
吹炼终渣	7087.5	90875.0	20.0	68.0
终渣与原料中金金量之比	50	64	33	0.69

　　这种工艺的特点是：

　　（1）为了防止焙烧过程中物料熔结成块，焙烧温度必须低于 Sb_2S_3 的熔点（550℃）。但为了强化焙烧过程，温度又不宜太低。所以必须控制温度在 450 ~ 550℃。

　　（2）所处理的锑金精矿和金精矿含有相当数量的毒砂和黄铁矿，因而烧渣中氧化铁含量较高，必须以石英作熔剂进行电炉熔炼。

（3）生产过程中使用的能源是石油和电能，而以电为主，能耗较高，因而其推广应用受到一定限制。

14.4.3　硫化钠溶液浸出 – 电积提锑 – 氰化提金流程

前苏联的 П. П. 巴伊博罗多夫等采用硫化钠溶液浸出 – 电积法，对锑金精矿进行了小型和半工业性的试验研究。

试验所用的锑金精矿主要成分是：辉锑矿 50% ±，锑氧化物 2% ±，自然金 70g/t，银 5g/t，砷及其他重金属的含量都很低。

通过条件试验找到精矿粒度为 0.1mm 时的适宜浸出条件是：Na_2S 浓度 100g/L，液固比为 6:1，浸出温度 90℃，浸出时间 2h。

锑浸出率高于 99%，滤渣中平均含锑 0.69%，渣率为处理精矿重量的 43.5%。溶液中金的含量不超过 0.2 ~ 0.4mg/L。多次循环浸出，没有发现金的积累。

浸出液经电积产出的阴极锑成分（%）为：Sb 98，As 0.04，Fe 0.03，Sn 0.01，Pb 0.001，S 0.06，Cu 0.1，能精炼成高标号商品锑。

电积在 250mL 的两个电解槽中进行，槽电压 6.5V，阴极电流密度为 250A/m^2，电流强度 198.3A，电解液温度 35.5℃，循环速度 145.5L/h。锑的电流效率是 49.6%，每吨阴极锑消耗电能 4360kW·h、苛性钠消耗 0.98t。阴极金属中锑的提取率为 97.75%，锑损失率 1.06%，金随阴极金属和返回电解液的损失为 2.74%。

洗后的滤饼送去用重选加氰化的流程提金，总提取率中达到 97%。

由于锑电积电能消耗高，达 4360kW·h，故该流程生产成本较高。

据文献报道，在金 – 锑精矿湿法冶金中，金在硫化碱溶液中的含量依其浸出条件的不同，一般波动于 0.2 ~ 0.8mg/L。同时研究了影响金进入溶液的各因素，如 Na_2S 浓度由 60g/L 变到 90g/L，金进入溶液量显著提高；浸出温度和时间的增加，也可使溶液中金含量提高到 0.12mg/L。硫化碱溶液中金含量与硫化钠浓度等因素的关系如图 14 – 4 所示。

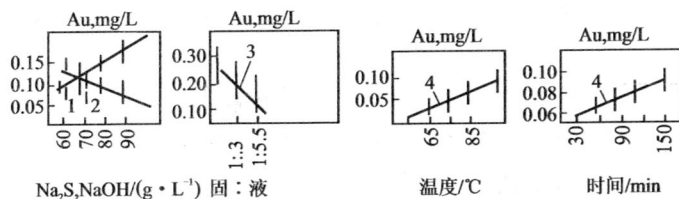

图 14 – 4　硫化碱溶液中金含量与硫化钠浓度、苛性钠
浓度、液固比、温度及作业时间的关系

14.5　含碳矿石

　　金矿石中存在碳质并不少见。这种碳物质对金氰络合物具有相当强的吸附活性，这时这类矿石给氰化提金带来颇大的困难。氰化时，除了金转入溶液的氰化过程外，还存在金被碳质吸附的相反过程，因此，金随尾矿的损失可能相当大。

　　含碳物质的吸附能力在程度上有差别：有的含碳矿石具有很高的吸附能力；而有的吸附活性相当弱，因而对氰化的影响不明显。因此，不能认为有碳质存在就是顽固矿，是否属顽固矿应由试验来确定。必须指出，用浮选脱碳通常不能取得满意的结果，因为浮选时除了碳质能进入精矿外，自然金也很容易起浮。

　　含碳质矿氰化时金溶解的动力学（见图 14 - 5，线 1）由两个相反的过程——溶解和吸附的速度比来确定。由于吸附速度与液中金浓度成正比，在氰化初期，溶液中金浓度低，溶解速度超过吸附速度，故溶液中金浓度增加（图 14 - 5 曲线上升段）。随着过程进行，溶液中金浓度增加，相应地，吸附速度也增加，到某一时刻，

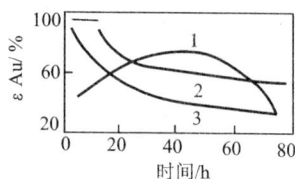

图 14 - 5　粒度和时间对碳质矿氰化金浸出率的影响

1—4mm　2—0.83mm　3—0.074mm

两个速度变得相等。此时，动力学曲线达到最大值。再进一步氰化时，金的浓度和浸出率开始下降，因为吸附速度超过了溶解速度（曲线 1 下降段）。由此看来，碳质矿石氰化时，金的最大浸出率取决于浸出时间。

　　除了氰化时的金浓度以外，吸附速度还与碳质的表面积有关。因此，必须在最佳粒度下进行碳质矿石的氰化。图 14 - 5 为不同粒度的含碳矿石氰化时金的溶解动力学（浸出率）。-4mm（线 1）粒度时金未完全暴露，因而溶解速度低、浸出率也低。相反，磨至 -0.074mm（线 3）又太过度了，看来该种矿的最佳磨细粒度为 -0.83mm（线 2）。

　　因此，碳质矿石直接氰化的措施之一是保持最佳粒度和最佳浸出时间。另一措施是，每级更换溶液、短时间多级浸出，保持矿浆溶液中金浓度处于低水平，使吸附速度降低。

　　此外，还可用煤油、石煤的蒸馏产物，浮选油等进行预处理，来降低碳质的吸附性能。这样处理后，在碳质上形成一层薄膜，阻障它与金溶液的接触。但这个措施的效果不大，现时已很少采用。

　　对于碳质矿石氰化提金，最有效的方法是采用吸附浸出，即树脂浆法和炭浸法。矿浆中的金氰络合物被吸附剂强烈吸附，整个氰化过程中溶液中金浓度保持在低水平，金被碳质矿粒的吸附减弱了。

碳质矿进行吸附浸出，还具有自己的特点：去掉预氰化和提高矿浆中吸附剂（树脂或活性炭）的加入量。这两个措施最大限度地减少了液相中金浓度，从而减少金被碳质矿吸附。实践证明，与碳质矿的常规氰化法比较，吸附工艺金的回收率提高 15% ~ 20%。

碳质矿中，金常常部分或全部被包裹于硫化物（主要是黄铁矿和毒砂）中，这种矿，照例先浮选富集，然后用两段焙烧（或热压法氧化），使金粒暴露和烧去碳，接着进行氰化。浮选尾矿如果还含有可观的金，则进行再氰化处理。

14.6　铁金矿石

这类矿是由硫化矿床上部氧化而形成的。铁金矿顽固的主要原因是，它含有大量致密的铁的氧化物和氢氧化物（针铁矿、褐铁矿、磁铁矿等），一定数量的金与它们结合。其结合的形式，一种是铁的氧化物以致密膜覆盖了金粒表面（"锈"金）；一种是金以细粒浸染赋存于铁针矿、褐铁矿的晶粒之中，因而不能用细磨的办法使之暴露。

这类矿石最有效的预处理方法是：在 300 ~ 350℃ 下热处理（煅烧）。铁的氢氧化物受热分解，$Fe_2O_3 \cdot nH_2O = Fe_2O_3 + nH_2O$，从褐铁矿和针铁矿的致密颗粒中脱去结晶水，形成比较多孔的不阻碍金溶解的褐铁矿粒。

热处理可在各种工业炉中进行，如回转窑。

第 15 章
从阳极泥中提取金银

15.1 阳极泥的处理

15.1.1 铜铅阳极泥的化学组成

铜、铅阳极泥是在铜、铅电解精炼过程中产出的一种副产品。它是由铜、铅阳极在电解精炼过程中不溶于电解液的各种成分所组成。其成分和阳极泥产率，主要取决于阳极成分，铸造质量和电解的技术条件。一般铜电解阳极泥的产率为 0.2% ~1% ；铅电解阳极泥的产率为 0.9% ~ 1.8% 。阳极泥中通常含有 Au，Ag，Se，Te，Pb，Cu，As，Sb，Bi，Ni，Fe，Sn，S，SiO_2，Al_2O_3 和铂族金属等，含水量在 35% ~40% 之间，铅阳极泥中 As、Sb 的含量比铜阳极泥高。现将国内外铜、铅阳极泥的化学成分列于表 15 – 1、表 15 –2 中。

15.1.2 铜铅阳极泥的物相组成

1. 铜阳极泥的物相组成

铜阳极泥的颜然呈灰黑色，杂铜阳极泥呈浅灰色，粒度通常为 100 ~200 目。其物相组成列于表 15 –3。

铜阳极泥是相当稳定的，在室温下铜阳极泥氧化不显著。在没有空气情况下不与稀硫酸和盐酸作用，但能与硝酸发生强烈反应，而当有氧化剂、空气存在时，铜即慢慢地溶解于稀硫酸和盐酸中。

在空气中加热阳极泥时，其中一些成分即被氧化而形成氧化物，如亚硒酸盐和亚碲酸盐，同时也形成一些 SeO_2、TeO_2 而挥发。

2. 铅阳极泥的物相组成

对不同类型的铅阳极泥采用 X 光粉末法，激光分析法及电子扫描显微镜进行研究，结果列于表 15 –4。金属银呈白色粒状并有少部分 AgCl，绝大部分银与锑结合形成 Ag_3Sb，$\varepsilon' – Ag – Sb$ 等化合物。金含量微，难以发现。采用扫描电镜，能谱 – X 射线显微分析进行形貌观察及定量分析表明，金颗粒嵌布极细，银与铅，或与锑，或与铜、铋共存，基本上无单独金属矿物存在，而均呈金属间化物、氧化物或固溶体状态存在。

表 15 – 1　国内诸厂铜阳极泥化学成分/%

元素	H₂O	Au	Ag	Se	Te	Cu	Pb	Bi	As	Sb	Pt g/t	Pd g/t	SiO₂	其他
1 厂	30~40	2.821	18.96	3.21	0.76	14.96	29.18			14~18				
2 厂	34.69	0.3~0.7	8~15	3~5	0.5~0.6	10~20								
3 厂	0.65	9.0	5.5	0.4	24.0									
4 厂	20.0	0.5~1	15.0	2~3	0.15	2~3	20.2	2~3	3.0	10~15				
5 厂	25~35	0.271	8.33	13.24	0.62	34.53	3.41						1.44	
6 厂		0.2864	5.0			13.71	15.2							
7 厂		0.4~0.55	14~18	1.5		10~12	15~20				5	15	3~5	
8 厂		4.114	18.863			22.0								
9 厂	18~30	0.835	11.16	3~4.5		28~40	10~14						4.55	
10 厂		0.566	11.74											

表 15-2　国内外诸厂铅阳极泥化学成分/%

元素	住友公司(日本)新居浜冶炼厂	秘鲁奥罗亚冶炼厂	加拿大特莱尔冶炼厂	1厂	2厂	3厂	4厂	5厂	6厂	7厂
H_2O	0.2~0.4			35		30~35		15~20	5.50	
Au	0.1~0.15	0.11	0.016	0.043	0.07	0.02~0.045	0.005		0.025	0.059
Ag		9.5	11.5	12.15	10.0	8~10	3~5	16.7~18.7	2.63	4~5
Se		0.07		0.30		0.015				
Te		0.74				0.1	0.1			
Bi	10~20	20.6	2.1	9.32	8.0	10.0	4~6		5.53	5.6
Cu	4~6	1.6	1.8			2.0	1~1.5	2.5~3.7	1.32	1.74
Pb	5~10	15.6	19.7	14.79		6~10	15~19	8~16	8.81	18.42
As		4.6	10.6	7~9		20~25	25~35		0.67	15~23
Sb	25~35	33.0	38.1			25~30	20~30	45~49	54.30	16~19
SiO_2									0.38	
其他			Sn: 0.07						Sn: 0.38	

表 15 – 3　铜阳极泥中各种金属的赋存状态

元素	赋 存 状 态
金	Au（Ag，Au）Te_2
银	Ag_2Se，Ag_2Te，$CuAgSe$，（$AgAu$）Te_2，Ag，$AgCl$
铂族	金属
铜	Au_2S，Cu_2Se，Cu_2Te，$CuAgSe$，Cu，Cu_2O，$CuSO_4$
硒	Ag_2Se，Cu_2Se，$CuAgSe$，Se
碲	Ag_2Te，Cu_2Te，（$AgAu$）Te_2，Te
砷	As_2O_3，$BiAsO_4$，$SbAsO_4$
锑	Sb_2O_3，$SbAsO_4$
铋	Bi_2O_3，$BiAsO_4$
铅	$PbSO_4$，$PbSb_2O_6$
锡	$Sn(OH)_2SO_4$，SnO_2
镍	NiO
铁	Fe_2O_3
锌	ZnO
硅	SiO_2

表 15 – 4　铅阳极泥金属相鉴定结果

金属相	金属及金属化合物
银相	Ag，Ag_3Sb，$\varepsilon' - Ag - Sb$，$AgCl$ $Ag_ySb_2 - x(O \cdot OH \cdot H_2O)_{6-7}$，$x = 0.5$，$y = 1 \sim 2$
锑相	Sb，Ag_3Sb，$Ag_ySb_2 \cdot x(O \cdot OH \cdot H_2O)_{6-7}$，$x = 0.5$，$y = 1 \sim 2$
砷相	As，As_2O_3，$Cu_{9.5}As_4$
铅相	Pb，PbO，$PbFCl$
铋相	Bi，Bi_2O_3，$PbBiO_4$
铜相	Cu，$Cu_{9.5}As_4$
锡相	Sn，SnO_2
其他相	SiO_2，$Al_2Si_2O_3(OH)_4$

　　铅阳极泥不稳定，堆存时自动发生氧化，可升温到 $70 \sim 80\text{℃}$，堆存时间越久氧化越充分。

15.1.3　阳极泥的处理方法

任何一个阳极泥的处理工艺，其目标是：①最大限度地回收贵金属；②工艺中滞留的金属量减到最少；③能够彻底地分离出少量有价值的元素如硒、碲；④工作环境好；⑤排放出对环境有污染的气体和液体量最少；⑥药剂和能源消耗少。

阳极泥直接熔炼法不能有效地除铜、硒，而且过量的冰铜和炉渣的生成造成贵金属的大量循环，因而降低金银的直收率。另外，产出的金、银合金含铜及其他杂质多，影响下一步分离金银。所以，此法已被淘汰。为此大多数精炼厂都在熔炼前（提取金银前）采用各种方法除铜、硒、碲等杂质，如充气酸浸、氧化焙烧－酸浸、硫酸盐化焙烧－酸浸，加压酸浸、加碱烧结－水浸等等。通过这些预处理，一方面使金银得到富集，另一方面也综合回收了有价元素。目前，国内外各大型冶炼厂处理阳极泥仍使用火法流程，即通常所称的阳极泥处理的传统工艺。一般铜阳极泥处理包括脱铜、硒、贵铅的还原熔炼和精炼、银电解、金电解等工序。铅阳极泥则用直接熔炼或与脱铜脱硒后的铜阳极泥混合处理。

近年来，国内外对阳极泥处理的传统工艺不断地进行了工艺改革和设备改革，如硒蒸馏由马弗炉改为迴转窑或竖式焙烧炉。贵铅熔炼由反射炉改为转炉、电炉、倾转电炉等，贵铅精炼由反射炉改为转炉和氧气底吹转炉（BBOC），从而提高了生产能力和金属的回收率，减轻了劳动强度。国外各厂生产，由于过程控制比较严格，设备比较先进，机械化、自动化程度高，故金银回收率较高。各国对于新工艺、新方法的试验研究做了大量工作，有的研究成果已应用于生产。

我国主要大型冶炼厂也是以火法作为骨干流程，已开始采用氧气底吹炉、卡尔多炉等先进工艺和设备。中、小型冶炼厂由于使用火冶设备投资大，利用率低，且设备配套不全、公害难解决等原因，而向采用湿法处理工艺的方向发展。从20世纪70年代后期以来，结合我国的实际情况，采用选－冶联合流程及全湿法处理工艺在部分工厂投产，并取得了较好的经济效益。

15.2　阳极泥火法处理工艺

现代铜阳极泥处理的工艺流程都包含以下几个基本工序：①除铜和硒；②还原熔炼产生贵铅；③贵铅氧化精炼产出金银合金（多尔合金），即银阳极板；④银电解精炼分离金银及金精炼。传统的火法工艺流程如图15－1所示。

铜阳极泥
↓ ← H₂SO₄
硫酸盐化焙烧除硒

烧渣　　　　　　　　　　　　炉气（SeO₂, SO₂）
↓ ← H₂O, H₂SO₄　　　　　　　↓ ← H₂O
浸出　　　　　　　　　　　　吸收
↓　　　↓　　　　　　　　　　↓
浸出液　浸出渣 ← 铅阳极泥　　粗硒
↓　　　↓
硫酸铜　还原熔炼
↓　　　↓　　　↓
铜电解　炉渣　金银合金
↓　　　↓
回收铋、碲　银电解
↓　　　↓
阳极泥　电银
↓
熔炼
↓
粗金
↓
金电解
↓　　　↓
电金　电解液
↓
回收铂、钯

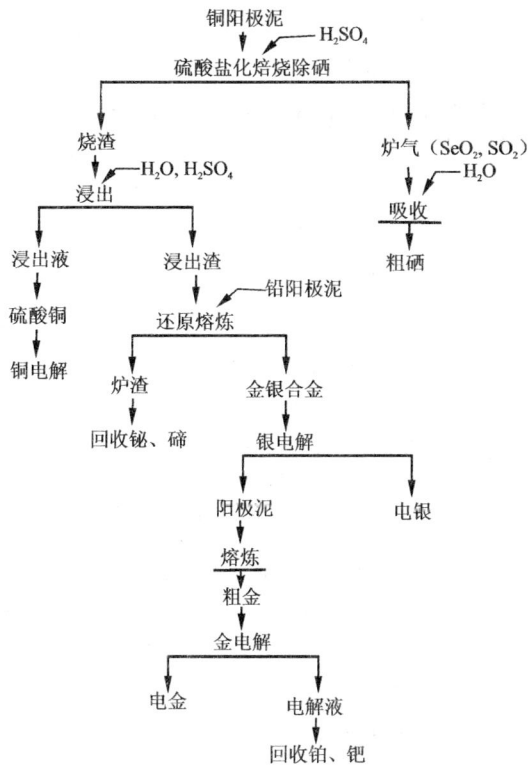

图 15 – 1　铜阳极泥处理的传统工艺流程

15.2.1　脱铜脱硒

我国铜阳极泥脱 Cu、Se 广泛采用硫酸化焙烧蒸硒 – 酸浸脱铜的方法。对于含铜高（20%）的阳极泥，在焙烧之前还加一充气酸浸预脱铜的工序，即在 10% ~ 15% H₂SO₄ 液中，用特殊结构的喷咀使矿浆强烈充气，即使在室温铜也发生氧化：

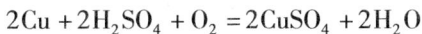

$$2Cu + 2H_2SO_4 + O_2 = 2CuSO_4 + 2H_2O$$

阳极泥中铜可以降低到 5% 左右。若采用通常的鼓风酸浸则溶液需加热至 80 ~ 90℃。

铜阳极泥硫酸盐化焙烧的主要目的是把硒氧化为 SeO₂ 使之挥发进入吸收塔的水溶液中变为 H₂SeO₃，然后被炉气中的 SO₂ 还原而生成元素硒。铜转化为可溶性的 CuSO₄。硫酸盐化焙烧渣用水浸（或用稀 H₂SO₄）脱铜。脱铜渣送至金银冶炼系统，浸铜液用铜板置换银、碲，粗银粉送金银冶炼系统。硫酸铜溶液用泵输送至铜电解车间回收铜。

将铜阳极泥送入不锈钢混料槽，按铜、银、硒、碲和硫酸进行化学反应的理论需要量的130%~140%，配加浓硫酸，用机械搅拌成糊状，用加料机均匀地送入回转窑内进行硫酸盐化焙烧。回转窑用煤气或重油间接加热。在窑内，进料端220~300℃，主要为炉料的干燥区；中部450~550℃，主要为硫酸化反应区；排料端600~680℃，硫酸化反应完全，SeO_2挥发。窑内保持负压，进料端为30~50mm水柱。物料在窑内（停留）3h左右，硒挥发率可达93%~97%，烧渣（脱硒渣）流入贮料斗，定时放出，渣含硒0.1%~0.3%。含SeO_2和SO_2的气体经进料端的出气管进入吸收塔。吸收塔分两组供交换使用。每组3个串联的吸收塔为铁塔内衬铅，吸收塔尺寸为：$\phi 1000 \sim 1200 \times 600 \sim 800$（$mm^2$），一般一塔为$\phi 1200 \times 800$（$mm^2$），二、三塔为$\phi 1000 \times 600$（$mm^2$）。塔内装水，炉气中的$SeO_2$溶于水形成$H_2SeO_3$，并被$SO_2$还原成粉状元素硒。经水洗干燥得95%左右的粗硒。第一塔吸收还原率为85%，第二塔约7%~10%，第三塔为2%~6%。塔液和洗液用铁置换后含硒低于0.05g/L弃去，含硒置换渣返回窑内处理。

回转窑为16mm锅炉钢板焊接制成，其构造如图15-2所示。尺寸为$\phi 750 \times 10800$（mm^2）。转速65r/min。倾斜度不超过2%。内壁无炉衬。为防止炉料粘壁，窑内装有$\phi 75mm$带耙齿的圆钢搅笼，翻动阳极泥。窑外用耐火砖砌一火室，采用煤气（或重油）外加热，即整个窑身设在燃烧室内。回转窑日处理铜阳极泥（湿泥）1.5t左右。窑和吸收塔用水环真空泵保持负压。

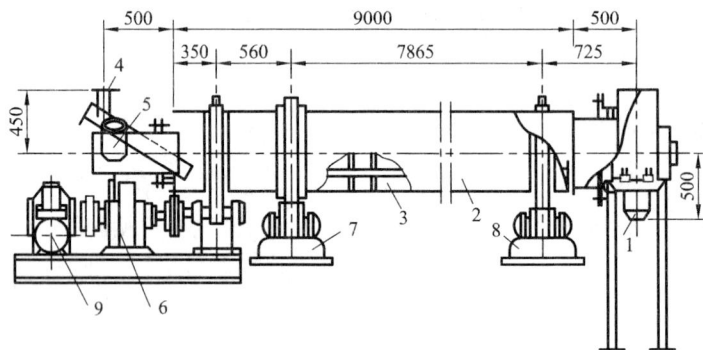

图15-2 硫酸化熔烧回转窑

1—密封料斗　2—窑身　3—滚齿　4—加料管　5—出气管
6—传动装置　7—前托轮　8—后托轮　9—电动机

阳极泥硫酸盐化焙烧时，主要反应为：

$$Cu + 2H_2SO_4 = CuSO_4 + 2H_2O + SO_2 \uparrow$$
$$Cu_2S + 6H_2SO_4 = 2CuSO_4 + 6H_2O + 5SO_2 \uparrow$$

$$2Ag + 2H_2SO_4 = Ag_2SO_4 + 2H_2O + SO_2 \uparrow$$

阳极泥中的硒，以硒化物（Cu_2Se，Ag_2Se）存在。这些硒化物比较稳定，在焙烧的温度下不易分解成元素硒，当硒化物与硫酸接触时，在低温（220～300℃）时，反应为：

$$Ag_2Se + 3H_2SO_4 = Ag_2SO_4 + SeSO_3 + SO_2 \uparrow + 3H_2O$$

在高温（550～680℃）时 $SeSO_3$ 分解：

$$SeSO_3 + H_2SO_4 = SeO_2 \uparrow + 2SO_2 \uparrow + H_2O$$

碲化物反应为：

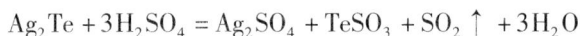

$$Ag_2Te + 3H_2SO_4 = Ag_2SO_4 + TeSO_3 + SO_2 \uparrow + 3H_2O$$

但在高温下 $TeSO_3$ 不分解：

$$2TeSO_3 + 3H_2SO_4 = 2TeO_2 \cdot SO_3 + 4SO_2 \uparrow + 3H_2O$$

$$Ag_2SeO_3 + CuSO_4 = Ag_2SO_4 + CuO + SeO_2 \uparrow$$

SeO_2 与吸收塔中 H_2O 作用生成亚硒酸：

$$SeO_2 + H_2O = H_2SeO_3$$

硫酸盐化焙烧时，炉气中有 SO_2，此炉气进入吸收塔后 SO_2 将硒酸还原得到粗硒，然后精馏，可得到 99.5%～99.9% 成品硒。

$$H_2SeO_3 + 2SO_2 + H_2O = Se \downarrow + 2H_2SO_4$$

15.2.2　还原熔炼

铜阳极泥经提硒脱铜的浸出渣，铅阳极泥，或二者混合配入熔剂、还原剂送去熔炼。

熔炼的目的，是把阳极泥中的金、银富集起来，成为金银合金，为进一步分离金、银作准备。阳极泥的熔炼，可分为一段熔炼和两段熔炼。所谓一段熔炼，就是在一个炉内连续完成贵铅熔炼和氧化精炼直接产出金、银合金。两段熔炼，是先把阳极泥熔炼成含贵金属达 20%～50% 的贵铅，然后在另一炉内把贵铅氧化精炼成含贵金属达 95% 以上的金银合金。目前国内外大型的火法处理阳极泥的工厂，多数采用二段熔炼。

1. 熔炼贵铅

经提硒脱铜后的阳极泥，或一般的铅阳极泥，其杂质主要以氧化物和盐类存在。这些氧化物，有酸性的，也有碱性或中性的，通过熔炼，有的杂质进入炉渣，有的挥发进入烟尘。阳极泥中的铅化合物在熔炼过程中被加入的焦粉还原成金属铅。铅熔体是金、银的良好捕集剂，在熔池中与金、银形成贵铅，即 Pb – Au – Ag 合金 ［或 Pb（Au + Ag）］。因为贵铅中的铅是阳极泥中铅的氧化物被焦炭还原而得到的，故此过程称为还原熔炼。

（1）配料　配料是根据阳极泥的成分以及所选渣型来确定应加入剂的品种

和数量。

熔炼贵铅所用的熔剂，一般为苏打、萤石、石灰、石英，其配比视炉料而异。此外，还加入少量还原剂如焦粉、铁屑。

（2）熔炼过程的化学反应　阳极泥与熔剂、还原剂，均匀混合后，经皮带输送机送入转炉内。炉内保持负压操作，负压为 3～10mm 水柱。炉料在炉内，随着温度升高水分被除去，部分易挥发的氧化物随着挥发而进入炉气，炉料开始熔化，并发生铅还原和造渣反应，部分砷、锑、铅氧化物进入炉渣。

阳极泥中的金、银与还原出来的铅熔体形成贵铅，沉于炉底。氧化态的银发生分解：

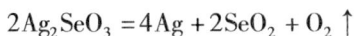

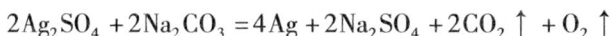

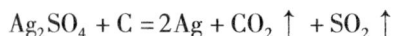

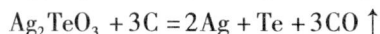

$$2Ag_2SeO_3 = 4Ag + 2SeO_2 + O_2 \uparrow$$
$$2Ag_2SO_4 + 2Na_2CO_3 = 4Ag + 2Na_2SO_4 + 2CO_2 \uparrow + O_2 \uparrow$$
$$Ag_2SO_4 + C = 2Ag + CO_2 \uparrow + SO_2 \uparrow$$
$$Ag_2TeO_3 + 3C = 2Ag + Te + 3CO \uparrow$$

生成的银及少量碲、铜、硒均进入贵铅。

如果阳极中有较多的硫化物，则在熔炼过程中会形成冰铜（主要由 FeS、PbS 和 CuS 组成），冰铜中熔有贵金属，且处于炉渣和贵铅之间，妨碍新形成的贵铅下沉，导致贵金属的分散和损失。

（3）熔炼产物　还原熔炼的产物有贵铅、炉渣、烟尘和冰铜。全炉作业时间为 18～24h。贵铅产出率为 30%～40%，贵铅的化学成分（%）：Au 0.2～4，Ag 25～60，Bi 10～25，Te 0.2～2.0，Pb 15～30，As 3～10，Sb 5～15，Cu 1～3。

熔炼初期形成的炉渣，流动性好，称为稀渣，稀渣产出率为 25%～35%，含 Au 0.001% 以下，Ag 0.2% 以下，Pb 15%～45%，送铅冶炼系统。熔炼后期渣，粘度、密度较大，含金 0.05%～0.1%，含 Ag 3.5%～5%。炉渣的其他成分主要是铅、砷、锑的化合物，还有一些铜、铋、铁和锌的氧化物，后期渣含 Au、Ag 较高，返回下炉还原熔炼。烟气经收尘后放空，所得烟尘作为回收 As、Sb 原料。

2. 熔炼实践

熔炼贵铅的炉子，过去用反射炉，现在多数采用转炉。转炉的操作比较方便，劳动条件较好，炉子寿命较长，金银损失于炉衬的数量较少。转炉用 16mm 锅炉钢板做外壳，炉子尺寸一般为 ϕ1200～2500×1800～4500（mm^2），转炉的构造如图 15-3 所示。炉子尺寸为 ϕ2400～4200（mm^2）的炉床面积 5.5m^2，出烟口 600×520（mm^2）。床能力 1.0～1.2t/（$m^2 \cdot d$）。炉底用镁砂粉、耐火土、焦粉混合物垫高 40mm，全炉径向砌一层立砖镁砖，砖与炉壳之间垫两层石棉板，炉寿命 200 炉次以上。

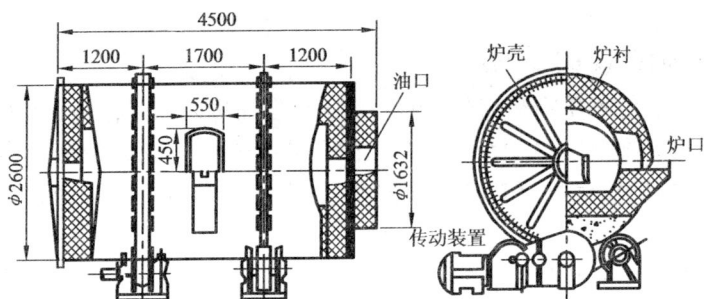

图 15 - 3　迴转炉的构造

　　新砌筑炉衬的炉子，在熔炼前要进行烤炉。熔炼作业分加料、熔化、放渣、放贵铅等步骤。把配好的炉料一批或分批加入炉内，加料时炉温不宜过高，以 700 ~ 900℃为宜。加料完毕，加温熔化，炉温升至 1200 ~ 1300℃。熔化时间约需 12h。熔化时宜用铁管往熔体中鼓入空气，这样既翻动了炉料，又促进了氧化造渣。造渣完毕，静置沉淀 2h，然后放渣，放渣时炉温宜保持在 1200℃左右，并把炉子徐徐转动，使浮渣从炉口注入渣车中。放渣操作一般分两次进行，即先放稀渣，然后再加热熔池，进行氧化精炼，再次造渣。此次造成的炉渣，粘度较大，比重也大，易夹金、银，所以放渣应特别小心。最后在贵铅表面，残留一层干渣，难以放尽，宜用耙子精心扒出。干渣耙尽后，即出炉。

　　所谓出炉，是把贵铅熔体从炉内放出，铸成贵铅块，出炉温度应保持在 800℃左右。待贵铅块积累到一次数量，然后进行氧化精炼。

15.2.3　贵铅的氧化精炼

　　还原熔炼所得贵铅含金、银一般在 35% ~ 60% 之间，其余为 Pb、Cu、As、Sb、Bi 等杂质。

　　氧化精炼，是为了把贵铅中的杂质氧化造渣除去，使之得到含金、银在 95% 以上的金银合金。

　　贵铅的氧化精炼是在高于主体金属（铅）氧化物熔点的温度下，进行氧化熔炼。贵铅氧化精炼作业是在转炉中于 900 ~ 1200℃的温度下，鼓入空气和加入熔剂、氧化剂等，使绝大部分杂质氧化成不溶于金、银的氧化物，进入烟尘和炉渣除去。得到的含金银 >95% 的合金，适合于银电解的阳极板。

　　在贵铅氧化精炼过程中，各种金属的氧化顺序为：Sb，As，Pb，Bi，Cu，Te，Se，Ag。贵铅中一般含铅较多，也较容易氧化，所以氧化精炼时，实际上主要以 PbO 充当氧的传递剂把 As、Sb 氧化：

$$2Pb + O_2 = 2PbO$$

$$2Sb + 3PbO = Sb_2O_3 + 3Pb$$

$$2As + 3PbO = As_2O_3 + 3Pb$$

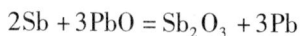

这些砷、锑的低价氧化物和部分 PbO，易于挥发而进入烟气，经布袋收尘后所得烟尘返回熔炼炉处理。As_2O_3、Sb_2O_3 亦可进一步氧化成高价氧化物（Sb_2O_5、As_2O_5）并与碱性氧化物（PbO、Na_2O 等）造渣，或直接形成亚砷酸铅、亚锑酸铅：

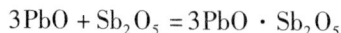

$$3PbO + Sb_2O_5 = 3PbO \cdot Sb_2O_5$$

$$2As + 6PbO = 3PbO \cdot As_2O_3 + 3Pb$$

$$2Sb + 6PbO = 3PbO \cdot Sb_2O_3 + 3Pb$$

亚砷（锑）酸铅与过量空气接触时，也可形成砷（锑）酸铅：

$$3PbO \cdot As_2O_3 + O_2 = 3PbO \cdot As_2O_5$$

由于 As_2O_5 的离解压比 Sb_2O_5 低，所以多数以砷酸盐形态进入炉渣，而锑则多数挥发进入炉气。当砷、锑氧化基本完成后（不冒白烟），改为表面吹风继续氧化精炼，以把铅全部氧化除去。

Cu，Bi，Se，Te 是较难氧化的金属。当 As，Sb，Pb 基本氧化除去后，再继续进行氧化精炼时，Bi 就会氧化：

$$4Bi + 3O_2 = 2Bi_2O_3$$

铋氧化成含部分 Cu，Ag，As，Sb 等杂质的铋渣，经沉淀以降低含银量后即可作为回收铋的原料。当炉内含金 Au 与 Ag 达到 80% 以上时，即加入贵铅量 5% 的 Na_2CO_3 和 1% ~3% $NaNO_3$，用人工激烈搅拌，使 Cu，Se，Te 彻底氧化：

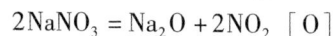

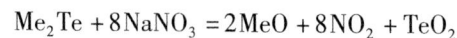

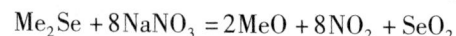

$$2NaNO_3 = Na_2O + 2NO_2 \ [O]$$

$$2Cu + [O] = Cu_2O$$

$$Me_2Te + 8NaNO_3 = 2MeO + 8NO_2 + TeO_2$$

$$Me_2Se + 8NaNO_3 = 2MeO + 8NO_2 + SeO_2$$

TeO_2 与 Na_2CO_3 形成亚碲酸钠，即苏打渣（碲渣），用作回收碲的原料，其反应为：

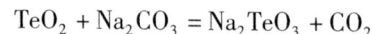

$$TeO_2 + Na_2CO_3 = Na_2TeO_3 + CO_2$$

最后当 Au + Ag 达到 95% 以上时即可浇铸成阳极板，送银电解精炼。氧化精炼在分银炉中进行，分银炉与贵铅炉结构相同，只是尺寸略小，床能力 $1.6t/m^2.24h$ 贵铅。

贵铅氧化精炼的操作，一般包括进料、熔化、造渣、出渣和出炉等步骤。

把贵铅块精心加入炉内，然后点火加热，升温至 900℃ 以上，使炉料熔化，往熔池表面吹风，使杂质氧化，形成浮渣，并不断清除浮渣。一般先形成的是砷、锑渣，后形成的是铅、铋渣，应把它们分别放出，分别存放。直至合金含金、银达 80% ~85%，即可加入苏打，使之形成含碲高的苏打渣。此时炉温控制在 1000℃ 左右，还应经常搅拌，使 Na_2O 与 TeO_2 充分接触，形成亚碲酸钠，防止 TeO_2 的挥发。造碲渣一般要进行两次。碲渣排出后，合金中仍有较多的铜，应加入硝石，使铜氧化造成铜渣。除铜作业为氧化精炼的最后一步，工厂称之为"清合金"。此时应控制炉温在 1200℃ 左右。清合金完毕，合金含金、银达 95% 以上即可出炉，把合金铸成阳极板，送去电解精炼。

阳极泥到金银合金的回收率：Au 99% ~99.5%，Ag 96.5% ~98.5%。

15.3　阳极泥湿法处理工艺

阳极泥火法处理工艺经过长期的实践，设备和技术不断改进，日臻完善和成熟，金银的回收达到了较高的水平，综合回收的元素也比较多。但火法流程存在着固有的缺点：返渣多、金银直收率低、生产周期长、积压大量贵金属，影响企业资金周转。特别是一些中小企业，还存在设备利用率低、砷铅烟尘危害等问题。因此，阳极泥湿法处理工艺应运而生。我国 1978 年湿法处理铜阳极泥工艺投产，1986 年湿法处理铅阳极泥工艺投产，湿法工艺由于金银直收率高、生产周期短等优点而获得迅速的发展。

虽然湿法流程多种多样，但都包括以下主要工序：①首先是脱除贱金属以富集贵金属，为后者的回收创造条件；②分银，即浸出银随后从浸出液中还原出银粉；③分金，即浸出金随后从浸出液中还原出金粉；④从金还原后液中回收铂钯。其中分银、分金二工艺的组合顺序由银的物质形态决定，如果银的氯化程度（AgCl 的转化率）不足够高，则分金放在分银之前。

15.3.1　阳极泥脱除贱金属

阳极泥中 Cu，Pb，Se，Te，Bi，As，Sb 等贱金属以及与之相结合的非金属，约占阳极泥重量 70% 以上。脱除贱金属（脱杂）的目的：一是富集贵金属，以保证得到高的贵金属回收率和高品位的贵金属；二是综合回收有价金属。

1. 铜阳极泥硫酸盐化焙烧蒸硒 – 酸浸脱铜 – NaOH 浸出碲铅

铜阳极泥拌浓硫酸焙烧蒸 Se – 酸浸脱 Cu 过程在前节已有详细的叙述，湿法工艺仍采用这一成熟、高效的方法。但焙烧时间更长一些，要求通过硫酸盐化焙烧有 99% 的 Ag 转成 Ag_2SO_4，若用无 Cl^- 水浸出，Ag_2SO_4 可进入浸出液。曾有工厂采用铜板置换从浸出液中回收 Ag。但由于有部分 Te（25% ~50%）也进入浸出液，置换时有 Cu_2Te 产生：

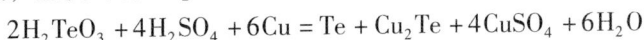

$$2H_2TeO_3 + 4H_2SO_4 + 6Cu = Te + Cu_2Te + 4CuSO_4 + 6H_2O$$

使 Ag 粉品位降低。因此，湿法工艺多在酸浸铜时配入 NaCl 或 HCl，使银以 AgCl 态沉入浸出渣中。

　　浸铜作业通常在衬钛的反应釜中进行。H_2SO_4 120~300g/L，温度 80~90℃，NaCl 或 HCl 用量与理论量的 1.2~1.5 倍，其浸铜渣率 30% 左右，渣含 Cu <0.2%。

　　蒸硒渣中 50% 以上的碲留在浸铜渣中。当浸铜渣含碲高时，将影响金银的直收率和金银质量，有必要加一脱碲工序。

　　从浸铜渣中脱碲有 NaOH 法和 HCl 法。

　　采用 NaOH 溶液浸碲时，铅、碲转变成亚铅酸钠和亚碲酸钠：

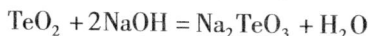

$$TeO_2 + 2NaOH = Na_2TeO_3 + H_2O$$

$$PbSO_4 + 4NaOH = Na_2PbO_2 + Na_2SO_4 + 2H_2O$$

Na_2TeO_3 溶液用 H_2SO_4 或 HCl 中和沉淀出 TeO_2：

$$Na_2TeO_3 + H_2SO_4 = TeO_2 + Na_2SO_4 + H_2O$$

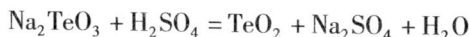

分碲通常用 120~160g/L NaOH 液，80~90℃ 浸出 3~4h。碲浸出率 60%~70%。

　　HCl 浸碲反应为：

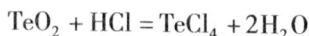

$$TeO_2 + HCl = TeCl_4 + 2H_2O$$

技术条件：HCl 5mol/L，H_2SO_4 0.5mol/L（室温），液固比 3:1，浸出时间 2~3h。

$TeCl_4$ 溶液在室温下通 SO_2 沉淀 Te：

$$TeCl_4 + 2SO_2 + 4H_2O = Te + 2H_2SO_4 + 4HCl$$

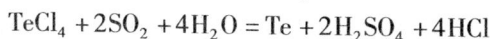

　　脱碲过程中 Pb、As、Sb 也进入浸出液。

　　2. 铜阳极泥低温氧化焙烧 - 酸浸 Cu、Se、Te

　　工艺流程如图 5-18 所示。

　　铜阳极泥低温氧化焙烧的目的，是用空气氧使铜氧化为易溶于稀 H_2SO_4 的 CuO，并破坏 Ag_2Se 的结构，硒呈可溶性亚硒酸盐留于烧渣中而不挥发，主要反应有：

$$Cu + \frac{1}{2}O_2 = CuO$$

$$2Cu_2S + 5O_2 = 2CuSO_4 + 2CuO$$

$$Cu_2Se + 2O_2 = CuO + CuSeO_3$$

$$2Ag_2Se + 3O_2 = 2Ag_2SeO_3$$

$$Ag_2Se + O_2 = 2Ag + SeO_2$$

$$Cu_2Te + 2O_2 = CuTeO_3 + CuO$$

$$2Ag_2Te + 3O_2 = 2Ag_2TeO_3$$

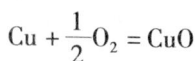

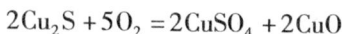

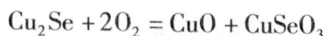

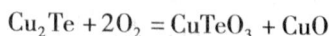

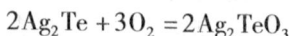

碲的氧化速度比硒慢。焙烧在电阻炉中进行，向炉内鼓入空气，控制的最高温度为 375℃。

　　焙烧渣用稀硫酸浸出，温度 80~90℃，机械搅拌 2~3h，并在浸出过程中加入适量 HCl 沉银。铜、硒、碲进入溶液，然后分别用 SO_2 还原硒，用铜粉置换碲，置换后液送生产硫酸铜。

在国外，铜阳极泥焙烧温度达 700～780℃，称为高温氧化焙烧。在此条件下，SeO_2 挥发进入气相。高温氧化焙烧产生熔结现象，往往要加惰性物质（如石英粉、Al_2O_3 粉）防止熔结，烧渣接湿法处理时需要细磨。

3. 铅阳极泥氧化焙烧 – HCl – NaCl 浸出

流程如图 15－4 所示。铅阳极泥在 120℃～150℃ 下烘干氧化，此时铜、砷、锑、铋氧化为相应的氧化物。

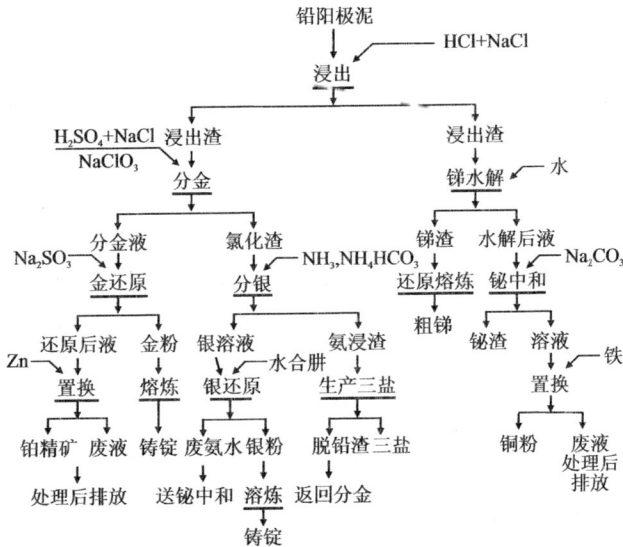

图 15－4　铅阳极泥全湿法处理工艺流程

在 HCl – NaCl 溶液中贱金属氧化物溶解生成 $CuCl_2$、$SbCl_3$、$BiCl_3$、$AsCl_3$ 等氯化物。由于 $SbCl_3$ 等氯化物极易水解，为使浸出液稳定，须有足够的 Cl^- 浓度和酸度。加入 NaCl 的作用在于提供 Cl^-。通常控制浸出液 $[Cl^-]_总$ 为 5mol/L，终酸 1mol/L，浸出温度 50～70℃，浸出时间 3h，Sb、Bi、Cu 和 As 的浸出率分别达（%）98、99、90 和 98。

应该注意的是银可以 $AgCl_2^-$ 进入溶液。为减少银的浸出率，应将浸出矿浆冷却至室温后再过滤，滤液中 Ag 约 100mg/L。

所产浸出渣如果金含量低（铅阳极泥含 Au 低）也可以接火法熔炼。即为所谓半湿半火流程。

4. 铅阳极泥控电位氯化浸出

铅阳极泥不经氧化焙烧，在 4mol/L HCl 溶液中搅拌浆化，同时通入 Cl_2 气，控制电位至450mV（对甘汞电极），恒电位浸出2h，使 Sb、Bi、Cu、As 氧化溶解而贵金属和铅留在浸出渣中。

所产浸出渣接火法处理。由于浸出渣含氯化物（AgCl、PbCl$_2$等）很高，在火法熔炼前最好用 NaOH 浸出或用铁置换除去氯根。

15.3.2 分银、银还原

进入分银的原料（脱除贱金属后的浸出渣或分金渣）中的银基本上都已转化成 AgCl，故凡能溶解 AgCl 的药剂都可作为浸出剂，但工业生产上选作浸出剂的只有氨和亚硫酸钠。

1. 氨浸分银 – 水合肼还原法

氨浸分银的基本原理是基于氨与银离子能形成稳定的 $Ag(NH_3)_2^+$ 络离子而进入溶液：

$$AgCl + 2NH_3 = Ag(NH_3)_2^+ + Cl^-$$

$$\Delta G_{298}^{\ominus} = -14.54kJ$$

图 15 – 5 为 AgCl – NH$_3$ – H$_2$O 系电位 – pH 图，从图 15 – 5 可以看出，在作图条件下，只有在 pH > 7.7 时，AgCl 才能转化为 $Ag(NH_3)_2^+$，溶液 pH > 13.5 时，$Ag(NH_3)_2^+$ 将转变为 Ag$_2$O 沉淀，因此，分银终了时的 pH 不应过高。

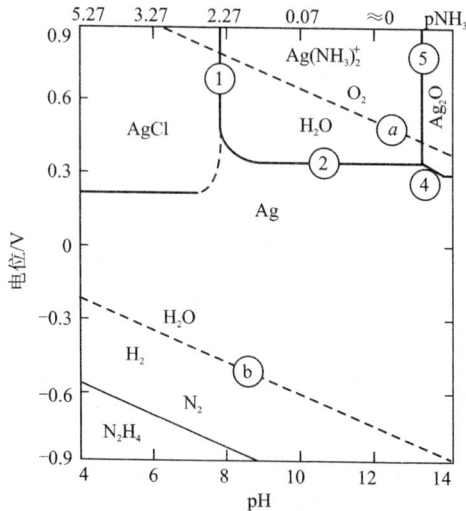

图 15 – 5 AgCl – NH$_3$ – H$_2$O 系电位 – pH 图

$a_{Ag(NH_3)_2^+} = 0.5mol/L, a_{Cl^-} = 0.6mol/L, [NH_3]_T = 1mol/L, p_{O_2} = p_{H_2} = 1 \times 10^5 Pa$

通常分银在室温下进行，氨浓度 8% ~ 10%，按 Ag ≤ 35g/L 确定液固比，搅拌 4h。

氨浸液用水合肼（联氨）还原，得到品位 98% 以上的银粉：

$$4Ag(NH_3)_2^+ + N_2H_4 + 4OH^- = 4Ag + N_2 + 8NH_3 + 4H_2O$$

$$\Delta G_{298}^{\ominus} = -591.62kJ$$

水合肼用量为理论量的二倍，60℃还原 30min，银还原率达 99% 以上。

氨浸分银工序往往还同时进行铅的碳酸盐转化，即用 NH_4HCO_3 或 Na_2CO_3 将 $PbSO_4$，$PbCl_2$ 转为更难溶的 $PbCO_3$：

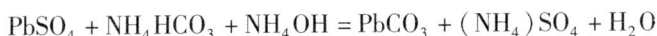

$$PbSO_4 + NH_4HCO_3 + NH_4OH = PbCO_3 + (NH_4)SO_4 + H_2O$$

这是由于 $PbCO_3$ 的溶度积（25℃ $K_{sp} = 7.4 \times 10^{-14}$）远小于 $PbCl_2$（$K_{sp} = 1.6 \times 10^{-6}$）及 $PbSO_4$（$K_{sp} = 1.6 \times 10^{-8}$）。

氨浸出脱铅流程如图 15-6 所示。分银时按每公斤铅加 0.6kg 碳铵。分银渣用 5% 氨水、热水洗涤后，在不锈钢反应釜中加 HNO_3 溶铅，控制终点 pH = 1，常温搅拌 2h。

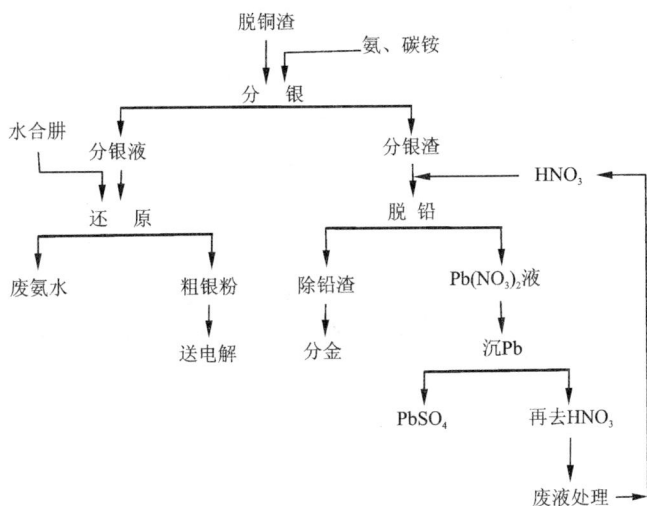

图 15-6　氨浸分解脱铅流程

2. 亚硫酸钠分银-甲醛还原法

亚硫酸钠浸出氯化银是基于银能与亚硫酸根生成 $Ag(SO_3)_2^{3-}$ 络离子而进入溶液：

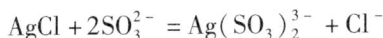

$$AgCl + 2SO_3^{2-} = Ag(SO_3)_2^{3-} + Cl^-$$

$$\Delta G_{298}^{\ominus} = -21.45kJ$$

图 15-7 为 $AgCl-SO_3^{2-}-H_2O$ 系电位-pH 图。

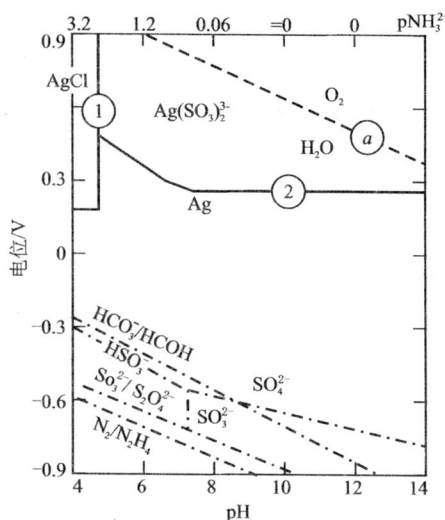

图 15 – 7　AgCl – SO$_3^{2-}$ – H$_2$O 系电位 – pH 图 25℃

$a_{Ag(SO_3)_2^{3-}} = 0.25\text{mol/L}, [\text{Cl}^-] = 0.5\text{mol/L}, [\text{SO}_3^{2-}]_T = 1\text{mol/L}, p_{O_2} = p_{H_2} = 1 \times 10^5 \text{Pa}$

从图 15 – 7 可以看出，AgCl 只有在溶液 pH > 5 时才能转变为 Ag(SO$_3$)$_2^{3-}$ 络离子，增大溶液中 SO$_3^{2-}$ 浓度和减少 Cl$^-$ 浓度将有利于 AgCl 的浸出。Ag(SO$_3$)$_2^{3-}$ 转变成 Ag$_2$O 的 pH 很大，因此浸出过程中不会生成 Ag$_2$O 沉淀。由于图 15 – 7 下部线条密集，没有画氢线。

由于 SO$_3^{2-}$ 只能在 pH > 7.2 时稳定，pH < 7.2 时生成 HSO$_3^-$，pH < 1.9 时生成 H$_2$SO$_3$。所以用 Na$_2$SO$_3$ 浸出 AgCl 时溶液 pH 应大于 7.2，在 pH = 8 左右作业是合适的。

亚硫酸钠浸出液可以用甲醛（HCOH）、水合联氨（N$_2$H$_4$·H$_2$O）或连二亚硫酸钠（Na$_2$S$_2$O$_4$）还原并使亚硫酸钠再生。

甲醛（HCOH）在 pH < 6.38 时还原将被氧化成 H$_2$CO$_3$，在 pH = 6.38 ~ 10.25 时氧化成 HCO$_3^-$。甲醛氧化时都要产生大量 H$^+$ 使溶液酸度上升：

$$\text{H}_2\text{CO}_3 + 4\text{H}^+ + 4\text{e} = \text{HCOH} + 2\text{H}_2\text{O}, \qquad \varphi^\ominus = -0.05\text{V}$$

$$\text{HCO}_3^- + 5\text{H}^+ + 4\text{e} = \text{HCOH} + 2\text{H}_2\text{O}, \qquad \varphi^\ominus = 0.044\text{V}$$

$$\text{CO}_3^{2-} + 6\text{H}^+ + 4\text{e} = \text{HCOH} + 2\text{H}_2\text{O}, \qquad \varphi^\ominus = 0.197\text{V}$$

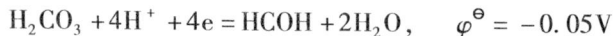

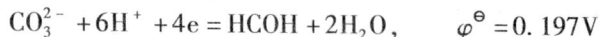

在碱性溶液还原时：

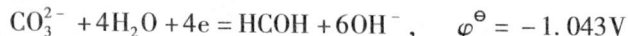

$$\text{HCO}_3^- + 3\text{H}_2\text{O} + 4\text{e} = \text{HCOH} + 5\text{OH}^-, \qquad \varphi^\ominus = -0.989\text{V}$$

$$\text{CO}_3^{2-} + 4\text{H}_2\text{O} + 4\text{e} = \text{HCOH} + 6\text{OH}^-, \qquad \varphi^\ominus = -1.043\text{V}$$

溶液的 pH 愈大，甲醛的还原能力愈强，通常在室温及 pH > 10.55 下作业，其反应为：

$$4Ag(SO_3)_2^{3-} + HCOH + 6OH^- = 4Ag + 8SO_3^{2-} + 4H_4O + CO_3^{2-}$$

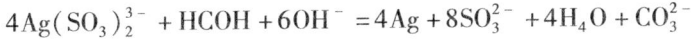

图 15 - 8 为采用亚硫酸钠浸银的工艺流程。

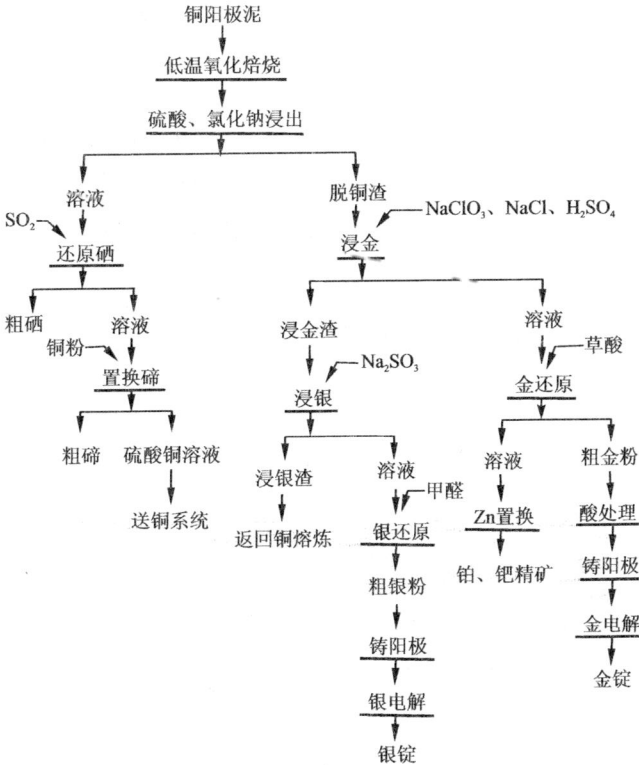

图 15 - 8　低温氧化焙烧 - 湿法提取金银的工艺流程

　　分银条件：Na_2SO_3 250~280g/L，pH = 8~9，30~40℃，按 Ag30g/L 计算液固比，搅拌浸出 5h。银还原条件：按 30g/L 计加入 NaOH，40~50℃下加甲醛还原，甲醛：银 = 1:2.5~3，终点含 Ag0.5~1g/L。还原终了通 SO_2 至 pH = 8.5~9。过滤银粉后母液返回分银。随着循环次数增加，母液中 Cl^- 浓度增加，故使分银效果逐渐变差。当银浸出率达不到预期指标时，将母液进行深度还原，而后弃去。母液循环次数通常为 10 次。

　　亚硫酸钠浸出氯化银，浸出液受污杂的程度较小，作业环境好，母液可以循环使用，是一种比较好的分银方法。

15.3.3 分金、金还原

进入分金的原料中金仍然以金属态存在，为使金溶解，除国外有几个工厂采5% NaCN 作为浸出剂外，大多采用氯化法，即用 Cl_2 气或氯酸钠作氧化剂，在 HCl – NaCl 溶液或 H_2SO_4 – NaCl 溶液中溶解金。由于固体氯酸钠使用方便，故多采用之。

氯化分金浸出液初始酸度为 $1 \sim 2mol/L$，NaCl 浓度当用 HCl 时为 $30 \sim 40g/L$，当用 H_2SO_4 时为 $60 \sim 80g/L$。采用 H_2SO_4 是为了抑制 $PbCl_2$ 生成，以提高金粉品位。当原料中含易水解的杂质（如 Sb、Bi、Sn 等）较多时，分金酸度取高限。固液比 $=1:3 \sim 6$。分金温度控制在 $80 \sim 90℃$，在此温度下 $NaClO_3$ 进行氧化反应：

$$2Au + ClO_3^- + 6H^+ + 7Cl^- = 2AuCl_4^- + 3H_2O$$

$$\varphi = 0.456 - 0.0591pH + 0.0098lg\frac{a_{ClO_3^-} \cdot a_{Cl^-}^7}{a_{AuCl_4^-}^2}$$

显然，溶液中 pH 愈小，$a_{ClO_3^-}$、a_{Cl^-} 愈大，愈有利于金的溶解。

图 15 – 9 为 $Au – Cl^- – H_2O$ 系电位 – pH 图。

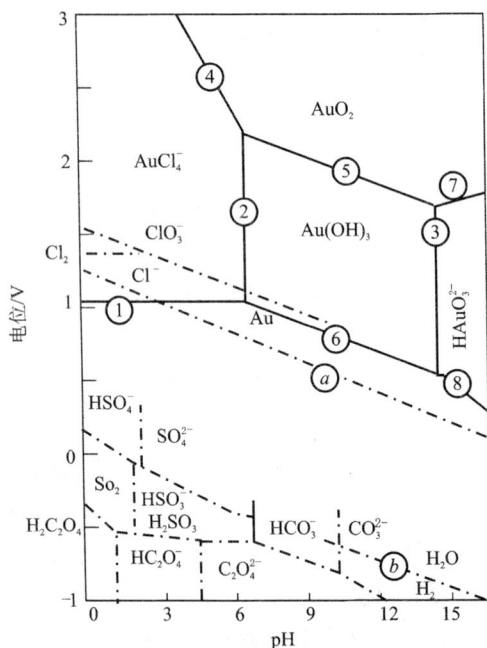

图 15 – 9 25℃ $Au – Cl^- – H_2O$ 系电位 – pH 图

$a_{AuCl_4^-} = 0.5mol/L$，$a_{Cl^-} = 0.1mol/L$，$p_{O_2} = p_{H_2} = 1 \times 10^5 Pa$

图 15-9 表明 $AuCl_4^-$ 只有在 pH < 3 的水溶液中热力学才是稳定的。在 pH > 6.5 的溶液中，$AuCl_4^-$ 容易水解成胶体 $Au(OH)_3$，在 pH > 14.4 时则转变成 $HAuO_3^{2-}$，$Au(OH)_3$ 和 $HAuO_3^{2-}$ 在水溶液中热力学上都是不稳定的。

贵金属精矿中的铂、钯比金更容易为氯酸钠氧化溶解：

$$3Pd + ClO_3^- + 6H^+ + 11Cl^- = 3PdCl_4^{2-} + 3H_2O$$

$$\varphi = 0.828 - 0.0591pH + 0.0098\lg\frac{a_{ClO_3^-} \cdot a_{Cl^-}^{11}}{a_{PdCl_4^{2-}}^3}$$

$PdCl_4^{2-}$ 还可以进一步氧化为 $PdCl_6^{2-}$：

$$3PdCl_4^{2-} + ClO_3^- + 6H^+ + 5Cl^- = 3PdCl_6^{2-} + 3H_2O$$

$$\varphi = 0.163 - 0.0591pH + 0.0098\lg\frac{a_{PdCl_4^{2-}}^3 \cdot a_{ClO_3^-} \cdot a_{Cl^-}^5}{a_{PdCl_6^{2-}}^3}$$

$PdCl_4^{2-}$ 与 $PdCl_6^{2-}$ 容易水解成 $Pd(OH)_2$ 和 $Pd(OH)_4$，为防止产生氢氧化钯沉淀，溶液 pH 应小于 5。

同样：

$$3Pt + ClO_3^- + 11Cl^- + 6H^+ = 3PtCl_4^{2-} + 3H_2O$$

$$\varphi = 0.721 - 0.0591pH + 0.0098\lg\frac{a_{ClO_3^-} \cdot a_{Cl^-}^{11}}{a_{PdCl_4^{2-}}^3}$$

$$3PtCl_4^{2+} + ClO_3^- + 5Cl^- + 6H^+ = 3PtCl_6^{2-} + 3H_2O$$

$$\varphi = 0.693 - 0.00591pH + 0.0098\lg\frac{a_{PtCl_4^{2-}}^3 \cdot a_{Cl^-}^5}{a_{PtCl_6^{2-}}^3}$$

在 pH = 1.29 的水溶液中，铂的氯络离子也容易转变成氢氧化物。

综上所述，为了保证金、铂、钯的溶出，同时防止水解产生金、铂、钯的氢氧化物，溶液 pH 应保证小于 3，而溶液的酸度愈大以及溶液中的 $a_{ClO_3^-}$、a_{Cl^-} 愈大，愈有利于金、铂、钯的溶出，浸出时通常在 1 当量酸度以上并加入适当氯酸钠和氯化钠来作业。

溶出后进行固液分离，贵金属浸出液通入 SO_2 气体或加入草酸还原金。

用 SO_2 还原 $AuCl_4^-$ 的反应为：

$$2AuCl_4^- + 3SO_2 + 6H_2O = 2Au + 3HSO_4^- + 9H^+ + 8Cl^-$$

$$\varphi = 0.873 + 0.088pH + 0.0098\lg\frac{a_{AuCl_4^-}^2 \cdot a_{SO_2}^3}{a_{HSO_4^-}^3 \cdot a_{Cl^-}}$$

可以看出，溶液的 pH、$a_{AuCl_4^-}$、a_{SO_2} 愈大，溶液中 $a_{HSO_4^-}$、a_{Cl^-} 愈小，愈有利于金的还原。为了防止重金属杂质离子还原，得到品位高的金粉，往往在酸度比较大的情况下还原，溶液酸度在 1 当量以上。

草酸还原时，草酸加入水中在 pH < 1.27 时以 $H_2C_2O_4$ 存在。pH = 1.27 ~ 4.27 时为 $HC_2O_4^-$，pH > 4.27 时则为 $C_2O_4^{2-}$。草酸还原时，其氧化产物在不同的 pH 溶液中也不相同。在 pH < 6.38 时草酸氧化成 H_2CO_3，pH = 6.38 ~ 10.25 时产物为 HCO_3^-，在 pH > 10.25 时则为 CO_3^{2-}，草酸还原时的反应为：

pH = 1.27 时：

$$2AuCl_4^- + 3H_2C_2O_4 + 6H_2O = 2Au + 6H_2CO_3 + 8Cl^- + 6H^+$$

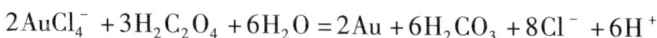

$$\varphi = 1.372 + 0.0591pH + 0.0098 \lg \frac{a_{AuCl_4^-}^2 \cdot a_{H_2C_2O_4}^3}{a_{H_2CO_3}^6 \cdot a_{Cl^-}^8}$$

pH = 1.27 ~ 4.27 时：

$$2AuCl_4^- + 3HC_2O_4^- + 6H_2O = 2Au + 6H_2CO_3 + 3H^+ + 8Cl^-$$

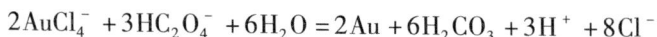

$$\varphi = 1.409 + 0.0295pH + 0.0098 \lg \frac{a_{AuCl_4^-}^2 \cdot a_{HC_2O_4^-}^3}{a_{H_2CO_3}^6 \cdot a_{Cl^-}^8}$$

草酸还原能力随溶液的 pH，$a_{HC_2O_4^-}$ 的增加和 a_{Cl^-} 及草酸氧化产物的活度减小而增强。故生产上通常用 NaOH 液缓慢中和氯化液至 pH = 1 ~ 2（从图 15 – 9 看，不中和也是可以的），并加温至沸，再加草酸还原 4 ~ 6h。在热态下过滤金粉。

草酸比 SO_2 还原所得金粉纯度高些（达 99.9%），但费用高。

当处理含 Au 低的阳极泥时，氯化分金液中 Au 浓度往往很低，直接还原 Au 粉很细，难以收集。

在这种情况下最好用萃取法富集 Au，然后从有机萃取剂中还原 Au。

从阳极泥氯化分金液中萃取金，通常采用的萃取剂是混合醇。萃取反应如下：

$$R – OH + HAuCl_4 = R – AuCl_4 + H_2O$$

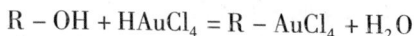

载金有机相用草酸铵还原：

$$2R – AuCl_4 + 2H_2O + 3(NH_4)_2C_2O_4 = 2R – OH + 2Au + 6NH_4Cl + 6CO_2 + 2HCl$$

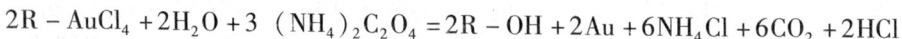

有机相中的金被还原为海绵金，与有机相分离。该工艺的主要参数如下：

有机相组成：混合醇:TBP = 80:20；

萃取温度：室温；相比（O/A）:1:10 ~ 15（体积比）；混相时间 5min；静止分相 5 ~ 7 min；萃取方式：间歇式；有机相用 0.5mol/L 稀 H_2SO_4 洗涤。

反萃：草酸用量为理论的 2.5 ~ 3.5 倍；温度 45 ~ 55℃，时间 70 ~ 90 min。

工业生产指标：金的萃取率 > 99.5 %，对铜、铅基本不萃取，萃余液含金在 3mg/L 以下。金锭含 Au ≥ 99.95 %。与化学还原法相比，萃取法具有生产周期短、中间产品积压量少、产品纯度高、回收率高的优点。

用 SO_2 或草酸还原金的时候，铂、钯通常不被 SO_2 或草酸还原，溶液中铂、钯可用锌粉置换成铂钯精矿。

铂钯精矿可用王水溶解，赶尽硝酸根后，用水解法将钯呈氢氧化钯沉出，溶液加氯化铵使铂成氯铂酸铵沉淀并煅烧成粗铂，氢氧化钯沉淀用盐酸溶液解后加氢氧化铵络合，再加盐酸酸化沉淀出二氯二铵络亚钯，再煅烧并用氢还原成金属钯。

15.3.4 其他湿法工艺

本节前述均为我国现在的一些生产工艺，其共同的特点是阳极泥先脱杂富集贵金属。与此技术路线相反，国内外一些研究采用阳极泥首先进行氯化分金（通 Cl_2 或电氯化），银呈 AgCl 进入渣（Ag – Pb 渣），金、铂、钯和其他贱金属进入浸出液，然后从浸出液中逐步分离回收金及其他有价金属。

铜阳极泥氰化工艺在澳大利亚 Olympic Dam 用于生产。该厂铜阳极泥含 Cu 30%，在 80℃下鼓空气硫酸浸出脱铜，并加 NaCl 沉银；炉渣水洗，加 NaOH 浆化中和，然后用 5% NaCN 液氰化，获得含 Au 1g/L、Ag 15g/L、Se 6g/L 及 Cu 的氰化贵液。贵液用锌粉置换。置换后液加 $FeSO_4$ 除氰后排入尾砂坝。所得金泥用传统的方法处理。

第 16 章

金银的精炼

金、银精矿和有色重金属冶炼副产的金银原料（阳极泥），经上述各法制成的粗金属或金银合金，需进一步分离和提纯。

金与银分离提纯的方法，通常有火法、化学法和电解法。化学法又包括硝酸分离法、硫酸分离法和王水法，化学法属湿法，氯化法属火法。

金银的火法精炼，在古代曾被广泛采用过，现代很少采用，被电解精炼法所取代。这是由于电解法分离提纯金、银操作简便，原材料消耗少，生产效率高，产品纯度高而稳定，能节省大量劳动力，劳动强度小并能分离回收其中的少量铂族金属等。

16.1 氯化精炼法

氯化法精炼是在金熔化状态下通氯气，使重金属杂质及银生成氯化物浮在熔融状态金的表面而被除去。该法具有金精炼周期短、黄金积压少、原料适应性强等优点，在澳大利亚及南非兰德精炼厂仍在使用。近年我国一些大型黄金精炼厂也采用此法。

氯化法基于各种金属与氯作用的化学亲和力不同，而选择性地把杂质金属分别氯化除去。金属氯化的顺序，可用金属与一摩尔氯作用生成氯化物的反应自由焓的大小来判断。自由焓的数据列于表 16 - 1。

表 16 - 1　金属氯化反应的自由焓变化

氯　化　反　应	$\Delta G/\text{kJ}$
$Au + 1\dfrac{1}{2}Cl_2 = AuCl_3$	- 32. 34
$Au + \dfrac{1}{2}Cl_2 = AuCl$	- 35. 15
$Bi + 1\dfrac{1}{2}Cl_2 = BiCl_3$	- 212. 84

续表 16 – 1

氯　化　反　应	$\Delta G/\text{kJ}$
$Ag + \dfrac{1}{2}Cl_2 = AgCl$	– 219. 41
$Cu + \dfrac{1}{2}Cl_2 = CuCl$	– 236. 0
$Pb + Cl_2 = PbCl_2$	– 314. 0
$Zn + Cl_2 = ZnCl_2$	– 369. 28

由表 16 – 1 看出，金、银合金中各种金属的氯化顺序为：Zn，Pb，Cu，Ag，Bi，Au。这样，就可选择性地使杂质和银氯化而金不被氯化。

各种金属氯化物的熔点和沸点列于表 16 – 2。

表 16 – 2　各种金属氯化物的熔点、沸点/℃

氯化物	熔点	沸点	氯化物	熔点	沸点
$AuCl_3$	288	407	$CuCl$	429	1212
$BiCl_3$	233	439	$PbCl_2$	498	954
$AgCl$	455	1564	$ZnCl_2$	317	732

另外，从表 16 – 2 看出，$AuCl_3$ 的熔点、沸点都很低，但金不易氯化，所以氯化过程很易防止 $AuCl_3$ 的形成；银虽较铋易于氯化，但 AgCl 的沸点很高，可以控制温度，不让它气化；其他金属易于氯化，生成的氯化物不仅熔点低，沸点也较低，均可利于控制温度的方法使它们的氯化物气化除去。

氯化过程：①熔化；②氯化；③从精炼金熔体表面层上分离氯化物；④再熔化金；⑤处理氯化物从中回收金；⑥从氯化物还原银；⑦再熔化金属银。

用氯气精炼时，采用粘土坩埚。它是套装在石墨坩埚中的。氯化时间根据杂质含量和被处理的金属量来决定，例如精炼20kg 含90% 的金需时 1h，12kg 60% 的金需要 2.5h。这样，只要在坩埚中覆盖一层 30～40mm 的硼砂下把金、银熔化，然后往熔体中通氯，并控制温度不超过 1250℃，则 Zn、Pb、Cu、Bi 等均可氯化挥发除去，而银以 AgCl 熔体状态覆盖在金熔体上面。将 AgCl 熔体倒入模中，从坩埚中取出金，表面净化再熔化。金能达到 99.65%，含 Ag 0.35%，Cu 0.05%～0.06% 及其他重金属。AgCl 用铁置换法提取金属银。

此法虽比较简便，但氯化过程中有少量的金氯化挥发，造成损失；氯化过程须在专门通风烟柜中进行，以减少对环境的污染。此外，产出的金、银纯度还不够高。

16.2　金银的化学法精炼

酸处理分离银，这一方法基于金不溶于硝酸或煮沸的浓硫酸，而银以及其他金属溶解。

16.2.1　硫酸浸煮法

此法是用浓硫酸在高温下进行浸煮，使合金中的银及铜等贱金属形成硫酸盐而被除去，以达到提纯金的目的。

用硫酸分离时，合金中金的含量不应大于33%，铅的含量应尽可能低（不大于0.25%），否则产出的金中含有大量铅等杂质，还需进一步处理。此法的浓硫酸消耗量，约为合金重量的3~5倍。

浸煮时，先将合金熔化并水淬成粒状或铸（或压）成薄片，置于铸铁锅中，分次加入浓硫酸，在160~180℃下搅拌浸出4~6h或更长时间。浸煮中，银及铜等杂质便转化成硫酸盐。浸煮完成后，冷却，倾入衬铅槽中，加热水2~3倍稀释后过滤。并用热水洗净除去银、铜等硫酸盐。再加入新的浓硫酸进行加温浸出，经反复浸出洗涤3~4次，最后产出的金粉经洗净烘干，金的品位可达95%以上，干燥、加熔剂熔炼，产出的金纯度为99.6%~99.8%，产出的硫酸盐液和洗液，用铜置换银（如合金中有钯时，被溶解的钯也和银一道被还原）后，再用铁置换铜。余液经蒸发浓缩除去杂质后回收粗硫酸。

16.2.2　硝酸分银法

硝酸分解的速度快，溶液含银饱和浓度高，一般在自热条件下进行（不需加热或在后期加热以加速溶解），故被广泛采用，通常采用1:1的稀硝酸溶解银。

为最大限度地除去银，硝酸分银前应预先将合金水淬成粒状或压制成薄片状，并要求合金中含金量不大于33%，以加速银的溶解和提高金的成色。

硝酸分银作业，可在带搅拌的不锈钢或耐酸搪瓷反应釜中进行。加入水淬合金后，先用少量水润湿，再分次加入硝酸，加入硝酸后，反应便很剧烈，放出大量棕色的二氧化氮气体，加入硝酸不宜过速，以免反应过于剧烈而冒槽。在一般情况下，当逐步加完硝酸，反应逐渐缓慢后，抽出硝酸银溶液，加入一份新硝酸溶解。经反复2~3次，残渣经洗涤烘干后，再加入硝石于坩埚中进行熔炼造渣，便可获得纯度99.5%以上的金锭。

溶液中的银，用铜置换回收之，如合金中含有铂钯，在溶解过程中进入溶液，在用铜置换时，铂钯与铜一道被还原。

16.2.3 王水分金法

王水分金法，一般用来精炼含银 <8% 的粗金，在此过程中，金进入溶液，而银则成为 AgCl 沉淀而被分离出去，随后分离和回收其中所含的铂族金属。对于含银多的合金，必须先行除银。

王水溶金（包括铂族金属）的作用，是由于硝酸将盐酸氧化生成氯和氯化亚硝酰：

$$HNO_3 + 3HCl = NOCl + Cl_2 + 2H_2O$$

氯化亚硝酰是反应的中间产物，它又分解为氯和一氧化氮：

$$2NOCl = 2NO + Cl_2$$

氯与金、铂等作用，生成氯化物进入溶液。其总反应式为：

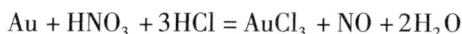

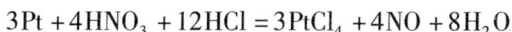

$$Au + HNO_3 + 3HCl = AuCl_3 + NO + 2H_2O$$

$$3Pt + 4HNO_3 + 12HCl = 3PtCl_4 + 4NO + 8H_2O$$

王水分金，是将不纯粗金水淬成粒状或轧制成薄片、置于耐烧玻璃或耐热瓷缸中进行，按每份金分次加 3~4 份王水，在自热或后期加热下进行溶解，溶解完后进行静置、过滤，再浓缩赶硝，然后用硫酸亚铁、亚硫酸钠或草酸进行还原，得到海绵金，海绵金经洗涤、烘干、铸锭，可产出 99.9% 或更高品位的纯金。

产出的 AgCl 可用铁屑或锌粉置换回收银，还原金后液，用 Zn 粉置换产出铂、钯精矿，集中送分离提取铂族金属。

16.3 银电解精炼

16.3.1 银电解精炼的基本原理

电解精炼银是为了制取纯度较高的银。电解时用阳极泥熔炼所得的金银合金或银合金作阳极，以银片、不锈钢片或钛片作阴极，以硝酸、硝酸银的水溶液作电解液，在电解槽中通以直流电，进行电解。

银电解精炼的电解过程，可视为下列电化学系统中所发生的过程：

Ag（阴极）| AgNO$_3$、HNO$_3$、H$_2$O、杂质 | Ag 杂质（阳极）

电解液中各组分，部分或全部电离：

$$AgNO_3 = Ag^+ + NO_3^-$$

$$HNO_3 = H^+ + NO_3^-$$

$$H_2O = H^+ + OH^-$$

在直流电的作用下，阳极发生电化溶解。

阳极板中的银氧化成一价银离子。但是，当电流密度小时还可能氧化成半价银离子，半价银离子可自行分解生成一价银离子，并分解出一个金属银原子进入阳极泥中：

$$Ag - e \longrightarrow Ag^+$$

$$2Ag + e \longrightarrow Ag_2^+$$

$$Ag_2^+ \longrightarrow Ag\downarrow + Ag^+$$

此外，阳极板还含有其他金属杂质，如，铜等贱金属，同时也被氧化而进入溶液。银、铜金属在阳极上除了电化溶解以外，还有一系列的化学溶解：

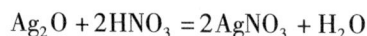

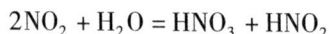

$$NO_3^- - e = NO_2 + [O]$$

$$2Ag + [O] = Ag_2O$$

$$Ag_2O + 2HNO_3 = 2AgNO_3 + H_2O$$

$$2NO_2 + H_2O = HNO_3 + HNO_2$$

$$HNO_2 + [O] = HNO_3$$

$$MeO + HNO_3 = Me(NO_3)_2 + H_2O$$

在阴极上，主要是银离子放电析出金属银：

$$Ag^+ + e \longrightarrow Ag$$

但应指出，阴极上除发生析出银的反应外，也可能发生消耗电能和硝酸的下列有害反应，如：

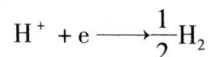

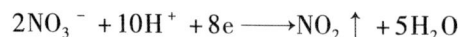

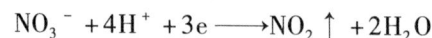

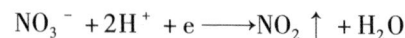

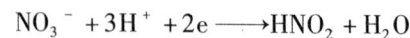

$$H^+ + e \longrightarrow \frac{1}{2}H_2$$

$$2NO_3^- + 10H^+ + 8e \longrightarrow NO_2\uparrow + 5H_2O$$

$$NO_3^- + 4H^+ + 3e \longrightarrow NO_2\uparrow + 2H_2O$$

$$NO_3^- + 2H^+ + e \longrightarrow NO_2\uparrow + H_2O$$

$$NO_3^- + 3H^+ + 2e \longrightarrow HNO_2 + H_2O$$

由于发生这些反应，而常需往溶液中补加硝酸。

银电解过程中，阳极上各元素的行为，与它们的电位和在电解质中的浓度以及是否会水解有关。表16－3列出了有关金属的标准电位。

银电解过程中，按照各元素的性质和行为的不同，可将它们分为：

（1）电性比银负的锌、铁、镍、锡、铅、砷，其中：锌、铁、镍、砷含量极微，对电解过程影响不大。在电解过程中，它们全部以硝酸盐的形态进入电解液中，并逐渐积累使电解液遭受污染，且消耗硝酸。但是在一般情况下，它们不会影响电解银的质量。锡则呈锡酸进入阳极泥中。铅一部分进入溶液，另一部分被氧化生成 PbO_2 进入阳极泥中，少数 PbO_2 则粘附于阳极板表面，较难脱落，因而当 PbO_2 较多时，会影响阳极的溶解。

表 16-3　25℃时金属的标准电位

元素	阳离子	电位/V	元素	阳离子	电位/V
锌	Zn^{2+}	-0.76	砷	As^{3+}	+0.30
铁	Fe^{2+}	-0.44	铜	Cu^{2+}	+0.34
镍	Ni^{2+}	-0.25	铜	Cu^+	+0.52
锡	Sn^{2+}	-0.14	银	Ag^+	+0.80
铅	Pb^{2+}	-0.126	钯	Pd^{2+}	+0.82
氢	H^+	0	铂	Pt^{2+}	+1.20
锑	Sb^{3+}	+0.10	金	Au^{3+}	+1.50
铋	Bi^{3+}	+0.20			

（2）电性比银正的金和铂族金属。这些金属一般都不溶解而进入阳极泥中。当其含量很高时，会滞留于阳极表面，而阻碍阳极银的溶解，甚至引起阳极的钝化，使银的电极电位升高，影响电解的正常进行。实际上，也有一部分铂、钯进入电解液中。部分钯进入电解液，是由于钯在阳极被氧化为 $PdO_2 \cdot nH_2O$，新生成的这种氧化物易溶于 HNO_3，铂亦有相似行为，特别是当采用较高的硝酸浓度、过高的电解液温度和大的电流密度时，钯和铂进入溶液的量便会增多。由于钯电位（0.82V）与银（0.8V）相近，当钯在溶液中的浓度增大（有人认为：15~50g/L）时，会与银一起于阴极析出。

（3）不会发生电化学反应的化合物。这类化合物通常有 Ag_2Se、Ag_2Te、Cu_2Se、Cu_2Te 等。由于它们的电化学活性很小，电解时不发生变化，随着阳极的溶解而脱落进入阳极泥中。但当阳极中存有金属硒时，在弱酸性电解质中，可与银一道溶解并于阴极析出。但在高酸度（保持在1.5%左右）溶液中，阳极中的硒不进入溶液。

（4）电位与银接近的铜、铋、锑。这些金属对电解的危害最大。

铋在电解过程中，一部分生成碱式盐〔$Bi(OH)_2NO_3$〕进入阳极泥中，另一部分呈硝酸铋进入溶液。在溶液中积累到一定量后，便在阴极上析出，使电解银质量变坏。当在低酸条件下电解时，溶液中的硝酸铋会水解生成碱式盐沉淀，而影响电解银粉的质量。

铜在阳极中的含量通常是最多的，常达2%或更多。电解过程中，铜呈硝酸铜进入溶液，使电解液颜色变蓝。由于铜的电位比银低一半以上，在硝酸溶液中铜能在阴极析出的浓度高，故在正常电解的情况下，铜在阴极析出的可能性不大。但当出现浓差极化，或因电解液搅拌循环不良，银离子剧烈下沉，造成电解液中银、铜含量之比为 2:1 时，铜会在阴极的上部析出。影响电银的质量。铜还会破坏银从阳极上的溶解、在阴极上析出和在电解液中的平衡。这种关系可以用图 16-1 来说明。当阳极含铜 5% 时，阴极析出的银有 84% 来自阳极溶解的，其余来自电解液中的银离子，从而引起电解液中银离子浓度的降低。铜在阳极上电化溶解，以 Cu^{2+} 形态进入电解液中，并可能有如下反应：

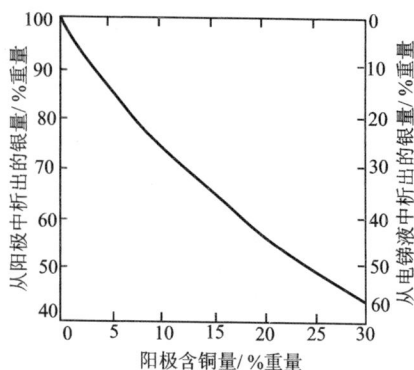

图 16-1　阴极含铜量对电解液含银的影响

$$Cu^{2+} + e = Cu^+$$

一价铜离子的出现，不仅消耗电能，还可能产生铜粉：

$$2Cu^+ = Cu^{2+} + Cu\downarrow$$

铜粉既可污染阳极泥，又降低电银质量。特别是当电解含铜高的阳极时，由于阴极只析出银，而阳极每溶解 1g 铜，阴极便相应析出 3.4g 的银，这就很容易造成电解液中银离子浓度的急剧下降，这时阴极就有析出铜的危险。故电解含铜高的阳极时，应经常抽出部分含铜多的电解液，而补入部分浓度高的硝酸银液。但应指出，在银电解过程中，电解液中保持一定浓度的铜也是有利的，因为铜能增大电解液比重，降低银离子的沉降速度。

16.3.2　硝酸银电解液的组成及制备

银电解精炼的电解液，由 $AgNO_3$、HNO_3 的水溶液组成。电解液含 Ag 30~150g/L，含 HNO_3 2~15g/L，含 Cu 可达 40g/L。

游离硝酸的作用，在于改善电解液的导电性，但含量不能过高，因过高会促使阴极析出银的化学溶解，会放出 NO_2，并使 H^+ 增高而放电。为了防止上述现象发生，又使电解液导电性良好，可往电解液中加入适量的 KNO_3、$NaNO_3$。

电解液中银离子浓度的高低，视电流密度及阳极品位而定。电流密度大，银离子浓度宜高，以保证阴极区应有的银离子浓度；阳极品位低，即杂质多，银离子浓度宜高些，以压抑杂质离子在阴极析出。

配制硝酸银电解液，一般是使用含银 99.86%~99.88% 的电解银粉。将银粉置于耐酸瓷缸（或搪瓷釜）中，先加适量水湿润后，再分次加入硝酸和水，在自热条件下使其溶解而制得。某厂生产中，每批造液使用银粉 40kg，配入工业纯硝酸 40~45kg，水 25~30kg。由于硝酸的强烈氧化，而会放出大量的氧化氮和热，为避免氧化过分强烈而造成溶液的外溢，硝酸采用小流量连续加入或间断小批量加入的办法。当可能出现外溢时，便加入适量自来水冷却之。待加完硝酸和水，反应逐渐缓慢后，用不锈钢管插入缸内，直接通蒸汽加热并搅拌以加速溶解。银粉完全溶解后，继续通入蒸汽以赶除过量的硝酸。一次造液过程约需4~4.5h。最后加水补充至60L，溶液含银约600~700g/L，硝酸少于50g/L。再加水稀释至所需浓度供作电解液用，或直接将浓液按计算量补充到电解过程中。

造液作业通常在硬塑料的通风柜中进行，产出的大量氧化氮气体，经洗涤吸收后通过塑料烟囱排出。

国内外的一些工厂，也有用含银较低的银粉或者粗银合金板及各种不纯原料造液的。

16.3.3 银电解的技术条件、电解槽及操作

银的电解广泛使用直立式（moebius）电极电解。国外有一些工厂为避免处理直立式电解的残极，而用卧式电解（balbach thum）。卧式电解是间断操作的最简单的槽子。其主要特点如下：①无运动部分；②电极是平放的；③采用石墨阴极。如图16-2所示。

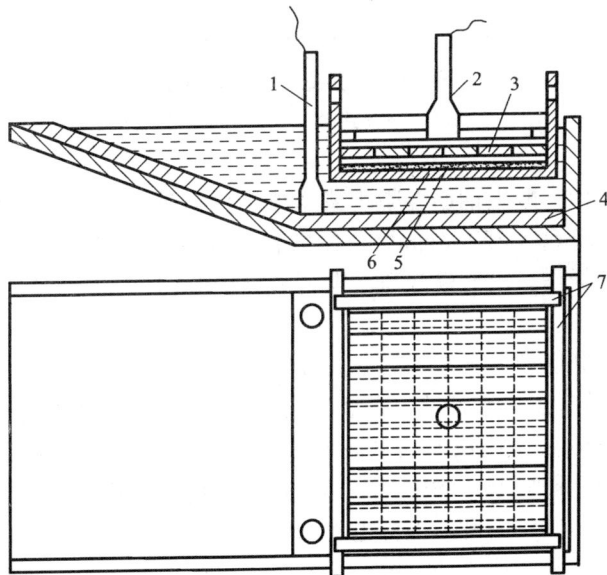

图16-2 卧式银电解槽

1—阴极导电棒 2—阳极导电棒 3—阳极 4—阴极（石墨） 5—过滤布 6—栅格假底 7—阳极框

银的电解条件、设备及操作，各工厂大同小异，但也有的差别较大。

某厂采用如下的电解工艺：电流密度 250～300A/m²，槽电压 1.5～3.5V，液温自热（35～50℃）。电解液含 Ag80～100g/L、HNO₃2～5g/L、Cu 少于 50g/L。电解液循环速度 0.8～1L/min，玻璃棒搅拌速度往复 20～22 次/min。阴极为 0.7×0.35（m）、厚 3mm 的纯银板。阳板（金＋银）在 97% 以上，其中金不多于 33%。阳极周期 34～38h。同极距 135～140mm。电解银粉含银 99.86%～99.88%。

直立式电解槽如图 16－3 所示。

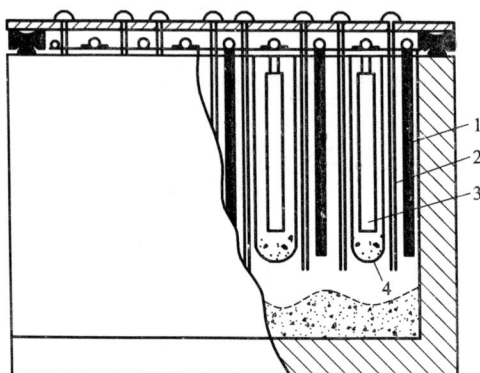

图 16－3　妙比乌斯银电解槽
1—阴极　2—搅拌棒　3—阳极　4—隔膜袋

电解槽的结构一般用钢筋混凝土或木槽，内衬软塑料，也有的用硬塑料槽。槽的规格为 770×960×750（mm³）。每槽有阴极 6 片（370mm×700mm）。集液槽和高位槽为钢板槽，内衬软塑料。电解液循环形式为下进上出，使用小型立式不锈钢泵抽送液体。

电解槽以串联组合。阳极板钻孔用银钩悬挂于装于两层布袋中。阴极纯银板用吊耳挂于紫铜棒上。电解时，阴极电银生长迅速，除被玻璃棒搅拌碰断外，8h 内还需用塑料刮刀把阴极上的电银结晶刮落 2～3 次，以防短路。当电解周期到 20h 以后，由于阳极不断溶解而缩小，且两极间距逐渐增大，电流密度也逐渐增高，引起槽电压脉动上升。当槽电压逐渐升高至 3.5V 时，说明阳极基本溶解完毕，此时应予出槽。取出的电解银置于滤缸中用热水洗至溶液无绿色或微绿色后烘干送铸锭。隔膜袋内的残极（残极率为 4%～6%）和一次黑金粉洗净烘干后熔铸二次合金板。二次黑金粉洗净烘干熔铸粗金阳极板送电解提纯金。该厂银电解的工艺流程如图 16－4 所示。

某厂为了克服手工出电解银粉的困难，将串联的一列电解槽下部连通，于槽

粗银阳极板

银电解

| 二次黑金粉 | 电解银粉 | 废电解液和洗液 | 一次黑金粉 | 残极 |

二次黑金粉 → 洗涤并除残极 → 烘干 → 地炉熔铸 → 粗金板 → 送金电解

电解银粉 → 洗涤 → 烘干 → 地炉熔炼 → 电解银锭

废电解液和洗液 → 置换 → 废液 / 粗银粉
废液 —Na₂CO₃→ 中和 → 碱式碳酸铜 → 返回铜冶炼
粗银粉 → 分银炉熔炼 → 粗银板

一次黑金粉 → 洗涤 → 烘干 → 地炉熔铸 → 二次合金板

残极 → 洗涤 → 烘干 → 地炉熔铸 → 一次或二次合金板

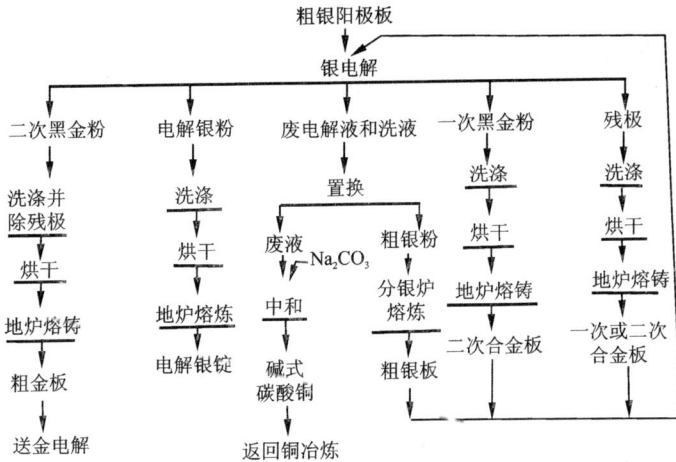

图 16 - 4　银的电解流程

底安装涤纶布无极输送带，随着输送带的转动，不断地将落入带上的电解银粉运送到槽外的不锈钢斗中。

16.3.4　电解废液和洗液的处理

处理电解废液和洗液的方法很多，现选其中有意义的一些介绍如下。

1. 硫酸净化法

苏联过去曾采用硫酸净化法处理被铅、铋、锑污染的电解液。当往银电解液中加入按含铅量计算所需的硫酸（不要有过剩），经搅拌后静置，铅便呈硫酸铅沉淀，铋水解生成碱式盐沉淀，锑水解生成氢氧化物浮于液面。将其过滤，溶液便可返回电解。

2. 铜置换法

把电解废液和车间的各种洗液置于槽中，挂入铜残极，用蒸汽直接加热至80℃左右进行置换，银即被还原成粒状沉淀。置换作业一直进行到用氯离子检验不生成 AgCl 为止。产出含银在80%以上的粗银粉，再熔炼成阳极板。置换后的废液放入中和槽，在热态下加入 Na_2CO_3，搅拌中和至 pH7 ~ 8。产出碱式碳酸铜送铜冶炼。残液弃出。

3. 加热分解法

此法是依据铜、银的硝酸盐分解温度的差异很大而制定的。如硝酸铜在170℃时开始分解，200℃时剧烈分解，250℃时分解完全。而硝酸银在440℃时才开始分解。利用这两种盐的热分解温度的差异，将废电解液和洗液置于不锈钢罐中，加热浓缩结晶至糊状并冒气泡后，在220 ~ 250℃恒温，使硝酸铜分解成氧化铜（电解液含有钯时，它也随之分解）。当渣完全变黑和不再放出 NO_2 黄烟时，分解过程即结束。产出的渣，加适量水于100℃浸出使 $AgNO_3$ 结晶溶解。浸出进行两次，第一次得到含银300~400g/L的浸出液，第二次得到含银150g/L左右的浸出液，均返回电解液用。浸出渣约含60%铜，1%~10%银，0.2%钯，进一步处理分离钯和银。

16.3.5　银电解操作及主要技术经济指标

阳极板在装槽前要打平，去掉飞边毛刺，钻孔挂钩，套上布袋，然后装入槽内。阴极也要平整，表面光滑。装完电极后，注入电解液，接通电路进行电解，定期开动搅拌机械。待电解析出一定数量后，开动运输皮带将银运出槽外。

电银用无 Cl^- 水洗涤，烘干后，送去熔化铸锭。阳极溶解至残缺不堪后，取出更换新板，阳极袋中积聚的阳极泥，定期取出，精心收集，洗涤、干燥后，再作处理。

我国及日本银电解精炼的技术条件及经济指标列于表16-4和表16-5。

表16-4　银电解精炼的主要技术条件

项　目		单位	厂　别				
			1	2	3	4	5
阳极成分	Au+Ag	%	≥97	≥97	>96	>96	≥98
	Cu		<2	<2	—	2.5~3.5	<0.5
电解液成分	Ag^+	g/L	80~100	100~150	60~80	60~80	120~200
	HNO_3		2~5	2~8	3~5	3~5	3~6
	Cu^{2+}		<50	<60	<40	<50	<60
电解液温度		℃	35~50	35~50	38~45	35~45	常温
阴极电流密度		A/m²	250~300	270~450	200~290	260~300	300~320
电解液循环量		L/min槽	0.8~1.0	不定期	1~2	0.5~0.7	—
同极中心距		mm	160	150	100~125	100~110	120
电解周期		h	36	48	72	72	48

银电解精炼的电流密度应尽量高些，以提高产量，减少贵金属的积压。但电流密度过高，也会降低析出银的物理、化学性质。当阳极质量较高时，可采用较高的电流密度。

极间距（指同一电解槽中，相邻两片阳极或阴极中心线的距离）一般应大一些，以防止短路；但极间距过大，会使槽电压升高，增加电能消耗。

表16-5　日本某些工厂的银电解技术经济指标

项　目		单　位	工　　　厂					
			小板	日立	日光	竹原	新居浜	佐贺关
银阳极板总重		kg	10211	6576	7115	14996	7939	8688
单块阳极板重		kg	13.4	9.0	46.4	44.0	20.6	22.5
产电解银量		kg	8884	6110	5642	13803	6713	8283
每吨电银消耗	硝酸	kg	279	75	105	153	500	170
	人工	工	11	8	7	6	16	13
	电	kW·h	513	435	505	340	790	865
残极率		%	6.6	7.1	12.5	—	5.6	7.0
电解条件	电解液组分 Ag	g/L	35	50	78.3	100	80.0	55
	HNO_3		15.0	6.5	8.9	10	2.5	6.0
	Cu		4.6	9.7	16.4	—	2.5	10.0
	Pb		2.6	0.04	—	—	1.8	0.3
	Bi		0.01	—	—	—	0.2	—

续表 16 -5

项　目		单　位	工　厂					
			小板	日立	日光	竹原	新居浜	佐贺关
液温	最高	℃	46	48	55	45	45	50
	平均	℃	34	24	40	41	25	40
电流强度		A	530	264	700	530	310	390
槽电压		V	1.9	3.0	1.8	3.4	2.2	4.0
电流密度	母线	A/mm²	2.32	2.03	1.15	0.08	0.75	136
	阳极	A/m²	341	489	259	303	397	198
	阴极	A/m²	273	371	251	253	392	444
同极中心距		mm	120	75	100	140	75	90
电流效率		%	94.9	95.75	87.01	95.0	92.0	96.10

电流效率是指通过一定电流，实际析出金属量与理论析出金属量之比。计算电流效率的公式为：

$$\eta_k = \frac{B}{qIt} \times 100\%$$

式中：η_k——阴极电流效率，%；

    B——实际析出的金属量，g；

    q——电化当量，g/Ah；

    I——电流强度，A；

    t——通电时间，h。

一些金属的电化当量，列于表16-6。

表16-6 一些元素的电化当量

元 素	Au	Au	Ag	Cu
原 子 价	1	3	1	2
电化当量	7.361	2.454	4.025	1.186

生产中力求提高电流效率。因此，要保证电路畅通，无漏电、短路、断路，减少析出银的反溶，防止半价银离子的产生，尽量减少阳极、电解液中的杂质含量，都有助于电流效率的提高。

槽电压是指同一个电解槽中，相邻的阴极和阳极间的电压降。槽电压与极间距、电解液的导电率，阳极的成分等因素有关。缩短极间距，改善电解液的导电率，适当降低阳极的含金量，均有助于槽电压的降低。

电能消耗是一个很重要的技术经济指标，是指生产一吨金属的电能消耗，可用下式计算：

$$W = \frac{V \cdot 10^3}{q \cdot \eta}$$

式中：W——电能消耗，kW·h/t；

    V——槽电压，V；

    q——电化当量，g/A·h；

    η——阴极电流效率，%

由该式可知，电能消耗与槽电压成正比，与电流效率成反比。

我国某厂的电流效率为96%，槽电压为1.5~2.5V，吨银直流电耗为510kW·h。

电解精炼产出的电银，含银在99.9%以上，出槽后用热水洗涤干净、烘干，送去熔铸。熔铸所用的炉子为烧煤气或重油的坩埚炉。大企业多采用中频感应电炉。坩埚为石墨坩埚。

16.3.6　银电解阳极泥的处理

银电解精炼产出的阳极泥，占阳极重量的8%左右，一般含金50%～70%，含银30%～40%，还有少量杂质。

此种阳极泥含银过高，不能直接熔铸成阳极进行电解提金，应进一步除去过多的银，提高金的品位。方法有两种：一种方法是用硝酸分离；另一种方法是进行第二次电解提银。

硝酸分离法是把阳极泥加入硝酸中，银则溶解而金不被溶解。液固分离后，液体送去回收银，固体含金品位提高，可达90%以上，则送去熔铸成电解提金的阳极板。此法虽比较简单，但耗酸多，银的回收较麻烦，一般已不使用。

第二次电解提银，是把第一次电解的阳极泥熔铸成阳极板，再进行一次电解提银，电银仍是合格的，而阳极泥的含金量却大大提高了，约为90%。二次电解提银不必另设一套设备，可只在一次电解的电解槽中，放进一部分由一次电解的阳极泥铸成的阳极板即可，非常简便易行。为了防止这种阳极板中含金过高而影响阳极溶解，熔铸时可掺进一部分银粉以降低含金百分数。工厂中为了区别，把第一次电解提银产出的阳极泥，称为一次阳极泥；第二次产出的，称为二次阳极泥。阳极泥色黑，含金多，故又称黑金粉，第一次电解产出的阳极泥称一次黑金粉，第二次产出的，称二次黑金粉。

二次黑金粉产出率一般为二次阳极重的35%，含Au在90%以上，含Ag为6%～8%，其余为铜等杂质。

将二次黑金粉熔铸成阳极板，送去进行金的电解精炼。

16.4　金的电解精炼

二次黑金粉铸成的阳极板含Au在90%以上，属于粗金，必须进行电解精炼以产出电金。

金电解精炼的电解液，可用氯化络合物水溶液，也可用氰化络合物水溶液，但前者较安全，为各厂所采用。

16.4.1　金电解精炼的基本原理

金电解精炼，以粗金作阳极，以纯金片作阴极，以金的氯化络合物水溶液和游离盐酸作电解液。电解过程可近似地用下列电化系统来表示：

Au（纯）｜HCl，$HAuCl_4$，H_2O｜Au（粗）

金氯氢酸是强酸，完全电离：

$$HAuCl_4 = H^+ + AuCl_4^-$$

$AuCl_4^-$ 部分电离为 Au^{3+} 阳离子：

$$AuCl_4^- = Au^{3+} + 4Cl^-$$

但其电离常数很小，$K = \dfrac{[Au^{3+}][Cl^-]^4}{[AuCl_4^-]} = 5 \times 10^{-22}$，因此，可以认为金在电解液中呈 $AuCl_4^-$ 状态。

1. 阳极反应

阳极金溶解：

$$Au + 4Cl^- - 3e = AuCl_4^- \qquad\qquad \varphi^{\ominus} = +1.0V$$

由于氯、氧的标准电位比金正

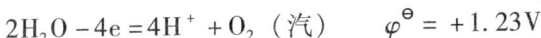

$$2Cl^- - 2e = Cl_2（汽） \qquad\qquad \varphi^{\ominus} = +1.36V$$

$$2H_2O - 4e = 4H^+ + O_2（汽） \qquad \varphi^{\ominus} = +1.23V$$

所以在正常条件下它们不会析出。但是，金电解时阳极往往钝化。当金转入钝化状态时，阳极溶解中断，电位升高并达到氯可以析出的电位值（由于 O_2 在金上的超电压高于 Cl_2，故先析出 Cl_2）。

钝化现象是不希望的。阳极析出 Cl_2 导致电解液中金的贫化以及车间环境恶化。为了避免氯气析出，电解液必须要有足够高的酸度和温度，而且阳极电流密度越高，电解液的酸度和温度应该越高。

阳极金溶解除生成 $AuCl_4^-$ 外，还有 $AuCl_2^-$ 形态：

$$Au + 2Cl^- - e = AuCl_2^- \qquad\qquad \varphi^{\ominus} = +1.11V$$

因为一价金的电化当量比三价金大，按三价计算的阳极电效超 100%。

$AuCl_4^-$ 与 $AuCl_2^-$ 之间有平衡关系：

$$3AuCl_2^- = AuCl_4^- + 2Au + 2Cl^-$$

但这个歧化反应的平衡常数相当小，实际上阳极生成的 $AuCl_2^-$ 浓度超过平衡值。因此平衡向右移动，导致一部分金以金粉态落入阳极泥中，这是不希望的。故力求防止金粉生成。实践证明，降低电流密度，可以减少阳极泥中金粉。

2. 阴极反应

阴极发生金还原，其主要反应是：

$$AuCl_4^- + 3e = Au + 4Cl^-$$

由于电解液中还有 $AuCl_2^-$，故在阴极还有一价金还原反应：

$$AuCl_2^- + e = Au + 2Cl^-$$

因此，按三价金计算的阴极电效也同样超 100%。

3. 杂质行为

金电解过程中，阳极上的杂质金属，如银、铜、铅及铂族金属，凡比金更负电性的，都电化溶解而进入电解液，只有铂族金属中的铑、钌、锇、铱等不溶而进入阳极泥中。进入电解液中的杂质，有些因浓度不高，一般也不易在阴极上析出；有些（如 $PbCl_2$）在电解液中溶解度低而沉淀到阳极泥中；铜的浓度一般较高，有可能在阴极析出，影响电金的质量，因此，阳极中的铜宜控制不超过 2%；铂、钯进入电解液后，积累到一定程度，就应处理加以回收。

阳极中最有害的成分是银。银可以电化溶解，但银与盐酸很易生成 AgCl，它难溶于电解液。当银的数量不多时，可从阳极脱落，沉入阳极泥中；如银的数量较多，则附着在阳极表面上，造成阳极钝化，使电解精炼难以进行。

为了解决银的危害，金电解精炼时，往电解槽中输入直流电的同时，也输入交流电，形成非对称性的脉动电流。脉动电流强度的变化示于图 16 – 5。一般要求交流电（$I_{交}$）应比直流电（$I_{直}$）大，其比值为 1.1 ~ 1.5，这样得到的脉动电流（$I_{脉}$）随着时间而变化，

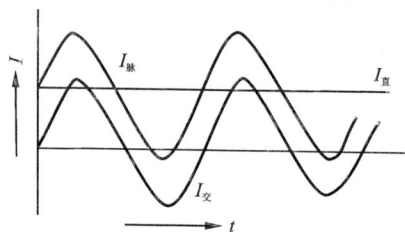

图 16 – 5　脉动电流变化图

时而具有正值，时而具有负值。当其达到峰值时，阳极上瞬时电流密度突增。此时，阳极上有大量气体析出，AgCl 薄膜即被气泡所冲击，变疏松而脱落；当电流成负值时，电极的极性也发生瞬时的变化，阳极变成阴极，则 AgCl 的形成将受到压抑。使用脉动电流，不仅可以克服 AgCl 的危害，还可提高电流密度，从而减少金粉的形成，还可以提高电解液的温度。脉动电流的电流和电压，可用下列公式计算：

$$I_{脉} = \sqrt{I_{直}{}^2 + I_{交}{}^2}$$

$$E_{脉} = \sqrt{E_{直}{}^2 + E_{交}{}^2}$$

16.4.2　金电解精炼的实践

1. 阴极片的制作

金电解精炼的阴极片用纯金制成。纯金片可用轧制法制取，也可用电积法制取。

电积法是在金电解精炼时，用轧制板作阴极，面上涂层薄蜡，边上涂厚蜡，进行电解，金在极板上析出成一薄片后，即把薄片剥下，然后加工成电解精炼用的纯金阴极片。近来，多数工厂采用轧制法制取阴极片。

2. 电解液的制备

制取电解液有两种方法：一是用王水溶金；一种是隔膜电解。

王水溶金法，是把王水（$HCl:HNO_3 = 3:1$）与金片置于容器中加热至沸，使金溶解而成，然后把硝酸除去。此法虽较简便，但赶硝比较麻烦。

隔膜电解法，是用粗金作阳极，用纯金作阴极，用稀盐酸作电解液进行电解。电解装置如图 16-6 所示。电解槽为陶瓷或塑料槽，阴极用素烧陶瓷坩埚作隔膜，槽中电解液的比例为 $HCl:H_2O = 2:1$，坩埚电解液的比例为 $HCl:H_2O = 1:1$。坩埚内液面高于电解槽液面 5~10mm。通入脉动电流，阳极粗金溶解，金以 Au^{3+} 进入阳极电解液（即电解槽中的电解液），由于受到坩埚隔膜的阻碍，Au^{3+} 不能进入阴极电解液（即素烧坩埚中的电解液）中，而 H^+、Cl^- 可以自由通过。这样，阴极上无金析出，而只放出氢气，Au^{3+} 便在阳极液中积累起来，最后可制得含金 250~300g/L、含盐酸约 250g/L、密度为 1.33~1.4 $kg \cdot m^{-3}$ 的溶液。可利用此溶液配制成金电解精炼的电解液。

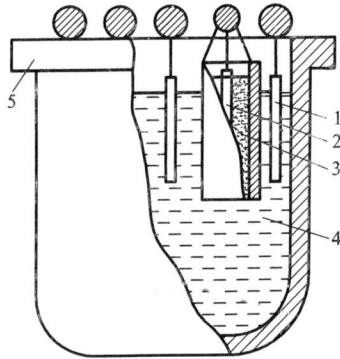

图 16-6 隔膜电解装置

1—阳极 2—阴极 3—隔膜
4—电解液 5—电解槽

3. 电解槽

金电解精炼用的电解槽，可用耐酸陶瓷方槽，也可用 10~20mm 厚的塑料板焊成的方槽。为了防止电解液漏损，电解槽外再加保护套槽。槽子构造及尺寸如图 16-7 所示。

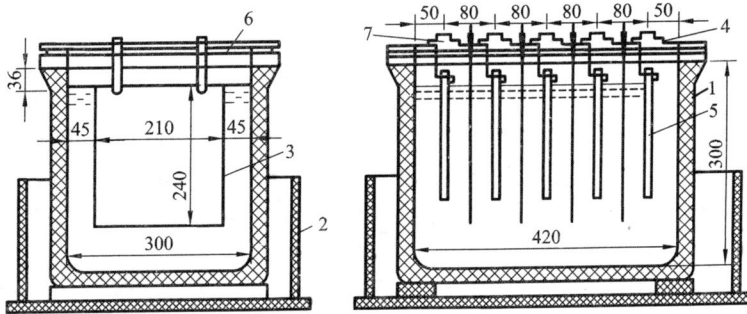

图 16-7 金电解槽

1—耐酸陶瓷槽 2—塑料保护槽 3—阴极 4—阳极吊钩
5—粗金阳极 6—阴极导电棒 7—阳极导电棒

4. 电解操作

在电解槽中，先注入配好的电解液，然后把套好布袋的阳极，垂直挂入槽中，再依次相间挂入阴极片。槽内的两极是并联的，而槽与槽是串联的。电极挂好后，再调整电解液，使液面略低于阳极挂钩。送电后要检查电路是否畅通，有无短路、断路现象，测量槽电压是否正常。待阴极析出金到一定厚度后，可取出另换新阴极片。阳极溶解到残缺时不能再用，应取出更换新阳极。阳极袋中的阳极泥，要精心加以收集。

16.4.3　金电解精炼的技术经济指标

金电解精炼的电解液，一般含 Au 250～350g/L、HCl 200～300g/L；在高电流密度作业时，含金宜高些；电解液中含铂不宜超过 50～60g/L，含钯不宜超过 5g/L。电解液的温度，一般约为 50℃，如采用高电流密度可高达 70℃，电解液不必加热，只靠电解的电流作用即可达上述温度。

电流密度应尽量高些，一般为 700A/m^2，国外厂也有的高达 1300～1700A/m^2。如采用高电流密度，宜提高阳极品位、电解液中金、盐酸的浓度。电流效率主要指直流电的电流效率，因电金的析出是靠直流电的作用，一般工厂的阴极电流效率可达 95%。

槽电压与阳极品位、电解液成分和温度、极间距、电流密度等有关，一般为 0.3～0.4V。

电能消耗也是指直流电的单消，即每生产 1kg 电金所消耗的直流电量。

表 16-7 列出了某些工厂金电解精炼的主要技术经济指标。

表 16-7　某些工厂金电解技术经济指标

项　　　目	厂　　　别		
	1	2	3
阳极含金/%	90	>88	96～98
电解液成分/Au（g·L^{-1}）	250～300	250～350	250～350
/HCl（g·L^{-1}）	250～300	150～200	200～300
电解液温度/℃	30～50	50～70	50～70
阴极电流密度/（A·m^{-2}）	200～250	500～700	450～500
极间距/mm	80～90	120	90
电流效率/%	95	—	>98
槽电压/V	0.2～0.3	0.1～0.8	0.4～0.6
残极率/%	20	—	15～20
阴极金品位/%	99.96	99.95	99.99

16.4.4　金电解精炼的产品及处理

1. 电金

出槽后的阴极金，称为电金，应先用净水冲洗，去掉表面的电解液，洗液不能弃去。电金送去铸锭。熔铸在坩埚炉中进行，熔化温度为 1300℃。熔化后金液表面，宜用火硝覆盖（勿用炭覆盖）。铸模宜预热，熏上一层烟灰，以利脱模。浇注应特别小心，防止金液外溅。铸成的金锭脱模后，要用稀盐酸淬洗，并用洁净纱布蘸上酒精，擦拭金锭表面，使之发亮。

2. 残极

电解一定时间后，阳极溶解到残缺不堪，称为残极。残极取出后，要精心洗刷，收集其表面的阳极泥，然后送去与二次黑金粉一起熔铸成新的阳极。

3. 阳极泥

金电解精炼的阳极泥产出率为阳极重量的 20% ~ 25%，其主要成分为金、银，也有少量铂族金属。一般送去与一次黑金粉或二次黑金粉一道熔铸。

4. 电解废液

金电解精炼的电解液，含铂、钯量超过 50 ~ 60g/L 时，宜送去回收铂、钯。但电解液中仍含有金 250 ~ 300 g/L，所以回收铂、钯之前，应先将金回收。回收的办法有加锌置换法和加试剂还原法。多数工厂用后一种方法，所用的还原剂为硫酸亚铁或二氧化硫。

第 2 篇　铂族金属的提取

第 17 章

铂族金属的
资源和生产

17.1　铂族金属资源

铂族金属在地壳中含量稀少，如铂为 $2\mu g/g$，而钯仅为 $0.1\mu g/g$。在基性岩中，铂族矿物常与硫、砷、锑、铋和碲等形成复杂的化合物。在超基性岩中，铂族金属的形态可以是天然合金，也可以是单独的铂矿物，还可以是以固溶体的形式出现在硫化物，镁橄榄石和尖晶石之中。铂族金属在钛磁铁矿矿床、铜矿床、金矿床、锡矿床、铀矿床中出有发现。自然金、银中常富含有铂族金属，如自然金中铂约为 $600\mu g/g$，钯达 $1000\mu g/g$。因此，自然界中的有色金属硫化物、砷化物和硫砷化物，如黄铜矿、镍黄铁矿、辉砷镍矿、斑铜矿等都可能是铂族金属的载体矿物，特别是铜镍硫化物，据统计世界上约 97% 的铂族与这种矿有关。除此之外，在黑色页岩、超变质岩和古砾岩中也有铂族金属矿物发现。在铁 – 锰结核中伴生有铂族金属。深海的矿泥、海水、滨海沉淀物、乃至太空陨石中也有发现。

在某些岩中，由于自然铂、或铂族矿物的密度大、耐磨，化学惰性大，在长期的风化和迁移过程中能富集而成为具有工业价值的矿床，但在上述过程中钯可能溶解损失，甚至铂铑钌也有一定程度的损失。因此，在古老的矿砂中，铂族矿物主要是铱锇矿物，如南非的威特瓦特斯兰德金矿就是如此。在较年轻的砂矿床中发现的铂大都伴生有铱锇矿。

在自然界中，已发现的铂矿物（包括变种）有 200 余种，大致可分为四大类：①自然金属，如自然铂、钯等；②金属互化物；如钯铂矿、铱锇矿，钌锇矿等，铂族元素还常与铁、镍、铜、金、银、铅、锡等形成金属互化物；③半金属互化物，铂、钯、铱、锇等可与铋、碲、硒、锑形成半金属互化物；④硫化物与砷化物，由于铂族元素具有强的亲硫性，常以高价离子形式（Os^{4+}、Ru^{4+}、Ir^{4+}）和硫、砷形成种类繁多的硫、砷化物。

铂族金属的资源分布极不均匀，主要集中在南非、前苏联、美国、加拿大和中国，其余少量分布在哥伦比亚、澳大利亚、缅甸、巴西、智利、埃塞俄比亚、芬兰、日本、新西兰、塞拉利昂、扎伊尔和赞比亚。世界著名的铂矿床中铂族金属的储量、相对比例及品位见表 17 - 1。

17.2　铂族金属生产

17.2.1　国外铂族金属生产的发展概论

世界铂族金属工业生产开始于 1778 年，1823 年以前主要依靠哥伦比亚的砂铂矿。1778—1965 年，哥伦比亚共生产铂族金属约 104t，其最高年产量为（1928 年）1.93t。1824 年俄国乌拉尔大型砂铂矿开采以后，成为世界上最大生产者，1912 年的产量曾达 6.5t，到 1930 年，共生产铂（及少量铱、锇）约 245t。1911 年全世界生产 6.189t 铂族金属。其中俄国占 93.1%，哥伦比亚占 6.1%，美国占 0.5%，澳大利亚占 0.3%。L. Howe 估算，截至 1917 年 1 月，世界所产铂族金属（249~342t）其中约 90% 来自俄国。

1952 年后，加拿大产量显著增加，1936 年超过前苏联居世界首位。60 年代以后，前苏联、南非成为最主要的生产者。现在俄罗斯、南非、加拿大的产量占世界产量的 98% 以上。1980 年世界共产铂族金属 205t。其中南非 97.9t，前苏联 96.4t，其他 10.7t（主要为加拿大生产）。1985 年世界生产铂族金属 230t，前苏联和南非分别为 115t 和 100t，合计占世界产量的 93%。1986 年产量为 255t，前苏联和南非分别为 124t 和 116t，占世界产量的 95%。近年来的比例有所下降，主要是由于美国和加拿大的产量有所上升。表 17 - 2 为世界在 2000—2004 年间的铂族金属产量的统计。

目前南非是最大的产铂国（年产量占世界总产量的 2/3），但其产量随市场供需求及价格情况而变动。波动幅度达 1/3。南非最大的铂公司是吕斯腾堡矿业公司。

俄罗斯的产量中，诺里尔斯克共生矿占 90%。

许多国家都积极勘探和开发本国的铂族金属资源，但观其资源及生产前景，今后世界铂族金属的供给仍然主要靠南非和俄罗斯，其中南非主要产铂，俄罗斯主要是钯。

表 17-1　世界著名铂矿床中铂族金属的相对比例(%)、品位(g/t)、储量(t)*

| | 南非布什维尔德杂岩 | | | | | | 俄罗斯 | | 加拿大 | | 美国 | | 哥伦比亚 | | 中国 | 储量 |
| | 梅伦斯基矿脉 | | UG-2矿脉 | | 普拉特矿脉 | | 诺里尔斯克 | | 萨德贝里 | | 静水矿 | | 砂矿 | | 某硫化铜镍矿 | 合计 |
	比例/%	储量/t	比例/%	储量/t	比例/%	储量/t	比例/%	储量/t	比例/%	储量/t	比例/%	储量/t	比例/%	储量/t	比例/%	
铂	59	10356	42	13591	42	4976	25	1655	33	106	19	218	93		62.1	
钯	25	4885	35	11352	46	5443	71	4416	40	112	66.5	715	1		28.4	
钌	8	1400	12	3888	4	476	1	62	29	<31.1	4.0	44	—		2.7	
铑	8	529	8	2581	3	373	3	187	3.3	<31.1	7.6	84	2		2.7	
铱	1	187	23	746	0.8	92			1.2	<31.1	2.4	<31.1	3		2.7	
锇	0.8	166	0.7	213	0.6	62			1.2	<31.1			1		1.4	
金	3.2	569			3.4	404			13.5	<37						
合计		17572		32371		11826		6320		280		1089				69534
品位	8.1		8.71		7-27		3.8		0.9		22.3					

* 储量仅计算到1200m处。

表 17 - 2　世界矿产铂族金属产量/t

年份	2000	2001	2002	2003	2004
铂族金属	364	395	414	453	
铂	155	160	184	205	218
钯	174	179	181	182	190

17.2.2　我国铂族金属生产

我国铂族金属资源贫乏,是铂族金属冶金工业起步较晚的国家。我国在 1965 年以前仅从有色金属冶炼的副产品中回收数量有限的铂钯。此后,我国建立,并扩大综合回收铂族金属,其产量逐年增长。2001 年首次突破 1000kg,2004 年突破 2000kg。

17.3　铂族金属的性质

17.3.1　铂族金属的物理性质

铂族金属的主要物理性质列于表 17 - 3。

表 17 - 3　铂族金属物理性质

	铂	钯	铱	铑	锇	钌
原子序数	78	46	77	45	76	44
相对分子质量	195.09	106.4	192.2	102.905	109.2	101.07
最近的原子距离·	2.744	2.751	2.715	2.689	2.7311	2.7056
晶体结构	面心立方	面心立方	面心立方	面心立方	密集立方	密集立方
晶格常数 A(25℃)	3.9229	3.2898	3.8392	3.8031	2.7340	2.7056
c/a	—	—	—	—	1.5799	1.5325
电子构型(基态)	$5d^96s^1$	$4d^{10}$	$5d^76s^2$	$4d^85s^1$	$5d^66s^2$	$4d^75s^1$
化合价	2.4	2.4	3.3	3	4.6.8	3.4.6.8
物质磁化率 $\times 10^{-6}$	0.9712	5.231	0.133	0.9903	0.052	0.127
第一电离势 eV	9.0	8.33	9	7.46	8.7	7.361
热离子功函数 eV	5.39	4.99	5.10	4.8	1.7	—
热中子吸收横截面靶恩	8.8	8.0	110	149	15.3	2.56
密度20℃ g/cm³	21.35	12.02	22.65	12.44	22.16	12.16

续表 17 - 3

	铂	钯	铱	铑	锇	钌
蒸气压(133.32Pa)						
10^{-6}	1490	990	1810	1470	2160	1730
10^{-5}	1610	1080	1950	1680	2310	1850
10^{-4}	1750	1190	2110	1710	2490	1990
10^{-3}	1910	1320	2290	1560	2600	2150
10^{-2}	2100	1480	2500	2040	2920	2350
10^{-1}	2320	1650	2770	2250	3190	2599
10^{0}	2590	1880	3090	2510	3530	2860
10^{1}	2920	2180	3480	2810	3930	3210
10^{2}	3340	2570	3980	3250	4440	3630
熔点℃(IPTS - 1968)	1769	1552	2443	1960	3050	2310
沸点℃	3800	2900	4500	3700	3020 + 100	1080 + 100
比热 ×4.184J/g	0.0314	0.0584	0.0307	0.0589	0.0309	0.0551
热导率(10~100)℃ ×0.4184J/cm	0.17	0.18	0.35	0.36	0.21	0.25
线膨胀系(20~100)℃ 10^{-6}	9.1	11.1	6.8	8.3	6.1	9.1
0℃电阻率($\mu\Omega \cdot cm$)	9.85	9.93	4.71	4.33	8.12	6.80
电阻温度系数 (0~100℃)	0.003927	0.0038	0.00427	0.00463	0.0042	0.0042
1000℃时与铂连接的电动势,mV	—	11.491	12.750	14.12	—	9.700
抗张强度 0.703kg/mm²						
加工线材	30~35	47~60	300~360	200~300	—	72(c)
退火线材	18~24	21~33	160~180	120~130	—	—
2吋时伸长率δ%						
加工线材	1~3	1.5~2.5	15~18(c)	2	—	3(c)
退火线材	30~40	29~34	20~22	30~35	—	—
硬度 dph						
加工线材	90~95	105~110	600~700	—	—	—
退火线材	37~42	37~44	200~240	120~140	300~670	200~350
铸造状态	43	44	210~240	—	800	270~450

续表 17 – 3

	铂	钯	铱	铑	锇	钌
杨氏模量(20℃)						
$0.703 \times 10^3 \text{kg/mm}^2$						
静态	24.8	16.7	75	46.2	81	90
动态	24.5	17.6	76.5	54.8	—	69
刚性模量(20℃)						
$0.703 \times 10^3 \text{kg/mm}^2$	8.8	6.5	30.4	21.6	—	—
泊松比	0.39	0.39	0.26	0.26	—	—

* a—800℃ ; b—700℃ ; c—热加工状态 ; d—退火状态。

铂具有优良的热电稳定性、高温抗氧化性和高温抗腐蚀性。钯能吸收比其体积大 2800 倍的氢,且氢可以在钯中自由通行。铱和铑能抗多种氧化剂的侵蚀,有很好的机械性能。钌能与氨结合,但不起化学反应,类似某些细菌所特有的性能。锇很脆和很硬,体积弹性模量最大。锇、钌都易氧化,其氧化物有刺激性,毒性大等等。

由于铂族金属具有高熔点、高沸点、低蒸气压和高温抗氧化,抗腐蚀等优良性能,故可作高温容器,如玻璃工业的坩埚、搅拌器、玻纤工业中的衬套和漏板及用晶体生产的容器。可用作高温实验材料(如坩埚、器皿、发热体等)。

在 0℃ 时,铂的电阻系数为 $0.09847\Omega \cdot \text{cm}^2/\text{m}$,温度 $t = 0 \sim 700℃$ 时,铂的电阻温度系数 ρ 可由下式进行计算:

$$\rho = 9.847 \times (1 + 0.3693 \times 10^{-2}t - 0.5389 \times 10^{-6}t^2)$$

铂内合金元素对铂电阻系数的影响见图 17 – 1。

铂中微量杂质对铂电阻温度系数影响是十分敏感的,故常用电阻比的大小来衡量金属铂的纯度。纯铂在 $0 \sim 100℃$ 的电阻温度系数经测试为 $0.003927/℃$。在 1500℃ 至 0℃ 之间,铂的电阻比 (R_1/R_0),可用下式计算:

$$\frac{R_1}{R_0} = 1 + 3.9788 \times 10^{-3}t - 5.88 \times 10^{-7}t^2$$

微量杂质也同样影响铂的电阻比,如图 17 – 2 所示。

高纯铂在 1200℃ 时,其标准热电势为 $-10\mu\text{V}$,微量杂质对铂热电势的影响也十分明显,除金外,其热电势随杂质含量的增加而增大。见图 17 – 3。

铑对可见光谱具有很大而又均匀的反射能力,在金属中仅次于银,但银在空气中会因硫化而变暗,铑却能持久地保持其较大的反射率。

铱受中子轰击后,成为放射性同位素,其半衰期为 74 天。放射性铱主要应用在射线照相和医学领域。

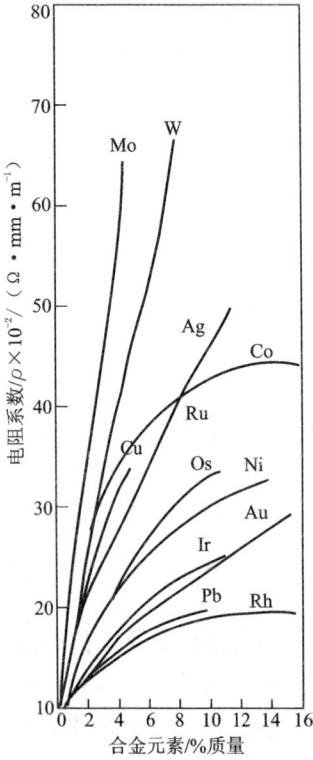

图 17-1 合金元素对铂电阻系数的影响

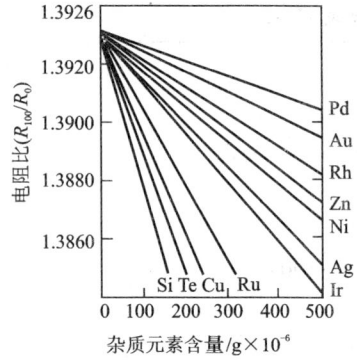

图 17-2 杂质元素对铂电阻比的影响

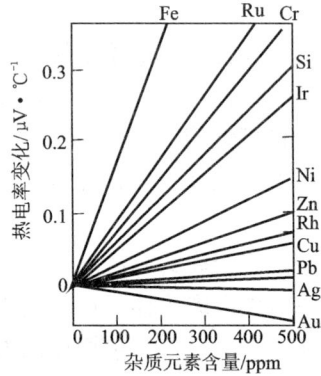

图 17-3 杂质元素对铂热电势率的影响

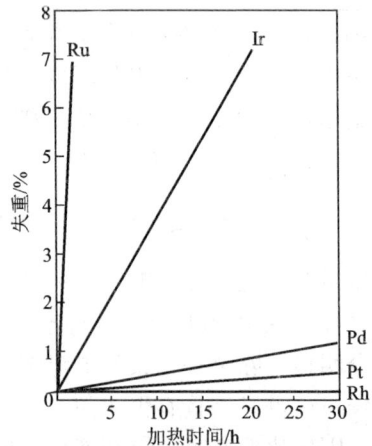

图 17-4 铂族金属的挥发性

铱、钌是铂族金属中硬度最大的金属。

铂族金属中，加工性能最好的是铂、钯，可将它们拉成 $\phi0.001\,mm$ 的细丝，并可轧成厚度为 $0.127\,\mu m$ 的箔片。但纯铂、纯钯的强度较差，为提高铂、钯强度，改善其抗蠕变性能，铂中常加铑、铱，而钯中常加入银、铜。

铂与铱不能进行冷加工，锇和钌几乎不能加工而仅用来生产合金。

除锇钌具有最大的挥发性外，其他铂族金属可在高温下长时间的加热。图 17-4 说明了铂族金属在空气中长期于

1300℃加热时的失重腐蚀情况。

17.3.2　化学性质

　　铂族金属具有极好的抗腐蚀及抗氧化性能，且熔点高，因而是最好的高温耐蚀金属材料，但它们之间抗腐蚀、抗氧化性能差异很大，见表17-4。

表 17-4　贵金属耐腐蚀性能比较

腐　蚀　介　质		Au	Ag	Pt	Pd	Rh	Ir	Os	Ru
H_2SO_4	浓	A	B	A	A	A	A	A	A
HNO_3	0.1mol/L	A	B	A	A	A	A	—	A
	70%	A	—	A	D	A	—	C	A
70%	100℃	A	D	A	D	A	A	D	A
王水	室温	D	D	D	D	A	A	D	A
	煮沸	D	D	D	D	A	A	D	A
HCl 36%	室温	A	B	A	A	A	A	A	A
36%	煮沸	A	D	B	B	A	A	C	A
Cl_2	干	B	—	B	C	A	A	A	A
	湿	B	—	B	D	A	A	C	A
NaClO 溶液	室温	—	—	A	C	B	—	D	D
	100℃	—	—	A	D	B	B	D	D
$FeCl_3$ 溶液	室温	B	—	—	C	A	A	C	A
	100℃				D	A	A	D	A
熔融 Na_2SO_4		A	D	B	C	C	—	B	B
熔融 NaOH		A	A	B	B	B	B	C	C
熔融 Na_2O_2		D	A	D	D	B	C	D	C
熔融 $NaNO_3$		A	D	A	C	A	A	D	A
熔融 Na_2CO_3		A	A	B	B	B	B	B	B

　　表注：A—不腐蚀；B—轻微腐蚀；C—腐蚀；D—强烈腐蚀。

　　图17-5、图17-6、图17-7、图17-9、图17-10、图17-11为在无络合剂存在条件下的理论腐蚀、免蚀、钝化区，图17-8为络合剂存在下铑的腐蚀、钝感、钝化区，可供比较。

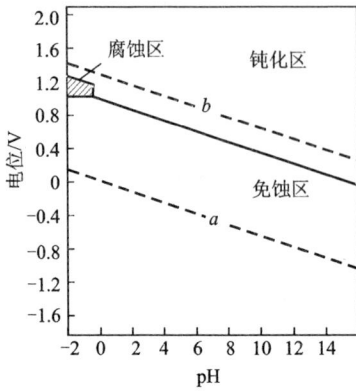

图 17-5   25℃时钯的理论腐蚀、免蚀、钝化区

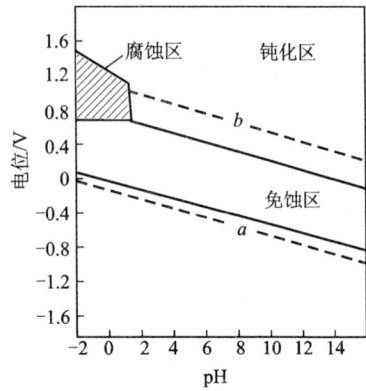

图 17-6   25℃时铂的理论腐蚀、免蚀、钝化区

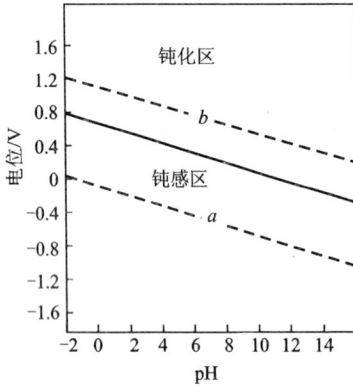

图 17-7   25℃时铑的
理论腐蚀、钝化、钝感区

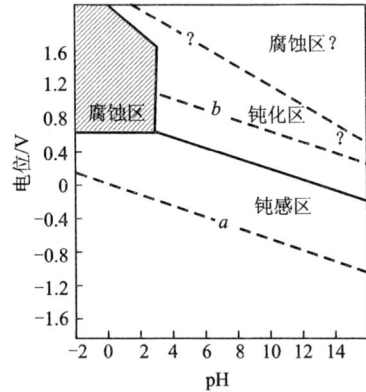

图 17-8   溶液中有络离子时，25℃
铑的理论腐蚀、钝感、钝化区

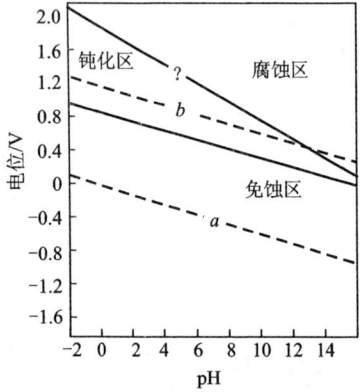

图 17-9   20℃铱的理论腐蚀、免蚀、钝化区

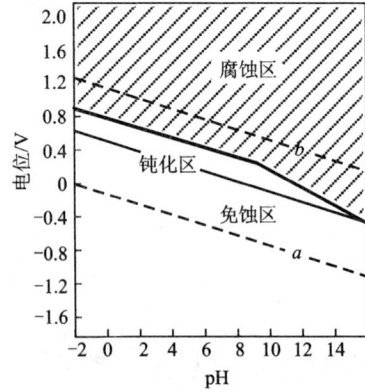

图 17-10   25℃锇的理论腐蚀、免蚀、钝化区

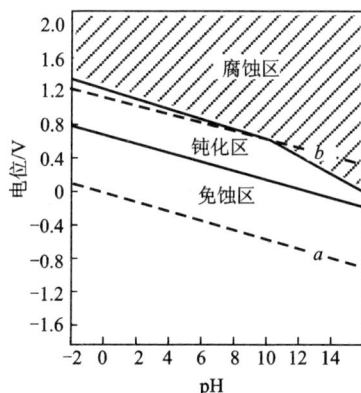

图 17 - 11　25℃钌的理论腐蚀、钝感、钝化区

　　铂的抗腐蚀性能很强，盐酸、硝酸、硫酸及有机酸在冷态时均不与铂起作用，加热时仅硫酸稍作用于铂，王水在冷态及热态下溶解铂，熔融碱或熔融氧化剂能腐蚀铂。在 100℃ 的氧化条件下，各类卤氢酸或卤化物起络合剂作用，能促使铂络合而溶解。若铂中有铑、铱存在时，则将增强其共抗腐蚀性能。

　　钯是铂族金属中抗腐蚀性最差的金属。硝酸能溶解钯，尤其是当存在氯化物络合物时，如王水，钯更易腐蚀溶解。热浓硫酸、熔融硫酸氢钾都能溶解钯。若钯中含有其他铂族元素时，将增强钯的抗蚀性。

　　铑和铱是铂族金属中化学稳定性最好的金属，热王水也不易溶解铑、铱。当用碱金属过氧化物与碱熔融时，可氧化铑、铱。被氧化后的铑、铱能较顺利地被络合剂溶解，熔融的酸式硫酸盐也能溶解铑。此外，铂族金属均易熔于液体铅、锌、锡中，这对碎化铂族金属，起着重要作用。

　　铂族金属在空气中加热时，钯于 350～790℃，铱和铑于 600～1000℃ 时，表面有氧化层生成但高于此温度时，氧化层又分解成金属，这时表面又将恢复金属光泽。铱是唯一可以在氧化条件下应用到温度达 2300℃ 时也不发生严重损伤的金属。

　　锇的抗氧化性能最差，将其于空气中加热，它就能迅速生成对眼睛有严重刺激作用的四氧化锇。钌在空气中加热到 450℃ 以上时，缓慢生成弱挥发性的二氧化钌。用氯或溴处理碱金属钌盐时，则生成挥发性的四氧化钌。许多熔盐，如过氧化钠、硝酸钾、亚硝酸钠等，也能与锇、钌作用，生成可溶性盐。

　　在高温时，炭能熔于铂、钯，降温后炭又部分析出，并使铂、钯变脆，即所谓中毒。所以熔融的铂、钯不能与炭接触。铂族金属及其合金熔炼时，通常选用刚玉或氧化锆作坩埚材料，并在真空或惰性气体保护下的高温电炉中进行作业。

17.4 铂族金属的用途

铂族金属具有许多优良性能，如高度的催化活性，良好的高温抗氧化、抗腐蚀作用，以及熔点高、蒸气压小、延展性好、热电稳定性高、易回收等性能，这些都是不易被其他金属所代替的。因此，随着科学技术的发展，铂族金属在石油、化工、国防科研部门起着越来越重要的作用，其应用范围不断扩大。自 20 世纪 50 年代铂在石油化工中推广应用以来，需求量大幅度增加；60 年代前期，钯触点在通讯设备中的应用，为钯开辟了广阔的市场；在高熔点激光材料制备方面，对铱又提出了新的需求；随着宇航燃料电池的发展，为铂族金属应用又提供了一个重要的领域。

铂族金属的用途归纳如下：

（1）石油及石油化学工业的催化剂。由于各国石油工业大量采用铂催化重整法，因此铂和铱用量很大。催化剂也可用铑和钌。而在石油工业中，钯的消耗比铂还多。

（2）在化学工业中，生产硝酸使用的铂网触媒，一直占铂消费量中相当大的比重；铂族金属镀层衬里，又是化工设计的重要防腐材料。生产人造纤维时需要铂金合金喷丝头；用钯膜或钯管作过滤元件，可生产高纯甚至超纯氢气；以铂族金属为材料的燃料电池已成为一种具有广泛发展前途的电源装置，已在宇航中获得应用；阳极保护是一种电化学防腐方法，铂在各种材料中是最好的阳极材料，镀有铂族金属的阳极，广泛用于电解法生产氯、氯酸盐、过氧化物、高氯酸盐和氯化氢等。另外，用铂族金属浆料加工的印刷电路，也可用于宇航特殊技术部门。

（3）铂族金属是很重要的电子或电工材料。它广泛用作测温材料——热电阻或电阻温度计；在弱电领域中用它作精密触头材料，这类触头接点还应用于电话交换机、电子和电器工业以及汽车工业中；另外，铂族金属还是精密电阻材料、磁与电磁线材料、电子管和微型电子器件材料等。

（4）铂族金属也用于制造特殊工业设备和仪器仪表。工业生产玻璃纤维、熔化高质量化学玻璃需要用大型铂铑坩埚；拉制激光材料铌酸钾、钨酸钙和钇铝石榴石单晶时，要用铂铑铱等坩埚。另外，铂制的坩埚器皿及其他仪器，是化学分析的重要工具。

（5）铂族金属还用于制造喷气发动机的燃料喷嘴、宇宙飞船锥体的耐高温保护层，以及用于重水的生产和钚的分离。近年为解决城市交通与工厂排污造成的大气污染，已成功地用铂类催化剂，使氧化氮、一氧化碳和碳氢化合物等还原或氧化成无害的氮、氧、二氧化碳和水。

随着铂族金属使用领域的开拓，世界铂的消费逐年增长，近年来世界铂钯的供给与需求构成如表 17－5、表 17－6。

表 17－5　铂的供应与需求（千盎司）

年份	2000	2001	2002	2003	2004
供应：					
南非	3800	4100	4450	4630	4980
俄罗斯	1100	1300	980	1050	850
北美	285	360	390	295	360
其他	105	100	150	225	240
总供应	5290	5860	5970	6200	6430
需求：					
汽车：总量	1890	2520	2590	3210	3430
回收	－470	－530	－565	－645	－695
化工	295	290	325	315	350
电气	455	385	315	260	280
玻璃	255	290	235	165	240
投资：散户	40	50	45	30	25
大户	－100	40	35	－15	－20
珠宝	2830	2590	2820	2440	2200
石油	110	130	130	150	150
其他（包括供给中国）	375	465	540	510	510
总要求	5680	6230	6560	6420	6470

表 17－6　钯的供应与需求（千盎司）

年份	2000	2001	2002	2003	2004
供应：					
南非	1860	2010	2160	2320	2570
俄罗斯	5200	4340	1930	2950	3300
北美	635	850	990	945	1025
其他	105	120	170	245	265
总供应	7800	7320	5250	6460	7160

续表 17 – 6

年份	2000	2001	2002	2003	2004
需求：					
汽车：总量	5640	5090	3050	3460	3650
回收	– 230	– 280	– 370	– 410	– 525
化工	255	250	255	255	280
电气	2160	670	760	895	915
牙科	820	725	785	825	840
珠宝	255	230	260	250	740
其他	60	65	90	135	240
总要求	8960	6750	4830	5410	6140

　　铂的主要消费者是日本、西欧和美国。

　　日本首饰业耗铂最多，需求量正稳步上升。多年来畅销的纯金首饰已出现衰减之势，含铂的 18K 金首饰仍然流行但更倾向于含铂更高以及镶钻石的铂首饰。1987 年首饰业需要的铂约 85 万盎司，比 1986 年高出 11 万盎司，达到 1978 年以来的最高水平。

　　西欧的铂主要用于汽车制造业。欧洲将从 1988 年 10 月逐步实行新的废气排放标准，对铂铑的需求产生了重要影响。例如西德 1987 年上半年出售的新汽车，有 35%（约 50 万辆）装上含铂催化剂的净化器，6、7 月份使用这种催化剂的汽车增至 40%。西欧汽车制造高 1987 年需要的铂约 18 万盎司，而上一年仅 12 万盎司。

　　美国由于生产的汽车数量由 1986 年的 7.74 百万辆减少至大约 7 百万辆，铂的需求减少约 15%。需求减少还与美国从废催化剂中回收的铂增加有关。

　　南朝鲜尽管国内政治动荡，但汽车在美国市场的销售仍保持增长，1987 年铂族金属的需要量超过 5 万盎司。

　　我国的铂族金属主要产自镍、铜的副产品，产量少，还不能满足国内的需要。

　　钯主要用于电子部门、牙科和制造催化剂。西方世界对钯的需求正稳步增长，1987 年在 1986 年的基础上增加 10% ~ 15%，达到 145 ~ 150 万盎司，主要用于多层陶瓷电容器和集成电路。1987 年英国电子工业的需要量超过 40 万盎司。西欧的电子工业需求量也经 1984 年和 1985 年衰退之后重新增长。日本的需求量增长不大，可能跟某些应用中以银代钯有关。

1987 年西方世界牙科需要的钯量高于往年，主要是金属 – 瓷粘结修复中钯 – 银用量明显增长。

钯在汽车催化剂中的用量将继续减少。1987 年的需要量约 20 万盎司，较 1985 年降低 13%，其原因是铂铑催化剂在这一领域居主要地位，钯仅在少量汽车中作氧化催化剂。

铑的需求由于铂铑（铂∶铑 = 5∶1）的催化剂广泛用于汽车废气净化中而逐渐增加。

钌主要用于电化学部门（约占 80%），其次是电子工业，南非生产的钌可以满足市场的需求。

钌主要用在电化学过程中，作阳极镀层的组分，约占需求量的 25%，用量还可能增加。

近年来铂族金属市场总的情况是铂的需求增长较快，1987 年西方世界对铂的需求量将超过新开采量 6 ~ 7 万盎司，钯、铑的需求在继续增长，钌、铱的需要较平稳。

17.5　铂族金属的主要化合物

铂族金属化合物的性质及其差异，是冶金过程中分离、提取各种单质铂族金属的主要依据。但铂族化合物品种繁多、性质各异，现将主要化合物整理如表 17 – 7 所示。

17.6　铂族金属产品标准

我国颁布的海绵铂、海锦钯、金属铑粉、金属铱粉的产品质量标准，标准号分别为 GB/T 1419 – 2004、GB/T 1420 – 2004、GB/T 1421 – 2004 和 GB/T 1422 – 2004。

铂族金属产品标准列如表 17 – 8、表 17 – 9。

表 17-7　铂族金属的主要化合物

	铂	钯	铑	铱	锇	钌
氧化物	PtO溶于酸，PtO₂不溶于酸，高温都易分解	PdO不溶于各种酸，难溶于王水，高温分解，易还原	Rh_2O_3, RhO_2	Ir_2O_3不溶于盐酸及王水　IrO_2溶解于盐酸生成氯铱酸	OsO_4 120℃时气化挥发　OsO_2为黑色氧化，易还原	RuO_4 65℃时气化挥发，溶于盐酸生成$RuCl_3$
氢氧化物	$Pt(OH)_2$棕黄色沉淀，$Pt(OH)_4$棕色沉淀	$Pd(OH)_2$褐色沉淀	$Rh(OH)_3$黑红色沉淀，不溶于酸，$Rh(OH)_4$黄色沉淀，易溶于酸	$Ir(OH)_3$橄榄色沉淀，容易转变为四价氢氧化物，$Ir(OH)_4$蓝色沉淀	—	$Ru(OH)_3$
硫化物	PtS_2黑色沉淀，溶于王水	PdS黑色沉淀，易溶于硝酸、王水	加热硫化时才能生成 Rh_2S_3黑色沉淀，不溶于酸，溶于王水	加热硫化时，才能生成 Ir_2S_3暗褐色沉淀，溶于王水	OsS_2黑色沉淀，不溶于酸而溶于王水	RuS_2黑色沉淀，不溶于酸而溶于王水
氯化物	$PtCl_2$绿棕色针状结晶，加热至582℃时分解，能氧化生成四价氯化物。不溶于水而溶于稀盐酸，$PtCl_4$褐棕色的结晶加热至370~430℃时分解生成$PtCl_2$，在还原剂作用下，能生成$PtCl_2$，易溶于盐酸	$PdCl_2$ $PdCl_4$，易分解生成较稳定的$PdCl_2$，都溶于盐酸	$RhCl_3$不溶于盐酸，$RhCl_4$易还原为三价铑的氯化物，都溶于盐酸	$IrCl_3$加热至789℃时能分解生成金属铱，$IrCl_4$在50℃以上时易分解生成三价铱的氯化物，都溶于盐酸	$OsCl_4$ $OsCl_3$，溶于盐酸	$RuCl_4$ $RuCl_3$，在空气中吸湿，都溶于盐酸

续表 17 − 7

	铂	钯	铑	铱	锇	钌
氯络酸	H_2PtCl_4，H_2PtCl_6 溶于水为黄色针状结晶	H_2PdCl_4，H_2PdCl_6 棕红色，溶于水	H_3RhCl_6（或 H_2RhCl_5），红色，溶于水	H_3IrCl_6（H_2IrCl_5），H_2IrCl_6，溶于水	H_2OsCl_6 —	H_2RuCl_6，H_2RuCl_5
氯络酸盐	K_2PtCl_6，Na_2PtCl_6，K_2PtCl_4，Na_2PtCl_4，橘黄色，易溶于水，$(NH_4)_2PtCl_4$，黄色沉淀，可溶于水，$(NH_4)_2PtCl_6$，黄色沉淀，不溶于水	K_2PdCl_4，Na_2PdCl_4，K_2PdCl_6，Na_2PdCl_6，棕红色，溶于水，$(NH_4)_2PdCl_4$，易溶于水，$(NH_4)_2PdCl_6$，不易溶于水	钾、钠盐溶于水，$(NH_4)_2RhCl_5$，溶于水，$(NH_4)_2RhCl_6$，不易溶于水	钾钠盐溶于水，$(NH_4)_2IrCl_5$，溶于水，$(NH_4)_2IrCl_6$，不易溶于水	钾、钠盐溶于水，K_2OsO_4，不溶，$(NH_4)_2OsCl_6$，不溶	$(NH_4)_2RuCl_6$，棕色溶于水，Na_2RuCl_5，K_2RuCl_5，棕色立方晶系，溶于水及酒精，K_2RuCl_6，难溶于水的黑色片状物，有红色返光，$(NH_4)_2RuCl_6$，难溶于水的暗红色粉末

续表 17-7

	铂	钯	铑	铱	锇	钌
氨络盐	Pt(NH₃)₂Cl₂ 反式盐,顺式盐均为黄色结晶,不溶于冷水；Pt(NH₃)₄Cl₂ 反式盐均易溶于冷水；Pt(NH₃)₂(NO₂)₂,反式为白色针状结晶,顺式为白色菱形结晶,均难溶于冷水	Pd(NH₃)₂Cl₂ 黄色沉淀,不溶于冷水；Pd(NH₃)₄Cl₂ 浅黄色溶液	Rh(NH₃)₃Cl₃,溶于冷水的鲜黄色菱形结晶；Rh(NO₂)₃(NH₃)₃ 不溶	[Ir(NH₃)₅Cl]Cl₂,白色沉淀,难溶	—	—
亚硝基络盐	Na₂Pt(NO₂)₄,易溶,pH=10时,也不分解；K₂Pt(NO₂)₄,难溶于冷水的菱形结晶	Na₂Pd(NO₂)₄ 易溶,pH<8 时不分解,pH=10 时生成 Pd(OH)₂ 沉淀	Na₂Rh(NO₂)₅ 易溶,pH=10 时也不分解	Na₃Ir(NO₂)₅ 易溶,pH=10 时也不分解	—	Na₂Ru(NO₂)₅ 易溶,pH=10 时也不分解

表 17 - 8　铂钯产品质量标准

品　名	海　绵　铂			海　绵　钯		
牌　号	HPt - 1	HPt - 2	HPt - 3	HPd - 1	HPd - 2	HPd - 3
主金属含量/%	99.99	99.95	99.9	99.99	99.95	99.9
Pt	—	—	—	0.003	0.02	0.03
Pd	0.003	0.02	0.03	—	—	—
Rh	0.003	0.02	0.03	0.002	0.02	0.03
Ir	0.003	0.02	0.03	0.002	0.02	0.03
Au	0.003	0.02	0.03	0.002	0.02	0.05
Ag	0.001	0.005	—	0.002	0.005	—
Cu	0.001	0.005	—	0.001	0.005	—
Fe	0.001	0.005	0.01	0.001	0.005	0.01
Ni	0.001	0.005	0.01	0.001	0.005	0.01
Al	0.003	0.005	0.01	0.003	0.005	0.01
Pb	0.002	0.005	0.001	0.001	0.005	0.01
Si	0.002	0.005	0.01	0.003	0.005	0.01
Sn	0.003	—	—	—	—	—
杂质总量 不大于/%	0.01	0.05	0.1	0.01	0.05	0.1

注: 化学成分 (杂质含量不大于/%)

表 17 - 9　铑铱产品质量标准

品　名	铑			铱		
牌　号	FRh - 1	FRh - 2	FRh - 3	FIr - 1	FIr - 2	FIr - 3
主金属含量/%	99.99	99.95	99.9	99.99	99.95	99.9
Pt	0.003	0.02	0.03	0.003	0.02	0.03
Pd	0.001	0.01	0.03	0.001	0.002	0.03
Rh	—	—	—	0.003	0.02	0.03
Ir	0.003	0.02	0.03	—	—	—
Au	0.001	0.02	0.03	0.001	0.02	0.03
Ag	0.001	0.005	—	0.001	0.005	—
Cu	0.001	0.005	—	0.002	0.005	—
Fe	0.002	0.01	0.02	0.002	0.01	0.02
Ni	0.001	0.005	0.01	0.001	0.005	0.01
Al	0.003	0.005	0.01	0.003	0.005	0.01
Pb	0.001	0.005	0.01	0.001	0.005	0.01
Si	0.003	0.005	0.01	0.003	0.005	0.01
Sn	0.001	0.005	0.01	0.001	0.005	0.01
杂质总量 不大于/%	0.01	0.05	0.1	0.01	0.05	0.1

注: 化学成分 (杂质含量不大于/%)

第 18 章

提取铂族金属的
原料及其富集处理

　　提取铂族金属的主要工业矿物有：铁铂合金、铱铂矿、砷铂矿及硫铂矿，砂铂矿等。

　　重选是富集铂族金属矿物的古老方法，也是主要的方法。由于铂族矿物的密度较大，如自然钯 11.84～11.97，自然铂 21.5，自然铱 22.6，铱锇矿 21.6。使用溜槽、跳汰、摇床及风力选矿都可有效地富集铂族金属。砷铂矿密度 10.6，重选试验回收率可达 96%。自然铂与自然金一样表面润湿性小，可用黄药类捕收剂浮选。与铜镍硫化矿伴生的铂族矿物一般品位低、粒度细、共生状况复杂，而随主要金属硫化物一道被富集回收。

18.1　砂铂矿的处理

　　砂铂矿床是最早开采的铂族金属资源。1926 年阿拉斯加好消息湾淘金时发现一些重金属颗粒，当时称为"黑金"，第二年确定是铂后，便开始在浅滩地带开采。1927—1933 年共生产约 30kg 粗铂。1938 年使用 Yuba 采砂船，第一季度产量便增加到 115kg。Yuba 采砂船可挖掘到水面以下 7.15m，含矿砂砾厚 0.6～1.8m，在水下 4.5～18m 范围，下面是已蚀变的纯橄榄岩、蛇纹岩和坚硬的沉积岩层，采掘的矿砂经过洗矿、溜槽和跳汰富集，得到含粗铂、部分金及大量磁铁矿、铬铁矿和钛铁矿的粗精矿，送到岸上精选。精选包括摇床、磁选及风力选矿。精矿含铂族金属 90%（铱 4%～33%），包装后送江森－马太公司处理。

　　前苏联乌拉尔山脉曾经是砂铂矿的重要产地，20 世纪 60 年代铂族金属产量占全苏产量的 15%，主要产地有二：一是乌拉尔山以西的彼尔姆，属残积或冲积砂铂矿，含铂族金属 8～10g/t。此矿自 1817 年发现以来到 1930 年共开采了约 2491t 铂族金属。另一产地是谢罗夫市以西的克特黑姆镇。

　　挖泥船采掘的含铂泥质精矿磨细后用筛子分出大于 1.5mm 铁渣，筛下物用摇床富集。黑色精矿含铂＋金 155～350g/t，在 -1 +0.16mm 粒级中含量最高。磨矿时，每吨矿石加入 5kg 活性炭，以除去金和铂表面的有机疏水性薄膜。摇床处理能

铂矿
破碎
溜槽

溢流 ——— 精矿
磨矿 淘汰盘
溜槽 尾矿 ┃ 精矿
溢流 精矿 混汞 手选
淘汰盘 铂汞齐 酸处理
尾矿 精矿 汞齐处理
淘汰盘 海绵铂
尾矿 精矿 酸处理
粗铂

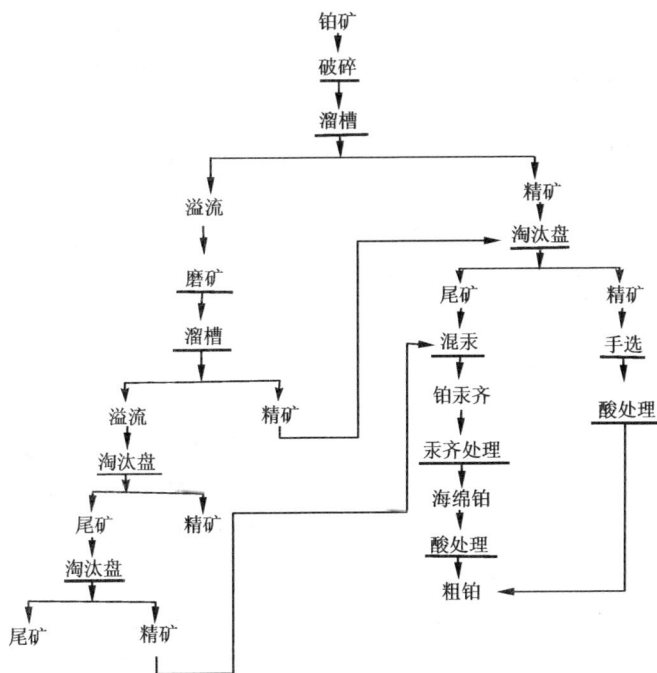

图 18-1　原生铂矿重选处理原则流程图

力为0.5t/h，精矿产率8%。用混汞法从摇床粗矿中提取铂族金属的最佳条件是：粒度 0.2mm；活性溶液含 NaCl 2~2.5mol/L；用 $NaHSO_4$ 调 pH 至 3~3.5。为促进铂汞齐化加入锌片。尾矿品位 1.3~1.7g/t，回收率 97%。获得两种产品：铁渣（+1.5mm）含铂710g/t，贮存待回收；铂精矿含铂 5%，用硫酸或盐酸将铁溶去，品位可提高 10 倍。图 18-1 为常见的原生铂矿富集处理流程。

在南非威特瓦特斯兰德砂砾矿床中随金一道伴生着少量铱锇矿（0.002~0.02g/t），其粒度为 0.06×0.07mm。重选时富集在金精矿中。金精矿混汞后，尾矿通常含不少铱锇矿，可通过摇床或绒面溜槽回收。含铱锇的精矿用硝酸处理除去残留的铁及黄铁矿，再用苛性钠清除混杂的碳化钨（采矿时钻头磨损带入，含量5%~15%）；所得精矿成分：锇 33%~36%；铱 29%~36%，钌 12%~15%，铂 8%~13%，铑 1%，其他 7%~9%。每月可回收铱锇矿 0.2~1kg。埃文德地区的四个矿山，每生产 2000kg 黄金，约副产 1kg 铂族金属。

18.2　脉铂矿的处理

南非德兰士瓦省中央地区的布什维尔德杂岩铂族金属储量巨大，占世界工业

总储量的 89%。岩体明显分成含铂族金属的三个地质系统：梅伦斯基矿脉（Me-
rensky Reef），上部铬矿脉群（Upper Group Cnrone）和普兰特矿脉（Plat Reef）。
梅伦斯基矿脉是布什维尔德杂岩的主要铂矿体，由辉岩组成，内含铬铁矿夹层。
金属硫化物主要有黄铁矿、镍黄铁矿和黄铜矿，铂族金属含量 4 ~ 15g/t。矿脉长
250km，钻孔探测矿脉垂直深度达 1900m，由南非三大铂矿公司共同开采。

吕斯腾堡铂矿公司建立于 1931 年 9 月，下有三个矿山：吕斯腾堡矿、约尼
恩矿和阿芒德比尔特矿。矿山开采的矿石经选矿产出高品位的重选精矿和低品位
的浮选精矿。后者熔炼成高锍，在江森马太公司提取铜镍，铂族金属富集物分别
送精炼厂精炼。

英帕拉铂矿公司于 1967 年成立，有三个矿山：南贝福肯、北贝福肯和怀特
比斯特方太恩矿。矿石在选冶中心处理，得到高锍送斯普林斯精炼厂，产品为镍
粉、镍锭、电解铜及块状、片状、粉状、海绵状的铂族金属。

西部铂矿开采梅伦斯基矿脉吕斯腾堡部分以东地段。铂族金属的精炼在约翰
内斯堡以东的布雷克番进行。

德兰士瓦矿石中铂族金属的形状十分复杂，主要有钯铂矿、砷铂矿、硫铂
矿、锑铂矿等，多与黄铜矿、镍黄铁矿和磁黄铁矿共生，少量以固溶体形态出现
在贱金属矿物晶格内，如镍黄铁矿中的铂。矿物学研究指出，铂族元素还可能存
在于脉石矿物晶格内，目前还不可能用选矿方法回收。

吕斯腾堡铂矿公司早在 20 世纪 30 年代就使用重选和浮选联合的方法处理含
铂的氧化及硫化矿石。氧化矿石含铂族金属 7 ~ 15g/t，在不同矿山，铂族金属回
收率 65% ~ 85%，从硫化矿石中回收率为 97%。

破碎工序为常规的二段或三段开、闭路流程。由于原矿粒度分布较细，二段
破碎前可用湿式筛分，筛下物送独立的浮选回路处理。磨矿通常采用两段：一段
开路，二段闭路。较新的选矿厂倾向于单段闭路球磨。

矿石中矿物的密度范围较宽，从滑石的 2.7 到铁铂矿的 16 ~ 17，这给磨矿
和分级回路带来麻烦，因为旋流器分级不能区分高密度小颗粒与低密度大颗比之
间的差异。为避免较大粒重的有价矿物过磨用绒面溜槽从分级之前的磨机排矿中
将其分离出来，随着采掘深度增加，氧化物减少，硫化物增多，重选回收的矿物
量相对减少了，有的铂矿，可用单槽浮选取代绒面溜槽，这有利于尽快回收易于
解离的粗粒硫化物。浮选槽安装在磨矿回路虽然会使操作困难，但这一措施在防
止过磨和改善回收方面的效果已得到确认。

浮选回路包括粗选、扫选和多次精选。用黄药作捕收剂，甲酚作起泡剂，硫
酸铜作活化剂。矿石含滑石，可用糊精、古耳胶或淀粉作脉石矿物抑制剂。浮选
精矿产率 4% ~ 5%，铂族金属品位 66g/t，回收率 82% ~ 85%，含 Cr_2O_3 <
0.3%。这种精矿再经过詹姆斯摇床得到含铂族金属达 30% ~ 40% 的高品位精

矿，直接送精炼，可避免冶炼损失，缩短加工时间，降低费用。尾矿中损失的铂族金属主要是磁黄铁矿。浮选动力学研究表明：铜离子的活化作用可显著提高纯磁黄铁矿的浮游率，重铬酸钾存在效果更好，已被半工业试验证实。

英帕拉铂公司开采的矿石中，主要的铂矿物有硫镍铂钯矿、硫铂矿、砷铂矿和铁铂合金。它们与黄铁矿、磁黄铁矿、镍黄铁矿及黄铜矿共生。地下开采的矿石提升到地面后，由有轨矿车收集并运到中心选矿厂，其厂给矿含铂族金属 5.3g/t，镍 0.2%，铜 0.14%，铬 0.25%，钴 0.01% 及少量金银。

矿石首先经过半自磨矿。共有 19 台磨矿机，各自与直径 500mm 的旋流器组成闭路。由于生产量受铂族金属市场需求的支配，磨矿机的生产能力通过补加钢球的多少来调节。每台磨机均配有单独的浮选回路，便于检查指标。每个浮选回路由 10 台 8.5m³ 的粗选槽及 12 台 0.85m³ 的精选槽组成。浮选精矿含水分约 70%，经浓缩、干燥，水分减至 7%，直接作为电炉炉料。熔炼在 1430℃ 下进行，加石灰助熔，产出的冰铜含铁约 45%，再经转炉吹炼成高锍（含铁 <1%，镍约 50%，铜 28%，铂族金属 3%）。高锍通过三段加压浸出并焙烧再浸出，获得铂族金属含量大于 45% 的精矿。

英国伦罗联合企业（Lomho Lod.）于 1970 年建立了西铂公司，并于 1971 年开始建设矿山及选矿石。目前已达设计能力，年产镍 1560t，铜 900t，铂族金属 4t，其中铂约占 60%，其余为钯、铑、铱及钌。磨浮流程大致与英帕拉选矿厂类似。

UG-2 矿脉位于梅伦斯基矿脉以下 100m 至 300m，含铂族金属 4.6~7.3 g/t、铜 0.04%~0.12%、镍 0.010%~0.029%、Cr_2O_3 27%~34%。硫化物以镍黄铁矿、磁黄铁矿、黄铜矿、钴-镍黄铁矿及针镍矿为主。最大粒度 550μm，一般 1~30μm。铂族矿物颗粒细小，一般 1~3μm 与贱金属硫化物关系密切，包含在其中或粘附其上。发现有单体或连生体分布在铬铁矿边缘或存在于铬铁矿和脉石中。重要的铂族矿物有：硫铂矿、硫钌矿、硫镍钯铂矿、砷铂矿等。

由于原矿中铬铁矿含量高，用常规浮选法得到的精矿氧化铬含量超过 7%，不适宜用常规的冶炼方法处理。自 1976 年南非国立冶铂研究所对含铬高的 UG-2 矿石进行了大量的试验研究及半工业试验，以减少浮选精矿中铬铁矿的含量，并改进这种精矿的冶炼技术。

曾对布里茨矿区的矿石进行过重浮流程半工业试验。两段螺旋选矿获得的重选精矿含 Cr_2O_3 40%~41%，回收率 80%，铂族金属加金的回收率约 20%；重选尾矿再浮选，精矿含贵金属 40g/t，回收率 77%（对原矿 62%）。此方案造成贵金属分散。

用浮选法对西部铂矿体进行评价试验，粗精矿中贵金属回收率大于 90%。接着在矿物工艺研究所进行了半工业试验，获得如下指标：精矿产率 1.0%，贵金属品位 430g/t，回收率 87%，精矿含 Cr_2O_3 2.9%。浮选流程由一次粗、扫选和三次精选组成。工艺条件：磨矿细度 $-75\mu m$ 占 80% ~ 85%；硫酸铜 70g/t（加入球磨机）、异丁基钠黄药 200g/t 起泡剂（Sefroth 5004）10g/t；粗选 35min、精选 8min。

在西部铂矿的梅伦斯基选矿厂进行工业试验，处理 1700tUG - 2 矿石，产出 20.5t 贵金属精矿，含 Cr_2O_3 .61%，贵金属 362g/t，回收率 83.75%。证明工艺可行后，建立了西部铂矿 UG - 2 选矿厂，于 1983 年投产，日处理矿石 6 万 t。该工艺具有如下特色：为使充填于铬铁矿裂隙中的铂族金属解离，需细磨矿石（85% 小于 $75\mu m$）；UG - 2 矿石不含滑石，精选较容易，精矿品位较高；应使用产生易碎泡沫的起泡剂，以减少夹带的铬铁矿，达到控制精矿含铬的目的。

18.3　从铜镍硫化矿中回收铂族金属

前苏联、加拿大和中国的铂族金属主要以镍铜的副产品回收。前苏联生产的钯占世界产量的 65%，主要靠西伯利亚的诺里尔斯克。加拿大铂族金属资源集中在安大略的萨德伯里和曼尼托巴的利恩湖地区。在最富的矿床中，每生产一吨镍，副产约 75g 铂族金属。萨德伯里地区的矿石大部分由国际镍公司处理。矿石含铂族金属 0.5 ~ 0.9g/t。铂族矿物主要有：等轴碲钯铋矿、砷铂矿、碲铂矿、硫砷铑矿等。

我国铜镍硫化矿床产于超基性岩中，铂族矿物主要有砷铂矿、自然铂、铂金矿、钯金矿等数十种。矿石平均含铜 0.23%，镍 0.42%，铂钯 0.11 ~ 0.77g/t，铑铱锇钌 0.00x ~ 0.xg/t。

从共生矿中富集铜镍铂族金属首先需选矿，由于矿石中铂族金属极低，且与重金属矿物密切共生，又属疏水性矿物，因此多用浮选 - 磁选处理原矿。

浮选精矿中铂族金属的进一步富集，国外各厂都使用火法熔炼。使之捕集在铜镍锍中，回收率很高。炉渣中的少量损失主要由锍的机械夹杂造成。用卧式转炉吹炼锍为铜镍高锍，这是铂族金属的可靠捕集剂。采用富氧空气强化吹炼是技术上的一个改进。

精矿到高锍的火冶过程中，铂族金属回收率达 95% 以上。南非吕斯腾堡铂公司处理高品位精矿的冶炼总回收率达 99%。

铜镍高锍的处理是共生矿选矿冶炼工艺的关键，其使用的方法很多，各国处理技术的差异也主要体现在这个环节。其处理工艺的研究和选择，都应以有利于铂族金属的富集和回收，减少分散损失作为重要前提。下面介绍几种在生产使用的高锍处理工艺的特点及铂族金属的提取途径。

18.3.1　高锍磨浮铜镍合金加压酸浸

南非吕斯腾堡铂矿公司的高品位贵金属高锍，半个多世纪以来一直用分层熔炼法处理。这种技术落后，火湿法交替过程过多，周期长、物料积压及返回量大，火法冶炼的烟尘损失及电解的化学损失不可避免，铂族金属的回收率不高。近年来该公司已按高锍缓冷，磨浮磁选，加压浸出磁性合金的工艺进行技术改革。其流程示于图 18 - 2。

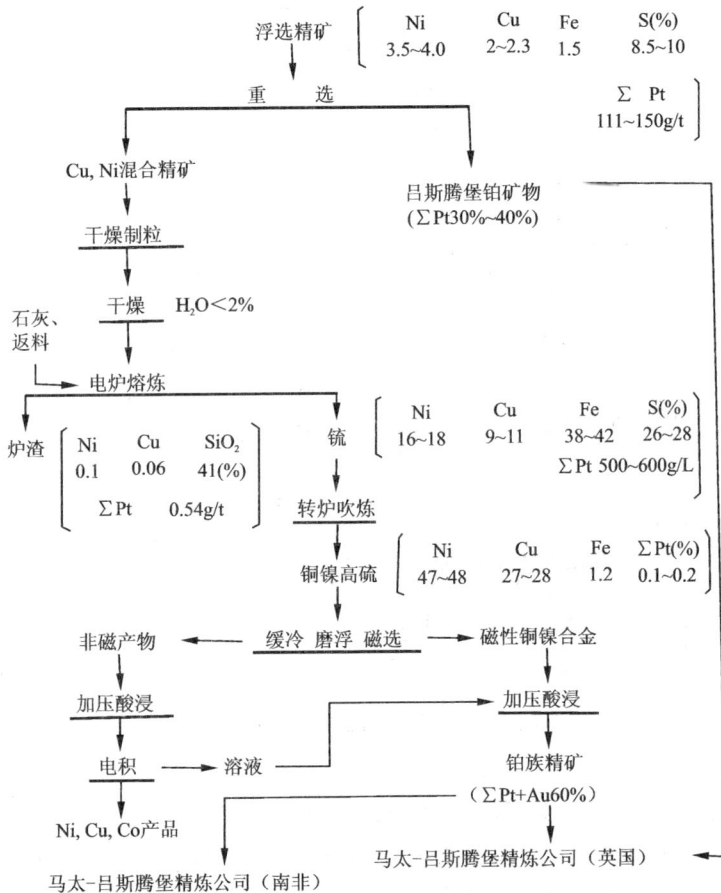

图 18 - 2　吕斯腾堡铂矿公司提取铂精矿工艺流程图

原矿浮选，精矿经摇床重选，产出一种粒度粗，比重大，单体解离好的铂矿物（称为"吕斯腾堡矿物"），直接送英国的罗伊斯顿（Royston）精炼厂处理。该产品中铂族金属品位 30% ～ 40%。浮选精矿在南非本地熔炼成高品位高锍，一半送英国布林斯敦（Brimstown）精炼厂，另一半留在南非用相同的流程处理，产出含铂族金属及金 60% 精矿，然后，分别在南非的瓦德维尔（Wadeville）和英国的罗伊斯顿精炼厂精炼成产品。

18.3.2　细磨高锍直接加压酸浸

南非英帕拉铂矿公司使用的工艺流程示于图 18-3。

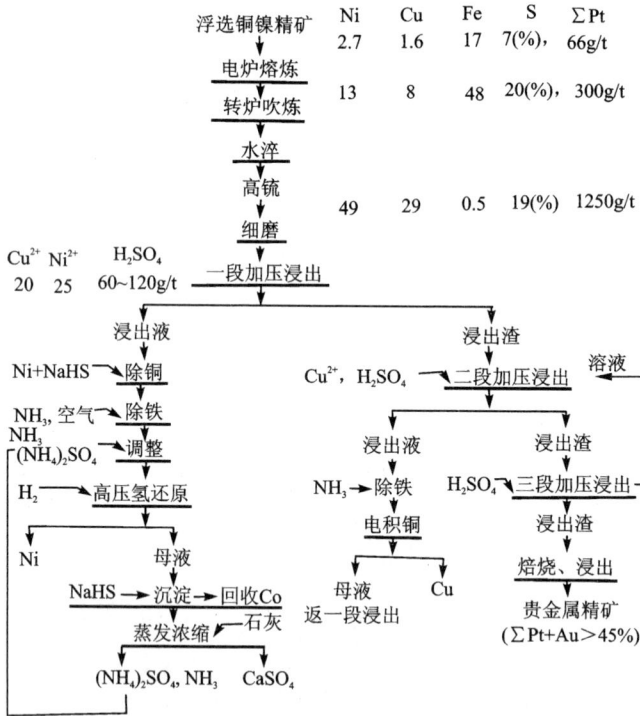

图 18-3　南非英帕拉工艺流程图

南非英帕拉的浮选铜镍精矿，经电炉熔炼、转炉吹炼，水淬获得高锍（含铂族金属总量为 1250g/t）。高锍经三段加压浸出分离贱金属后，贵金属富集物再焙烧-浸出，产出品位大于 45% 的铂精矿。从高锍到贵金属精矿，铂族金属富集 300 倍。美国镍港冶炼厂也用类似的工艺，处理从博茨瓦纳等进口的含铂族金属很低的高锍。但国外类似方法处理我国金川高锍的结果表明，铂钯的回收率分别为 87% 和 92%，铑铱钌锇四金属的回收率低于 90%。第三段浸出渣的成分为（%）：Cu 16.8，Ni 6.6，Fe 3.4，SiO_2 34.1，Pt 0.35，Pd 0.25。贵贱金属比为 1:44，需进一步处理才能得到合格的精矿。

南非的两大公司使用加压浸出富集贵金属，具有工序少、效率高的优点。他们同时也解决了浸出液中贱金属的分离和精炼等技术问题。但对耐压设备的加工和防腐的要求较高，镍的精炼过程相应较复杂且产品形态单一。这些缺点使该法用于处理贵金属品位低的高锍受到局限。

18.3.3　细磨高锍盐酸或氯气选择性浸出法

鹰桥镍矿公司设在挪威克里斯蒂安桑的精炼厂过去用传统的优先溶解法处理加拿大高锍（含铂族金属 20g/t），即焙烧浸出分离铜，焙烧粗镍电解，二次电解富集，阳极泥再焙烧浸出等一套冗长过程才产出品位为 45% 左右的铂族金属精矿。贵金属回收率不高。20 世纪 70 年代后期用盐酸或氯气优先浸出镍，含铂族的不溶铜渣焙烧浸出电积铜，含铂族 0.12% 的不溶渣经电炉熔炼后水淬细磨的工艺，再与南非的高品高锍合并处理提取贵金属精矿（见图 18 - 4），从高品位高锍至产出品位 45% 的铂精矿，富集 300 倍。按实验室模型拟生产工艺获得的技术指标，贵金属回收率比加压浸出工艺高（大于 90%）。若以加拿大高锍的贵金属品位计算到获得精矿，富集两万多倍。

氯化过程与加压浸出工艺相比，贱金属的分离指标接近，但常压浸出设备易加工。由于该公司成功地解决了耐盐酸介质腐蚀的材料，并研究成功氯化镍溶液的直接电积和氯气闭路利用等技术，其工艺的优点明显。

18.3.4　缓冷高锍磨浮铜镍合金气化冶金

加拿大鹰桥精炼厂回收的铂族金属量仅次于吕斯腾堡、英帕拉、诺里尔斯克，居世界第四位。所用矿石为萨德伯里、谢班多温及汤普森等地的共生矿。铂族金属品位分别为 0.78 和 0.4g/t。高锍中富集到 20 ~ 40g/t，约为南非的五分之一。由于品位低，从高锍到获得 55% 品位的铂精矿要求富集万倍以上，同时为满足市场对镍产品的需求而提供多种产品结构，因此整个鹰桥的选 - 冶工艺十分复杂。鹰桥高锍磨浮工艺流程示于图 18 - 5。

该公司用磨浮分离高锍已有 40 多年的历史。工艺的改变情况是：①磁选分离，即获得富集 90% 铂族金属的铜镍合金，其余 10% 被带入镍精矿。合金中铂族品位 0.04% ~ 0.05%。②用加硫在电炉硫化，转炉吹炼为二次高锍，再缓冷磨浮的方法产出铂族品位 0.4% ~ 0.5% 的二次合金。二次合金熔铸阳极电溶。电溶阳极泥与粗镍电解阳极泥合并熔炼为贵金属阳极进行二次电解。二次阳极泥低温焙烧 - 浸出分离贱金属，高温氧化挥发回收锇后，获得铂族精矿送往英国的阿克统精炼厂精炼。多次的熔炼，电解、电溶，提取周期长，返料大，效率低，贵金属的物理和化学损失大。尤其是合金熔炼极板电溶的方法因为合金熔点高，难熔化，极板物质成分不均匀，造成残极率及阳极泥产率大，贵金属在电解液和

加拿大铜镍高锍
→ 细磨
Cl_2→ 选择性氯化 ← HCl浸出
高锍→置换除铜 ← Su_2S渣 → 并入氧化焙烧
滤渣(Cu_2S) ← 过滤 → 滤液
氧化焙烧→液态SO_2
母液 → 浸出过滤 → 萃取净化→提取Co
滤液($CuSO_4$) 滤渣 → $NiCl_2$溶溶电积 $NiCl_2$结晶
铜电积 H_2还原 母液 Cl_2 Ni 高温水解
Cu 滤渣←Cl_2浸出→溶液 用于氯化 H_2还原
电炉熔炼 返置换除铜 Ni粒
水淬细磨
细磨锍化物（ΣPt0.12%） 南非高品位贵金属高锍（ΣPt≈0.15%）
HCl→盐酸浸出→送萃取净化
Cl_2→选择性氯化
氯化液($CuCl_2$) 贵金属富集物（ΣPt, S°）
H_2S沉淀Cu_2S 四氯乙烯脱锍
返回焙烧 密闭保温过滤
贵金属富集物 C_2Cl_4+S°
焙烧浸出 冷却结晶
贵金属精矿 S° C_2Cl_4
（ΣPt+Au>45%）

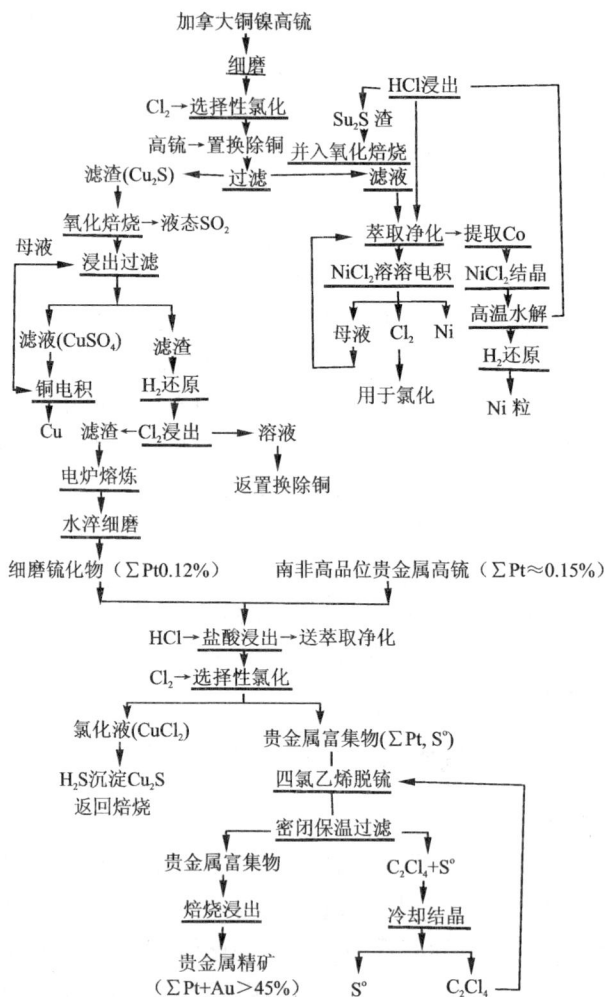

图 18-4 鹰桥镍矿公司高锍处理工艺流程图

海绵铜中分散损失多。同时电溶在酸性溶液中进行，装、出槽及回收阳极泥的操作条件恶劣等，所以电溶富集的方法无论在技术上或经济上都是不合理的。③后来该公司发展了高压羰化精炼镍技术，1973 的新建了新铜崖精炼厂。直接以一次合金，镍锍电解残极，汤普森精炼厂的镍锍电解阳极泥热滤脱硫渣及其他含镍中间物料为原料，经过氧气顶吹－水淬－高压羰化处理，产出高纯镍粉丸。羰化渣再送铜崖铜精炼厂加压硫酸浸出电积铜，再从不溶渣中提取铂族金属精矿。

鹰桥使用氧气顶吹高压羰化新技术精炼镍，在世界上独一无二。但是从贵金属回收的角度来看，氧吹时贵金属品位实质上被贫化了，氯化时也可能有铂族金

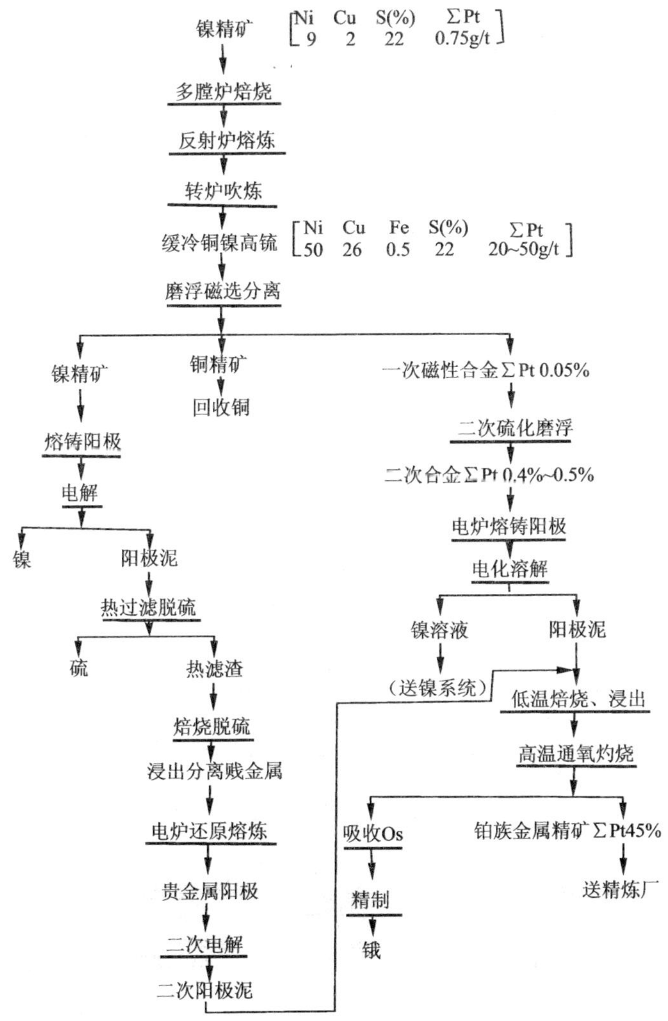

镍精矿 $\begin{bmatrix} Ni & Cu & S(\%) & \Sigma Pt \\ 9 & 2 & 22 & 0.75g/t \end{bmatrix}$

多膛炉焙烧

反射炉熔炼

转炉吹炼

缓冷铜镍高锍 $\begin{bmatrix} Ni & Cu & Fe & S(\%) & \Sigma Pt \\ 50 & 26 & 0.5 & 22 & 20{\sim}50g/t \end{bmatrix}$

磨浮磁选分离

镍精矿 ── 铜精矿 ── 一次磁性合金 $\Sigma Pt\ 0.05\%$

铜精矿 → 回收铜

镍精矿 → 熔铸阳极 → 电解 → 镍 / 阳极泥

一次磁性合金 → 二次硫化磨浮 → 二次合金 $\Sigma Pt\ 0.4\%\sim0.5\%$ → 电炉熔铸阳极 → 电化溶解

阳极泥 → 热过滤脱硫 → 硫 / 热滤渣 → 焙烧脱硫 → 浸出分离贱金属 → 电炉还原熔炼 → 贵金属阳极 → 二次电解 → 二次阳极泥

电化溶解 → 镍溶液（送镍系统） / 阳极泥 → 低温焙烧、浸出 → 高温通氧灼烧 → 吸收Os（精制→锇） / 铂族金属精矿 $\Sigma Pt\ 45\%$（送精炼厂）

图 18-5　加拿大鹰桥高锍磨浮工艺流程图

属的分散损失，同时这套技术对设备加工，材质选择，环境保护，技术操作都有严格的要求，一般工业国家难以达到。因此新铜崖厂的投产，主要是解决合金及其他难以处理的含镍中间产品的出路，增加镍产品品种，对贵金属的回收未必是合理的。

18.3.5　我国制取铂族金属精矿工艺

我国铜镍精矿提取铂族金属精矿原则工艺流程示于图 18-6。

浮选精矿 [Ni 3%~4.5%, Cu 1.5%~2.6%, ∑Pt~2g/t]

回转窑焙烧

电炉熔炼

电炉渣 → 弃去

低镍锍

转炉吹炼

高镍锍 [Ni 46.3%, Cu 22.8%, ∑Pt 28g/t]

转炉渣 → 贫化回收钴

铜精矿 → 回收铜

镍精矿 → 回收镍

铜镍合金 ∑Pt 300g/t

二次硫化磨浮

二次合金 [Ni 68.9%, Cu 17.5%, ∑Pt 0.22%]

盐酸浸出 → 浸出液

控制电位氯化 → 氯化液 → 送镍系统

浓 H_2SO_4 浸煮 → 浸煮液

四氯乙烯脱硫 → 纯硫磺粉

贵金属精矿
[∑Pt 13.87% Ni 3.5% Cu 5.7%]

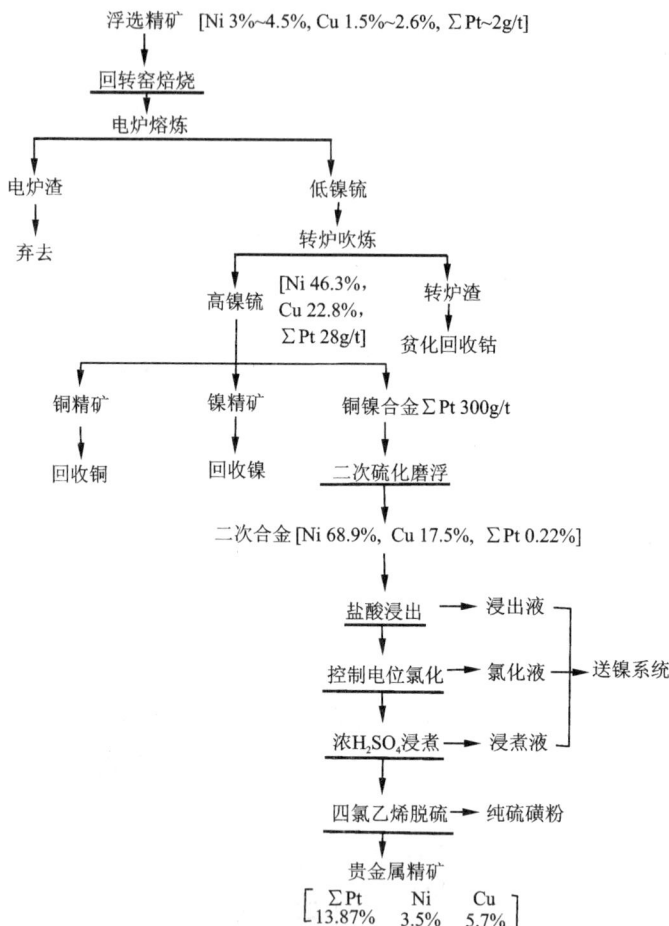

图 18-6　我国铜镍精矿提取铂族金属精矿原则流程图

18.4　从镍电解阳极泥提取铂族金属精矿

镍电解阳极泥中，贵金属含量很低，不能直接冶炼，需经过如图 18-7 所示的流程来处理镍阳极泥以富集其中的贵金属。

18.4.1　镍阳极泥的热过滤脱硫

从不同含硫物料中提取硫的方法，大致可归纳为：焙烧、蒸馏、浮选、加压浸出，溶剂萃取及热过滤等。焙烧和蒸馏是古老的脱硫方法。浮选法只适于处理

镍电解阳极泥

分级

残极　　　　　　　　阳极泥(Pt+Pd~95g/t)

返回阳极熔铸　　　　　洗涤 ——→ 洗液

热过滤脱硫

热滤渣(Pt+Pd~600g/t)　　　　　硫

破碎　　　　O₂，Ni(OH)₂

加压浸出

过滤

浸出渣　　　　滤液

O₂，
Ni(OH)₂

高压浸出

过滤

二次浸出渣　　滤液

水溶液氯化

氯化液　　　　氯化渣(回收Ag、Rh、Ir、R)

提取Pt、Pd、Au

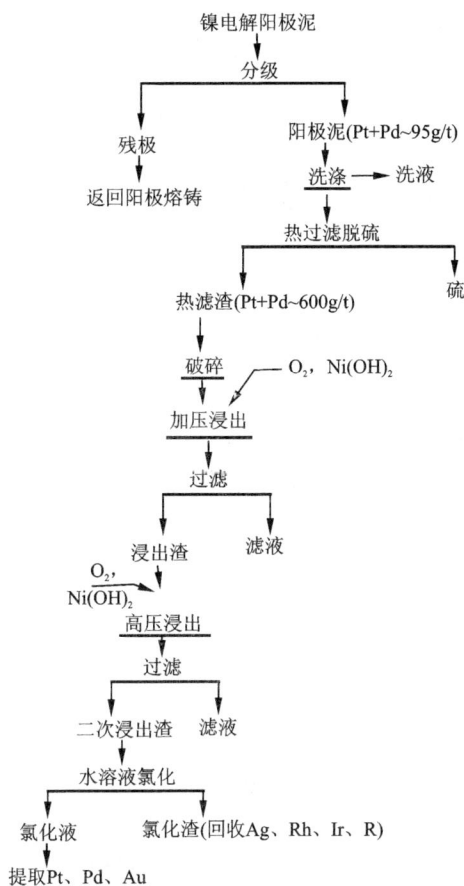

图 18-7　从镍电解阳极泥富集贵金属工艺流程图

含硫 <40% 的物料。加压浸出目前主要用于硫磺矿中提硫。萃取法脱硫率高，但要考虑到残存的有机物对电解的有害影响。加拿大汤姆逊厂采用热过滤法脱硫，处理含硫 95% 的阳极泥，脱硫率达 80%，滤饼含硫量降至 50%。热滤法脱硫的实质，是使阳极泥中的硫在流动性最好的温度范围内，通过机械分离的方法与不熔残渣分离，或加热熔结成小珠骤冷后筛选分离。分离硫后的热滤渣中的贵金属得到富集。

硫有多种同素异形体，正交硫（S_α）熔点 112.6℃，单斜硫（S_β）熔点为 119.5℃，一般硫的熔点为 115.21℃。当硫加热到熔点以上时，最初生成浅黄色液体，升温至 159℃以上时，熔体硫变为棕色，且粘度剧增，只有在温度 130~155℃区间内，熔体硫的粘度最小。当温度 >159℃时，粘度随温度升高而有所减小，直到接近硫的沸点温度 444.6℃时，熔体硫才恢复其流动性。所以热滤脱硫时，最适宜的温度为 135~145℃。

热过滤脱硫的工艺过程是先将镍阳极泥放入容积为 2.5m³ 的热滤器中，用蒸气将其加热到 145℃，使阳极泥中的硫均匀熔化，再移入过滤盘中过滤。过滤时真空度为 353mmHg。温度不低于 135℃，选择奥伦布为过滤介质。经过热滤，其渣率为 18%~24%，贵金属品位富集 4~5 倍，并产出品位达 99% 的成品硫。但是，热滤脱硫并不能将硫脱净，热滤脱硫率最高 87%，而一般热滤渣中残硫仍达 50% 以上。

18.4.2 加压浸出–水溶液氯化

1. 加压浸出，富集贵金属

脱硫热滤渣采用加压浸出，使铜、镍、铁与硫等溶解，贵金属则得到进一步富集。渣中铜、镍、铁等基本上以硫化物形态存在，包括 CuS、NiS、Cu_2S、FeS、(NiCu)S 以及元素硫等。将此热滤渣放入浸出槽，调整液固比为 8~10，温度 150℃，控制体系内氧的分压 $p_{O_2} = 7kg/cm^2$，这时将发生如下浸出反应：

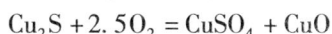

$$NiS + 2O_2 = NiSO_4$$
$$CuS + 2O_2 = CuSO_4$$
$$Cu_2S + 2.5O_2 = CuSO_4 + CuO$$
$$2FeS + 4O_2 + SO_4^{2-} = Fe_2(SO_4)_3$$
$$2FeS + 4.5O_2 + (n+2)H_2O = Fe_2O_3 \cdot nH_2O + 2H_2SO_4$$
$$S + 1.5O_2 + H_2O = H_2SO_4$$

上述反应速度的大小与多种因素有关，由于物料硫多，所以硫的氧化速度是浸出反应过程的决定因素。在不同的温度和 pH 条件下，硫氧化具有不同速度。在 pH < 2，温度低于 160℃时，易生成元素硫；pH > 2 易生成 SO_4^{2-}、HSO_4^-；pH = 5~6 时开始生成多硫酸盐（$S_2O_6^{3-}$）；在 160℃ 以上由生成 SO_4^{2-}、HSO_4^-。

由于硫氧化产生大量的酸，故根据质量作用定律，若及时消耗这些酸将促进硫氧化反应向右进行。作业中常添加氢氧化镍量达 75%，使温度升至 170℃ 时硫的氧化率可达 99%，产出高浓度硫酸镍溶液送回镍电解。

加压浸出中提高酸度，有利于除去原料中的铁和铜、镍，但却不利于除硫，所以工艺过程中常采用二段浸出，即第一段控制高酸度（100g/L）；第二阶段加入大量添加剂氢氧化镍控制低酸度（20g/L），从而实现分别除去热滤渣中杂质，富集贵金属的目的。

2. 水溶液氯化–氯气浸出贵金属

水溶液氯化的目的，是借氯气的强氧化作用，将高压浸出渣中贵金属氯化溶解造液，为提取贵金属提供料液。

（1）Cl－H$_2$O 系电位 pH 图　氯气溶于水后，25℃时有关组分稳定存在的条件，可用 Cl－H$_2$O 系标准电位 pH 图（图 18－8）来表示。

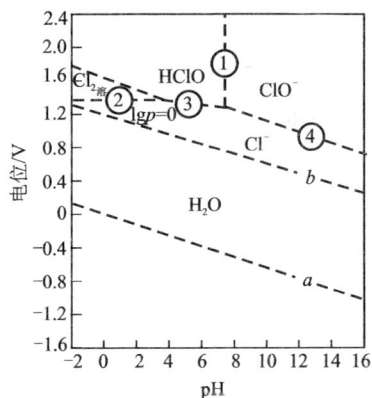

图 18－8　25℃时 Cl－H$_2$O 系电位－pH 图

图中各条线代表的反应分别为：

① 　　HClO = ClO$^-$ + H$^+$

② 　　Cl + 2e = 2Cl$^-$

③ 　　HClO + H$^+$ + 2e = Cl$^-$ + H$_2$O

④ 　　ClO$^-$ + 2H$^+$ + 2e = Cl$^-$ + H$_2$O

a 　　2H$^+$ + 2e = H$_2$

b 　　O$_2$ + 4H$^+$ + 4e = 2H$_2$O

图 18－8 中 Cl$_2$、Cl$^-$、HClO、ClO$^-$ 的稳定存在区与水稳定存在区的分布可以看出。Cl$^-$ 稳定存在区扩展到 pH 的全部刻度上，并且完全覆盖水的稳定存在区；气体氯能够使水氧化并按下式反应析出氧：

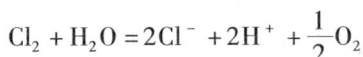

$$Cl_2 + H_2O = 2Cl^- + 2H^+ + \frac{1}{2}O_2$$

这表明氯气于水介质中是一种很强的氧化剂，在很大的 pH 范围内能直接或间接地将常见金属与化合物氧化。

图 18－8 还表明，氯气的稳定存在区较狭小，只有在 pH 较低的酸性介质中稳定存在。在碱性介质中，氯气则转化为次氯酸。次氯酸是一种弱酸，也是一种强氧化剂。次氯酸和次氯酸根的稳定范围分布在水和气体氯（酸性溶液中）的稳定范围之上，这说明次氯酸和次氯酸盐能够使水和酸性介质中的氯化物氧化，生成氧和氯。

（2）氯化浸出反应　贵金属氯化浸出的实质，同样是氧化还原过程。由于氯是一种强氧化剂，其还原电位 $\varphi_{Cl/Cl_2}^{\ominus} = 1.358$ 伏。各种贵金属的还原电位如表 18 - 1 所示。表 18 - 1 表明，$\varphi_{Cl/Cl_2}^{\ominus}$ 大于除金以外的各类贵金属的还原电位值，因此，氯气能将除金以外的所有贵金属氧化生成氯化物。

表 18 - 1　贵金属 25℃时的标准电位/V

电　　　极	标准电位	电　　　极	标准电位
Au^+/Au	+ 1.58	Pd^{2+}/Pd	+ 0.98
Au^{3+}/Au	+ 1.42	Rh^{3+}/Rh	+ 0.80
Pt^{4+}/Pt	+ 1.2	Ag^+/Ag	+ 0.758
Ir^{3+}/Ir	+ 1.15	Ru^{2+}/Ru	+ 0.49

此外，氯溶于水后，将按下式水解：
$$Cl_2 + H_2O = HCl + HClO$$
生成的次氯酸具有更正的还原电位，它能使包括金在内的所有贵金属氯化：
$$HClO + H^+ + 2e = Cl^- + H_2O$$
$$\varphi_{Cl^-/HClO}^{\ominus} = + 1.63V$$
各种贵金属被氯气氧化的反应如下：
$$Pt + 2Cl_2 + 2HCl(2NaCl) = H_2PtCl_6(Na_2PtCl_6)$$
$$Pd + 2Cl_2 + 2HCl(2NaCl) = H_2PdCl_4(Na_2PdCl_4)$$
$$2Au + 3Cl_2 + 2HCl(2NaCl) = 2HAuCl_4(2NaAuCl_4)$$
$$2Ag + Cl_2 = 2AgCl$$
生成的氯化银在浓盐酸和碱金属氯化物中有明显的溶解现象，在溶液中呈阴离子存在（$AgCl + 2Cl^- = AgCl_3^{2-}$），在溶液稀释后，平衡逆向移动，又析出氯化银沉淀。

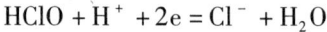

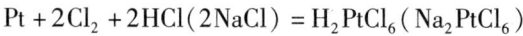

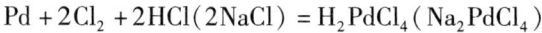

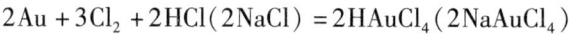

普通金属在水溶液氯化过程中反应如下：
$$Cu_2S + 5Cl_2 + 4H_2O = CuSO_4 + CuCl_2 + 8HCl$$
$$CuFeS_2 + 8.5Cl_2 + 8H_2O$$
$$= CuSO_4 + FeCl_3 + H_2SO_4 + 14HCl$$
$$Cu_2S + 4FeCl_3 = 2CuCl_2 + 4FeCl_2 + S^0$$
$$S^0 + 4H_2O + 3Cl_2 = 6HCl + H_2SO_4$$
物料中镍一部分被氯化溶解进入溶液，一部分则因表面氧化生成 NiO 而将镍钝化，使镍溶解速度放慢。物料中经高温氧化生成的 Fe_2O_3 难溶于酸，尤其在强氧化气氛中更为稳定。所以氯化的难易程度表现为铜、镍、铁的逆转顺序。硅和铝的氧化物不被氯化而残留于渣中。

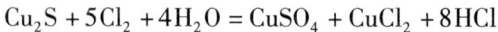

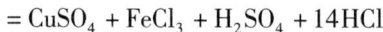

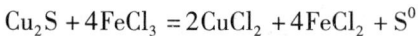

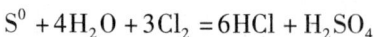

$FeCl_3$ 对物料中的许多组分，表现出强溶解能力，生成的 $FeCl_2$ 又极易被氯化为 $FeCl_3$，因此它是氯的"传递剂"，有利于对其他金属的氯化溶解。

（3）氯化浸出作业　氯化反应是放热反应，作业开始 1～2h 内，温度可升至 40～50℃，水溶液氯化时温度升高，镍、铁的溶解速度迅速增加，金的溶解速度反而放慢，所以常温氯化时，贵金属氯化率较镍、铁高，尤以金氯化率最高，达 97% 以上。氯化作业中如加入一定量硝酸，可使氯化速度大幅度增加。氯化后液酸度较大，达到 3～4mol/L，这主要是由于浸出反应产生盐酸引起的。

水溶液氯化作业主要条件是：液固比 5，物料最大粒度不大于 1mm，溶液 HCl 浓度 3M，NaCl 浓度为 10%，通入氯气 8h，作业温度 80～90℃，并机械搅拌。

经过一次氯化后，氯化渣仍含有铂族金属 0.3%～0.4%，故常进行二次氯化，两次氯化的作业条件基本相同，但后次时间缩短至 4h，这可将贵金属直收率提高 2%～3%。氯化渣尚须集中处理，以得进一步回收其中贵金属银、铱和锇、钌。

（4）氯化液处理　水溶液氯化浸出液中含贵金属量，仅 2% 左右，所以不能直接用来提取贵金属。若氯化液中普通金属含量低，在 Cu < 0.2%、Fe < 0.6% 时，此氯化液可先行浓缩，再送去分别提取金、铂、钯等。此外，氯化液也可用锌粉置换其中贵金属，这时溶液中金最易置换，钯次之而铂较难，只有铜全被置后铂才被置换完全，所以置换产物中常含有很多铜。置换产物用盐酸脱锌，用硫酸高铁脱铜后，即可作为贵金属精矿送去提取贵金属。

第 19 章

铂族金属的
分离与提纯

　　国外铂族金属的精炼主要被几个精炼厂所控制。除了资源及垄断的因素外，集中处理也有利于发挥技术优势和经济效益。国外铂族金属精炼厂，主要有吕斯腾堡铂矿股份公司的马太－吕斯腾堡精炼公司（MRR），精炼厂分别设在南非约翰内斯堡和英国的罗伊斯顿。英帕拉铂矿公司分别在南非布拉克潘（Brakspan）的郎候（Lonrho）精炼厂和英国的阿克统精炼厂。前苏联的克拉斯诺雅尔斯克精炼厂等。

　　精炼工艺流程的主要特点：铂精矿中铂族金属加金一般为 45%~60%。其余为少量二氧化硅及少量银、铜、镍、铁、硫、硒。精炼工艺流程包括三个主要工序，即精矿中所有贵金属元素转化为溶解状态，一次全部溶解或分组依次分别转入溶液；进一步分离贱金属及各个贵金属元素的粗分；各个粗金属再经提纯至商品金属。

19.1　铂族金属分离的传统工艺流程

　　20 世纪 60 年代初期，阿克统精炼厂及江森－马太公司精炼厂公布了使用几十年传统工艺的原理及流程。20 世纪 70 年代初期国际镍公司帮助建立的英帕拉精炼厂也是使用传统的工艺流程。1980 年，阿克统精炼厂仍以传统工艺作为生产的主干流程。主要特点是用焙烧－浸出，王水溶解及用不同试剂熔炼－浸溶的方法依次粗分各个金属。首先反复焙烧－浸出铂精矿，分离硫硒及贱金属，使后者的含量少于 1%，并改变贵金属的存在状态。然后用王水溶解，铂钯金转入溶液，其余留于不溶残渣。从王水溶液中用硫酸亚铁或二氧化硫还原出粗金，加氯化铵沉淀出粗氯铂酸铵，并分离。含钯溶液用氨水络合，盐酸酸化从母液中沉淀出粗二氯二氨络亚钯。

　　上述两种铂、钯沉淀物分别精制成商品纯金属。王水不溶残渣用铅富集熔炼，硝酸溶解分离铅银，硫酸氢钠熔融水浸分离铑，过氧化钠熔融水浸分离钌、锇，最后从不溶渣中王水溶解提取铱。各个金属的精炼均采用反复沉淀为纯盐类煅烧氢还原的方法，产出海绵状金属。

全工艺至少包括 8 种基本的分离程序，进行 150 种以上的化学反应及更多次的操作，周期长达 4～6 个月。传统工艺的缺点是显而易见的，如多次的火 - 湿法交替作业，设备配置及工艺操作复杂，贵金属的机械损失大，不少含贵金属的烟尘和其他中间产物需要返回处理。由于过程多、周期长，贵金属积压量大。贵金属的分离效率也不高，工艺的直收率低。

20 世纪 70 年代阿克统精炼厂在技术上对传统工艺作了三项改进。①用二丁基卡必醇萃取 - 草酸直接还原法代替硫酸亚铁还原 - 电解精炼法，简化了金的提取工艺。②完善了回收锇的技术，即以稳定锇酸钾盐形态保存，待有用户需要时再加压氢还原产出锇粉。使精炼流程中增加了锇产品。③用甲酸还原直接从相应的纯溶液中获取铑、钯产品，代替了沉淀为盐类煅烧氢还原的方法。改进后的传统工艺示于图 19 - 1a，b。

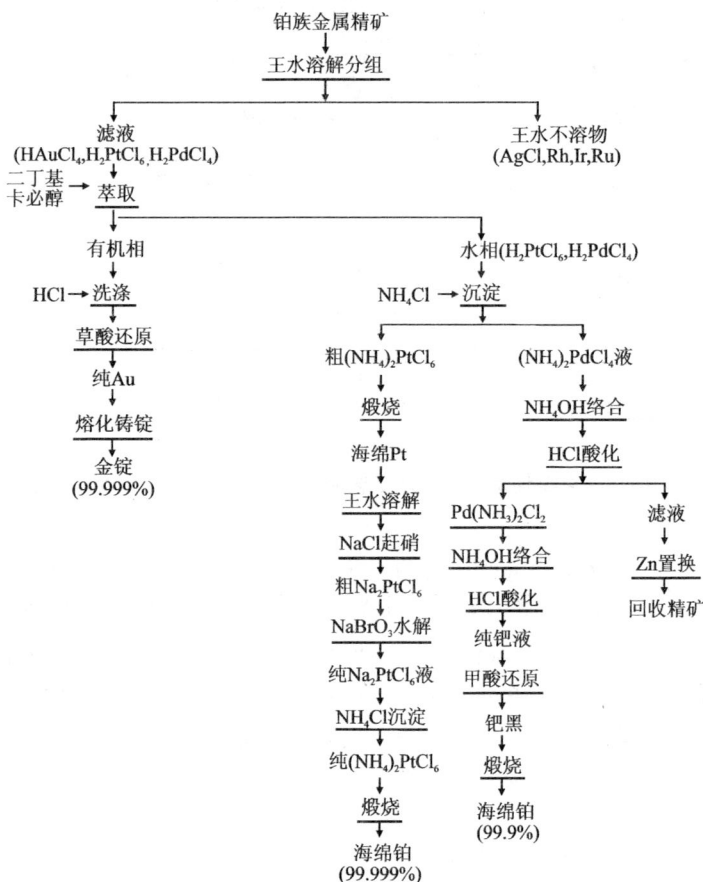

图 19－1a　阿克统精炼厂改进后的传统精炼工艺流程图（铂钯金部分）

王水不溶物(AgCl,Rh,Ir,Ru等)

硼砂，苏打，碳酸铅，碳 → 铅富集熔炼 → 炉渣

Pb合金水淬

硝酸溶解

不溶Rh,Ir,Ru等　　　　　　　　　　　　溶液Pb(NO₃)₂

NaHSO₄溶融　　　　　　　　　　　　　　　AgNO₃

H₂SO₄转化

Rh₂(SO₄)₃液　　　　　不溶Ru,Ir　　　Ag溶液　　　　PbSO₄沉淀

NaOH水解　　　　　　Na₂O₂溶解　　HCl→沉淀AgCl　　Na₂CO₃处理

Rh(OH)₃　　　　　　　水浸出　　　苏打木炭→熔炼　　PbCO₃

HCl溶解　　　　　　　　　　　　　　电解精炼　　　返回熔炼

H₃RhCl₆　　　Na₂Ru₄O₄液　　不溶IrO₂　　熔化，粒化

NaNO₂络合　　Cl₂氧化蒸馏　　王水溶解　　Ag粒

Na₃Rh(NO₂)₆　　HCl吸收　　　H₂IrCl₆　　(99.99%)

HCl浸煮　　　　H₂RuCl₆　　　HNO₃氧化

阳离子交换　　　　　　　　　　NH₄Cl沉淀　→(NH₄)₂IrCl₆

H₃RhCl₆　　HNO₃煮沸赶Os　　OsO₄　　　(NH₄)₂S净化

甲酸煮沸还原　　H₂RuCl₆　　　NaOH吸收　　(NH₄)₃IrCl₆

煅烧　　　　　NH₄Cl沉淀　　CH₃OH　　再氧化沉淀

H₂还原　　　(NH₄)₂RuCl₆　　锇酸钠　　纯(NH₄)₂IrCl₆

Rh　　　　煅烧，H₂还原　　KOH转化　　煅烧，H₂还原

(99.9%)　　　Ru　　　　锇酸钾沉淀　　Ir

　　　　　(99.9%)　　高压H₂还原　　(99.9%)

　　　　　　　　　　Os粉

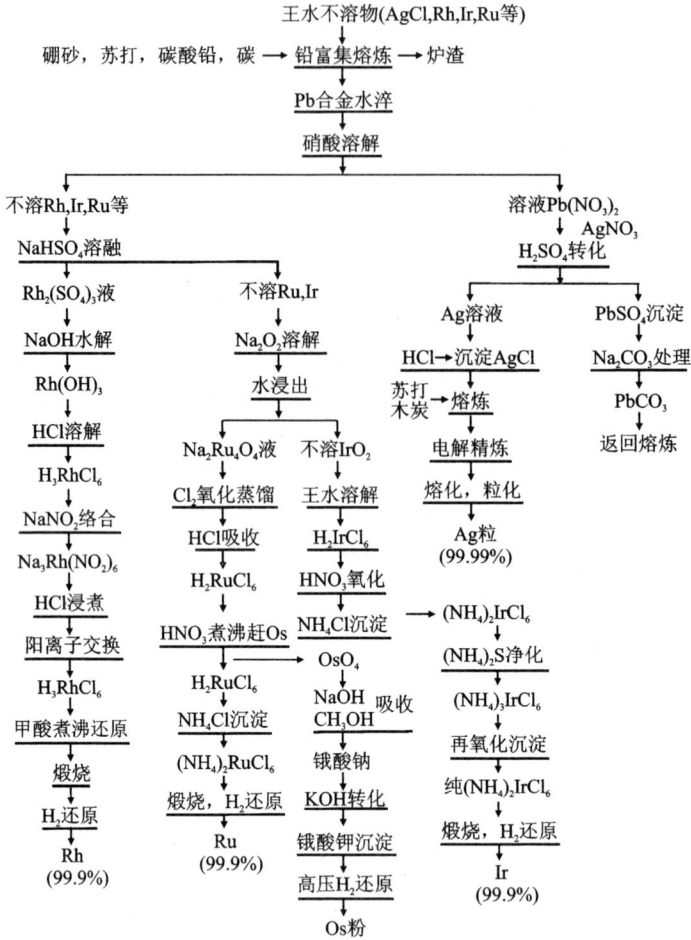

图 19 – 1b　阿克统精炼厂的精炼工艺流程图（银、铑、铱、锇、钌部分）

同时，在设备方面大量使用蒸汽夹套加热的钢衬玻璃反应器（估计为耐酸搪瓷反应器），溶液输送用小型耐磨蚀泵。设备中易损或接触强腐蚀介质的部件（如温度计套管、搅拌器、盖板、钢支架）都用包钽的复合材料。液体及试剂的输送采用遥控。设备的配置也由原来的多层阶梯式改为两个平面的紧凑布置等。这些措施增大了设备容量、延长寿命，提高生产能力。同时有利于工艺条件的控制和稳定操作，改善环境及劳动条件。

19.2　蒸馏分离锇、钌

从上述阿克统精炼厂铂族金属分离和提纯的工艺流程可看出，首先将贵金属

精矿中含量较多的铂、钯、金先行分离，然后分离银、铅，再分离铑、铱，最后才提取锇、钌。这样，就使含量较少的锇钌分散到先期提取的金属成品、半成品中，从而增加了分离工艺的复杂性，同时也降低了锇钌的回收率。这是阿克统流程和其他传统流程的弊端之一。例如，加拿大国际镍公司，曾经很长时间回收不到锇。

19.2.1　蒸馏分离锇、钌

在铂族金属中，锇钌能生成正八价挥发性的四氧化物，根据这个特征可用蒸馏法使锇钌与其它贵金属元素分离，或者在分离提纯各个贵金属元素前优先蒸馏锇钌，以减少分散损失，特别是锇的损失。

锇钌或其溶液在强氧化剂（氧、氯）的作用下容易生成高价锇、钌氧化物，OsO_4、RuO_4。OsO_4 的熔点为 40℃，在 100℃ 开始挥发，沸点 134℃；RuO_4 的熔点为 25℃，在 40℃ 开始挥发；其中锇比钌更容易损失（主要决定于其生成条件和动力学因素）。金属态锇、钌在高温下损失率如表 19 – 1 所示。

表 19 – 1　锇钌在高温下的重量损失率

金　属	温度℃	损失率 $[mg/(cm^2/h)]$	
	1000	1200	1400
Ru	0.58	12	120
Os	1350	810	1240

从表中看出，在金属状态的 Os 高温挥发远比 Ru 大得多。

Os 比 Ru 更容易氧化，可从 1966 年 M. Pourbaix 给出的电位 – pH 图考察。$Os – H_2O$ 系电位 – pH 图示于图 19 –2。$Ru – H_2O$ 系电位 – pH 图示于图 19 – 3。

将两电位 – pH 图进行比较，可看出：

（1）OsO_4 稳定存在区域比 RuO_4 大（就电位而言），OsO_4 的还原电位在 O_2 线之下，从 pH <10 到高酸度均可稳定存在。RuO_4 的还原在 O_2 线之上（只有当 pH >12），而且要在体系电位很高的区域才能稳定。

（2）比较两条④线，从二氧化物到四氧化物，当 $pH \cong 0$ 时，其氧化电位钌是 1.387V，锇是 1.005V，这表明锇比钌更易于氧化蒸馏。

（3）从碱性介质中蒸馏锇、钌时，OsO_4^{2-} 在 pH9 左右（5 线）可在较低电位下直接氧化 OsO_4，而 RuO_4^{2-} 不能直接氧化为 RuO_4，需先转变为 RuO_4^-，然后在更高的电位下才氧化为 RuO_4。

另外，还要考虑 OsO_4 和 RuO_4 的吸收。在酸性和碱性介质中它们都可以被还原为更低的氧化态，从动力学上说高价态钌还原速度比相应的锇要快得多。在

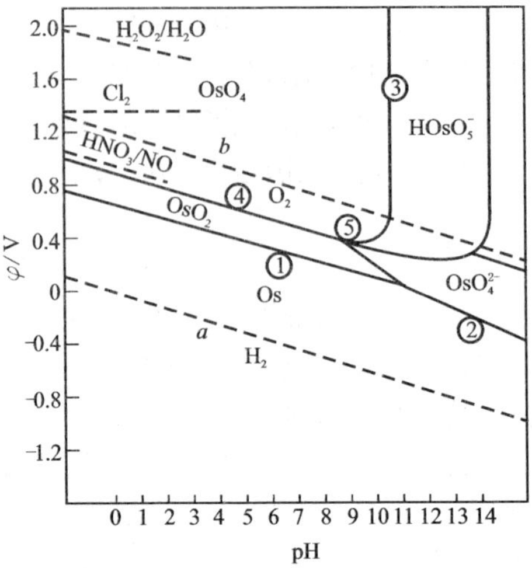

图 19 - 2　25℃时 Os - H₂O 系电位 - pH 图

① OsO_2（水合）$+ 4H^+ + 4e \leftrightarrows Os + 2H_2O$　　　$\varphi = 0.687 - 0.0591pH$

② $OsO_4^{2-} + 8H^+ + 6e \leftrightarrows Os + 4H_2O$　　　$\varphi = 0.994 - 0.0788pH$
　　　　　　　　　　　　　　　　　　　　　　$+ 0.0098lg\ a_{OsO_4^{2-}}$

③ $HOsO_5^- + H^+ \leftrightarrows OsO_4 + H_2O$　　　$pH = 10.55 + lg\ a_{HOsO_5^-}$

④ $OsO_4^- + 4H^+ + 4e \leftrightarrows OsO_4$（水合）$+ 2H_2O$　　　$\varphi = 1.005 - 0.0591pH$

⑤ $OsO_4 + 2e \leftrightarrows OsO_4^{2-}$　　　$\varphi = 0.402 - 0.0295lg\ a_{OsO_4^{2-}}$

a，b 分别为氢线和氧线。

这一点上与热力学的数据是一致的，如 Os 和 Ru 的（Ⅷ）、（Ⅻ）、（Ⅵ）三种价态在铂电极上的还原半波电位，Ru 总是高于 Os，见下表 19 - 2。

表 19 - 2　锇、钌（Ⅷ）（Ⅻ）（Ⅵ）还原半波电位

反　　应	半波电位/V	反　　应	半波电位/V
Os(Ⅷ) + e→Os(Ⅶ)	+ 0.38	Ru(Ⅷ) + e→Ru(Ⅶ)	+ 1.0
Os(Ⅻ) + e→Os(Ⅵ)	+ 0.13	Ru(Ⅻ) + e→Ru(Ⅵ)	+ 0.59
Os(Ⅵ) + 2e→Os(Ⅳ)	- 0.17	Ru(Ⅵ) + 2e→Ru(Ⅳ)	- 0.09

注：在碱性介质中。

当 RuO_4^- 被很稀的碱液吸收时，将形成不稳定的高钌酸盐 $[RuO_4]^-$；当 OH^- 离子浓度增高时，$[RuO_4]^-$ 还原为红色的 $[RuO_4]^{2-}$。由于 Ru（Ⅵ）、Ru（Ⅳ）和 Ru（Ⅶ）相互转化的电位很接近，在碱溶液稀释时 Ru（Ⅵ）容易发生

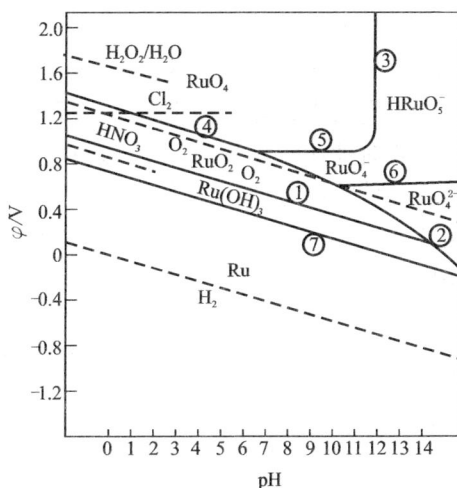

图 19 - 3　25℃时 Ru - H₂O 系电位 - pH 图

① $2RuO_2（水合）+ 2H^+ + 2e \leftrightarrows Ru_2O_3（水合）+ H_2O$

$$\varphi = 0.987 - 0.0591pH$$

② $2RuO_4^{2-} + 10H^+ + 6e \leftrightarrows Ru_2O_3（水合）+ 5H_2O$

$$\varphi = 1.649 - 0.0985pH + 0.0197lg a_{RuO_4^{2-}}$$

$RuO_4^{2-} + 4H^+ + 6e \leftrightarrows RuO_2（水合）+ 2H_2O$

$$\varphi = 2.005 - 0.1182pH + 0.0295lg a_{RuO_4^{2-}}$$

③ $HRuO_5^- + H^+ \leftrightarrows RuO_4 + H_2O$　　　$pH = 12.10 + lg a_{HRuO_4^-}$

④ $RuO_4 + 4H^+ + 4e \leftrightarrows RuO_2（水合）+ 2H_2O$　　$\varphi = 1.387 - 0.0591pH$

⑤ $RuO_4 + e \leftrightarrows RuO_4^-$　　　　$\varphi = 0.950 - 0.0591lg a_{RuO_4^-}$

⑥ $RuO_4^- + e \leftrightarrows RuO_4^{2-}$　　　$\varphi = 0.590 - 0.0591lg(a_{RuO_4^{2-}}/a_{RuO_4^-})$

⑦ $Ru_2O_3（水合）+ 6H^+ + 6e \leftrightarrows 2Ru + 3H_2O$　　$\varphi = 0.738 - 0.0591pH$

歧化反应, 生成 Ru（Ⅳ）和 Ru（Ⅶ）的产物:

$$3[RuO_4]^{2-} + (2+x)H_2O = 2RuO_4^- + RuO_2 \cdot xH_2O \downarrow + 4OH^-$$

在碱性溶液中 Ru（Ⅶ）很难歧化为 Ru（Ⅷ）和 Ru（Ⅵ）。在含 RuO_4^- 的碱溶液中用不能参与络合的酸来酸化时, Ru（Ⅶ）能歧化为 Ru（Ⅵ）和 Ru（Ⅷ）:

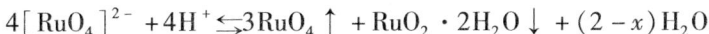

$$4[RuO_4]^{2-} + 4H^+ \leftrightarrows 3RuO_4 \uparrow + RuO_2 \cdot 2H_2O \downarrow + (2-x)H_2O$$

稀释碱溶液或向溶液中引入杂质会促进 Ru（Ⅷ）还原为难溶的 $RuO_2 \cdot xH_2O$, 但不趋向于再还原到三价态。只有在极谱和库仑滴定研究中, 可以观察到 $[RuO_4]^{2-}$ 在铂电极或石墨电极上的连续还原。如

$$RuO_4^{2-} + 2e + 2H_2O \leftrightarrows RuO_2 \downarrow + 4OH^-　　（\varphi_{1/2} = -0.15V）$$

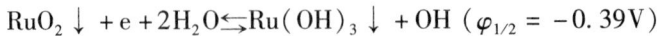

$RuO_2 \downarrow + e + 2H_2O \leftrightharpoons Ru(OH)_3 \downarrow + OH$ ($\varphi_{1/2} = -0.39V$)

$Ru(OH)_3 + 3e \leftrightharpoons Ru \downarrow + 3OH^-$ ($\varphi_{1/2} = -0.66V$)

淡黄色的 Ru（OH）$_3$ 在空气中很容易氧化到 Ru（Ⅳ）。

OsO$_4$ 在碱浓度大于 2M 时被还原为 Os（Ⅶ）。锇的这种氧化态不稳定，用电位法和极谱法发现，它很容易转变为 Os（Ⅵ）。

如把酒精作还原剂加入到碱溶液中，则 OsO$_4$ 一般还原为 [Os$_4$]$^{2-}$。但是后来发现，即使不加入还原剂，0.01~0.1M 的 OsO$_4$ 溶液在 24h 内也会自动还原为 Os（Ⅵ），当然比起 RuO$_4$ 的还原要慢得多。

用非络合酸来酸化 [OsO$_4$]$^{2-}$ 的碱吸收时，会引起象 [RuO$_4$]$^{2-}$ 一样的歧化反应：

$2[OsO_4]^{2-} + 2H_2O \leftrightharpoons [HOsO_5]^- + OsO_2 + 3OH^-$

而且此反应进行得比 Ru（Ⅳ）还原迅速。因此容易引起锇的损失。

在盐酸吸收液中，钌和锇的四氧化物都能被还原到四价和三价态，形成各种组成的 Ru（Ⅳ，Ⅲ）和 Os（Ⅳ，Ⅲ）的氯络合物，在盐酸中加入乙醇、SO$_2$、水合肼和其他还原剂则能促进此过程。由于在酸性介质中钌的 M（Ⅷ）/M（Ⅳ）的标准还原电位 $E^\ominus$ 值更高，因此 RuO$_4$ 更易被 HCl 还原，OsO$_4$ 在同样的酸度下则还原得很慢。基于这个原因通常用盐酸来吸收 RuO$_4$，而不用来吸收 OsO$_4$。

盐酸浓度的增加能增强 Ru（Ⅷ）和 Os（Ⅷ）的还原，如在 0.5M HCl 中 RuO$_4$ 被还原为 Ru（Ⅵ），而在大于 3M 的 HCl 中则被还原为 Ru（Ⅳ）。

极谱和库仑滴定的研究指出，在 pH 为 5~4 左右的缓冲溶液中，可以检测出 Os（Ⅵ）的中间过渡态的存在。在弱酸性介质中（HCl，H$_2$SO$_4$ 和 HClO$_4$），Os（Ⅷ）在电极上首先被还原为 Os（Ⅳ），随后再还原为 Os（Ⅲ）。但是在 4-12M HCl 中，Os（Ⅷ）直接还原到 Os（Ⅲ）。

在强还原剂的作用下，Ru（Ⅲ）能转化为 Ru（Ⅱ）。中等强度的还原剂也能使 Os（Ⅲ）还原到 Os（Ⅱ），Os（Ⅱ）在酸性溶液中不稳定，但现已知有大量 Os（Ⅱ）的络合物存在。

在吸收了 RuO$_4$ 的盐酸溶液中，通常含有混合的三价和四价氯络合物。在浓 HCl 溶液中 MCl$_6$$^{2-}$ + e $\leftrightharpoons$ MCl$_6$$^{3-}$ 的反应是可逆的。在稀 HCl 溶液中，特别当金属浓度低时，由于形成水合物和多聚物，此反应的平衡移向 M（Ⅲ），体系的还原电位随时间而降低。用中等强度的还原剂如乙醇、氢醌、抗坏血酸等则 Ru（Ⅳ）很容易被还原到 Ru（Ⅲ）。

吸收了 OsO$_4$ 的盐酸溶液中，Os 也是以 Os（Ⅳ）氯络合物存在，而且 [OsCl$_6$]$^{2-}$/[OsCl$_6$]$^{3-}$ 体系的还原电位比同类的 Ru 的体系低得多。因此 Os（Ⅲ）氯络物在空气中即能被氧化到 Os（Ⅳ）。Os（Ⅳ）只有用强还原剂才还原到 Os（Ⅲ）。象 Ru（Ⅳ）一样在盐酸溶液中能形成二聚合物如 [Os$_2$OCl$_3$(H$_2$O)$_2$]$^{2-}$。

有人认为这种络合物可能是导致从氯化物溶液中用 HNO_3 使 Os（Ⅳ）氧化到 OsO_4 比从其他锇（Ⅳ）的化合物溶液困难的原因。

在酸性介质中可资比较的氧化还原反应为：

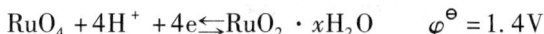

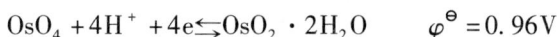

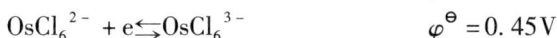

$$RuO_4 + 4H^+ + 4e \leftrightarrows RuO_2 \cdot xH_2O \qquad \varphi^{\ominus} = 1.4V$$

$$OsO_4 + 4H^+ + 4e \leftrightarrows OsO_2 \cdot 2H_2O \qquad \varphi^{\ominus} = 0.96V$$

$$RuCl_6^{2-} + e \leftrightarrows RuCl_6^{3-} \qquad \varphi^{\ominus} = 1.2V$$

$$OsCl_6^{2-} + e \leftrightarrows OsCl_6^{3-} \qquad \varphi^{\ominus} = 0.45V$$

综上所述，Os 要比 Ru 更容易被氧化为四氧化物。无论在碱性溶液还是在酸性溶液中，RuO_4 的还原比 OsO_4 快得多，依据这些特性可以有许多方法达到 Os、Ru 与其他铂族金属的分离以及两者的相互分离。

19.2.2　锇钌的分离与提纯

1. 高温挥发法

为弥补传统工艺中锇的损失严重的缺点，加拿大国际镍公司曾研究了精炼之前先回收锇的工艺。将铜镍合金电溶阳极泥低温（<200℃）焙烧分离贱金属和硫，然后在高温 800～900℃ 通氧锻烧使 OsO_4 挥发，然后用 NaOH 溶液淋洗吸收（吸收的回收率不超过 85%），吸收液通 SO_2 沉淀出锇酸盐，再转化为不溶的锇酸钾 K_2OsO_4，最后用高压氢还原制取锇粉。从阳极泥至产品锇粉的回收率不超过 75%。这一技术改变了国际镍公司长期不能回收锇的状况。在技术上吸收精制锇的方法是简单而可取的，其工艺流程示于图 19-4。

国际镍公司的工艺虽然优先回收了易损失的锇，但高温通氧的设备材质难解决，且高温处理后其他贵金属的状态发生变化，难以用王水或水氯化全部溶解。

2. 碱熔蒸馏法

铂精矿中的王水不溶渣、锇钌矿粉以及其他含锇钌的物料，可以用碱熔融使锇钌转化为可溶于水的氧化物或含氧酸盐。碱熔一般在不锈钢筒内或镍坩埚或银坩埚中进行，试剂可用 1:1 的 NaOH 和 Na_2O_2，也有用 KOH 和 MNO_3。

碱熔完毕冷却后，用水浸出锇，大部分的钌也转入溶液中，残渣可进一步用次氯酸钠浸出。碱熔时有关的化学反应如下：

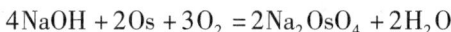

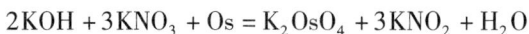

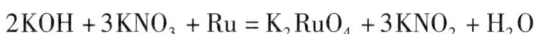

$$4NaOH + 2Os + 3O_2 = 2Na_2OsO_4 + 2H_2O$$

$$2KOH + 3KNO_3 + Os = K_2OsO_4 + 3KNO_2 + H_2O$$

$$3Na_2O_2 + Os = Na_2OsO_4 + 2Na_2O$$

$$2KOH + 3KNO_3 + Ru = K_2RuO_4 + 3KNO_2 + H_2O$$

$$3Na_2O_2 + Ru = Na_2RuO_4 + 2Na_2O$$

碱熔水浸液酸化后，选用不同的氧化剂可以分别蒸馏锇钌；或混合蒸馏锇钌，而用不同的吸收液吸收。

电溶阳极泥(Cu50%,Ni10%)

浓H_2SO_4处理(温度<200℃)

空气→高温煅烧(温度800~900℃)

炉气　　　　　　　　　　　贵金属精矿→送英国阿克统精炼厂

10%NaOH→淋洗吸收.吸收率<85%.Os 0.5g/L

H_2SO_4→中和(pH=8)

SO_2→沉淀(pH=6)

钠锇络盐[2(Na.O)$_2$OsO$_3$(SO$_4$)$_4$·$_5$H$_2$O]含Os 20%

H_2SO_4,KClO$_3$→蒸馏Os,Ru

20%NaOH液→吸收

甲醇→还原Ru→RuO$_2$单独处理

饱和KOHI液→KOH沉淀

紫色K$_2$OsO$_4$·2H$_2$O结晶

CH$_3$OH+H$_2$O洗涤

空气中干燥

HCl制浆

高压H$_2$还原　90~170℃ 15×10^{5}Pa·cm^{-2}

海绵锇

H$_2$气流中干燥(100℃)

H$_2$气流中退火(926℃)

Os

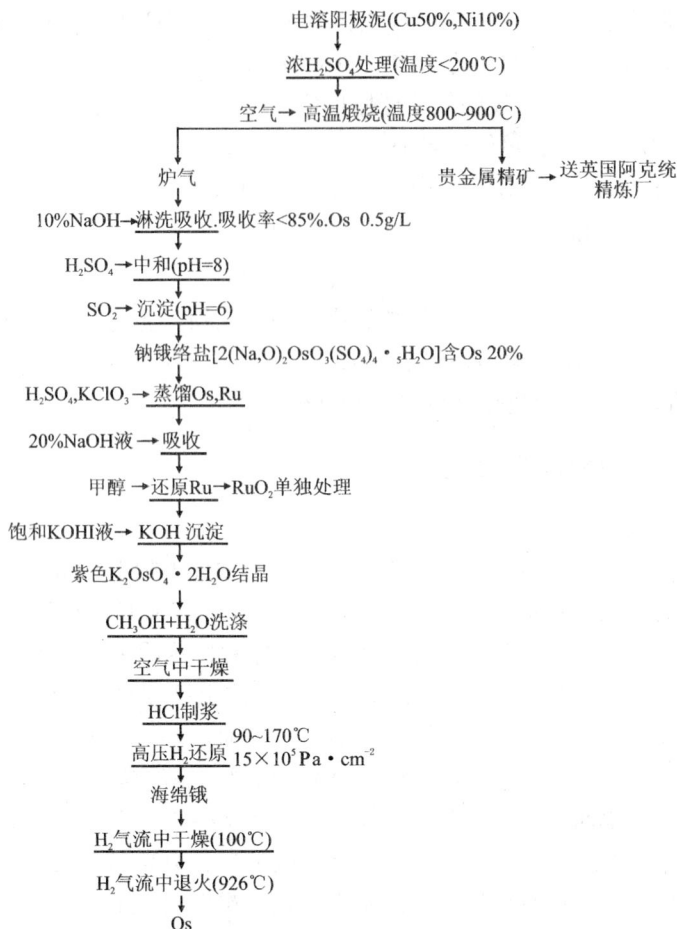

图 19－4　加拿大国际公司从阳极泥中回收锇的工艺流程图

　　蒸馏一般在 100~110℃下进行，OsO_4 和 RuO_4 被水蒸气带出，而且不会分解。其他元素在更高温度下也会产生可挥发性的化合物，如 Fe 在 150℃时，Ir、Re、Se、Te、Cr 在 220℃时会带入馏出物中，因此，蒸馏温度不宜超过 110℃。

　　用 HNO_3 作氧化剂则只能蒸馏出 OsO_4，用溴酸钠、高锰酸钾、重铬酸钠、氯气等作氧化剂则可使锇、钌一起蒸出。蒸馏通常在硫酸介质中进行，因为锇的氯络合物，特别是钌的氯络合物难于完全氧化为四氧化物。

　　从碱熔水浸得到的碱性溶液中，也可用氯气直接蒸馏出锇、钌。此时氯气与 NaOH 形成的次氯酸钠，也起着氧化剂的作用。

　　3. 酸溶液蒸馏法

　　由于锇钌的物料一般不溶于王水或其他混合矿物酸中，因此很少有人考虑在酸溶过程或酸溶之后蒸馏锇、钌。近年来南非国立冶金研究所提出的并已有英帕拉精炼厂使用的全萃取流程（Opnim 法）。主要过程是，铂族金属精矿经焙烧浸出贱金属后，用水溶液氯化使除银之外的其他贵金属转入溶液，经萃取分金、分铂、分钯后，可通氯气蒸馏回收锇钌，再用萃取分离。郎候（Lonrho）公司将富含铑、钌、铱的原料（Rh 20%，Ru 4%，Ir 5%）经碳铝还原，熔炼铝合金和盐酸浸出贱金属后，用水溶液氯化使贵金属全部转入溶液，其中钌采用叔胺萃取分离。

我国贵金属精矿采用的蒸馏分离锇、钌工艺流程示于图 19 – 5。

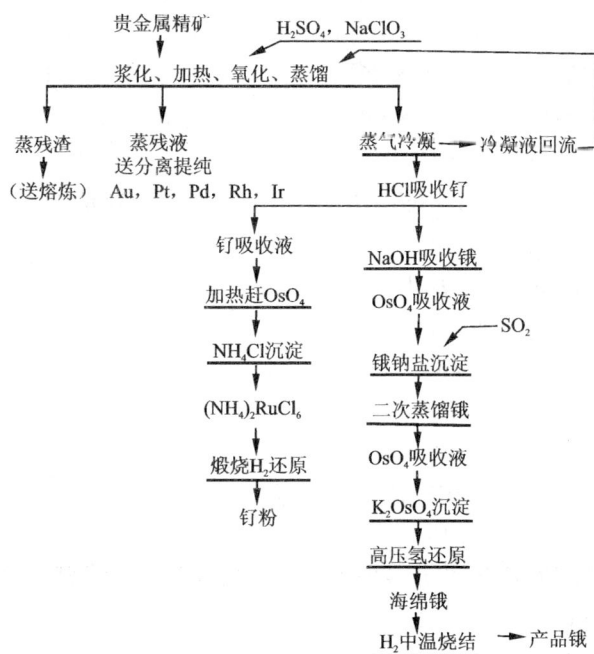

图 19 – 5　蒸馏分离锇、铱流程图

四氧化钌溶于盐酸，反应生成三氯化钌，若再与钾盐作用时，则生成可溶性的氯钌酸钾（K_2RuCl_5）。

$$2RuO_4 + 16HCl = 2RuCl_3 + 8H_2O + 5Cl_2$$

$$RuCl_3 + 2KCl = K_2RuCl_5$$

四氧化锇不溶于盐酸。因四氧化锇及四氧化钌为弱酸酐，它们在还原剂酒精或硫酸存在条件下，可与碱液作用，生成紫色的锇酸盐或钌酸盐溶液，通式可写作 Me_2OsO_4 或 Me_2RuO_4。上述性质为从四氧化锇、四氧化钌的混合物中分离锇、钌提供了依据。

锇与硫脲盐酸作用，可生成红色 $Os[CS(NH_2)_2]_6Cl_3OH$，即使极微量的锇与硫脲盐酸作用下也能变为红色。盐酸酸化了钌盐溶液，与硫脲作用则为深蓝色。以上变色特性，为生产作业提供了判定锇、钌存在的灵敏而简易检定方法，这不但有利于直观地观察锇、钌回收的完全程度，同时对改善劳动条件，防止有害的四氧化锇与四氧化钌对人体造成危害，提供了明显的讯号。

19.2.3 分离作业过程

1. 造液蒸馏

贵金属精矿可在耐酸搪瓷反应釜中先加稀硫酸浆化，控制液固比约为 5，通蒸气加热至沸，以使脱去料液中的有机夹杂。这时加入固体氯酸钠使浆料溶解，氯酸钠用量约为精矿量的 $1 \sim 1.5$ 倍。氯酸钠在硫酸介质作用下，发生以下反应：

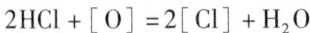

$$3NaClO_3 + H_2SO_4 = Na_2SO_4 + NaCl + 9[O] + 2HCl$$

$$2HCl + [O] = 2[Cl] + H_2O$$

新生态的氯 $[Cl]$ 与氧 $[O]$，具有极强的氧化性，它能将原料精矿中的各种贵金属氧化络合而溶解：

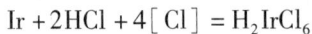

$$Os + 2HCl + 3[Cl] = H_2OsCl_5$$

$$Ru + 2HCl + 3[Cl] = H_2RuCl_5$$

$$Pt + 2HCl + 4[Cl] = H_2PtCl_6$$

$$Pd + 2HCl + 2[Cl] = H_2PdCl_4$$

$$Au + HCl + 3[Cl] = HAuCl_4$$

$$Rh + 2HCl + 4[Cl] = H_2RhCl_6$$

$$Ir + 2HCl + 4[Cl] = H_2IrCl_6$$

生成的氯锇酸和氯钌酸，容易进一步氧化生成四氧化碳和四氧化钌：

$$H_2OsCl_5 + 4[O] = OsO_4 + 2HCl + 1.5Cl_2$$

$$H_2RuCl_5 + 4[O] = RuO_4 + 2HCl + 1.5Cl_2$$

若控制过程温度约 $100℃$，则 OsO_4、RuO_4 不断气化挥化，将此气体用负压抽出容器外，就实现了锇、钌与蒸残液——其他贵金属溶液的分离。未被氯化造液溶解的少量蒸残渣，可送转炉吹炼生产二次高冰镍。分离了锇、钌的蒸残液则送下道工序，分离提取其中的贵金属。

由于锇、钌氧化物有毒，故蒸馏装置要严格密封，还要求现场通风良好，防止有毒气体对操作人员造成危害。锇、钌在上述过程中的蒸出率均可达 99% 以上。

2. 吸收

蒸馏产出的气体先经降温冷却，使高沸点物质和水气冷凝回流入蒸馏装置内，其余气体在 $-20mm$ 水柱的负压作用下被导入锇、钌的吸收装置。

　　根据四氧化锇与四氧化钌的不同特性，选择盐酸作钌吸收液，氢氧化钠作锇吸收液。钌吸收液的盐酸浓度控制约为4mol/L，温度保持在 25～35℃；锇吸收液的氢氧化钠浓度则控制在约 20%。为保证钌、锇在吸收液中更好地溶解，吸收液应加入适量的酒精。但酒精用量不宜多，否则还原性的酒精将与钌、锇氧化物剧烈作用而造成危害。吸收过程采用串联法连接，前段吸收钌，后段吸收锇。

　　钌吸收的主要反应为：

$$2RuO_4 + 20HCl = 2H_2RuCl_5 + 8H_2O + 5Cl_2$$

　　锇吸收的主要反应为：

$$2OsO_4 + 4NaOH = 2Na_2OsO_4 + 2H_2O + O_2$$

　　为提高锇钌吸收率，需采用三段吸收装置，在管路适当处放置浸了硫脲的棉球，以检查锇、钌吸收是否完全，若吸收尾气中含有钌（即使有微量钌），则棉球变为蓝色，尾气含有锇，则棉球变成红色。要求吸收过程进行到棉球不变颜色时为止。吸收作业中锇吸收率可大于 97%，钌吸收率接近 100%。

　　3. 从吸收液中提取锇、钌

　　吸收液可分别用来提取钌和锇。

　　对于钌吸收液，先缓慢加热浓缩，控制钌浓度约 30g/L，并将三价钌氧化为四价钌后，加入氯化铵沉钌：

$$H_2RuCl_6 + 2NH_4Cl = (NH_4)_2RuCl_6 \downarrow + 2HCl$$

　　生成的 $(NH_4)_2RuCl_6$（氯钌酸铵）可沉淀为暗红色，用酒精洗至无色后烘干，在 430℃下煅烧，在 850℃下进行氢还原则得钌粉。

　　对于锇粉吸收液可加入氢氧化钾沉锇：

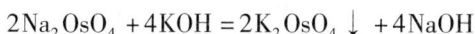

$$2Na_2OsO_4 + 4KOH = 2K_2OsO_4 \downarrow + 4NaOH$$

生成的 K_2OsO_4（锇酸钾）沉淀呈紫红色，此沉淀用盐酸溶解后，再经高压氢还原，压力为 25kg/cm^2，还原温度为 125℃，约两小时，这时即按下式反应产出海绵锇：

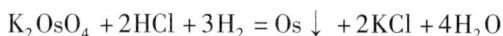

$$K_2OsO_4 + 2HCl + 3H_2 = Os \downarrow + 2KCl + 4H_2O$$

海绵锇再经干燥，高压氢保护退火，最后产出锇粉。

　　锇吸收液也可加固体氯化铵，按下式反应沉淀锇：

$$Na_2OsO_4 + 4NH_4Cl = [OsO_2(NH_3)_4]Cl_2 \downarrow + 2NaCl + 2H_2O$$

反应时氯化铵不能过量，否则生成游离氨，游离氨易将上述锇盐沉淀转变为溶于水的氨化物，影响锇的直收率。按上述反应产出的锇盐沉淀要立即过滤，滤饼洗涤干燥后，于 700～800℃煅烧，用氢还原，在氮气中冷却后，即可制得锇粉。成品锇粉品位达 99% 以上。

　　生产纯度较高的锇、钌产品时，要求对锇盐、钌盐进行精制，当盐内杂质除去到预定标准后，再转化成金属，即可获得合格的产品。

19.3　选择沉淀金、钯

　　贵金属精矿经氯化造液、蒸馏分离锇钌后，其余贵金属几乎全部汇集于蒸残液中，蒸残液组成如表 19 – 3 所示。

表 19 – 3　蒸残液的组成/（g·L⁻¹）

组　分	含　量	组　分	含　量	组　分	含　量
Cu	2.82	Pd	2.80	Ir	0.413
Ni	11.20	Au	1.32	Os	0.00019
Pt	7.66	Rh	0.41	Ru	0.00032

　　蒸残液中除贵金属外，铜、镍含量较高，应先进行预处理，除去部分杂质，进一步富集贵金属。然后用选择沉淀的方法，将金、钯分离提取出来，余液再用来分离提取铂、铑、铱。选择沉淀金、钯工艺流程如图 19 – 6 所示。

19.3.1　蒸残液的预处理

　　预处理的目的有二，其一为破坏蒸残液中残存的氧化剂氯酸钠，其二要除去普通金属，使贵金属进一步富集。

　　1. 加盐酸分解氯酸钠

　　缓慢向蒸残液中加入盐酸，残存的氧化剂氯酸钠则按下式分解，从而消除了对以后工艺的影响：

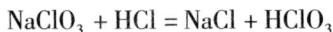

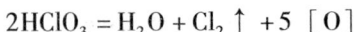

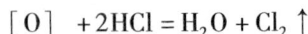

$$NaClO_3 + HCl = NaCl + HClO_3$$
$$2HClO_3 = H_2O + Cl_2 \uparrow + 5\,[O]$$
$$[O] + 2HCl = H_2O + Cl_2 \uparrow$$

在空气搅拌及适当加热条件下，加盐酸直到不再产生黄烟时为止，这时表明氯酸钠已完全分解。

　　此外，因原料铜 – 镍合金（特别是

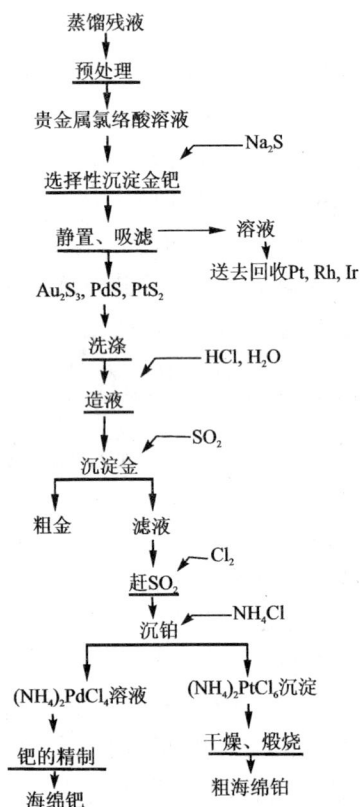

图 19 – 6　选择沉淀分离
提取金、铂、钯流程图

细粒重砂中）含硅，在物料富集分离反应条件下，硅易生成胶体硅酸盐，影响料液的澄清和沉降，使作业过程发生严重困难。为此，蒸残液预处理时，盐酸分解氯盐钠后，应加入凝聚剂脱硅，以消除胶体硅的有害影响。

2. 富集贵金属

从溶液中富集贵金属有多种方法如硫化沉淀法、置换法等。

（1）硫化沉淀法　由于硫极容易与贵金属及铜、镍生成相应的硫化物沉淀，所以向蒸残液逐渐加入 10% 的硫化钠溶液，控制 pH = 7～9，煮沸 1h，再调 pH = 0.5，保温搅拌 1h 后，静置沉淀，则贵金属硫化物沉淀率可达 100%。

与此同时，铜、镍等杂质也生成硫化物与贵金属硫化物共沉淀，过滤上述黑色硫化物沉淀，并放入 6mol/L HCl 溶液中浸煮。贵金属硫化物不被盐酸溶解，而铜、镍等硫化物则被溶解生成相应氯化物进入溶液。适当加热并用空气搅拌、两段酸溶，更有利于贵金属与普通金属的分离。这时，铜、镍可除去 80% 以上，贵金属含量可富集提高近十倍。

但硫化物颗粒特细，粘附在容器上不易洗净，过程中产生硫化氢，容易污染作业环境，所以要求操作时应具备良好的通风条件。

（2）置换法　由于贵金属具有较正的电极电位，如果选择电位较负的锌、镁、铝粉料作还原剂，加入蒸残液后，贵金属盐则被还原剂置换而生成游离的金属粉末：

$$Na_2MeCl_6 + 2Zn = Me + 2NaCl + 2ZnCl_2$$

溶液中部分铜也能被置换。作业时适当加热，有利于置换反应向右进行，并能生成大颗粒沉淀产物，易于澄清分离。过度搅拌虽使反应速度加快，而沉淀颗粒变细，造成产物过滤困难，所以置换作业后要静置过夜。此外，置换的料液应保持适当的 pH，一般 pH = 1～2 为宜。pH 过小，还原剂消耗量增加，而 pH 过大时，溶液中的盐水解，如锌、镁、铝等容易形成胶凝状的氢氧化物沉淀，这将严重妨碍贵金属颗粒的沉降与过滤。

为了最大限度地置换贵金属，作业中所加的还原剂往往过量，但过量的还原剂与贵金属产物渗合一起，致使沉淀中贵金属品位大幅度下降，所以沉淀产物要经酸溶。通常选用盐酸来溶解沉淀中过量的还原剂，有时还选用硫酸高铁来进一步脱铜：

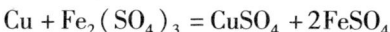

$$Zn(Mg) + 2HCl = ZnCl_2(MgCl_2) + H_2 \uparrow$$

$$2Al + 6HCl = 2AlCl_3 + 3H_2 \uparrow$$

$$Cu + Fe_2(SO_4)_3 = CuSO_4 + 2FeSO_4$$

一般情况下，置换法具有较高的贵金属直收率，且操作简便、过程易于控制，沉淀产物酸溶处理后，贵金属品位可达 90% 以上。

此外，置换法和硫化沉淀法还广泛用于含微量贵金属废液的处理。

（3）造液 为了便于贵金属分离,富集产物(硫化物沉淀或贵金属粉末)都要求变成在相应介质中溶解的盐,这个过程叫贵金属的造液。贵金属造液的方法很多,包括化学溶解法、电化溶解法、氯化造液法、熔盐熔解法和封管造液法等。

传统的贵金属造液,常采用化学造液的王水造液法。王水由盐酸和硝酸配制而成,常为 $HCl:HNO_3 = 3:1$(或 $4:1$)。用王水溶解贵金属(以铂为例)的主要反应如下:

$$3HCl + HNO_3 = Cl_2 + NOCl + 2H_2O$$

$$Pt + 4NOCl = PtCl_4 + 4NO$$

$$Pt + 2Cl_2 = PtCl_4$$

$$PtCl_4 + 2HCl = H_2PtCl_6$$

贵金属铂、钯、金都容易被王水溶解,生成相应可溶盐,如氯铂酸(H_2PtCl_6)、氯钯酸(H_2PdCl_6)和氯亚钯酸(H_2PdCl_4)、氯金酸($HAuCl_4$)……作业时先在通风橱内先由室温加热溶解贵金属物料。如果反应不再进行时,吸出溶液再倒入新的王水继续溶解(切忌在未吸出溶液时直接补加王水),直到贵金属溶尽为止(通常铑、铱较难溶解)。造液结束后,溶液中还含有不少的硝酸,氧化剂硝酸的存在,将影响以后工艺操作,所以王水造液的产品溶液通常都要赶硝。赶硝作业是在溶液加热沸腾的条件下,先是使水分挥发,待溶液浓度增大、沸点增高时,继续加热溶液至 $110℃$,这时部分硝酸开始分解、挥发。赶硝中还应缓慢地加入浓盐酸,以促使硝酸分解成 NO_2、NO 与溶液分离,直到没有棕红色 NO_2 溢出时才能结束赶硝作业。赶硝作业是一个要细心控制而复杂缓慢过程,当今用减压法赶硝,已被实践证明是一种较成功的工艺方法。

鉴于王水造液后还需赶硝,所以氯化造液的工艺获得了广泛应用。氯化造液常选用盐酸(补加部分氯化钠)作溶剂,并用双氧水(或 Cl_2、$NaClO$、$NaClO_3$)代替硝酸作氧化剂。氯化造液的实质是氧化剂将盐酸分解产出新生态的氯$[Cl]$,$[Cl]$具有极强的氧化能力和化学活性,能将贵金属氧化生成氯化物,在络合剂盐酸存在条件下,贵金属则氯化络合溶解,生成可溶性的氯络酸或氯络酸盐:

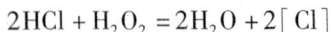

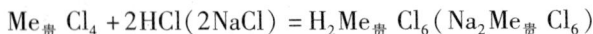

$$2HCl + H_2O_2 = 2H_2O + 2[Cl]$$

$$Me_贵 + 4[Cl] = Me_贵Cl_4$$

$$Me_贵Cl_4 + 2HCl(2NaCl) = H_2Me_贵Cl_6(Na_2Me_贵Cl_6)$$

除银以外的各种贵金属(或贵金属硫化物),放入($HCl + H_2O_2$)溶液中,在加热近沸的条件下,便发生如下反应:

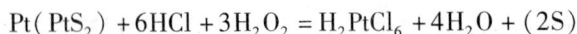

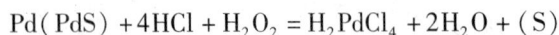

$$2Au(Au_2S_3) + 8HCl + 3H_2O_2 = 2HAuCl_4 + 6H_2O + (3S)$$

$$Pt(PtS_2) + 6HCl + 3H_2O_2 = H_2PtCl_6 + 4H_2O + (2S)$$

$$Pd(PdS) + 4HCl + H_2O_2 = H_2PdCl_4 + 2H_2O + (S)$$

$$2Rh(Rh_2S_2) + 10HCl + 3H_2O_2 = 2H_2RhCl_5 + 6H_2O + (3S)$$

$$2Ir(Ir_2S_3) + 10HCl + 3H_2O_2 = 2H_2IrCl_5 + 6H_2O + (3S)$$

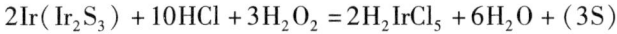

硫化物造液溶解后，有单体硫生成，可过滤除去单体硫。混合贵金属原料造液，再产出贵金属氯络酸的混合溶液。

19.3.2　选择沉淀金、钯

研究表明，贵金属离子与硫离子化合物能力存在着很大的差异，其化合能力由大变小的顺序是：Au^{3+}、Pd^{2+}、Cu^{2+}、Pt^{4+}、Rh^{3+}、Ir^{3+}。所以 Na_2S 与 $HAuCl_4$、H_2PdCl_4 反应最为迅速，H_2PtCl_6 次之，铑、铱则难于生成硫化物沉淀（如图 19-7）。

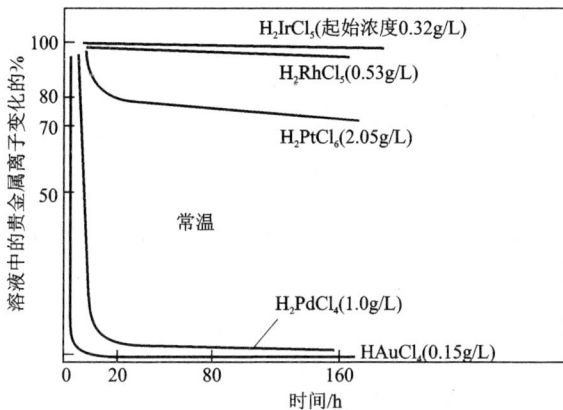

图 19-7　贵金属氯络酸溶液与定量 Na_2S 作用后，
溶液中贵金属离子浓度与时间变化关系曲线

由于定量的硫化钠数量有限，故铂、铑、铱与硫化钠作用时，首先只发生配位基的交换；或因硫化钠加入速度过快，或数量增多，或 pH 控制不当时，都可能生成可溶性的硫代盐（$Na_3[Me_贵 S_3]$）：

$$Na_2S + H_2Me_贵 Cl_6 = Na_2Me_贵 Cl_6 + H_2S$$

$$3Na_2S + Na_2Me_贵 Cl_6 = Na_2(Me_贵 S_3) + 6NaCl$$

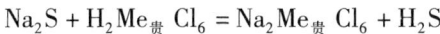

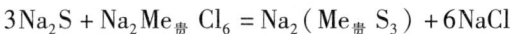

金、钯也可能形成硫代盐，但有游离 HCl 存在时，可溶性硫代盐能被 HCl 分解，又生成 $Me_贵 S$ 沉淀。如图 19-7 所示，严格控制 Na_2S 加入量，保持 pH = 0.5~1，在常温下作用不长时间，就可能有选择地将金、钯氯络酸用 Na_2S 沉淀下来。铂有 20%~30% 与金、钯硫化物共沉淀，其余的铂与全部铑、铱仍为可溶性盐而残存于溶液中。

选择沉淀作业时，先用氢氧化钠调溶液 pH = 0.5~1，硫化钠配成 10% 的溶液，加入量按生成 Au_2S_3、PdS 的理论需用过量 70% 计算，缓慢将 Na_2S 溶液加入，这时金、钯和部分铂按以下反应进行硫化沉淀：

$$2HAuCl_4 + 3Na_2S = Au_2S_3 \downarrow + 6NaCl + 2HCl$$

$$H_2PdCl_4 + Na_2S = PdS \downarrow + 2NaCl + 2HCl$$

$$H_2PtCl_6 + 2Na_2S = PtS_2 \downarrow + 4NaCl + 2HCl$$

过程中也可能发生如下反应，生成气体 H_2S：

$$Na_2S + 2HCl = H_2S \uparrow + 2NaCl$$

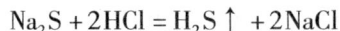

沉淀作业结束后，静置数小时过滤，金、钯的沉淀率可达99%～100%，铂共沉率为20%～30%。滤液送去分离提取铂、铑、铱。

19.3.3　金、铂、钯的分离

1. 金与铂、钯的分离提取

选择沉淀产物 Au_2S_3、PdS、PtS_2 为黑色粉状沉淀，经洗涤后用 $HCl + H_2O_2$ 溶解造液，过滤去掉单体硫后，产出 $HAuCl_4$、H_2PdCl_4、H_2PtCl_6 的混合溶液。若用王水造液时，须将溶液中硝基赶尽，否则在以后的分离提取过程中将造成沉淀或引起金属的反溶。

由于金具有最大的电极电位，所以可用各种还原剂从氯络酸混合溶液中把金分离提取出来，这些还原剂包括：硫酸亚铁（$FeSO_4$）、甲酸（$HCOOH$）、草酸（$H_2C_2O_4$）及二氧化硫（SO_2）等。为了获得较好的分离效果，要求还原剂在实现还原目的的基础上，其还原能力不能太强，同时应选择"干净"的还原剂，即不再带入金属杂质。多年来常采用二氧化硫还原金的工艺，二氧化硫以瓶装二氧化硫为最好，也可以用亚硫酸钠加硫酸制取二氧化硫：

$$Na_2SO_3 + H_2SO_4 = Na_2SO_4 + H_2O + SO_2 \uparrow$$

在贵金属氯络酸混合溶液中通入 SO_2 后，便可按下反应选择还原金：

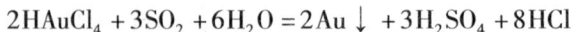

$$2HAuCl_4 + 3SO_2 + 6H_2O = 2Au \downarrow + 3H_2SO_4 + 8HCl$$

还原作业要求料液含金约20～40g/L，通 SO_2 太快时产品金的粒度变小，在适当控制通气速度并保持溶液温度为80～90℃时，可获得絮状大颗粒黄色海绵金，这时金的质量好，其品位大于99%，此产品海绵金还须进行电解提纯。实践中用草酸还原也获得很好效果，产品金粉品位甚至达99.99%。

安果瓦尔（ANGROVAAL）公司利用加热浓缩的办法，从贵金属氯络酸混合液中直接析出金的工艺获得成功，这是料液中游离盐酸具有还原作用的结果。还有学者认为，二价铂离子也有一定还原能力，能将金离子还原：

$$2HAuCl_4 + 3H_2PtCl_4 = 2Au \downarrow + 3H_2PtCl_6 + 2HCl$$

近来，采用二丁基卡必醇（简称 DBC）萃取金的技术获得极大成功，由于DBC 选择性好，金直收率高，对料液浓度要求不严，所以在选择沉淀金、钯以前，就能产出合格的产品金。用二丁基卡必醇萃取金的技术不但能取代选择沉淀的工艺，而且可推广到其他领域，解决了从稀溶液中一次提金这一技术难题。

2. 铂、钯分离

由于铂、钯氯络酸铵盐在水介质中具有不同的溶解度，所以现代分离技术正是利用这一特性的差异，先用氯化铵将氯络酸转变为铵盐，然后通过价态转变以实现铂、钯的分离，这种方法叫做氯化铵沉淀法。

由于铑、铱等贵金属在氯化铵中也能生成相应的铵盐沉淀，所以预先蒸馏分离锇、钌，选择沉淀金、钯使铑、铱与金钯分离，是采用氯化铵沉淀法分离铂、钯的必要前提，这既能防止铑、铱、锇、钌与铂共沉，影响沉淀的纯度，又减少了铑、铱、锇、钌的分散损失。

料液经二氧化硫还原金后，还原液饱和溶解了大量 SO_2，应将其加热至沸数小时，或通入氯气赶尽其中的 SO_2。否则料液中铂将被还原生成 $PtCl_4^{2+}$：

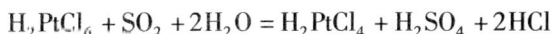

$$H_2PtCl_6 + SO_2 + 2H_2O = H_2PtCl_4 + H_2SO_4 + 2HCl$$

通入氯气除能赶尽溶解的 SO_2 外，还使铂、钯氯络酸盐保持高价态：

$$H_2PtCl_4 + Cl_2 = H_2PtCl_6$$

$$H_2PdCl_4 + Cl_2 = H_2PdCl_6$$

若将溶液加热至沸并快速冷却时，上述钯的反应平衡向左移动，Pd^{4+} 分解为 Pd^{2+}，而铂仍以 Pt^{4+} 存在。这时向溶液中加入氯化铵，则产生以下化学反应：

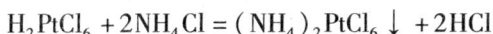

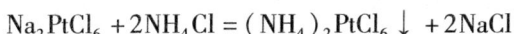

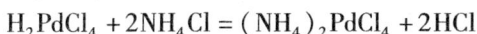

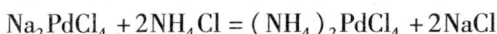

$$H_2PtCl_6 + 2NH_4Cl = (NH_4)_2PtCl_6 \downarrow + 2HCl$$

$$Na_2PtCl_6 + 2NH_4Cl = (NH_4)_2PtCl_6 \downarrow + 2NaCl$$

$$H_2PdCl_4 + 2NH_4Cl = (NH_4)_2PdCl_4 + 2HCl$$

$$Na_2PdCl_4 + 2NH_4Cl = (NH_4)_2PdCl_4 + 2NaCl$$

生成的 $(NH_4)_2PtCl_6$ 叫做氯铂酸铵，为淡黄色沉淀，仅能少量溶于热水而不易溶于常温以下的冷氯化铵水溶液；$(NH_4)_2PdCl_4$ 叫做氯亚钯酸铵，它与四价钯的铵盐不同，能溶于水。沉淀经细心吸滤，再用常温 NH_4Cl 水溶液洗涤，就可使铂进入沉淀而与进入溶液的钯实现了分离。

应当指出，有 Pt^{2+} 与 Pt^{4+} 存在时，与 NH_4Cl 作用能生成氯亚铂酸铵（$(NH_4)_2PtCl_4$）橘黄色沉淀和氯钯酸铵（$(NH_4)_2PdCl_6$）黄色沉淀，将严重干扰了铂、钯的分离。

为此，料液在加入氯化铵以前，应适当进行氧化，以保证铂以 Pt^{4+} 存在；控制 pH = 1，并加热至 80℃，于缓慢搅拌下加入固体氯化铵，直到过量的少许氯化铵不再使溶液生成黄色沉淀时，停止搅拌，并将料液急剧冷却至常温，静置澄清后吸滤，滤饼用浓度为 10% 的氯化铵常温溶液洗涤 2~3 次，洗涤时液固比在 1~2 之间，使沉淀中钯含量小于 1%，这时铂的沉淀率可达 98%~99%，洗液与滤液合并，送去提钯，沉淀则用来制取铂。

3. 铂、钯的提取

前步工序产出的氯铂酸铵黄色沉淀，一般先制成粗铂，然后再与下下分离工序产出的铂一道进行精炼。提取粗铂包括干燥、煅烧两步。煅烧作业是在坩埚电炉中进行的，装于瓷蒸发皿的氯铂酸铵，于360℃时开始分解：

$$(NH_4)_2PtCl_6 \stackrel{\triangle}{=} PtCl_4 + 2NH_4Cl$$

$$2PtCl_4（棕褐色）\stackrel{\triangle}{=} 2PtCl_3 + Cl_2$$

370℃时　　$2PtCl_3（暗绿色）\stackrel{\triangle}{=} 2PtCl_2 + Cl_2$

450℃时　　$PtCl_2（绿棕色）\stackrel{\triangle}{=} Pt + Cl_2$

由于生成的氯气与氯化铵相互作用，使氯气不易单独生成，铂煅烧的总反应如下：

$$3(NH_4)_2PtCl_6 \stackrel{\triangle}{=} 3Pt + 16HCl + 2NH_4Cl + 2N_2$$

煅烧作业要缓慢升温，390℃时恒温2h，此时水分脱净，沉淀开始分解，450℃时恒温2h，此时有大量白烟、黄烟逸出，再于750℃恒温3h，生成浅灰色的海绵铂。煅烧温度过高时易烧结成块，不利于洗涤。煅烧升温过快，由于大量白烟黄烟逸出易造成喷溅损失，也易使容器炸裂。

从溶液中提钯时，应将溶液浓缩至钯含量为40g/L。料液中钯以氯亚钯酸存在，若向料液通入氯气时，亚钯离子氧化成具有Pd^{4+}的氯钯酸铵黄色沉淀：

$$(NH_4)_2PdCl_4 + Cl_2 = (NH_4)_2PdCl_6 \downarrow$$

料液中若残存有铑、铱离子，在氯气作用下，它们也以高价态铵盐与钯共沉，这将引起产品钯纯度降低，因此采用本工艺时要求预先除去料液中的铑、铱。

氯钯酸铵黄色沉淀吸滤后，用常温的氯化铵溶液洗涤数次，再将沉淀加热至500~700℃时进行煅烧：

$$3(NH_4)_2PdCl_6 \stackrel{\triangle}{=} 3Pd + 16HCl + 2NH_4Cl + 2N_2$$

在煅烧温度作用下，生成的金属钯又将氧化生成黑色的氧化亚钯：

$$2Pd + O_2 = 2PdO$$

氧化亚钯还需氢还原

$$PdO + H_2 = Pd + H_2O$$

氢还原可在坩埚电炉或管式电炉中进行，温度为500℃。通入氢气前要通入氮或惰性气体氩以赶尽空气。氧化亚钯在氢的作用下，颜色很快变成灰色，这时生成海绵钯。停电降温，继续通入氢气至200℃后，改通二氧化碳或氩气，以防止海绵钯氧化燃烧，适当增大通气量，有利于带出容器中的水气，有利于快速降温。待温度降至常温时停止通气，还原过程到此结束。快速取出海绵钯封存，钯纯度约为99%。

此外，黄色氯钯酸铵沉淀也可采用水合联铵［又称水合肼，化学式为$(NH_2)_2 \cdot H_2O$］还原。还原作业时，先将沉淀浆化，并煮沸溶解，然后在搅拌条件下缓慢定量加入工业纯的水合肼，此时很快生成黑色的粉状金属钯：

$$(NH_4)_2PdCl_6 + 4(NH_2)_2 \cdot H_2O = Pd\downarrow + 6NH_4Cl + 2N_2 + H_2O$$

与煅烧–氢还原法相比，用水合肼还原不需高温作业，过程简单、操作容易并缩短了操作时间。但水合肼还原能力强，料液杂质易被还原进入产品钯，再加上还原时的有机物包裹，所以产品钯的品位明显下降。作为产品钯还应加热煅烧，除去有机夹杂物后才能成为成品。

提取铂、钯的尾液，常因反溶、跑滤或还原反应不彻底等原因，使尾液中还含有少量贵金属，此尾液可用硫化法、锌置换法进行处理。回收贵金属后的废液，可用以下方法进行鉴定：先取该废液5~10mL，置于100mL的分液漏斗中，加入8%氯化亚锡3M HCl溶液10~20mL，再加入醋酸乙酯10~20mL，塞紧瓶塞，充分摇动1~2min进行萃取。如废液中含有少量贵金属，则有机相呈黄红色，此废液尚需进一步回收贵金属；如果上层有机相无色，说明废液基本不含有贵金属，废液即可弃之。

19.4　铂与铑、铱分离

19.4.1　铂与铑、铱分离的工艺流程

经选择沉淀金、钯后，部分铂虽与金、钯共沉，而其余大部分铂仍与铑、铱一道进入滤液。此滤液要先期进行铂与铑、铱的分离。铂与铑、铱分离的传统方法是水解分离法。水解分离铂与铑、铱的工艺流程如图19–8所示。

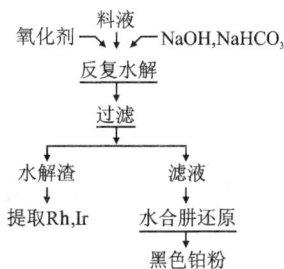

图 19–8　铂与铑、铱水解分离流程图

用水解法分离铂、铑合金废料（如废铂铑–铂热电偶丝等）也很有效，但废铂、铑须先行造液后才能作为水解分离的料液。

19.4.2　铂–氯–水系电位–pH 图

为研究铂氢氧化物等的生成条件及其影响，首先须对有关反应过程进行热力学分析，图19–9为铂–氯–水系电位–pH 图。图19–9有关反应及电位–pH

计算式如下：

$$2H^+ + 2e = H_2$$

$$\varphi_a = -0.0591pH - 0.0259\lg p_{H_2} \tag{a}$$

$$O_2 + 4H^+ + 4e = 2H_2O$$

$$\varphi_b = 1.228 - 0.0591pH + 0.0143\lg p_{O_2} \tag{b}$$

各反应在25℃时，标准自由焓变化值（$\Delta G^{\ominus}_{298}$）可参照表19－4数据进行计算。

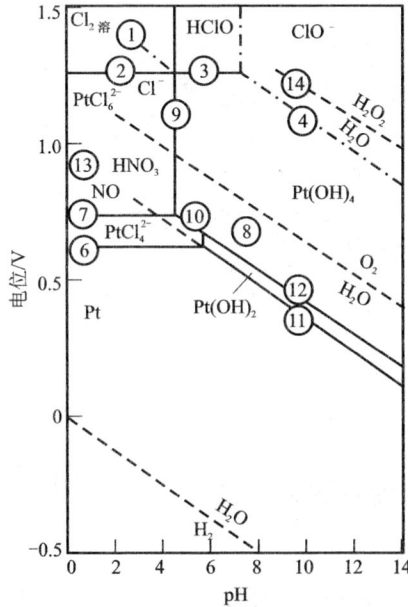

图 19－9　25℃时 Pt－Cl－H₂O 系电位－pH 图

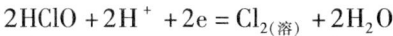

$$= [ClO] = 6 \times 10^{-3}mol/L; PCl_2 = 1 \times 10^5 Pa$$

$$2HClO + 2H^+ + 2e = Cl_{2(溶)} + 2H_2O$$

$$\varphi_1 = 1.594 - 0.0591pH + 0.0295\lg\frac{a^2_{HClO}}{p_{Cl_2}} \tag{①}$$

$$Cl_{2(溶)} + 2e = 2Cl^-$$

$$\varphi_2 = 1.36 + 0.0295\lg\frac{p_{Cl_2}}{a^2_{Cl^-}} \tag{②}$$

$$HClO + H^+ + 2e = Cl^- + H_2O$$

$$\varphi_3 = 1.494 - 0.0295 \mathrm{pH} + 0.0295 \lg \frac{a_{\mathrm{HClO}}}{a_{\mathrm{Cl}^-}} \quad \text{③}$$

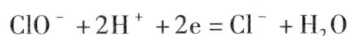

$$\mathrm{ClO}^- + 2\mathrm{H}^+ + 2e = \mathrm{Cl}^- + \mathrm{H_2O}$$

$$\varphi_4 = 1.715 - 0.0591 \mathrm{pH} + 0.0295 \lg \frac{a_{\mathrm{ClO}^-}}{a_{\mathrm{Cl}^-}} \quad \text{④}$$

表 19 - 4   有关物质的标准自由焓变化值/kJ

物　　　质	$\Delta G_{298}^{\ominus}/\mathrm{kJ}$	物　　　质	$\Delta G_{298}^{\ominus}/\mathrm{kJ}$
Pt	0	$\mathrm{PtCl_6^{2-}}$	- 431.95
$\mathrm{Pt(OH)_2}$	- 285.24	$\mathrm{Rh(OH)_3}$	- 476.35
PtO	- 87.95	$\mathrm{Rh(OH)_4}$	- 569.0
$\mathrm{Pt(OH)_4}$	- 55.81	$\mathrm{RhCl_6^{2-}}$	- 545.47
$\mathrm{PtO_2}$	- 154.46	$\mathrm{RhCl_6^{3-}}$	- 662.28
$\mathrm{PtO_3}$（水合）	- 66.95	$\mathrm{Ir(OH)_3}$	- 443.50
$\mathrm{Pt^{2-}}$	229.28	$\mathrm{Ir(OH)_4}$	- 591.54
$\mathrm{Pt(CN)_4^{2-}}$	645.38	$\mathrm{IrCl_6^{3-}}$	- 564.09
$\mathrm{PtCl_4^{2-}}$	- 384.51	$\mathrm{IrCl_6^{2-}}$	- 465.93
$\mathrm{PtCl_6^{2-}}$	- 494.97	$\mathrm{Au(CN)_2^-}$	215.48
$\mathrm{Pd^{2+}}$	183.54	$\mathrm{Ag(CN)_2^-}$	301.46
$\mathrm{Pd(CN)_4^{2-}}$	585.55	$\mathrm{CN^-}$	165.69
$\mathrm{Pd(OH)_2}$	- 301.25	$\mathrm{Cl^-}$	- 131.17
$\mathrm{Pd(OH)_4}$	- 480.74	$\mathrm{OH^-}$	- 158.70
$\mathrm{PdCl_4^{2-}}$	- 410.62		

设 $[\mathrm{Cl}^-] = 2\mathrm{mol/L}$；$[\mathrm{Pt}_{(\mathrm{II,\,IV})}] = 0.5\mathrm{mol/L}$；$[\mathrm{HClO}] = [\mathrm{ClO}^-] = 6 \times 10^{-3}\mathrm{mol/L}$；$p_{\mathrm{Cl_2}} = 10^4\mathrm{Pa}$；$p_{\mathrm{O_2}} = p_{\mathrm{H_2}} = 10^5\mathrm{Pa}$；溶液中 铂氯络离子的活度 $a = 0.125$。

$$\mathrm{PtCl_4^{2-}} = \mathrm{Pt^{2+}} + 4\mathrm{Cl}^- \quad \text{⑤}$$

反应不稳定常数 $K_{\text{不}} = 10^{-15.6}$，溶液中实际 $\mathrm{Pt^{2+}}$ 浓度为：

$$[\mathrm{Pt^{2+}}] = \frac{K_{\text{不}}[\mathrm{PtCl_4^{2-}}]}{[\mathrm{Cl}^-]^4} = 6 \times 10^{-19.5}\mathrm{mol/L}$$

$$\mathrm{PtCl_4^{2-}} + 2e = \mathrm{Pt} + 4\mathrm{Cl}^-$$

$$\varphi_6 = 0.73 + 0.0295 \lg a_{\mathrm{PtCl_4^{2-}}} - 0.118 \lg a_{\mathrm{Cl}^-} \quad \text{⑥}$$

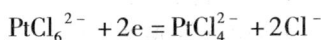

$$\mathrm{PtCl_6^{2-}} + 2e = \mathrm{PtCl_4^{2-}} + 2\mathrm{Cl}^-$$

$$\varphi_7 = 0.758 + 0.0295 \lg \frac{a_{PtCl_6^{2-}}}{a_{PtCl_4^{2-}}} - 0.591 \lg a_{Cl^-} \qquad ⑦$$

$$Pt(OH)_2 + 2H^+ + 4Cl^- = PtCl_4^{2-} + 2H_2O$$

$$\varphi_8 = 4.29 + 0.5 \lg a_{PtCl_4^{2-}} + 2 \lg a_{Cl^-} \qquad ⑧$$

$$Pt(OH)_4 + 4H^+ + 6Cl^- = PtCl_6^{2-} + 4H_2O$$

$$\varphi_9 = 3.88 + 0.25 \lg a_{PtCl_6^{2-}} + 1.5 \lg a_{Cl^-} \qquad ⑨$$

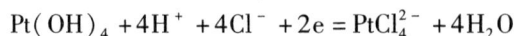

$$Pt(OH)_4 + 4H^+ + 4Cl^- + 2e = PtCl_4^{2-} + 4H_2O$$

$$\varphi_{10} = 1.269 - 0.118 pH + 0.0295 \lg \frac{a_{Cl^-}^4}{a_{PtCl_4^{2-}}} \qquad ⑩$$

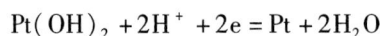

$$Pt(OH)_2 + 2H^+ + 2e = Pt + 2H_2O$$

$$\varphi_{11} = 0.979 - 0.591 pH \qquad ⑪$$

$$Pt(OH)_4 + 2H^+ + 2e = Pt(OH)_2 + 2H_2O$$

$$\varphi_{12} = 1.044 - 0.591 pH \qquad ⑫$$

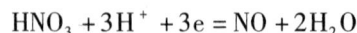

$$HNO_3 + 3H^+ + 3e = NO + 2H_2O$$

$$\varphi_{13} = 0.957 - 0.0591 pH + 0.0197 \lg \frac{a_{HNO_3}}{p_{NO}} \qquad ⑬$$

$$H_2O_2 + 2H^+ + 2e = H_2O$$

$$\varphi_{14} = 1.8 - 0.0591 pH + 0.0295 \lg a_{H_2O_2} \qquad ⑭$$

此外,溴化物反应的电位与 pH 关系如下式:

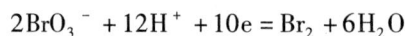

$$2BrO_3^- + 12H^+ + 10e = Br_2 + 6H_2O$$

$$\varphi_{15} = 1.492 - 0.071 pH + 0.006 \lg a_{BrO_3^-}^2 \qquad ⑮$$

$$Br_2 + 2e = 2Br^-$$

$$\varphi_{16} = 1.087 + 0.0295 \lg a_{Br^-}^2 \qquad ⑯$$

由图 19 - 9 可知:

(1)酸性介质的 $PtCl_6^{2-}$、$PtCl_4^{2-}$ 处于水的稳定区内,$PtCl_6^{2-}$、$PtCl_4^{2-}$ 是稳定存在的。随着溶液中[Cl^-]的提高和铂氯离子浓度的下降,其铂氯络离子的稳定区还会扩大。

(2)若逐渐增大 pH,$PtCl_6^{2-}$ 就要按反应⑨水解,生成同样是稳定存在的 $Pt(OH)_4$;$PtCl_4^{2-}$ 也会按反应⑧水解,生成稳定的 $Pt(OH)_2$,按反应⑩水解生成 $Pt(OH)_4$。比较反应⑧和⑨可以看出 $pH°_{PtCl_6^{2-}} < pH°_{PtCl_4^{2-}}$,所以高价的 $PtCl_6^{2-}$ 较低价的 $PtCl_4^{2-}$ 更易水解。

(3)在氧化剂存在的情况下,反应①、②、③、④、⑬、⑭,甚至空气中的氧,都能将低价铂的氯络合物氧化成高价铂的氯络合物;都能将低价铂的 $Pt(OH)_2$ 氧化成高价铂的 $Pt(OH)_4$。氧化能力大小则根据该曲线所在位置而定,越往上电极电位差越大,氧化能力愈强,低价铂愈易氧化生成高价铂的氯络合物或氢氧化物。若在氧离子存在的条件下,这些氧化剂甚至还能使金属铂溶解造液。

19.4.3　水解原理

根据图 19 - 9 分析表明,在一定 pH 条件下,铂的氯络离子就要水解生成稳定存在的氢氧化物沉淀,同样,其他铂族金属的氯络离子,也会水解生成相应的氢氧化物。

各种铂族金属氯络离子水解反应、pH°及平衡 pH 如表 19 - 5 所示。

表 19 - 5　铂族金属氯络离子水解反应 pH°及 pH

水　解　反　应	pH°_{298}	pH 的平衡方程式
$PtCl_4^{2-} + 2H_2O = 2H^+$ $+ 4Cl^- + Pt(OH)_2$(黄色)	4.29	$pH = 4.29 - 0.5 lg a_{PtCl_4^{2-}}$ $+ 2 lg a_{Cl^-}$
$PtCl_6^{2-} + 4H_2O = 4H^+$ $+ 6Cl^- + Pt(OH)_4$(棕红色)	3.88	$pH = 3.88 - 0.25 lg a_{PtCl_6^{2-}}$ $+ 1.5 lg a_{Cl^-}$
$PdCl_4^{2-} + 2H_2O = 2H^+$ $+ 4Cl^- + Pd(OH)_2$(褐色)	5.175	$pH = 5.175 - 0.5 lg a_{PdCl_4^{2-}}$ $+ 2 lg a_{Cl^-}$
$PdCl_6^{2-} + 4H_2O = 4H^+$ $+ 6Cl^- + Pd(OH)_4$(深红色)	4.95	$pH = 4.95 - 0.25 lg a_{PdCl_6^{2-}}$ $+ 1.5 lg a_{Cl^-}$
$RhCl_6^{3-} + 3H_2O = 3H^+$ $+ 6Cl^- + Rh(OH)_3$(黑色胶状)	6.45	$pH = 6.45 - 0.33 lg a_{RhCl_6^{3-}}$ $+ 2 lg a_{Cl^-}$
$RhCl_6^{2-} + 4H_2O = 4H^+$ $+ 6Cl^- + Rh(OH)_4$(绿色)	6.05	$pH = 6.05 - 0.25 lg a_{RhCl_6^{2-}}$ $+ 1.5 lg a_{Cl^-}$
$IrCl_6^{3-} + 3H_2O = 3H^+$ $+ 6Cl^- + Ir(OH)_3$(绿色)	2.637	$pH = 2.637 - 0.33 lg a_{IrCl_6^{3-}}$ $+ 2 lg a_{Cl^-}$
$IrCl_6^{2-} + 4H_2O = 4H^+$ $+ 6Cl^- + Ir(OH)_4$(蓝黑色)	-1.58	$pH = -1.58 - 0.25 lg a_{IrCl_6^{2-}}$ $+ 1.5 lg a_{Cl^-}$

表 19 - 5 中的数据表明,各种铂族金属氯络离子进行水解,要求具有不同的 pH。一般情况总是高价氯络离子的水解 pH°值小于低价氯络离子的水解 pH°值。按这一规律,向酸性介质中铂族氯络离子溶液内加入碱液,随着溶液 pH 的增大,最先水解生成的氢氧化物应是高价氯络离子。因此使铂族金属氯络离子保持高价状态,愈有利于使其最先水解。

按以上规律,铂氯络离子 $PtCl_6^{2-}$ 应先于低价态的 $PtCl_4^{2-}$ 按下式水解:

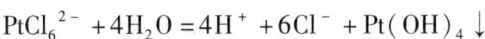

$$PtCl_6^{2-} + 4H_2O = 4H^+ + 6Cl^- + Pt(OH)_4 \downarrow$$

此 $Pt(OH)_4$ 易与水结合,生成 $H_2Pt(OH)_6$(或 $Pt(OH)\cdot 2H_2O$)黄色针状体沉淀。

随着 pH 增大,在 $pH^\circ = 4.29$ 时,$PtCl_4^{2-}$ 按下式进行水解:

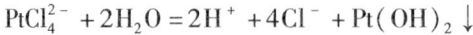

$$PtCl_4^{2-} + 2H_2O = 2H^+ + 4Cl^- + Pt(OH)_2 \downarrow$$

生成的 $Pt(OH)_2$ 为胶体沉淀,将其加热煮沸,则生成 $Pt(OH)_2 \cdot H_2O$ 的黄色沉淀。

在实际生产中,当 pH = 2 ~ 3 时,高价氯铂酸盐溶液出现浑浊,产生了极细的黄色悬浮颗粒,同时这些极细黄色颗粒又很快消失,这是因为 $Pt(OH)_4$ 为棕色两性氢氧化物,与水能结合成 $Pt(OH)_4 \cdot H_2O$[或写作 $H_2Pt(OH)_6$,称为羟铂酸]。羟铂酸为黄色针状体,不溶于冷水,易溶于稀酸或碱水,与碱作用后生成可溶性的 $Na_2Pt(OH)_6$(或写作 $Na_2PtO_3 \cdot 3H_2O$)。因此,在铂水解作业时,即使 pH 控制到 8 ~ 9,四价铂离子也不会生成 $Pt(OH)_4$ 沉淀。这一特性,为铂氯络离子水解与其他贵、贱金属分离创造了重要条件。

根据研究指出,铂族金属络离子水解最适宜的 pH 分别为:锇——pH = 1.5 ~ 6(以 4 为佳);Ir——pH = 4 ~ 6(甚至在 pH = 6 ~ 8 时,也不会妨碍铱的水解沉淀),钌——pH = 6,钯与铑——pH = 6 ~ 8。

在铂与铑、铱水解分离工艺中,控制 pH = 8 ~ 9,这时铑、铱氯络离子很快水解生成氢氧化物沉淀,而 Pt^{4+} 不生成沉淀,从而实现了铂与铑、铱的分离。

但由于 Pt^{2+} 的存在,在 pH = 4.3 ~ 6 时(甚至在 2.5 ~ 3.8 时),$PtCl_4^{2-}$ 也水解沉淀,这不但降低了铂的直收率,同时铑、铱沉淀中也混入铂,使下步提取铑、铱时增添了脱铂工艺,而不利于提高铑、铱回收率。因此,应按图 19 - 9 选择合适的氧化剂,在水解前,将铂族金属氯络离子氧化为高价状态。这不但促进了铑、铱与其他杂质的水解沉淀,同时也使 $PtCl_4^{2-} \rightarrow PtCl_6^{2-}$,因而防止了 Pt^{2+} 的水解进入沉淀。

应当指出,按理钯应在 pH = 6 ~ 8 时进行水解沉淀,但铂水解工艺作业中,钯是不易水解除去的杂质,这可能是由于 $Pd(OH)_4$ 与 $Pt(OH)_4$ 性质类似,$Pd(OH)_4$ 的水合物也能与碱液生成可溶性 $Na_2Pd(OH)_4$ 的缘故。所以,料液中若含钯,应在铂水解前先期提钯,微量的钯则应采用其他工艺方法将其除去。

19.4.4　铂与铑、铱分离的作业过程

铂与铑铱分离的作业过程一般包括以下步骤:

1. 氧化

氧化作业的目的,是将料液中贵金属氯络离子保持高价状态,以便在适当的 pH 条件下(pH = 8 ~ 9),使铑、铱及各种贵、贱金属尽快水解生成稳定的氢氧化物沉淀,而铂则因为被氧化成高价氯络离子,不水解,同时四价铂的 $PtCl_6^{2-}$ 虽然水解生成 $Pt(OH)_4$,但又与钠离子组成 $Na_2Pt(OH)_6$,$Na_2Pt(OH)_6$ 可溶于热水、稀酸或碱液。总之,使铂不与铑、铱等一道水解沉淀,达到与铑、铱等分离的目的。

氧化剂的选择,如前所述可选用氯气(或饱和了氯气的水溶液)、双氧水、纯氧

（或空气）、以及硝酸等，其氧化反应如下：

$$Pt + 2Cl_{2(溶)} + 2Cl^- = PtCl_6^{2-}$$

$$\varphi = 0.602 + 0.015 \lg \frac{a_{Cl_{2(溶)}}^2 \cdot a_{Cl^-}^2}{a_{PtCl_6^{2-}}}$$

$$Pt + 2H_2O_2 + 4H^+ + 6Cl^- = PtCl_6^{2-} + 4H_2O$$

$$\varphi = 1.042 - 0.0591 pH + 0.015 \lg \frac{a_{H_2O_2}^2 \cdot a_{Cl^-}^6}{a_{PtCl_6^{2-}}}$$

$$3Pt + 4HNO_3 + 12H^+ + 18Cl^- = 3PtCl_6^{2-} + 4NO + 8H_2O$$

$$\varphi = 0.199 - 0.0591 pH + 0.015 \lg \frac{a_{HNO_3}^2 \cdot a_{Cl^-}^{18}}{a_{PtCl_6^{2-}}^3 \cdot p_{NO}^4}$$

用双氧水作氧化剂时，准确调整溶液 pH 较为困难，且加入量难于控制。加入过量双氧水时，使作业增加了水解前长时间煮沸料液赶尽双氧水的工艺，而料液氧化后长时间保持热状态对水解作业是不利的。纯氧（或空气）作氧化剂虽可行，但氧化能力较弱，延长了氧化作业时间。硝酸作氧化剂，又可能使溶液生成王水，赶不尽硝根会使以后作业中沉淀反溶，这破坏了分离效果，还降低了贵金属的直收率。

当前用氯气或溴酸钠作氧化剂，获得了广泛应用。溴酸钠在加热时容易按下式反应进行分解，并夺取盐酸介质中的氢而释放出新生态的〔Cl〕：

$$NaBrO_3 \xrightarrow{\triangle} NaBr + 3 〔O〕$$

$$〔O〕 + 2HCl = H_2O + 2 〔Cl〕$$

这种新生态氯较氯气具有更大的氧化活性，在贵金属氯络酸或贵金属氯络酸钠盐、钾盐中，很容易将低价盐氧化生成高价盐：

$$H_2PtCl_4 (Na_2PtCl_4) + 2〔Cl〕 = H_2PtCl_6 (Na_2PtCl_6)$$

$$H_2PdCl_4 + 2〔Cl〕 = H_2PdCl_6$$

$$H_2RhCl_5 + 〔Cl〕 = H_2RhCl_6$$

$$H_2IrCl_4 + 2〔Cl〕 = H_2IrCl_6$$

以溴酸钠为氧化剂的氧化作业，要先将料液加热至沸，并控制料液铂离子浓度在 50g/L 左右。然后缓慢加入重量百分浓度为 20% 的氢氧化钠溶液，在人工搅拌条件下调整料液的 pH 为 1。溴酸钠配制成 10% 的溶液，溴酸钠用量按料液含铂量的 9% 计算，分两次加入。在人工搅拌下溴酸钠溶液第一次加入量约为料液含铂量的 7%，然后用 10% 的氢氧化钠溶液调整料液 pH 到 5，再第二次加入溴酸钠溶液的其余量，进行氧化。

2. 水解

水解作业实际已在第一次加入溴酸钠溶液后，调整 pH = 5 时就开始了。第二次加入溴酸钠溶液余量后，再用浓度为 8% 的碳酸氢钠调整料液 pH = 8 ~ 9，调整酸度的碱液消耗量与料液游离盐酸含量有关。为防止料液游离盐酸过多，水解氧化前应适当延长加热赶氯化氢的时间，这有利于减少碱液的消耗和溶液中钠离子的积累，同时也有利于彻底而快速地水解。

当料液 pH 调整至 8 ~ 9 时，水解反应已大部分完成：

$$Na_2RhCl_6 + 4H_2O = 4HCl + 2NaCl + Rh(OH)_4 \downarrow$$
$$Na_2IrCl_6 + 4H_2O = 4HCl + 2NaCl + Ir(OH)_4 \downarrow$$
$$Na_2PtCl_6 + 4H_2O = 4HCl + 2NaCl + Pt(OH)_4 \downarrow$$

但　　$$Pt(OH)_4 + 2H_2O = Pt(OH)_4 \cdot 2H_2O(或 H_2Pt(OH)_6)$$
$$H_2Pt(OH)_6 + 2NaOH = Na_2Pt(OH)_6$$
$$(或 Na_2PtO_3 \cdot 3H_2O) + 2H_2O$$

水解生成的 $Pd(OH)_4$ 也有类似反应,生成可溶性 $Na_2Pd(OH)_6$（羟钯酸钠）。如果氧化作用不彻底，部分贵金属也可能以低价氯络离子存在。铂氯络离子即使氧化生成高价铂的 $PtCl_6^{2-}$，如长时间加热使其保持热状态，$PtCl_6^{2-}$ 也易被还原为低价的 $PtCl_4^{2-}$。四价钯氯络离子，在长时间保持热状态时，也易分解还原成亚钯氯络离子 $PtCl_4^{2-}$。各种低价氯络离子，在调整 pH 由 1 ~ 8 的过程中，在相应的 pH 的条件下，则按下列反应发生水解沉淀：

$$Na_2PtCl_4 + 2H_2O = 2HCl + 2NaCl + Pt(OH)_2 \downarrow$$
$$Na_2RhCl_5 + 3H_2O = 3HCl + 2NaCl + Rh(OH)_3 \downarrow$$
$$Na_2IrCl_5 + 3H_2O = 3HCl + 2NaCl + Ir(OH)_3 \downarrow$$

上述反应表明，以二价铂氯络离子存在的氯亚铂酸钠容易与铑、铱一道水解生成氢氧化亚铂沉淀，这违背了分离目的，所以要求提高氧化效率，并防止水解作业时间过长，或长时间保持热状态，使高价铂不致分解还原为氯亚铂络离子。若用双氧水作氧化剂，在提高氧化效率、防止长期保持热状态、避免氯亚铂络离子生成等方面，就明显地逊色于用溴酸钠氧化剂进行的水解过程。

上述反应还表明，产物中有盐酸生成，容易使调整好的 pH 下降，不利于水解分离。所以在工艺作业中，料液 pH 调到 8 ~ 9 后，还应保持一刻钟，要求经常监测 pH 大小，若 pH 下降，则应继续补加 8% 的碳酸氢钠溶液，以防止发生变化。

在水解作业中，经常采用"载体水解"的工艺。所谓载体水解，就在在氧化作业前的料液中，调整 pH = 1 后，加入浓度为 10% 的三氯化铁溶液，加入量按料液含铂量进行计算，每含 1000g 铂可加入 2 ~ 3g 固体三氯化铁。氧化作业时，三氯化铁不发生变化，但水解作业调整 pH = 8 ~ 9 时，三氯化铁则按下式进行水解：

$$FeCl_3 + 3H_2O = Fe(OH)_3 \downarrow + 3HCl$$

生成的 $Fe(OH)_3$ 为大体积的絮状沉淀，能吸附漂浮在溶液中的水解沉淀颗粒和各种难于沉淀的胶体颗粒,并与之一道共沉,使溶液澄清效果显著。铁因全部水解生成沉淀,故不致造成料液被铁离子污染。

3. 过滤与赶溴

终点 pH 保持约一刻钟后,料液要快速冷却,急剧降至常温,这一方面能防止高价铂氯络离子分解还原成低价的氯亚铂络离子而进入沉淀;另一方面也可避免部分生成的水解沉淀物重新溶解而使上述铂液重新混入杂质。用外冷加内冷的联合工艺进行快速冷却,可获得较好的效果。

料液冷至常温后,最好静置一夜,使料液自然沉降澄清后,先将上清液仔细吸出过滤,一部沉淀移入 $\phi200 \sim 300mm$ 的大瓷漏斗中,进行自然过滤。自然过滤避免了真空抽滤时跑滤的可能性,而且其过滤速度也并不慢。

沉淀滤出物,要用 pH = 8 ~ 9 的洗液洗涤,尽可能将沉淀中含有可溶性铂离子进入洗液。沉淀中富集了铑、铱氢氧化物等贵金属,用盐酸溶解后送去分离提取铑、铱。

富集了铂的滤液和洗液合并,溶液送去赶溴。赶溴作业时,先用盐酸将溶液酸化至 pH = 0.5,然后将溶液加热至沸,使溴化物分解生成气态的 HBr 或 Br_2 与溶液分离。加热赶溴作业容器不要装得太满,因突发性气泡容易使溶液溅出,造成铂的损失。溴蒸气具有较强的腐蚀作用,对人体及设备有不利影响,要求在具有负压的通风橱中进行作业。与加双氧水进行铂直接载体水解法相比,需要赶溴是溴酸钠水解法明显的缺陷,但溴酸钠水解法具有技术条件稳定、直收率高等优点,所以仍得到广泛的应用。

4. 铂的提取

赶溴后的含铂溶液,通常直接进行铂的提取,产出粗铂再送去精炼提纯。

从溶液中提取铂有多种方法,用氯化铵沉淀 – 煅烧法提取铂;此外,还有电积法、还原法等。用还原剂还原提取铂,是所有方法中最简单的一种。选用水合肼作还原剂时,还原反应如下:

$$Na_2PtCl_6 + 4\left[(NH_2)_2 \cdot H_2O\right] = Pt\downarrow + 2NaCl + 4NH_4Cl + 2N_2 + 4H_2O$$

产物为黑色铂粉。由于水合肼还原能力强,铂的回收率可达 99% 以上,还原后液清澈无色,含铂可降至 0.0015g/L 以下。但水合肼还原容易带入杂质,产品铂粉品位常在 99% 以下,尚需进一步精制。

水合肼还原作业时,为减少还原剂的消耗,料液 pH 控制在 3 ~ 4 为宜。

19.5 铑、铱分离

铑、铱的化学特性相近,它们是铂族金属中最难分离的一对元素,一般都是放在其他元素分离后,再行分离提纯。

多数工厂采和的是 KHSO$_4$ 熔融，使铑转入溶液，然后用亚硝酸盐络合法精制 99.9% 的铑粉。含铱渣，碱熔转入溶液，用 (NH$_4$)$_2$IrCl$_6$ 反复结晶、煅烧，制 99.9% 的铱粉。溶液中的铑铱，通常是在氧化剂存在下，使 (NH$_4$)$_2$IrCl$_6$ 沉淀与铑分离。这些方法的主要缺点是：过程冗长，操作复杂，劳动条件差，直收率低，试剂消耗大。下面介绍工业烷基氧化膦（简称 TAPO）萃取分离铑铱的方法。

用 TAPO 萃取分离铑铱时，萃取过程对料液要求较高，要求料液中铂钯及贱金属含量不得过量，为此料液在用 TAPO 萃取前需进行预处理。

19.5.1　铑铱富集液的预处理

铑、铱富集液是贵金属精矿分离提取锇、钌、金、钯、铂后的溶液，此溶液中不可避免地残留有少量上述贵金属和普通金属杂质，采用 TAPO 萃取铱分离铑，虽可使铑、铱分开，但上述杂质仍分散存在于铑、铱之中，故最后不能产出纯净的铑、铱产品，而且对萃取作业产生有害影响。所以 TAPO 萃取铱分离铑之前，应对料液进行预处理，使存在于富集液中的各类杂质在不同过程中分别除去。预处理流程如图 19 – 10 所示。

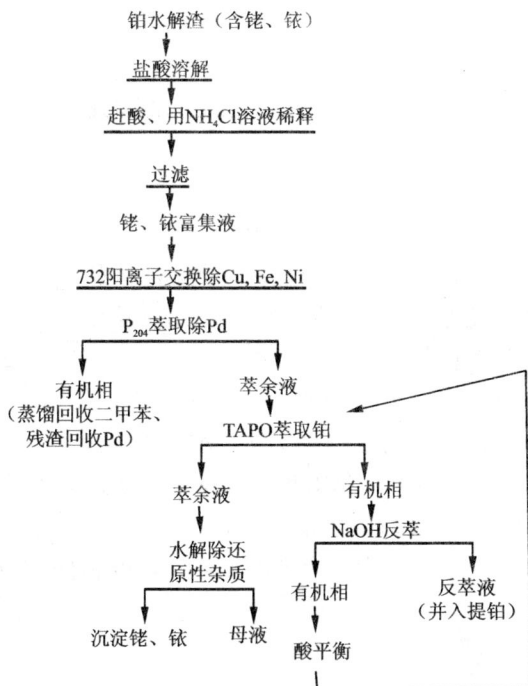

图 19 – 10　铑铱萃取分离的预处理流程图

1. 离子交换除铜、铁、镍

由于 TAPO 不能萃取铜、镍、铁，所以它们将进入萃余液，使铑被杂质污染。预处理时选用 H$^+$型——732 阳离子树脂，进行离子交换除铜、镍、铁。

H$^+$型——732 阳离子树脂的母体，为苯乙烯与二乙烯苯的共聚物（用 R 表示），其交换容量 $4 \sim 5 \times 10^{-3}$ mol/g，离子交换时，按下反应交换铜、镍、铁：

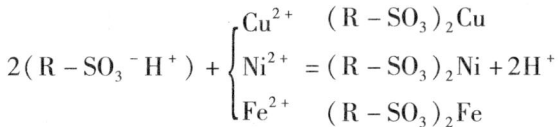

$$2(R - SO_3^- H^+) + \begin{cases} Cu^{2+} & (R - SO_3)_2Cu \\ Ni^{2+} = (R - SO_3)_2Ni + 2H^+ \\ Fe^{2+} & (R - SO_3)_2Fe \end{cases}$$

交换时控制料液 pH $= 1 \sim 1.5$，交换速度为 $2 \sim 3$ mL/min。当阳离子树脂交换容量接近饱和时，可用 4%～6% 的盐酸进行反洗，使树脂再生。

2. P$_{204}$ 萃取钯

选用 P$_{204}$［二 –（2 – 乙基已基）磷酸］作萃取剂，二甲苯作稀释剂，控制 P$_{204}$ 浓度为 0.25 mol/L，调整料液盐酸含量为 2mol/L，进行二级萃取。钯进入有机相，蒸馏有机相可回收二甲苯，蒸残渣返回钯流程回收钯，铑、铱等则进入萃余液（水相）。

3. TAPO 萃取分离铂

铂与铑、铱分离，传统上都采用水解法，但当料液含铂少而铑、铱多时，水解法产出铑、铱水解渣总是含有少量铂，不能进行彻底的分离。

TAPO 能萃取铂离子，但不萃取低价的铑、铱，在 P$_{204}$ 萃取钯是，P$_{204}$ 为还原剂，已将铑、铱还原为三价。预处理中若选用 TAPO 萃取剂，苯或磺化煤油作稀释剂对料液进行萃取时，则铂进入有机相，低价铑、铱则残留于萃余液中，从而实现了微量铂与铑、铱的分离。这种分离效果较好，经一级萃取，铂的萃取率大于 99%。载铂有机相经氢氧化钠反萃，即可将铂从有机相中分离出来。

4. 水解法除还原性杂质

在贵金属硫化物氯化造液时，生成一些还原性的 $S_2O_3^{2-}$、$S_2O_7^{2-}$，它将严重妨碍 TAPO 对铱的萃取，为此用水解法将其从料液中除去。水解作业时控制 pH $= 8$，铑、铱水解进行沉淀，使还原性杂质与铑、铱实现分离。

19.5.2　TAPO 萃取分离铑铱

1. 工艺流程

TAPO 流程如图 19 – 11 所示。

2. TAPO 萃取作业

（1）萃取剂——工业烷基氧化膦在室温下为油状黄色高粘度液体，须用稀释剂溶解，稀释剂可选用苯或磺化煤油。由于苯粘度小且不会带入还原性杂质，

水解渣（铑、铱）
↓
盐酸溶解
↓
蒸干、氯酸钠氧化
↓
盐酸溶解
↓
PAPO萃铱分铑 ←——————————————————┐
┌——————————┴——————————┐　　　　　　　　　　　　│
萃余液　　　　　　　　　有机相　　　　　　　　　　│
↓　　　　　　　　　　　　↓　　　　　　　　　　　　│
浓缩、赶酸　　　　　　　NaOH反萃　　　　　　　　　│
↓　　　　　　　┌————————┴————————┐　　　　　　　│
甲酸还原　　　反萃液　　　　　有机相——→酸平衡 ——┘
↓　　　　　　　↓
精铑　　　　　过滤除有机杂质
↓　　　　　　　↓
中温氯化、盐酸造液　　(NH₄)₂S净化
↓　　　　　┌————————┴————————┐
TAPO萃铱　净化液　　　　　硫化物沉淀
┌——————┴——————┐　↓　　　　　　　↓
有机相　　萃余液　NH₄Cl沉淀　　盐酸溶解
(富集后反萃铱)　↓　　↓　　　　　　↓
　　　　　浓缩、赶酸　氯铱酸铵　(回收铂、钯)
　　　　　↓　　　↓
　　　　　甲酸还原　煅烧、还原
　　　　　↓　　　↓
　　　　　铑黑　　纯铱粉
　　　　　↓
　　　　　H₂还原
　　　　　↓
　　　　　铑粉

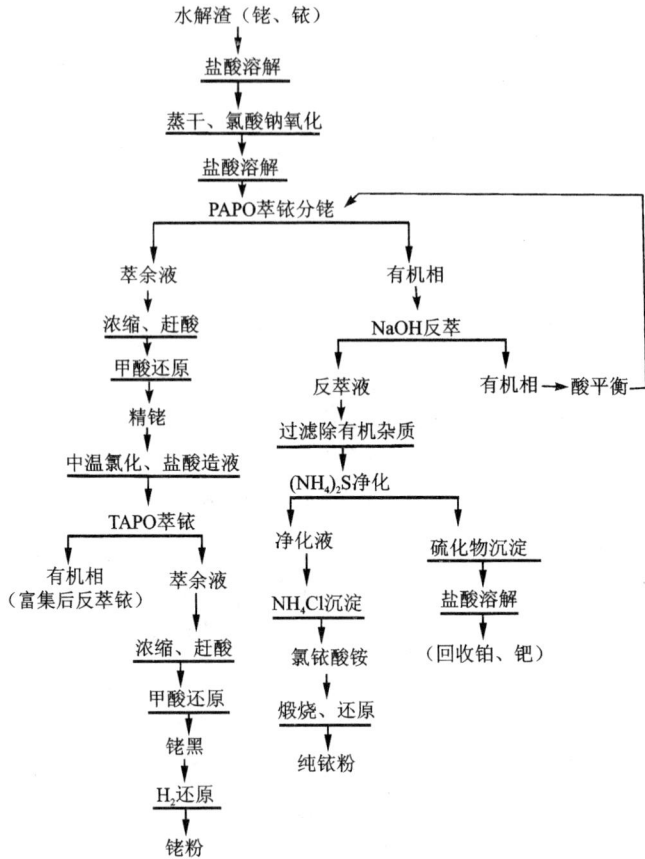

图 19 – 11　TAPO 萃取铱工艺流程图

所以效果好。但苯沸点低，易挥发，对人体有害，常用磺化煤油代替苯作稀释剂，这时需加入添加剂仲辛醇[$CH_6(CH_2)_5CHOHCH$]，以消除生成第三相的有害影响。萃取剂的配制，按体积百分数计：TAPO30%，磺化煤油 50%，仲辛醇 20%。仲辛醇有刺鼻臭味，并具有一定的还原能力，尤其能少量溶解于酸而进入水相，使萃取过程受到影响，故应限制仲辛醇的用量。

（2）料液的准备　料液经预处理后，为提高 TAPO 对铱的萃取率，必须控制铱为高价态（四价），故料液还需氧化。

氧化料液可选用氯气或氯酸钠作氧化剂，氧化剂用量宜控制为 $Ir:NaClO_3 = 1:3$，按此要求萃取铱，经一级萃取即可使萃余液中铱浓度小于 0.002g/L，铱萃取率达 99% 以上。

经研究，若料液采用中温氯化并采用通入氯气氧化的工艺，将更能提高铱的萃取率。所谓中温氯化，是将料液烧干后，继续提温至 600 ~ 700℃，用氯酸钠

氧化，待物料降至常温并溶解造液后，再进行 TAPO 的液 – 液萃取。

经氧化处理后的料液，还要调整其浓度及酸度，料液中铱离子含量高，易影响溶液粘度，不利于萃取铱，若铑离子含量多时（如大于 2g/L），TAPO 将增加对铑离子的萃取，这不但造成铑的分散损失，还会使铱中混入杂质铑，违背了分离的目的，所以以控制料液铱、铑浓度均小于 2g/L 为好。若料液盐酸浓度低于 2mol/L 时，四价铱离子易生成水合物，将使铱萃取率明显下降，所以料液盐酸浓度应控制于 3 ~ 5mol/L 范围内，这时，经 TAPO 两级萃取，铱萃取率即可达 99% 或以上。

（3）萃取条件

温度：常温

相比：有机相体积与水相体积之比称为相比，萃取率与分配比具有如下关系式

$$E = \frac{DV_0}{DV_0 + V_A} \times 100\% = \frac{DV_0/V_A}{(DV_0/V_A) + 1} \times 100\%$$

$$= \frac{D}{D + \dfrac{V_A}{V_0}} \times 100\%$$

式中：E——萃取率，指萃入有机相中的金属离子量占两相中该金属离子总量的百分数，%；

　　　D——分配比，指有机相中被萃金属离子浓度与水相该金属离子浓度之比的比值；

　　　V_0——有机相的体积；

　　　V_A——水相的体积。

在选定萃取剂后，通常视 D 为常数，这时 E 与相比（V_0/V_A）的倒数变成反变函数关系。相比增大，V_A/V_0 减小，有利于提高萃取率 E。但相比增大，就意味着增大有机萃取剂的用量，在经济上是不合算的。为使萃取分离效果好，常选用相比 $V_0 : V_A = 1$。若选用萃取容量大的萃取剂，将有利于减少萃取剂的用量。

混相时间：5 ~ 10min。

萃取级数：为使被萃金属离子最大限度地溶于有机相，萃余液往往需再加入萃取剂进行两级以上萃取。用 TAPO 萃铱，影响铱萃取率的关键因素不是萃取级数，而是料液铱存在的价态。当溶液中铱 $IrCl_6^{2-}$ 存在时，经两级萃取即可使铱萃取率达 99% 以上，若以 $IrCl_5^{2-}$ 存在，即使多级萃取，铱也不易萃取完全。

19.5.3　铱粉制备

从载铱有机相中提取铱，包括以下过程：

1. 从载铱有机相中反萃铱

常用氢氧化钠稀溶液作反萃剂，把铱从 TAPO 有机相中溶解出来。反萃后的有机相用水洗涤数次，因氢氧化钠改变了有机相 pH，所以应调整酸度后再返回萃取使用。对于二、三级萃取的有机相，因含铱浓度小，可反复萃取使用数次，在铱离子浓度达一定值后，方进行反萃提铱。

作业中反萃液容易溶解一定数量有机物，有机物存在，要影响铱的净化与提取，所以应将反萃液通过一特别装置过滤，以除去反萃液中的有机杂质。

2. 氯化铵沉铱

要产出高质量铱，反萃液应送净化后再提铱（见铱的精炼）。例如，可用氯法铵沉铱初步净化制取粗铱。

氯化铵沉铱前，料液控制为酸性，并于一定温度条件下使铱离子氧化保持高价态的 $IrCl_6^{2-}$，然后急冷至常温，加氯化铵按上反应生成氯铱酸铵沉淀：

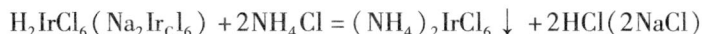

$$H_2IrCl_6(Na_2Ir_cCl_6) + 2NH_4Cl = (NH_4)_2IrCl_6 \downarrow + 2HCl(2NaCl)$$

料液如含铂、钯等杂质，也容易生成铵盐与铱共沉，使铱质量下降。氯铱酸铵沉淀用常温氯化铵溶液洗涤数次，以防止沉淀中夹带杂质和沉淀反溶，进而提高成品铱的质量和直收率。

3. 烘干煅烧氢还原

氯铱酸铵沉淀经缓慢烘干后，在电炉中于 600℃ 煅烧数小时，生成三氯化铱和氧化铱的黑色混合物。这时用惰性气体赶尽炉内空气，改通氢气进行还原，温度继续升至 900℃ 还原 2h，然后降温，停止通氢气后亦需改通惰性气体保护。产品铱为灰色海绵铱，品位可达 99%。

反萃液中钠离子有可能部分进入海绵铱，所以海绵铱可用水反复洗涤，除去其中可溶性的钠离子。此外，反萃液也可在氯化铵沉淀前进行一次铱的水解，氢氧化铱水解沉淀物用盐酸溶解，再用氯化铵沉淀法处理，产品就避免了钠离子的污染。

19.5.4 铑的制备

TAPO 萃取铱常用三级萃取，本工艺的金属铑是从三级萃余液中提取的。从三级萃余液中提铑包括以下过程。

1. 萃余液的浓缩

将萃余液加热浓缩至干，然后用水溶解，经特殊装置过滤后，以除去萃余液中的有机物杂质，并调制产出铑离子浓度较萃余液高的溶液。

2. 甲酸还原

料液用氢氧化钠溶液中和，调 pH 为弱碱性，溶液加热至 80℃，缓慢加入定量的甲酸还原剂，铑离子按以下反应生成金属铑：

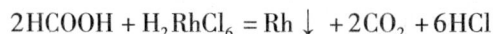

$$2HCOOH + H_2RhCl_6 = Rh \downarrow + 2CO_2 + 6HCl$$

$$3HCOOH + 2H_2RhCl_6 = 2Rh \downarrow + 3CO_2 + 10HCl$$

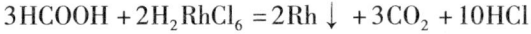

加入甲酸还原铑时,反应激烈,并产出大量二氧化碳,容易冒槽,所以应在加保护套的容器中进行作业。随着甲酸的加入,产出的盐酸使过程 pH 下降,这时要用10% 的 NaOH 溶液将料液 pH 调整至 8,促使反应由左向右进行,直至铑离子完全被甲酸还原为止。

还原作业时,料液中所含铱和其他贵金属杂质,也被甲酸一道还原进行产品铑,此产物因含杂质而称为粗铑。

3. 粗铑造液

为初步去除粗铑中部分杂质,必将粗铑先行造液溶解,然后精制(见下章铑的精制),铑造液较之其他铂族金属更难,这里仅介绍一种中温氯化盐酸溶解造液法。这种方法先将粗铑粉在电炉中加热至 600 ~ 700℃,与加入的氯酸钠作用,使铑氧化生成 Rh_2O_3、RhO_2,这时通入氯气,发生如下反应:

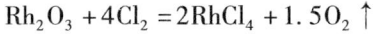

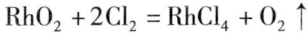

$$Rh_2O_3 + 4Cl_2 = 2RhCl_4 + 1.5O_2 \uparrow$$

$$RhO_2 + 2Cl_2 = RhCl_4 + O_2 \uparrow$$

待氯化产物冷却后,用 5M 盐酸溶解,生成氯铑酸溶液:

$$2HCl + RdCl_4 = H_2RhCl_6$$

盐酸不溶物,须返回再次中温氯化。反复数次,直至大部分铑溶解为止。

4. 氯铑酸经二级 TAPO 萃取除铱

5. 铑的提取

TAPO 的萃余液可再进行一次精制,若要求不高也可直接用来提铑,方法如前。即先除有机杂质,再加甲酸还原得铑黑。铑黑经高温氢还原,产出灰色成品铑粉,含铑品位可达 99%。

萃余液也可用类似提铱的工艺,用氯化铵沉淀法,产出高价态的氯铑酸铵沉淀,再经烘干、煅烧、氢还原,亦可产出成品海绵铑。

第 20 章

铂族金属的精炼

20.1 铂的精炼

铂的精炼在冶金上最普遍使用的是氯化铵反复沉淀法、直接载体水解法和溴酸钠水解法。

20.1.1 铂的氯化铵反复沉淀法

这是最古老的经典方法，具有操作简单，效果好的优点。

如前所述，当铂族金属离子呈高价态时，都生成难溶的氯络酸铵沉淀，如氯铂酸铵$[(NH_4)_2PtCl_6]$，氯钯酸铵$[(NH_4)_2PdCl_6]$，氯铑酸铵$[(NH_4)_2RhCl_6]$，氯铱酸铵$[(NH_4)_2IrCl_6]$，氯锇酸铵$[(NH_4)_2OsCl_6]$，氯钌酸铵$[(NH_4)_2RuCl_6]$等。当铂族金属离子呈低价态时，则生成可溶性的氯亚络酸铵盐，如氯亚铂酸铵$[(NH_4)_2PtCl_4]$、氯亚钯酸铵$[(NH_4)_2PdCl_4]$、氯亚铑酸铵$[(NH_4)_2RhCl_5]$、氯亚铱酸铵$[(NH_4)_2IrCl_5]$及三价钌的氯络酸铵$[(NH_4)_2RuCl_5]$等，利用这一特性，可使铂族金属与普遍金属分离，亦可使四价铂与其他低价贵金属杂质分离。另外，铂族金属离子的氧化难易程度也存在着差异，不稳定常数也不同，根据其标准还原电位由大到小排列的顺序是：

$$\varphi_{Pt/Pt^{4+}}^{\ominus} > \varphi_{Ir/Ir^{3+}}^{\ominus} > \varphi_{Pd/Pd^{2+}}^{\ominus} > \varphi_{Rh/Rh^{3+}}^{\ominus} > \varphi_{Pt/Pt^{2+}}^{\ominus} > \varphi_{Ru/Ru^{3+}}^{\ominus}$$

通过热力学计算，各种贵金属氯络离子离解常数列于表 20-1。

热力学分析表明，标准还原电极电位越大越难氧化，离解常数越大越易离解。

表 20-1 25℃时贵金属氯络离子离解常数值

氯络离子	$K_{离解}$	氯络离子	$K_{离解}$
$PtCl_4^{2-}$	$10^{-15.5}$	$IrCl_6^{3-}$	$10^{-19.59}$
$PdCl_4^{2-}$	$10^{-12.18}$	$AuCl_4^-$	$10^{-21.3}$
$RhCl_6^{3-}$	$10^{-16.95}$	$AgCl_2^-$	$10^{-4.75}$

　　由于铂族金属性质的上述差异，故其氯络离子与氯化铵作用必然也存在差异。用氯化铵沉淀铂氯络离子时，铂最易作用，铑、铱次之，钯共沉较差。这一特性虽然不能使各种铂族金属分离，但用氯化铵反复沉淀数次，部分铑、铱及大部分钯，能与铂分离。分离时，控制铂为高价，铑、铱、钯为低价时，其分离效果最好。必须指出，原液中若有一定数量的金氯络离子存在时不能加入铵盐或通入氨，否则易生成爆炸性的金氮化合物。

20.1.2　氯铂酸铵反复沉淀法精炼铂的作业工艺

1. 粗铂溶解

将粗铂（或铂含金废料）溶于王水蒸发赶硝至糖浆状，加入盐酸反复蒸发赶硝 3 次，用蒸馏水稀至铂浓度在 100g/L 左右。此料液必须经氧化处理（如通入氯气，或加入双氧水等），使铂氯络离子尽量保持高价，而其他贵金属杂质尽可能地保持低价。

2. 加入氯化铵生成氯铂酸铵沉淀

冷态下或热态下加入纯 NH_4Cl 固态盐或饱和 NH_4Cl 溶液，直至继续加 NH_4Cl 时无新的黄色沉淀形成，氯化铵与氯铂酸作用的化学反应如下：

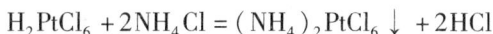

$$H_2PtCl_6 + 2NH_4Cl = (NH_4)_2PtCl_6\downarrow + 2HCl$$

$$Na_2PtCl_6 + 2NH_4Cl = (NH_4)_2PtCl_6\downarrow + 2NaCl$$

通常浓度为 50g/L 的 H_2PtCl_6 溶液，每升消耗固体 NH_4Cl 约 100g。实际作业时的 NH_4Cl 用量，则既要保证铂沉淀完全，又要使 NH_4Cl 不致过量太多。高价的钯、铑、铱等与氯化铵作用，生成相应的铵盐沉淀；低价的钯、铑、铱则生成可溶性的铵盐溶液，普通金属氯化物仍残留于溶液中。滤液与洗液合并，并用锌条置换或用其他方法回收其中的贵金属。

3. 氯铂酸铵沉淀的溶解

采用王水溶解还须赶硝，且在下一步又要加 NH_4Cl，再次使氯铂酸铵沉淀。采用 SO_2 还原造液具有更多的优点，其化学反应如下：

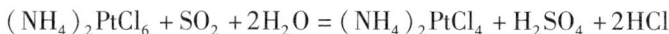

$$(NH_4)_2PtCl_6 + SO_2 + 2H_2O = (NH_4)_2PtCl_4 + H_2SO_4 + 2HCl$$

浆化液在通 SO_2 前应加热至 $90\sim100℃$，有利于提高反应速率，同时亦有利于生成的氯亚铂酸铵溶解。通 SO_2 后，铂以氯亚铂酸铵状态溶解于溶液，过滤除去非铂的铵盐不溶物，使铂得到进一步提纯。

4. 通氯气氧化氯亚铂酸铵

当向氯亚铂酸溶液通入氯气时，氯亚铂酸铵被氧化，并生成黄色的氯铂酸铵沉淀，其反应如下：

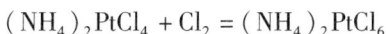

$$(NH_4)_2PtCl_4 + Cl_2 = (NH_4)_2PtCl_6$$

不易氧化的氯亚钯酸铵等贵金属和残留的普通金属氧化物仍留在溶液中，这一过程又使铂与部分杂质进一步分离。

5. 沉淀、还原

沉淀、还原反复进行 3 次,最后过滤产出的黄色氯铂酸铵沉淀抽干后放入坩埚中,在马弗炉内,缓慢升温,先除去水份,然后在 350 ~ 400℃恒温一段时间,使铵盐分解。待炉内不冒白烟,升高温度,并控温在 900℃煅烧 1h,冷后取出海绵铂。如煅烧温度在 700℃左右则产品为灰白色,控温在 900℃产品为银白色,带金属光泽,产出的海绵铂品位可达 99.99%以上。

20.1.3 铂的载体水解法

1. 粗铂的溶解(造液)

铂的溶解常用的有王水溶解、通氯气盐酸溶解、双氧水盐酸溶解、电化溶解等方法。

王水溶解造液及溶液赶硝作业,常在减压装置中进行。通氯气或双氧水的盐酸造液时,是将粉状铂料用 6mol/L 盐酸浆化,液固比 5 ~ 6,于 80 ~ 90℃下通氯 2 ~ 3h 或加入双氧水,即可将金属铂溶解生成氯铂酸溶液。电化溶解造液,是将铂料作阳极,套有隔膜的铂片作阴极,电解液是 3 ~ 6mol/L 盐酸,电解液温度为 50℃,通入直流电进行电化溶解。槽电压 3 ~ 3.5V,经过一段时间,可使电解液比重上升到 1.2 ~ 1.5,含铂 80g/L,造液时可通入部分交流电,这有利于防止阳极钝化,从而促进阳极铂极的溶解。

2. 除金

根据产品标准,牌号 HPt – 2 的海绵铂,含金为 0.02%,HPt – 1 的含金量为 0.003%,高纯铂则要求含金 < 1ppm。铂料中的杂质金,用水解法是不能除去的,须采用单独除金工艺。若铂料中另有一些贵金属杂质与杂质金共存,则最好在除金前,先用水解法除去贵金属杂质。除金方法有:

(1) $FeSO_4$ 或 $FeCl_2$ 还原法 还原剂 $FeSO_4$ 或 $FeCl_2$ 的加入量,分别为 Au:$FeSO_4$ = 1:(5 ~ 6);Au:$FeCl_2$ = 1:(3 ~ 3.2)。还原剂使金离子还原成金粉沉入容器底部,经反复作业 2 ~ 3 次,产品铂中含金量可降至 0.01%以下。带进溶液中的 Fe^{3+},于下步水解时,可除得很干净。

(2) SO_2 还原法 料液中通入 SO_2 后 $AuCl_4^-$ 被还原成金粉,并使溶液颜色变黑。

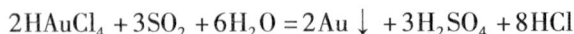

$$2HAuCl_4 + 3SO_2 + 6H_2O = 2Au \downarrow + 3H_2SO_4 + 8HCl$$

金络离子被完全还原,溶液无浑浊后,静置、过滤。滤液煮沸,赶尽 H_2SO_3 并适当浓缩。当溶液冷至 40 ~ 50℃时加入双氧水,使被 SO_2 还原的二价铂又被氧化成四价铂盐。

SO_2 还原法除金,可使产品铂中的金降至 0.004%以下。

（3）萃取法　控制料液中盐酸浓度 $1.5 \sim 3.0 mol/L$，用乙醚或乙酸乙脂进行萃取，使金进入有机相与铂液（水相）分离，用此法可除金至 0.0041% 以下。

此外，用草酸或草酸钠在 $pH = 4 \sim 6.5$ 时还原金；在 $pH = 2$ 下，加亚硝酸钠除金；离子交换除金等都是行之有效的除金方法。

3. 载体水解

可采用直接载体水解法或溴酸钠载体水解法除去各类杂质。为使杂质尽可能完全地进行水解沉淀渣，必须反复进行三次水解作业，这样产品海绵铂品位可达 99.99% 以上。

4. 除钯

用丁二酮肟能有效除溶液中的钯。丁二酮肟用 2% 的 NaOH 溶解，再稀释制成含丁二酮为 10% 的溶液，此溶液叫钯试剂。

调整铂料的 $pH = 2$，常温下一边搅拌一边缓慢地加入钯试剂，则产生如下反应，生成稳定的 $Pd(C_4H_7O_2N_2)_2$ 亮黄色沉淀：

$$2\left[\begin{array}{c} CH_3—C\!\!=\!\!NOH \\ | \\ CH_3—C\!\!=\!\!NOH \end{array}\right] + Pd^{2+} = Pd(C_4H_7O_2N_2)_2 \downarrow + 2H^+$$

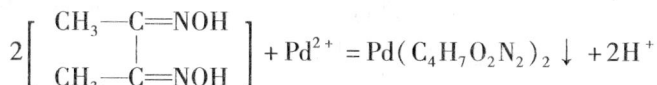

钯试剂一直加到溶液不再生成亮黄色沉淀为止。如果溶液 $pH < 2$，加入钯试剂要产生白色沉淀，如果发现溶液 pH 自动迅速提高到 8，亮黄色沉淀发生重溶，所以要经常监测 pH，用盐酸调整 $pH = 4 \sim 5$，并使之稳定。

料液停止加入钯试剂后，静置 $3 \sim 4h$，再加热溶液至 $70℃$，溶液中亮黄色沉淀即可迅速凝聚沉入槽底。

如溶液中有 Au^{3+} 离子，也会被丁二酮肟还原成金属状态。硝酸对钯试剂有破坏作用，要在加钯试剂前赶尽硝酸，或于 $85℃$ 条件下滴加甲酸以消除硝酸的危害。

20.1.4　电解精炼铂

以精炼的粗铂作阳极，以游离盐酸的氯铂酸作电解液。电解的成分：HCl，$200 \sim 300 g/L$；H_2PtCl_6，$50 \sim 100 g/L$。电解温度为 $60℃$，通入重叠有交流电的直流电，电流密度为 $2 \sim 3 A/dm^2$，槽电压 $1 \sim 1.5 V$，则阴极上析出金属铂，其纯度可达 99.98%。

电解精炼铂时，由于金比铂有更高的标准还原电位，进入溶液的金比铂更容易在阴极上析出，除金效果差。

20.1.5　高纯铂的制取

高纯铂主要用于制造铂阻温度计及标准热电偶。因它具有熔点高，蒸气压低，抗氧化力强，化学惰性强以及非常稳定而可重现的测温性能等特性。

高纯铂的纯度对其热电势及电阻温度系数影响很大，纯度愈高则相应的电阻温度系数亦愈高。1922 年美国国家标准局制备的高纯铂，其电阻温度系数仅为0.003922，这是当时所能获得的最好标样。随着提纯及加工、高度技术的发展，美国 1968 年制出了电阻温度系数达 0.003927 的标准高纯铂丝，其电阻比值（R_{100}/R_0）为 1.39250。在 20 世纪 70 年代我国某研究所制得高纯铂的比电阻值达到 1.39265 ～ 1.39269。制取高纯铂有下述方法。

1. 载体水解 – 离子交换法

（1）溶液的制备　以 99.9% 海绵铂为原料，用王水溶解，其用量为铂量的4 倍。用盐酸赶硝。然后加入其量为 0.6 倍的 NaCl，使 H_2PtCl_6 转变为 Na_2PtCl_6，用水溶解，过滤，用水稀释至 50g/L（铂浓度），滤渣需回收贵金属。

（2）载体水解　将已制得的 Na_2PtCl_6（批料 2kg 铂）溶液在体积为 70 立升瓷缸中水解，用石英管内加热器加热，使溶液温度升至 60 ～ 80℃ 加入相应铂量0.3% 的铁（以 $FeCl_3$ 溶液加入），用 10% NaOH 溶液调 pH 至 7 ～ 8。维持该酸度3min，冷却过滤，滤液反复水解 6 ～ 7 次后进行离子交换。滤渣集中回收贵金属。

水解过程不宜剧烈搅拌，以避免 $Fe(OH)_3$ 胶溶使过滤困难。

（3）离子交换　经二次水解过的铂滤液用盐酸调 pH2 ～ 2.5。用 732 型阳离子树脂交换。树脂柱内径 11cm，柱高 80cm，流速 100 ～ 130mL/min，树脂为氢型，交换后流出液 pH < 1。

（4）沉淀灼烧　将交换后得到的溶液用 NH_4Cl 沉淀，过滤。得到的蛋黄色$(NH_4)_2PtCl_6$ 沉淀放入铂坩埚中烘干、灼烧、分解获得高纯海绵铂。

2. 氧化载体水解 – 离子交换 – 氨气沉淀法

由于高价态金属离子氢氧化物溶度积较低，特别是 Pd、Rh、Ir 等贵金属，其高价态离子的氢氧化物多呈水合氧化物状态，不易胶溶，易于过滤。因此，在载体水解前使溶液中的金属离子氧化为高价态则将有利于铂的净化。本法采用氧气直接氧化，操作条件比用氯气和溴酸钠氧化优越。

此外，在制备 $(NH_4)_3PtCl_6$ 沉淀时，本法采用氨气代替固体 NH_4Cl，从而避免了用 NH_4Cl 沉淀铂时试剂所引入的杂质；同时，氨可能与溶液中的 Ir、Cu、Ni 等杂质生成络合物而不被沉淀，有利于提纯作用。

（1）氧气氧化载体水解

①水解　将王水造液、赶硝后所得溶液 2L 转至 5L 烧杯中（铂的浓度 <50g/L）。加入铂量 0.3% 铁（$FeCl_3$ 溶液）。在电热板上加热，溶液温度升至60℃ 时通氧气氧化 15min，随着通氧气时间的增加，溶液颜色逐渐变深。停止通氧气后，继续加热 15min，溶液温度在 90℃ 以上。用 10% NaOH 调 pH = 7 ～ 8。维持该酸度 1 ～ 2min。水解沉淀呈棕色絮状，易于沉降。迅速冷却，过滤，滤液清亮透明呈桔红色。若再需水解只需将滤液加盐酸酸化至 pH1.5 左右，再按上

述操作进行水解。此水解过程稳定，易于掌握。铂不易水解，载体铁的氢氧化物不易胶溶，便于过滤。

②离子交换　用 732 型阳离子交换树脂交换，交换柱直径为 11cm，柱高为 35cm。流速为 $100 \sim 130mL/min$。将上述反复水解后所得滤液流经树脂柱。流出液作下步氨气沉铂之用。

③氨气沉淀　通氨气到交换后的流出液时，流出液事先用盐酸酸化至 pH≤0.5，使溶液中有过量的盐酸存在。在氨气通到一定数量时有较多量的桔红色的铂盐出现。在母液呈浅黄色后停止通氨气，立即过滤，用 1% NaOH 溶液洗 3 次，抽干。将所得铂盐烘干，灼烧，得海绵铂。水洗钠离子，烘干，称重。

（2）氯气氧化载体水解

将王水造液、赶硝所得溶液作原料［约 100g/L（铂）］，水解所用溶液浓度、温度及最终 pH 与氧化载体水解一致，仅用氯气氧化而不用氧气氧化。水解完毕后，滤液进行离子交换，交换条件与卜相同。

（3）溴酸钠氧化载体水解

①水解　将王水造液、赶硝后的溶液作原料，铂含量约 100g/L。在电热板上加热至 80℃ 以上，加入 10% 溴酸钠溶液 80mL，加热 10min，用 10% NaOH 调 pH 至 4，又加入 10% 溴酸钠溶液 20mL，又煮 10min，加入铂量 0.3% 的铁（三氯化铁溶液），然后，用 10% NaOH 溶液调 pH 至 8。冷却，过滤。滤液作第二次水解，操作同上。只需补加一些溴酸即可。

②离子交换　将上述水解后的滤液用盐酸酸化至 pH<1，在低温电热板上浓缩至原体积的 1/4 以下，以破坏溴。然后稀释至 30g/L 的铂浓度，进行离子交换，交换过程如前所述。

20.2　钯的精炼

通常钯的精炼有二氯二氨络亚钯沉淀法，氯钯酸铵反复沉淀法等。与氯铂酸铵反复沉淀法相似，氯钯酸铵反复沉淀法是从钯中除去普通金属杂质的有效方法，但铂族金属杂质较难除净。二氯二氨络亚钯沉淀法则能有效地除去各类贵金属杂质。精炼中要根据原料成分，杂质和种类和数量、产品要求等情况选用适宜的方法。

20.2.1　二氯二氨络亚钯沉淀精炼法

1. 粗钯的造液

钯精炼的原料，可以是经初步分离的氯亚钯酸、硝酸钯、硫酸钯等溶液；也可以直接用粗钯或钯合金废料作原料，原料粗钯或钯合金废料在精炼前必须造液溶解。

铂族金属中，钯容易被多种酸造液溶解。凡是铂造液的各种方法，都能有效地溶解钯。但选择什么造液方法，不仅要考虑钯溶解程度，还应综合考虑原料杂质的种类、技术控制的复杂程度、过程的稳定情况、以及是否连续作业和安全、容器材质等诸因素。现将钯造液的各种方法介绍如下。

（1）硝酸溶解法。各种造液法，都要求金属原料（尤其废合金）在造液之前选去杂物，进行碎化，除去油污，以利于钯原料的溶解。钯很容易溶于硝酸，钯在浓硝酸作用下，进行以下反应：

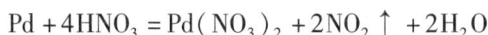

$$Pd + 4HNO_3 = Pd(NO_3)_2 + 2NO_2 \uparrow + 2H_2O$$

钯在稀硝酸作用下，按下式进行反应：

$$3Pd + 8HNO_3 = 3Pd(NO_3)_2 + 2NO \uparrow + 4H_2O$$

用硝酸造液时，贵金属杂质多为硝酸不溶物而进入残渣，这有利于贵金属的分离和综合提取。但溶液中的硝酸根及游离硝酸，对下步进行的二氯二氨络亚钯沉淀法精炼极为有害，必须专门赶硝，以彻底除去溶液中的硝酸根与游离硝酸。赶硝后的溶液应呈透明的红棕色。

（2）王水溶解法。钯在王水中将按下式反应进行化学溶解：

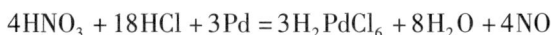

$$4HNO_3 + 18HCl + 3Pd = 3H_2PdCl_6 + 8H_2O + 4NO$$

生成的氯钯酸（H_2PdCl_6）在煮沸时，将自行转化为氯亚钯酸（H_2PdCl_4），形成稳定的低价亚钯氯络离子。

钯料中银及铱等，因不被王水溶解而进入残渣，其他贵金属和普通金属能溶于王水，分别以贵金属氯络离子及普通金属氯化物形态和氯亚钯酸一道进入溶液。

对含银、铱量多的钯料不宜于采用王水溶解法造液，因不溶的氯化银沉淀或铱容易包裹钯料，或使钯料钝化。严重时将被迫停止溶解作业。此外，若原料中含有大量金、铂，因其能被溶解进入溶液，故下一步还须采用单独的作业综合提取金、铂，但若采用单纯硝酸溶解时，不会出现上述问题，因为此时金、铂进入不溶残渣而实现金、铂与钯的分离。

王水造液后，过滤除去不溶物，此不溶物可送去回收银、铱等。滤液与洗液合并，可在减压装置中加热进行彻底赶硝。

（3）水溶液氯化造液。钯容易被王水、硝酸所氧化，与络合剂结合溶于水中。同理，氯气、次氯酸、氯酸钠、双氧水等，尤其是当有络合剂氯离子存在时，也能有效地氧化钯，使钯以氯络离子形态溶解进行溶液。前述中的盐酸－氯、盐酸－双氧水、盐酸－氯酸钠等方法溶解各种贵金属，就属于这一范畴。

这种造液法通过控制电极电位，还可实现选择溶解。

（4）电化造液法。与金电化造液相似，装于布袋中的原料钯阳极，在直流电的作用下失去电子，不断电化溶解，电极电位较正的金属杂质则不溶解而进入阳极泥。阴极上套有阴离子隔膜，电解液溶解的钯阳离子由于不能穿过阴离子隔膜，便不断在电解液中积累，隔膜中的阴极反应，仅放出氢。

电化造液中电解液选择是至关重要的，当原料的阳极钯含有大量银或金时，不宜选用盐酸作电解质，而选用硝酸电解液较好。因为在盐酸介质中电化造液时，银生成氯化银沉淀包裹阳极，妨碍了阳极溶解；金则与钯一道溶解进入电解液，此电解液须在提钯前单独作业来进行复杂的金、钯分离。当然，硝酸电解液在提钯前尚须赶硝，溶解的银也须脱除，但从钯中分离银的氯化分银法较为简单易行。用盐酸作电解液可不进行赶硝作业，但溶液中贵金属多呈络阴离子，这时就不能选用阴离子隔膜了。若用阳离子隔膜时，个别阳离子则易通过隔膜而在阴极上析出，这将妨碍电解液中贵金属离子的富集。

2. 除银、赶硝

电解溶解的阳极泥，主要为金、铂、铑、铱等贵金属，对此须进行综合回收。电解液主要成分为硝酸亚钯及溶解的硝酸银，澄清过滤后，要求首先除银。因为银与钯在以后精炼作业中，具有相似的行为，若不除尽，银将全部进入产品钯，影响钯产品的等级。

除银可采用氯化沉淀－氨络合的工艺方法。该工艺要求原液适当稀释后，搅拌加入氯化钠饱和溶液，银以氯化银状态沉淀出来，溶液不再生成白色沉淀时，静置澄清，然后过滤。滤液中含银必须达到规定水平以下。

滤饼氯化银经洗涤后，应为白色沉淀，但因洗涤稀释过程中，体系的 pH 增大，部分钠盐水解，沉淀夹裹了部分钯盐，使氯化银由白色变为黄色。为使肉黄色沉淀中钯与氯化银分离，可将该沉淀浆化并加入氨水、控制 pH = 8 ~ 9，再加热至沸，此时钯盐被氨水络合溶解而与沉淀分离。

氨水除能络合溶解钯盐外，也能将部分氯化银按以下反应络合生成可溶性的银氨络盐：

$$AgCl + 2NH_4OH = Ag(NH_3)_2Cl + 2H_2O$$

所以氨水络合溶解的钯溶液中，也含有大量的银氨络离子，此溶液可加入适量盐酸，严格控制 pH = 5 ~ 6，则银氨络离子被破坏，银仍以氯化银形式从溶液中分离沉淀出来。沉淀银后的络合液并入主流程溶液，一道进行钯的精炼。

白色氯化银沉淀，干燥后送去提取银。

3. 氨水络合

氨水络合作业的目的，是进一步除去料液中的金属杂质。作业方法是向钯料液中加入浓氨水，控制 pH = 8 ~ 9。这时，与水解作业相似，料液中多数杂质金属离子生成相应的氢氧化物或碱式盐沉淀，并进入土红色络合渣。

料液中氯亚钯酸，在氨水作用下产生如下反应：

$$2H_2PdCl_4 + 4NH_4OH = Pd(NH_3)_4 \cdot PdCl_4 + 4HCl + 4H_2O$$

$$2Na_2PdCl_4 + 4NH_4OH = Pd(NH_3)_4 \cdot PdCl_4 + 4NaCl + 4H_2O$$

式中产物 $Pd(NH_3)_4 \cdot PdCl_4$ 称为氯亚钯酸四氨络合亚钯，又称为沃凯连盐，为肉红色沉淀。

当继续加入氨水至 pH = 8 ~ 9，在加热温度达 80℃ 时，肉红色沉淀就会消失，并按下面反应生成浅色二氯四氨络亚钯溶液：

$$Pd(NH_3)_4 \cdot PdCl_4 + 4NH_4OH = 2Pd(NH_3)_4Cl_2 + 4H_2O$$

式中产物 $Pd(NH_3)_4Cl_2$，即为二氯四氨络亚钯，若其中溶解有杂质，颜色将由浅色变为绿蓝色，杂质含量越多，溶液颜色愈深。

氨水络合时，料液中的铑、铱被还原成三价盐，并生成氯亚铑酸铵 $(NH_4)_2RhCl_5$ 和氯亚铱酸铵 $(NH_4)_2IrCl_5$ 与钯一道进入溶液，少量铑铱呈氢氧化物或一氯五氨盐沉淀而进入络合渣：

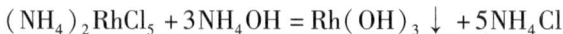

$$(NH_4)_2RhCl_5 + 5NH_4OH = [Rh(NH_3)_5 \cdot Cl]Cl_2 \downarrow + 2NH_4Cl + 5H_2O$$

$$(NH_4)_2RhCl_5 + 3NH_4OH = Rh(OH)_3 \downarrow + 5NH_4Cl$$

氨水络合时，料液中 Ag^+、Cd^{2+}、Cu^{2+}、Ni^{2+}、Zn^{2+} 等与氨水络合能力也较强，它们的氨络合物逐级不稳定常数都小于 10^{-3}，所以这类杂质的存在能影响产品钯的质量。

氨水络合作业要求料液控制含钯 100g/L。一边搅拌一边缓慢加入浓度为 14mol/L 的试剂级氨水，调整 pH 为 8 ~ 9。此后，溶液加热至 80℃，肉红色沉明显消失，但溶液中生成并悬浮有絮状土红色的络合渣。如果检测的 pH 下降，则应补加氨水调整至规定的 pH。但氨水不宜过量，pH 大于 8 ~ 9 时，络合渣中的部分氢氧化物沉淀重溶，这将降低精炼效果。游离氨水太多，还将使下步酸化作业消耗大量盐酸，这时酸化液温度升高，致使进入酸化作业废液的钯量增加，从而减少了钯精炼的直收率。

氨络合产物先静置澄清，过滤络合渣须用含氨水的溶液洗涤数次，络合渣积累到一定数量后，再进行综合提取其中的有价元素。

滤液与洗液合并，送一步精炼。

4. 酸化沉淀

如前所述，氨络合液中，还溶解了部分三价铑、铱的氨络酸盐，以及少量银、镉、铜、镍、锌等氨络离子，故须进一步除去这些杂质。酸化沉淀作业是基于酸性条件下，二氯四氨络亚钯将转化为二氯二氨络亚钯 $Pd(NH_3)_2Cl_2$ 的黄色沉淀，各种杂质则仍留在溶液中，从而实现了钯与上述杂质的进一步分离。通常氨络合与酸化沉淀作业需反复数次，才能使杂质达到允许限度以下。

酸化作业时，氨络合液中钯浓度约控制在 80g/L。常温下，搅拌加入 12mol/L 的浓盐酸，调整 pH = 1 ~ 1.5，这时二氯四氨络亚钯按如下反应生成黄色絮状沉淀：

$$Pd(NH_3)_4Cl_2 + 2HCl = Pd(NH_3)_2Cl_2 + 2NH_4Cl$$

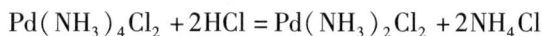

过滤上述二氯二氨络亚钯黄色沉淀，滤液中的杂质则与钯盐沉淀分离。通常每一公斤钯约消耗 1.5L 12mol/L 的盐酸。

作业过程中，须严格控制 pH，要注意盐酸加入速度不宜太快，以防止盐酸过量。加入盐酸速度过快或过量太多，都将使作业温度升高，使钯在酸化滤液中溶解度增大。如果酸化滤液钯溶解量增大，则其滤液颜色由正常的淡黄色变为黄红色，这时将降低钯的直接回收率。

此外，洗涤沉淀的洗液，事前应用盐酸酸化，以避免洗液溶解钯盐沉淀，否则又将降低钯的沉淀率。

滤液与洗液合并，其中含钯量有时达 1g/L 以上，可用锌棒置换的方法，回收其中的贵金属。用硫化法处理上述废液，工艺简便易行，贵金属沉淀彻底，尤其易于再造液，可获得较好的经济效益。

5. 煅烧与氢还原

将精制的二氯二氨络亚钯黄色沉淀烘干，然后进行高温煅烧，使其分解氧化生成氧化钯，再将氧化钯进行高温氢还原，最后产出粉状金属钯，通称海绵钯。

煅烧作业是马弗炉中进行。二氯二氨络亚钯盛于高温化学陶瓷容器中，放入马弗炉内，炉料在温度和空气作用下，按以下反应生成黑色的氧化亚钯：

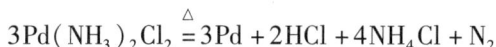

$$3Pd(NH_3)_2Cl_2 \overset{\triangle}{=\!=\!=} 3Pd + 2HCl + 4NH_4Cl + N_2$$

$$2Pd + O_2 \overset{\triangle}{=\!=\!=} 2PdO$$

为防止陶瓷容器炸裂和避免物料被突发性气流喷出而造成钯的损失，煅烧初期应在 200℃下恒温数小时，然后缓慢升温至 600℃，待逸出白烟显著减少后，停电自然冷却。较高的煅烧温度有利于分解和氧化过程，但产物易烧结，造成还原困难。

煅烧逸出的炉气腐蚀性强，大量氯化铵到处结晶，作业中应注意回收氯化铵，并加强通风改善作业环境。

黑色氧化亚钯取出后，用热水洗涤，洗净其中的氯离子，然后在图 20-1 所示的装置中进行氢还原。

装有黑色氧化亚钯的石英管，在管状电炉中加热至 500℃，首先通入二氧化碳气体（或其他惰性气体）15min，以赶走管内空气，在通入保护气体的过程中，才能将石英管另一端用装有导气管的胶塞堵住。接着通入经洗涤干燥的氢气，炉料在高温下与氢气还原剂的作用下，按如下反应生成金属钯：

$$PdO + H_2 = Pd + H_2O$$

通入氢气过程中，炉内保持 500~600℃恒温，在后期可适当加大氢气通入量，

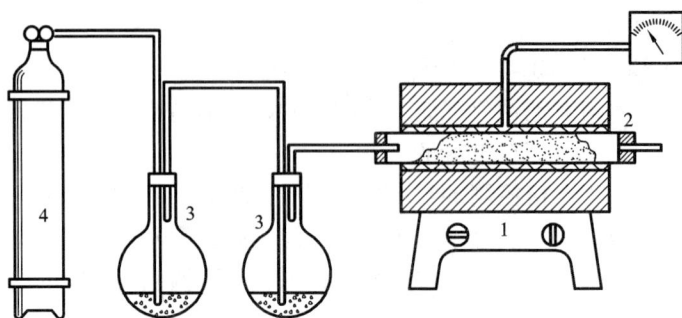

图 20 - 1   氧化亚钯氢还原装置

打开石英管排气胶塞一次，以赶尽管内水蒸气。炉料由黑色明显地变为灰色，时间为 1~1.5h。然后快速降温，温度降至 100℃时，改通 CO_2 气体至常温。即获得产品海绵钯，产品可稳定在含钯 99.99% 以上。

二氯二氨络亚钯沉淀，亦可浆化后用水合肼直接还原成钯粉。用水合肼直接还原的工艺过程简单，省去了高温煅烧、氢还原过程，产品钯品位可达 99%。但水合肼还原能力强，为获得所需产品成分，必须在还原以前将原料中杂质降至所需限度以下。

20.2.2   氯钯酸铵沉淀精炼法

高价铂族金属氯络离子都能与氯化铵作用生成相应的铵盐沉淀，因此与氯铂酸铵反复沉淀精炼法原理相似，氯钯酸铵沉淀法同样可对钯盐进行精制。但这种方法多用来除去普通金属及金、银等杂质。

氯钯酸铵沉淀法中的粗钯造液，与前述的二氯二氨络亚钯沉淀精炼法相同。料液控制含钯约 100g/L，在有氧化剂存在并缓慢加热的条件下，每升料液约加入 200~250g 固体氯化铵，则按下列反应生成红色的氯钯酸铵沉淀：

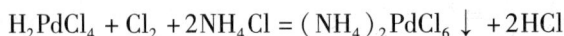

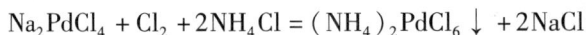

$$H_2PdCl_4 + Cl_2 + 2NH_4Cl = (NH_4)_2PdCl_6 \downarrow + 2HCl$$
$$Na_2PdCl_4 + Cl_2 + 2NH_4Cl = (NH_4)_2PdCl_6 \downarrow + 2NaCl$$

若原料中含有其他铂族金属氯络离子，也会生成铵盐，并与氯钯酸铵共存，沉淀颜色则变为赤褐色和黄褐色。

四价钯的氯钯酸铵很不稳定，在长时间加热或还原剂存在的条件下，它将分解或还原成氯亚钯酸铵，溶液呈暗红色。根据这一特性，要求在精炼过程采取措施，避免生成可溶性的亚钯盐，否则会降低钯的直收率。同时又应利用这一特性，反复使用还原剂、氧化剂进行沉淀精炼，使其中杂质尽可能除去。

此法也可与氨络合 - 酸化沉淀精炼法串联使用，以最大限度地除去各类杂质。

红色的氯钯酸铵沉淀进行洗涤时，也须用含 NH_4Cl 为 20% 的冷溶液作洗液。沉淀干燥后，经高温煅烧、氢还原的工艺产出海绵钯。

20.3　铑的精炼

在前面介绍的 TAPO 萃取分离铑、铱。对于从铑中除铱具有一定效果；采取反复萃取其中的铱，也能达到精炼铑的目的。

在本节中着重介绍亚硝酸钠络合 – 硫化除杂质 – 亚硫酸铵除铱的工艺，可制取 99.9% ~ 99.99% 的海绵铑。

20.3.1　铑的造液

金属铑较难于进行化学溶解造液。例如造液原料为铑锭，需先期进行碎化处理。碎化时，先用 4 ~ 5 倍铑量的锌与铑共熔成合金，并铸成分散态的片状块，再用盐酸溶去片状合金中的锌，这时便产出盐酸不溶的粉状铑。此粉状铑即可用热浓王水溶解，铑以氯络酸形态进入溶液。

王水溶解铑粉时，仍有部分铑不溶。在 300 ~ 400℃ 的条件用硫酸氢钠在刚玉坩埚中进行熔融处理不溶物，使铑转变为可溶性的硫酸铑，再用热水溶出硫酸铑。如此反复数次，直到铑几乎全部溶出后为止。这时若还有不溶渣，则可送去提取铱、钌、锇等贵金属。

用氢氧化钠中和水溶性硫酸铑的浸出液，使铑呈氢氧化铑从溶液中沉淀析出，过滤洗涤直至洗净硫酸根。用盐酸溶解氢氧化铑沉淀，则生成氯铑酸溶液：

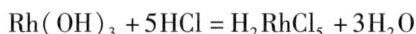

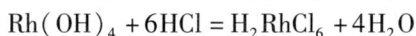

$$Rh(OH)_3 + 5HCl = H_2RhCl_5 + 3H_2O$$
$$Rh(OH)_4 + 6HCl = H_2RhCl_6 + 4H_2O$$

20.3.2　亚硝酸钠络合

与钯氯络离子用氨络合一样，亚硝酸钠（$NaNO_2$）与铂族金属络合，可生成稳定的可溶性亚硝酸钠络合物，调整溶液的 pH，可使普通金属水解沉淀，也是分离铑中普通金属杂质的最有效方法。

用于络合的料液中，铑浓度应控制在 50g/L 左右，并加热至 80 ~ 90℃，调整 pH = 1.5，此时即可向料液中搅拌加入固体亚硝酸钠，按下式反应使铑氯络离子络合：

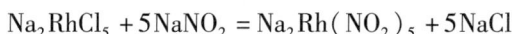

$$H_2RhCl_5 + 5NaNO_2 = Na_2Rh(NO_2)_5 + 3NaCl + 2HCl$$
$$Na_2RhCl_5 + 5NaNO_2 = Na_2Rh(NO_2)_5 + 5NaCl$$

料液中其他铂族金属杂质，也络合生成类似的亚硝酸络合物。$[Pd(NO_2)_4]^{2-}$ 在 pH ≤ 8 时煮沸也不分解，pH = 10 时，则很快生成钯的氢氧化物沉淀。

$[Pt(NO_2)_4]^{2-}$、$[Ru(NO_2)_5]^{2-}$、$[Ir(NO_2)_5]^{2-}$ 于 pH = 10 时，煮沸也不分解。普通金属中只有镍、钴能形成亚硝酸络合物，但前者在 pH = 8、后者在 pH = 10 时则完全分解，并以氢氧化物的形态从溶液中沉淀出来。由于亚硝酸钠与酸作用时，将按下式分解放出氧化氮气体：

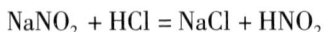

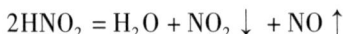

$$NaNO_2 + HCl = NaCl + HNO_2$$
$$2HNO_2 = H_2O + NO_2 \downarrow + NO \uparrow$$

所以向料液中加入络合剂亚硝酸钠时，pH 不宜小于 1，否则将增加亚硝酸钠的消耗用量，并产出大量黄烟，这时作业容易因反应激烈而"冒槽"，造成铑的损失。

此外，亚硝酸钠是还原剂，在铑络合同时容易将料液中的氯金酸还原成金属金，使铑与金实现分离。

亚硝酸钠络合工艺中，络合剂的消耗量约为理论量的 1.5 倍，每一公斤铑约消耗 6.3kg 亚硝酸钠和 1kg 食盐。络合完成后，用碱液调整料液 pH = 7 ~ 8，煮沸 30 ~ 60min，料液中的普通金属杂质呈氢氧化物沉淀而与铑分离。调整 pH 的碱液选用碳酸钠时，料液中的铜能较完全地沉淀除去。水解结束后，将热溶液冷却过滤，络合渣用盐酸溶解，再用亚硝酸钠络合一次并过滤，络合渣可留待提取其他贵金属。两次滤液合并，液体呈黄色或淡黄色，若含有铜离子，则溶液带蓝色。

20.3.3　硫化沉淀法除杂质

如前所述，由于各种金属硫化物（用 MeS 表示）具有不同的溶度积，用硫化法可从贵金属盐溶液中，选择沉淀金、钯。

室温下向料液中通入硫化氢（H_2S）、其饱和浓度可达 0.1mol/L。当溶液中金属离子浓度（$[Me]^{n+}$）为 0.4mol/L 时，所形成金属硫化物的平衡 pH 如表 20 - 2 所示。

表 20 - 2　形成 MeS 的平衡 pH

形成的 MeS	平衡 pH	形成的 MeS	平衡 pH
Cu_2S	- 8.35	CdS	- 0.25
Ag_2S	- 10.6	ZnS	1.47
CuS	- 4.55	CoS	2.85
SnS	- 1.00	NiS	3.24
Bi_2S_3	0.38	FeS	4.9
PbS	- 0.85	MnS	5.9

当料液 pH 等于或大于平衡 pH 时，该金属离子将与 H_2S 作用而产生 MeS 沉淀。

在含铂族金属离子的水溶液中，室温下通入 H_2S 即可产生 PdS 的黑色沉淀，大部分铂也呈 PtS_2 的黑色沉淀析出。在常温下，H_2S 通入含铑离子的溶液中，只能使其浑浊，在加热溶液至 80～90℃ 时，则铑离子以 Rh_2S_3 的黑色沉淀析出。而在 100℃ 时，向含铱离子溶液中通入 H_2S 时，才能使铱离子生成暗褐的 $Ir_2S_3 \cdot 3H_2O$ 沉淀。所生成的金属硫化物都能溶于王水，并析出单体硫。

硫化反应时将有酸生成，这时溶液的 pH 会适当下降，其反应如下：

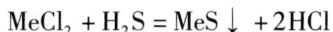

$$MeCl_2 + H_2S = MeS\downarrow + 2HCl$$

$$Na_2Pd(NO_2)_4 + H_2S = PdS\downarrow + 2NaNO_2 + 2HNO_2$$

若用稀 Na_2S 水溶液（Na_2S 浓度小于 5%，通常为 2%～3%）代替 H_2S 作硫化剂时，在操作上将方便得多。用 Na_2S 作硫化剂加入金属离子溶液中，将发生如下硫化反应，并使溶液的 pH 略有升高：

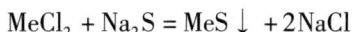

$$MeCl_2 + Na_2S = MeS\downarrow + 2NaCl$$

$$Na_2Pd(NO_2)_4 + Na_2S = PdS\downarrow + 4NaNO_2$$

根据理论计算，溶液在不同的 Na_2S 浓度的条件下，水解平衡时，其中硫离子和氢氧根离子所具有的平衡浓度值列于表 20-3。

表 20-3　$S^{2-} + H_2O = HS^- + OH^-$ 反应的平衡 $[S^{2-}]$，$[OH^-]$ 值

Na_2S 浓度/(mol·L^{-1})	平衡 $[S^{2-}]$/(mol·L^{-1})	平衡 $[OH^-]$/(mol·L^{-1})	pH
1.0	1.01×10^{-1}	8.99×10^{-1}	13.95
0.1	1.0×10^{-3}	9.9×10^{-2}	12.99
0.01	1.5×10^{-3}	9.985×10^{-3}	12.00

根据各种金属硫化物的溶度积和表中数值，可推算出能硫化沉淀除去的杂质种类和极限量。室温下硫化时，形成 MeS 的能力由大到小的顺序大致为：普通金属 > Au > Pd > Cu > Pt > Rh > Ir。在 80℃ 以上对溶液硫化时，铂、铱比铑易硫化，而普通金属反而较难硫化沉淀。所以料液中含普通金属杂质多时，宜于低温硫化沉淀，含贵金属杂质多时，则宜于高温硫化沉淀。该性质可控制铑与贵金属杂质的分离。

硫化杂质作业时，视所除杂质的种类选择相应的作业温度。在搅拌条件下，向具有中性或微酸性的料液中，滴加浓度为 2%～3% 的 Na_2S 溶液，加入量视杂质铂、钯含量多少而定，一般约为铑量的 3%～5%，有时多至 5%～10%。

为使料液所生成的细粒悬浮硫化物沉降下来，可加入适量的 FeCl₃ 作载体。加入 FeCl₃ 时，溶液有黄烟析出，这是 FeCl₃ 水解生成少量酸，使料液中游离的 NaNO₂ 分解之故。但料液的 pH 仍为 7 ~ 8。

用 FeCl₃ 作载体的硫化除杂质精制铑的作业须反复数次，才能有效地除去铱以外的其他杂质。

20.3.4　亚硫酸铵精制除铱

用亚硫酸铵[(NH₄)₂SO₃]，可使铑氯络离子按下式反应，生成三亚硫酸络铑铵的乳白色沉淀：

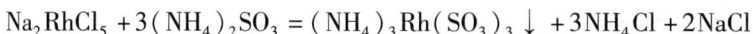

$$Na_2RhCl_5 + 3(NH_4)_2SO_3 = (NH_4)_3Rh(SO_3)_3 \downarrow + 3NH_4Cl + 2NaCl$$

三亚硫酸络铑酸铵沉淀，易溶于煮沸和过饱和的(NH₄)₂SO₃ 溶液中，也容易溶解于浓盐酸，按下述反应生成针状樱桃红色的可溶性氯铑酸铵：

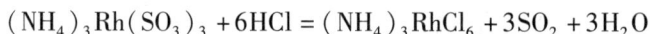

$$(NH_4)_3Rh(SO_3)_3 + 6HCl = (NH_4)_3RhCl_6 + 3SO_2 + 3H_2O$$

精制作业前，控制料液含铑 50g/L，为减少(NH₄)₂SO₃ 的消耗，调整料液 pH = 1 ~ 1.5，每升上述料液加入浓度为 25% 的亚硫酸铵溶液 0.75L，煮沸料液，数分钟后产生白色(NH₄)₃Rh(SO₃)₃ 沉淀，控制反应终点在 pH = 6.4 左右，过高或过低的 pH，都将使沉淀部分重溶，减少铑的沉淀率。过滤、洗涤沉淀，再用浓盐酸溶解沉淀，每 1g 铑约需 12mol/L 盐酸 5mL。溶解产出的滤液反复用亚硫酸铵沉淀数次，可将铱除到要求程度以下。

用亚硫酸铵法沉淀精制铑，对分离除去钯、金也有较好的效果。研究表明，一次沉淀精制铑，可使料液中含铱从 0.002% 除至几个 ppm，且一次沉淀精制的铑直收率达 95%。

20.3.5　氯化铵沉淀法

当硫化沉淀除杂质后的铑液不含铱时，可直接用氯化铵沉淀法处理，否则须用亚硫酸铵精制除铱后再行本法处理。

用氯化铵沉淀时，最好将料液冷至 18℃ 以下，用醋酸酸化至微酸性，每升溶液加固体氯化铵 100 ~ 150g，产出难溶于水的六亚硝基络铑酸钠铵[(NH₄)₂NaRh(NO₂)₆]白色沉淀：

$$Na_3Rh(NO_2)_6 + 2NH_4Cl = (NH_4)_2NaRh(NO_2)_6 \downarrow + 2NaCl$$

铱也生成与铑有类似结构的化合物，产出白色的(NH₄)₂NaIr(NO₂)₆ 沉淀，所以要将铱先期脱除。

如果沉淀前料液中还含有其他铂族金属杂质，由于这些杂质在作业中共沉，故产品沉淀将呈黄色。

六亚硝基络铑酸钠白色沉淀用 5% 的氯化铵溶液洗涤，并迅速过滤，以减少铑盐在滤液中的溶解损失。

20.3.6　铑的还原

在氯化铵沉淀作业后，有时尚需用阳离子树脂进行交换，铑盐的沉淀则先用 6M 盐酸溶解，控制 pH = 1.5 ~ 2，通过阳离子交换，可进一步除去料液中的普通金属和银等杂质，然后用甲酸或水合肼还原，生成金属铑黑：

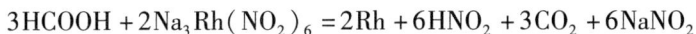

$$3HCOOH + 2Na_3Rh(NO_2)_6 = 2Rh + 6HNO_2 + 3CO_2 + 6NaNO_2$$

20.4　铱的精炼

铑、铱分离后，铱的精制，常采用氯铱酸铵反复沉淀精制法，并辅以硫化除杂质的工艺。

20.4.1　铱的造液

铱是铂族金属中最难溶解的金属。造液溶解金属铱或铑铱矿天然合金时，除高温氯化造液外，还可采用与碱金属盐类混合熔融的方法。即用硝石、苛性钾、过氧化钠等混合盐（或单用过氧化钠）与铱熔融，使铱转化为可溶盐。

向粗铱粉中加入等量脱水后的苛性钠和三倍的过氧化钠，在 600 ~ 750℃ 条件下使其熔化，并不断搅拌加热 60 ~ 90min。熔融产物倒在铁板上或坩埚中碎化冷却，用冷水浸出，原料中锇、钌几乎大部分进入浸出液，而大部分铱则呈氧化物或钠盐留于浸出残渣中，只有少量铱与锇一道溶解。残渣用次氯酸钠处理，可将残渣中的钌全部溶解而与残渣分离。残渣最后用盐酸加热溶解铱，不溶物要反复用碱溶、盐酸溶，直至铱全部进入溶液。若铱中含铑，这时它也能与铱一道溶解。对于含铑的铱，则须事前用硫酸氢钠熔融，或采用其他方法使铱与铑分离。

20.4.2　氯铱酸铵沉淀

向铱的盐酸浸出液中加入氧化剂（如氯气、硝酸等），使铱转变为 Ir^{4+}。再加入氯化铵，则生成氯铱酸铵 $[(NH_4)_2IrCl_6]$ 沉淀。纯净的氯铱酸铵为黑色结晶，若含有铂、钌、铑等杂质，则黑色沉淀略显褐色或带红色。按上述过程反复沉淀，可除去大部分杂质，但铂、钌仍不易除去。纯黑色氯铱酸铵沉淀经冷却、澄清、过滤，然后用含氯化铵 15% 的溶液洗涤并送下道工序处理。

20.4.3　氯铱酸铵的还原

为除去氯铱酸铵中的杂质，要用还原剂将四价铱还原为三价铱，呈 $(NH_4)_2IrCl_5$ 溶于溶液中。

用二氧化硫作还原剂时,将有部分铱生成$(NH_4)_3Ir(SO_3)_3$乳白色沉淀。用氢氧化铵沉淀时,须在过剩的NH_4Cl存在条件下进行,否则将生成$Ir(OH)_3$沉淀。即使有NH_4Cl存在,溶液中也会生成一些乳白色$[Ir(NH_3)_5Cl]Cl_2$沉淀,这些沉淀还需用硝酸或稀王水溶解处理。另外可在液温为$70\sim80℃$条件下,用四倍量的葡萄糖还原四价铱,但下步作业用硝酸氧化时,易产生大量气泡而造成冒槽。还有的用硫化铵作还原剂,先控制料液$pH=1\sim1.5$,于室温下搅拌加入浓度为16%的$(NH_4)_2S$溶液,加入量按每$1g$铱加入$0.15\sim0.2mL$计算,然后料液加热至$70\sim80℃$,这时四价铱被还原成三价铱。

用水合肼作还原剂获得的效果更好。作业时先使氯铱酸铵沉淀浆化,保持料液含铱约$50g/L$,于$pH=1\sim1.5$,温度$80℃$条件下,按每$1g$铱加入水合肼$1mL$的加入量,缓慢并不断地搅拌加入还原剂水合肼,保持一段时间,待铱全部还原生成三价铱盐后,溶液冷却过滤。水合肼用量不宜过量,否则三价铱将进一步被还原生成铱粉。

20.4.4 硫化铵除杂质

用含有16%的$(NH_4)_2S$溶液作硫化剂,每$1g$铱约加入$0.3\sim0.4mL$,进行硫化除杂质。含普通金属杂质多的料液,宜于室温下硫化;含贵金属杂质多的,宜于$80℃$时硫化。这时杂质生成硫化物沉淀,也有一小部分铱进入硫化物沉淀中,过滤沉淀后,硫化物送去综合回收其中的贵金属。滤液是被提纯了的三价铱盐。

20.4.5 氯铱酸铵再沉淀

在室温下缓慢加入双氧水,充分搅拌以破坏滤液中过剩的水合肼,如果直接加入硝酸氧化,则有因产生大量气泡而出现冒槽的危险。

滤液加热到$80℃$,恒温$3h$,加氧化剂使三价铱全部氧化为四价铱,再次生成氯铱酸铵黑色沉淀。经反复还原、硫化、氧化处理,可除去料液中大部分杂质,得到纯净的氯铱酸铵沉淀。

20.4.6 煅烧、氢还原

精制的黑色氯铱酸铵沉淀,用王水和浓度为10%的氯化铵溶液溶解、洗涤,每一公斤沉淀消耗$30\sim40mL$王水和$1.5L$氯化铵溶液。在温度为$60\sim70℃$时搅拌处理$3h$,再用浓度为12%的氯化铵溶液洗涤两次,经检验无铁离子后将黑色氯铱酸铵沉淀烘干。

烘干的沉淀移入管状电炉中加热,先在$200℃$、$500℃$、$600℃$各恒温$2h$,煅烧生成三氯化铱和氧化铱的黑色混合物。$600℃$时先通二氧化碳赶尽空气,再改通氢气,升温至$900℃$时还原$2h$。然后降温,降至$500℃$以下后又改通二氧化碳，待温度降至 150℃以下后才出炉，即得灰色海绵铱。将此海绵铱用王水煮洗半小时，再用无离子水洗至中性后烘干。成品海绵铱品位可达 99.9%～99.99%。

第 21 章

贵金属的溶剂萃取

传统处理贵金属精矿的方法是用王水溶解，Au、Pt、Pd 转入溶液，Ag 和 Ir、Rh、Ru、Os 则留在渣中。实际上，贵金属溶解并不完全，而且分组处理贵金属既增加成本，又使过程复杂化。20 世纪 70 年代中期，在南非国立冶金研究所的两个中间试验厂，取得良好的试验结果的基础上，郎候（Lonrho）铂精炼厂实现了溶剂萃取的工业生产。新方法把精炼铂族金属的时间从传统方法的 4 ~ 6 个月缩短到 20d，操作人员只有原来的 20%，设备总费用减少 50% 以上，并获得纯度 99.95% 的贵金属产品。这一成功，引起了各国同行们的极大兴趣。近年来，溶剂萃取在大规模精炼作业中的应用迅速增加。目前，世界三大铂族金属精炼厂的精炼流程均以溶剂萃取法为基础。它们是阿克统的国际镍公司（INCO）精炼厂、英国罗伊斯顿（Royston）的马太吕斯腾堡精炼厂（MRR）和南非的郎候精炼厂。其他一些精炼厂也不同程度使用溶剂萃取技术作传统工艺的补充。我国也于 1984 年将萃取应用于贵金属生产。

可以应用溶剂萃取处理的物料包括：铜、镍精炼厂的阳极泥、铜镍冰铜的浸出渣、废催化剂和电子工业含贵金属废料，贵金属废合金等等。

21.1　贵金属的水溶液化学与溶剂萃取

在铂族金属的原子结构中，因为 d 电子层未被充满，故它们的一个显著特点就是具有较强的络合能力，在溶液中可以形成多种络合物；它们的另一个特点是有多种价态；因此根据络合物的价态和稳定性不同可以将它们彼此分离，它们的这些特点成为采用溶剂萃取工艺的基础。

随着萃取工艺的出现，精炼厂已采用 Cl_2/HCl 混合物作介质，实现贵金属的完全浸出，这样便于提高分离效率，缩短处理时间并保证获得更纯的产品。使用 Cl_2/HCl 时，Au、Pt、Pd 较易溶解，Os、Ir、Rh、Ru 及其氧化物溶解速度慢，故必须进行还原、碱熔等预处理。

贵金属氯化物的水溶液化学非常复杂，与一般贱金属明显不同。热力学和动力学因素对溶液的行为影响较大。实现萃取分离需要考虑的因素主要有：金属离子的氧化数和配位数；络合物的大小；电荷及结构；配位体交换反应速度等等。在精炼中常见的贵金属氯络合物及其稳定性见表 21 - 1。这些络合物的相对数量和稳定性与许多因素有关，最主要的是氧化还原电位和氯络合物离子的浓度。

表 21 - 1　常见的贵金属氯络合物

元　素	氧 化 态	主要络合物	络合物稳定性
Ag	I	$AgCl$ $AgCl_2^-$	不　溶 在浓 HCl 中生成
Au	III	$AuCl_4^-$	
Pt	II	$PtCl_4^{2-}$	Pt（IV）→Pt（II）缓慢
	IV	$PtCl_6^{2-}$	常　见
Pd	II	$PdCl_4^{2-}$	常　见
	IV	$PdCl_6^{2-}$	Pd（II）→Pd（IV）困难
Ir	III	$IrCl_6^{3-}$	稳　定
	IV	$IrCl_6^{2-}$	Ir（IV）→Pd（III）迅速
Rh	III	$RhCl_6^{3-}$	
Ru	III	$RuCl_6^{3-}$	各种络合物混合
	IV	$RuCl_6^{2-}$	
Os	III	$OsCl_6^{3-}$	
	IV	$OsCl_6^{2-}$	

金属络合物的萃取可按三种不同的机理进行，即形成离子对，生成络合物和溶剂化作用。

1. 生成络合物机理

有机萃取剂的分子与金属直接键合，与配位体发生交换，即有机试剂取代氯化物阴离子。在所有铂族金属络合物中，只有 $PdCl_4^{2-}$ 有足够的活性能按此机理萃取。用有机硫化物（R_2S）和羟肟（OXH）选择性萃取钯，反应如下

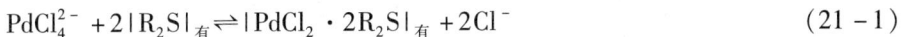

$$PdCl_4^{2-} + 2|R_2S|_{有} \rightleftharpoons |PdCl_2 \cdot 2R_2S|_{有} + 2Cl^- \qquad (21-1)$$

$$PdCl_4^{2-} + 2|OXH|_{有} \rightleftharpoons |Pd(OH)_2|_{有} + 2H^+ + 4Cl^- \qquad (21-2)$$

工业上使用的肟类萃取剂有 LIX65N、LIX70、SME529 和 Acorga P_{5000}。

2. 形成离子对机理

对于铂族金属的萃取，以形成离子对最为重要。铂族金属络阴离子和质子化碱性有机试剂（BH^+Cl^-）形成电中性的离子对，如胺和季铵盐对铂族金属络合物的萃取，其反应式为：

$$\text{MCl}_m^{n-} + n|\text{BH}^+\text{Cl}^-|_{有} \rightleftharpoons |\text{MCl}_m^{n-} \cdot n\text{BH}^+|_{有} + n\text{Cl}^- \qquad (21-3)$$

有机试剂碱性愈强,愈容易形成离子对,萃取就容易,但反萃困难。仲胺和叔胺萃取效果满意并容易反萃,季胺则几乎不萃取。弱碱性萃取剂磷酸三丁酯(TBP)可以通过形成离子对从较浓盐酸介质(5~6M)中萃取铂族金属。络阴离子的大小、电荷决定着每种金属络合物的萃取范围。所有带 2 个相同阴离子电荷的络离子 PdCl_4^{2-}、PtCl_6^{2-} 和 IrCl_6^{2-} 用碱性萃取剂不可能直接分离。首先需用有机硫化物按前一种机理选择萃取钯,接着将 Ir(IV) 还原为 Ir(III),然后才能用碱性萃取剂萃 Pt(IV),或者采取共同萃取 Pd(II) 和 Pt(IV),然后选择反萃的方法分离之。

3. 溶剂化机理

中性有机试剂靠溶剂化作用萃取氯络合物

$$\text{MCl}_m^{n-} + y|\text{S}|_{有} \rightleftharpoons |\text{MCl}_m^{n-} y\text{S}|_{有} \qquad (21-4)$$

这类萃取剂的例子是萃取能力较弱的酮和醚,适合于选择性萃取 AuCl_4^-。

21.2　贵金属的萃取体系

近年来,贵金属萃取的研究十分活跃。目前,有工业应用价值的萃取剂和萃取体系有如下几种:

21.2.1　含氧含硫萃取剂

含氧萃取剂主要指醇、醚、酮、酯这样一些有机化合物,它们都是金的有效萃取剂。

含硫萃取剂主要指硫醇、硫醚和亚砜,近年来对它们的研究逐步深入。

从氯络合物溶液中提取金,过去多用硫酸亚铁、二氧化硫还原–电解精炼的方法,这种方法生产周期长、操作繁杂、回收率低。从 20 世纪 70 年代开始,溶剂萃取法提取金引起了国内外广泛的重视,因为金(III)能与许多中性、酸性、碱性有机溶剂(如醇、醚、酮、酯、胺)形成稳定的络合物,从而为萃取分离创造了有利条件。甲基异丁基酮(MIBK)、二丁基卡必醇(DBC)萃取金已经用于生产。

MIBK 是研究比较早的金萃取剂,在南非吕斯腾堡公司的罗伊斯顿(Royston)精炼厂已用在工业生产。

MIBK 化学式为

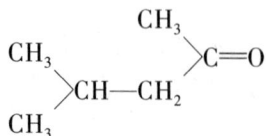

分子量 100.16,密度(d_{20})0.8006 g/cm³;闪点 27℃,沸点 115.8℃,粘度(20℃)0.585Pa·s,在水中(20℃)的溶解度为 2%。

盐酸酸度对 MIBK 萃取贵金属的影响示于图 21 - 1。由图可见,在 0.5～5M 盐酸的范围内,MIBK 可定量萃取金,但萃取铂、钯、铱、铜、镍量很少,铁的萃取量随酸度的增大而增加。在氯络合物介质中,MIBK 萃取金的机理为　盐萃取机理。

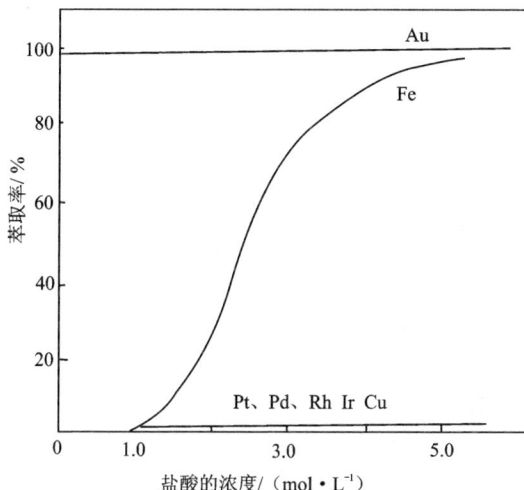

图 21 - 1　盐酸浓度对 MIBK 萃取贵金属的影响

MIBK 的缺点是水溶性大,闪点也低,因此挥发损失大。若将 MIBK 中的甲基换为异丁基,则上述缺点便在很大程度上得到克服。二异丁基甲酮(DIBK)的水溶性较小(20℃ 时为 0.05%),闪点也高(55℃),对金的选择性也比 MIBK 好。表 21 - 2列出了这两种萃取剂的萃取选择性数据。

表 21 - 2　DIBK 和 MIBK 萃取金、铂、铁的比较

萃取剂	萃余液/(g·L⁻¹)			萃取率/%			分　配　比　D		
	Au	Pt	Fe	Au	Pt	Fe	Au	Pt	Fe
DIBK	0.0261	0.69	1.15	97.8	0	0	45.4	0	0
MIBK	0.0102	0.56	0.31	99.2	18.8	72.1	117.5	0.232	2.58

二丁基卡必醇是近年来研究较多的金萃取剂,化学名称为二乙二醇二丁醚(DBC),分子式为 $C_{12}H_{26}O_5$,它实际上是一种醚,主要物理性质有:

闪点　　　　　　　　　　118℃

沸点	254.6℃
密度(d_{20})	0.8853g/cm^3
粘度(20℃)	2.139Pa · s
水中溶解度(20℃)	0.3%

DBC 合成简单,对金的选择性好,国际镍公司的阿克统(Acton)精炼厂已于1971年用于工业生产。

用二丁基卡必醇萃取金(Ⅲ)时,金的分配比随着水相盐酸浓度和金的浓度升高而增大,见表21-3。

表 21-3 二丁基卡必醇萃取金(O/A=1)

盐酸的浓度 /(mol · L^{-1})	金 的 分 配 比 D		
	[Au] = 6.09 × 10^{-7}	[Au] = 3.20 × 10^{-3}	[Au] = 3.84 × 10^{-2}
1	8.28	86.8	464
2	20.8	118	885
3	29.4	295	1820
4	45.6	1065	3166
5	82.0	2590	5380
6	152	4800	10000

盐酸浓度对 DBC 金属萃取率的影响示于图 21-2。在 3mol/L 以上的盐酸浓度范围内,二丁基卡必醇几乎可定量地萃取溶液中的金,而在 0.5 ~ 5mol/L 的盐酸浓度范围内,铜、钴、镍基本不被萃取,铂、钯的萃取量也很少。

二丁基卡必醇的主要缺点是反萃比较困难,可以在 80 ~ 85℃下用草酸反萃。

近十年来,国内外对硫醚萃取贵金属进行了大量的研究,尤其是对二烷基硫醚的研究。二烷基硫醚的水溶性小合成方法简单,选择性好,是金、钯的特效萃取剂。目前在南非的郎候(Lonrho)精炼厂已用于工业生产。

二烷基硫醚对金、钯的萃取方程式为:

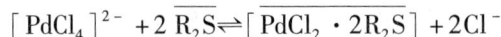

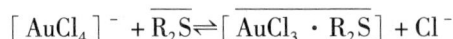

$$[PdCl_4]^{2-} + 2\overline{R_2S} \rightleftharpoons \overline{[PdCl_2 \cdot 2R_2S]} + 2Cl^-$$

$$[AuCl_4]^- + \overline{R_2S} \rightleftharpoons \overline{[AuCl_3 \cdot R_2S]} + Cl^-$$

铂、钯分离是比较困难的。目前大多工厂都采用沉淀法,即用氯化铵沉淀分离铂,然后在溶液中加入盐酸,使钯成为二氯二氨络亚钯沉淀物而分离出来。这种方法的主要缺点是铂、钯分离不彻底,过程繁杂,回收率低。采用二烷基硫醚萃取可以实现铂、钯分离。例如一种含金 4g/L、铂 20g/L、钯 7g/L,2 ~ 3mol/L

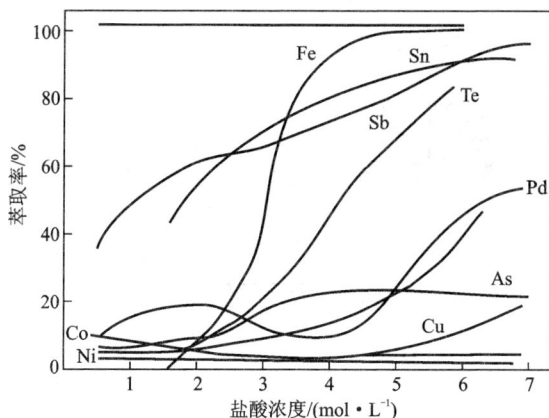

图 21 - 2　盐酸浓度与二丁基卡必醇萃取金属率的关系曲线(O/A = 1)

盐酸及少量铑、铱的溶液，用二异戊基硫酸醚萃取剂，经过三级萃取便可以把 99% 以上的金和钯萃入有机相，而铂留在水相中，然后再用叔胺萃取铂。其原则流程示于图 21 - 3。

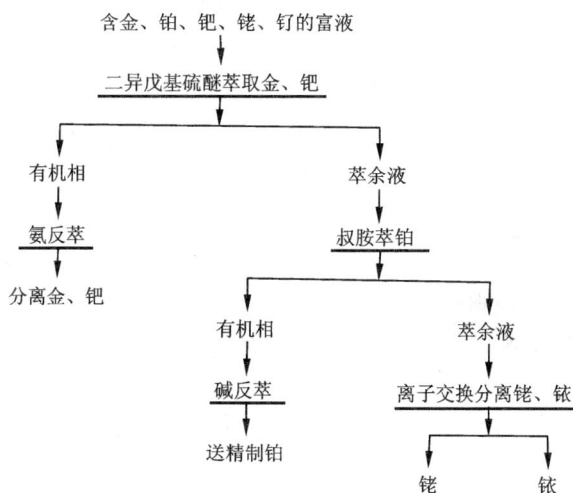

图 21 - 3　二异戊基硫酸醚萃取分离铂、钯的原则流程

在国内，也进行了二正辛基硫醚（DOS）萃取分离铂、钯的研究，研究结果示于图 21 - 4。从图看出，盐酸的酸度对钯的萃取虽有影响，但对铂影响不大，且铂的萃取率很低。在 0.1mol/L 的盐酸酸度下，二正辛基硫醚可以定量地萃取钯，从而达到铂、钯的有效分离。

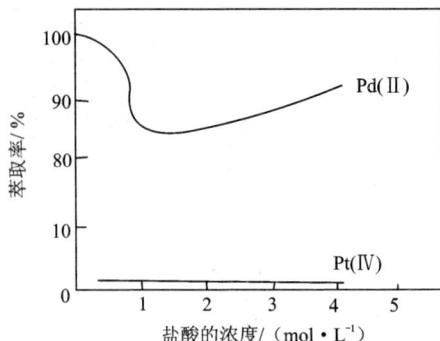

图 21 - 4　二正辛基硫醚的萃钯（Ⅱ）和萃铂（Ⅳ）与盐酸浓度的关系曲线

二正辛基硫醚能有效萃取钯（Ⅱ）的原因是它通过原子配位形成稳定的 Pd - S 键和 $PdCl_2 2DOS$ 形式的萃合物。萃取反应方程式如下：

$$H_2PdCl_4 + 2DOS \rightarrow [PdCl_2 \cdot 2DOS] + 2HCl$$

用氨溶液反萃载钯的有机相，反萃液加盐酸酸化后便立即生成黄色的二氯二氨络亚钯沉淀：

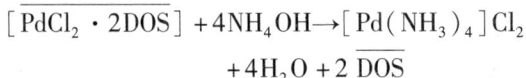

$$[\overline{PdCl_2 \cdot 2DOS}] + 4NH_4OH \rightarrow [Pd(NH_3)_4]Cl_2$$
$$+ 4H_2O + 2\overline{DOS}$$

$$[Pd(NH_3)_4]Cl_2 + 2HCl \rightarrow [Pd(NH_3)_2]Cl_2 \downarrow + 2NH_4Cl$$

二正辛基硫醚萃取金的行为与钯相似，在 0.1 ~ 0.4mol/L HCl 溶液内，它可以定量萃取金，而且萃取金（Ⅲ）的速度大于钯，因此在萃取钯之前要首先除去金。

由上所述，二烷基硫醚是金、银、钯的特效萃取剂，而且在一般条件下它不萃取有色金属和其他铂族金属，因此它也是从大量贱金属和铂族金属混合溶液中选择萃取金和钯，萃取分离铂、钯，以及钯与铑、铱、钌萃取分离的最有效的萃取剂。

最近发现从天然高硫石油中提取出来的石油硫化物，与合成是二烷基硫醚萃取性能很相似，但价格便宜得多，来源又很丰富，是一种很有工业应用前途的萃取剂。

值得提出的是亚砜对贵金属的萃取性能，亚砜分为合成的二烷基亚砜和石油亚砜两大类，前者由二烷基硫醚氧化而得，后者由石油硫化物氧化而得。

亚砜是金（Ⅲ）、钯（Ⅱ）、铂（Ⅳ）、钯（Ⅳ）、铱（Ⅳ）的有效萃取剂，这些金属在亚砜的分配比很大，$D_{Au} \approx 10^3$，D_{Pd}，D_{Pt}，$D_{Ir} \approx 10^2$。亚砜可萃取部分铑，但不萃取钌。

二烷基亚砜在常温下多为白色固体，性能稳定，无臭味，在水中溶解度不大

（0.4～4g/L）。石油亚砜是一个混合物，在常温下呈液体，缺点是在水中的溶解度比较大（7～8g/L），选择性也不如合成的亚砜好。

华南工学院研究出一种石油亚砜，称为 PSO - Ⅱ。试验表明，一种含钯 6～7g/L、铂 15g/L、铁 2～3g/L、铜 8～9g/L、镍 3～4g/L 的贵金属富集液，用 0.25molPSO - Ⅱ 经过三级萃取就可使钯与其他金属分离。负荷钯的有机相用氯化铵溶液反萃，便得到纯度 99.8% 的钯。

21.2.2　含氮萃取剂

含氮萃取剂有两类：胺类萃取剂和肟类萃取剂。

胺类萃取剂分为伯胺、仲胺、叔胺、季胺四种，它们是盐酸介质中金、铂、铑、铱（Ⅳ）的有效萃取剂，世界各国都曾对此进行过广泛研究。

伯、仲、叔、季胺在氯化物溶液中有两种萃取贵金属的机理，即阴离子交换机理和内络合物配位机理。反应方程为（Am 代表胺分子）：

阴离子交换机理

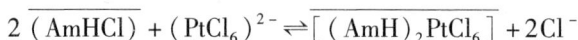

$$2\overline{(AmHCl)} + (PtCl_6)^{2-} \rightleftharpoons \overline{[(AmH)_2PtCl_6]} + 2Cl^-$$

内络合物配位机理

$$2\overline{Am} + (PtCl_6)^{2-} \rightleftharpoons \overline{[Pt(Am)_2Cl_4]} + 2Cl^-$$

伯胺萃取多半根据内络合物配位机理反应，故反萃困难；仲胺萃取则有可能根据两种机理反应；叔胺萃取多按离子交换机理反应；季胺因氮原子上已连接了 4 个烷基，故不可能形成内络合物，只能发生阴离子交换机理反应，故叔胺、季胺反萃容易，因而也更具实际意义。

胺类萃取剂对铂族金属的萃取能力有如下顺序：

季胺 > 叔胺 > 仲胺 > 伯胺

苏联的诺林斯克冶金联合企业曾研究用胺类萃取剂萃取回收铜、镍系统电解和阳极泥中贵金属的方法。首先用盐酸和氯气在 80℃ 下水氯化浸出阳极泥，所得浸出液含铜 41g/L、铁 5.8g/L、镍 34g/L、Cl⁻264g/L 及铂、钯、铑、铱。用 33% 的伯胺，加入 2% 异癸醇，稀释剂用煤油，经过 6 级萃取，6 级洗涤，就可将铂、钯萃入有机相中。这种方法已经进行过半工业试验，但没有介绍反萃情况。

用胺类萃取剂萃取铂族金属时，在一般情况下铂族金属的分配比随着氯离子浓度的增加而减少，随着硫酸根浓度的增加而增加，图 21-5 示出了 [Cl⁻]、[SO₄²⁻] 对二烷基二甲基胺萃取铂族金属的影响情况。

在胺类萃取剂中研究最多的是叔胺，例如，已知用三辛胺萃取可以使铂、钯与钌、铑、铱达到初步分离。图 21-6 示出了盐酸酸度对三异辛胺萃取贵金属的影响情况。由图可见，在 0.1～6mol/L 盐酸浓度范围内，三异辛胺可以定量萃取金（Ⅲ）、铂（Ⅳ）和钯（Ⅳ），而在 1～4mol/L 的盐酸酸度范围内却几乎不萃取铑（Ⅲ）、铱（Ⅲ）。

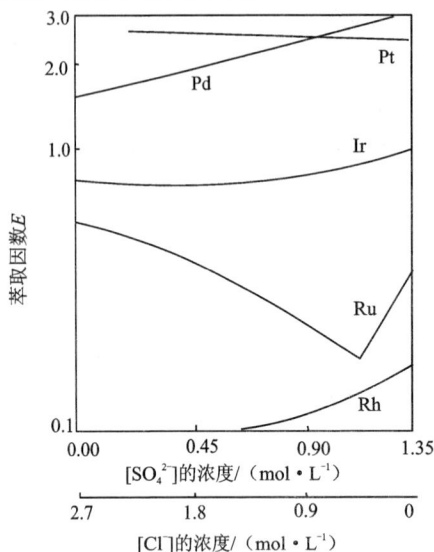

图 21 - 5 　［Cl⁻］和［SO₄²⁻］
对二甲基氯化铵在氯化物溶液中萃
取贵金属的萃取因数的影响

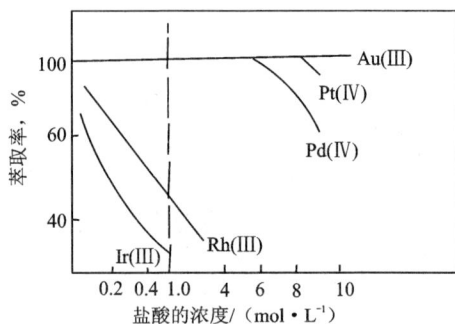

图 21 - 6 　盐酸酸度与三异辛胺萃
取贵金属率的关系曲线

多年来氰化法一直是从金矿中提取金的主要方法，可以用胺类萃取剂萃取氰化物溶液中的金。三辛胺萃取金属能力的大小顺序是：

$$Au(CN)_2^- > Ag(CN)_2^- > Cu(CN)_2^- > Zn(CN)_4^{2-} > Fe(CN)_6^{4-}$$

载金的有机相经氨水反萃，得到的 $NH_4Au(CN)_2$ 络合物加热分解后即可得到粗金。

最近研究工作表明，酰胺 N_{503} 有优良的萃取金的性能，在国内这种萃取剂用于废水脱酚和用于氯化物介质中除铁的工艺。图 21 - 7 列出了盐酸酸度对 N_{503} 萃取贵金属的影响情况。

N_{503} 价格比较便宜，对金的萃取饱和容量大，0.2mol/L 的 N_{503} 萃取金的容量为 18g/L。负荷金的有机相可用亚硫酸钠或醋酸钠反萃其中的金。

肟类萃取剂是铜的萃取剂，其中的 α 羟基肟和 β 羟基肟也可以用来萃取钯，但 α 羟基肟中的 Lix63，β 羟基肟中的 Lix63N、Lix70、P - 5000、SME529 等萃钯速度都比较慢，用时需加入胺类化合物作为加速剂，且适应的酸度范围也比较狭窄。二羟基苯乙酮肟、N_{510} 和 N_{530} 萃取金、铂、钯的性能列于表 21 - 4。表中的数据是在 0.1mol/L 萃取剂的 260 号煤油有机相，水相料液含 0.5 g/L 金属及 1mol/L 盐酸，以及相比 O/A 为 1 的条件下得到的。

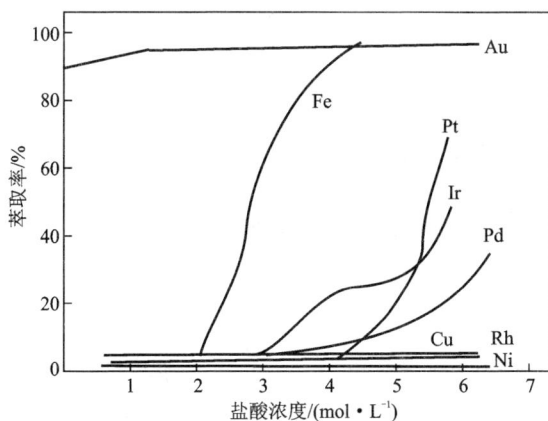

图 21 - 7   盐酸浓度与 N_{503} 萃取贵金属率的关系曲线

表 21 - 4   几种羟肟萃取金、铂、钯性能的比较（25℃ ±1℃）

萃 取 剂	金 属 的 萃 取 率 %		
	Au	Pd	Pt
二羟基苯乙酮肟	约 0	53. 81	约 0
N_{510}	13. 52	62. 92	1. 0
N_{530}	26. 26	72. 25	约 0

表 21 - 4 中的数据说明，N_{530} 有较强的萃取钯能力，但它的萃钯的动力学速度慢，需要 60min 以上才能达到平衡。筛选试验表明，加入 1% 的 1 - 辛基壬胺，5min 即可达到平衡，1 - 辛基壬胺是 N_{530} 的理想动力学协萃剂。

0. 5mol/L N_{530} 的煤油有机相萃取金的饱和容量可达 20g/L，在盐酸介质中萃取钯的饱和容量为 19g/L，在硫酸介质中为 24g/L。含金、钯的有机相反萃也很容易。

21. 2. 3   含磷萃取剂

含磷萃取剂可分为中性含磷萃取剂和酸性含磷萃取剂。

在含磷萃取剂中研究最多的是磷酸三丁酯（TBP）。TBP 萃取盐酸介质中的铂族金属分配比与盐酸浓度关系密切，见图 21 - 8。图中的数据是在 100% TBP 有机相及水相含 $10^{-4} \sim 5 \times 10^{-3}$ mol/L 金属条件下获得的。从图中看出，钯、钌、铱在 3 ~ 4 mol/L 盐酸料液中的萃取分配比最大，而铂、锇在 4 ~ 5mol/L 盐酸时的萃取分配比最大。TBP 萃取铂系金属的能力大小次序为：铂 > 锇 > 铱（Ⅳ） >

钯 > 钌 > 铑。

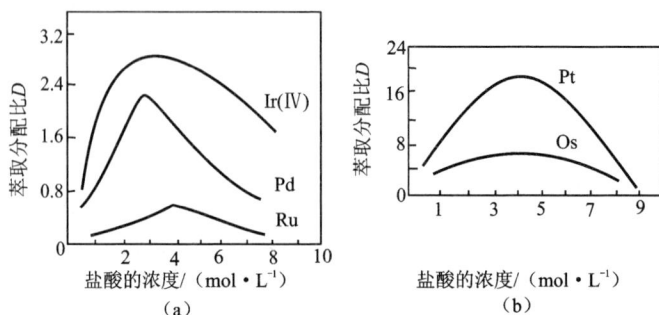

图 21-8　盐酸浓度对 TBP 萃取铂族金属的影响（O/A = 1）

在国际镍公司阿克统铂族金属精炼厂所用的萃取流程中，用二辛基硫醚萃钯以后，即将水相酸度调整到 5mol/L，然后用 TBP 萃取铂。萃铂之前还要通 SO_2 将铱还原成三价态，以确保铱不被 TBP 萃取。

铑、铱分离多年来一直是生产纯铂族金属中的难题，曾认为 TBP 是分离铑、铱的良好萃取剂，但结果发现它的萃取分离系数小、分离效果差，而且容易老化。

现发现烷基氧化膦是一种具有工业应用前途的分离铑、铱的萃取剂。图 21-9 示出了三正辛基氧化膦（TOPO）的铑、铱萃取率与盐酸浓度及金属价态的关系。由图可见，在很宽的盐酸酸度范围内，TOPO 的萃铱（Ⅳ）率都很高，而铑（Ⅲ）和铱（Ⅲ）的萃取率却很低。因此在萃取前加入

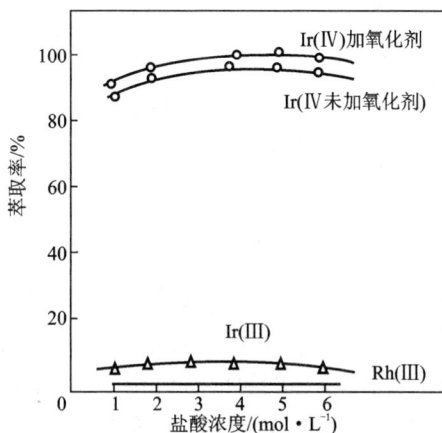

图 21-9　0.4M TOPO 对铑、铂萃取率与盐酸浓度和金属价态的关系曲线

氧化剂把铱氧化到四价是保证铑、铱彻底分离的重要条件。但三正辛基氧化膦也萃取铂（Ⅳ）、钯（Ⅳ），因此在铑、铱分离前要先将铂、钯除去。

试验表明，用工业烷基氧化膦（TAPO）可以得到与 TOPO 萃取的同样效果。工业烷基氧化膦是用工业 $C_6 \sim C_8$ 的混合醇为原料制得的，主要成分是三庚基氧化膦，稀释剂可以用苯或磺化煤油。TAPO 是铂的有效萃取剂，它基本上不萃取铑（Ⅲ）、铱（Ⅲ），所以在还原剂存在的情况下萃取便可使铂与铑（Ⅲ）、铱

（Ⅲ）彻底分离，然后再加入氧化剂将铑、铱氧化成四价，再用 TAPO 萃取分离铑、铱。

综上所述，对于一种含有几种贵金属的混合氯化物料液，可以采用选择性强的萃取体系进行分步萃取分离。例如可以先用 MIBK 或二丁基卡必醇萃取金，再用硫醚萃取钯，然后用胺类萃取剂提取铂，剩下的铑、铱可以用烷基氧化膦萃取分离。

21.3　贵金属的萃取分离流程

21.3.1　INCO 精炼厂的工艺流程

国际镍公司（INCO）用高压羰基法精炼镍，富集贵金属的残渣并入炼铜工序，最后得到铜电解阳极泥，作为精炼贵金属的原料，经酸处理的二次阳极泥含贵金属约 50%，处理工艺流程示于图 21-10。主要工序和各种金属的分离简述如下：

（1）将原料溶解并加热至 90~95℃ 的盐酸氯气溶液中，不溶残渣用硝酸除去银、铅之后，用氢氧化钠一起在 500~600℃ 下碱熔，然后再于盐酸 - 氯气中溶解；

（2）溶液除去过剩的氯气，用氢氧化钠中和，加入溴酸钠溶液水解除去贱金属，然后蒸馏，锇、钌以四氧化物的形式挥发，用稀盐酸溶液捕集之。水解时生成的铜等贱金属氢氧化物，可过滤分离；

（3）将溶液的盐酸浓度调整到 3~4mol/L，用中性萃取剂二丁基卡必醇进行二级逆流萃取，控制有机相中金的浓度为 30 g/L，萃金残液含金 <1ppm。用 1~2 mol/L HCl 溶液，1:1 的相比三级逆流洗涤负载有机相，然后用热的草酸溶液还原析出金。产品金的纯度为 99.99%；

（4）萃金残液用二正辛基硫醚萃钯，用一种脂肪烃作稀释剂，由于这种试剂同样萃金，因此，要求萃金残液中金的含量很低。另外萃取动力学很慢，需数小时才能达到平衡，操作在搅拌槽内分批进行。经过一级萃取，残液中钯可低于1ppm。负载有机相经盐酸洗涤后，用氨水反萃形成 $Pd(NH_3)_4^{2+}$，再用盐酸酸化得到钯盐。这种方法获得的金属钯纯度大于 99.95%。DOS 萃取钯和氨水反萃分别用如下两式表示：

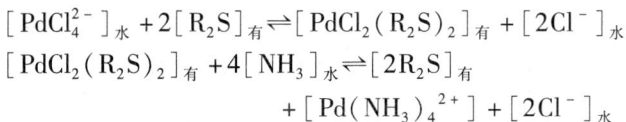

$$[PdCl_4^{2-}]_水 + 2[R_2S]_有 \rightleftharpoons [PdCl_2(R_2S)_2]_有 + [2Cl^-]_水$$

$$[PdCl_2(R_2S)_2]_有 + 4[NH_3]_水 \rightleftharpoons [2R_2S]_有$$
$$+ [Pd(NH_3)_4^{2+}] + [2Cl^-]_水$$

（5）将萃钯残液的酸度调整到 5~6mol/L HCl，向溶液中通入 SO_2，使 Ir

铂精矿　HCl+Cl₂

浸出

浸出液　　　不溶残渣　（Ru、Rh、Ir、Ag、Pb等）

HCl+Cl₂

再浸出

HNO₃

浸出

浸出液　　　不溶残渣

中和水解

浸出渣　　　浸出液

碱熔　　　提取Ag

溶液　　　贱金属Me(OH)₂沉淀

蒸馏　　　吸收（盐酸溶液）

溶液调试pH　　　再蒸馏　　　Os / Ru

二丁基卡必醇萃取金　→　稀HCl处理　→　热草酸溶液反萃　→　Au

正二辛基硫醚萃取钯　→　稀HCl处理　→　氨水反萃　←　HCl　→　Pd

SO₂还原

TBP萃取铂　→　浓HCl处理　→　水反萃　NH₄Cl　→　Pt

TBP萃取铱　→　Ir

分离回收Rh

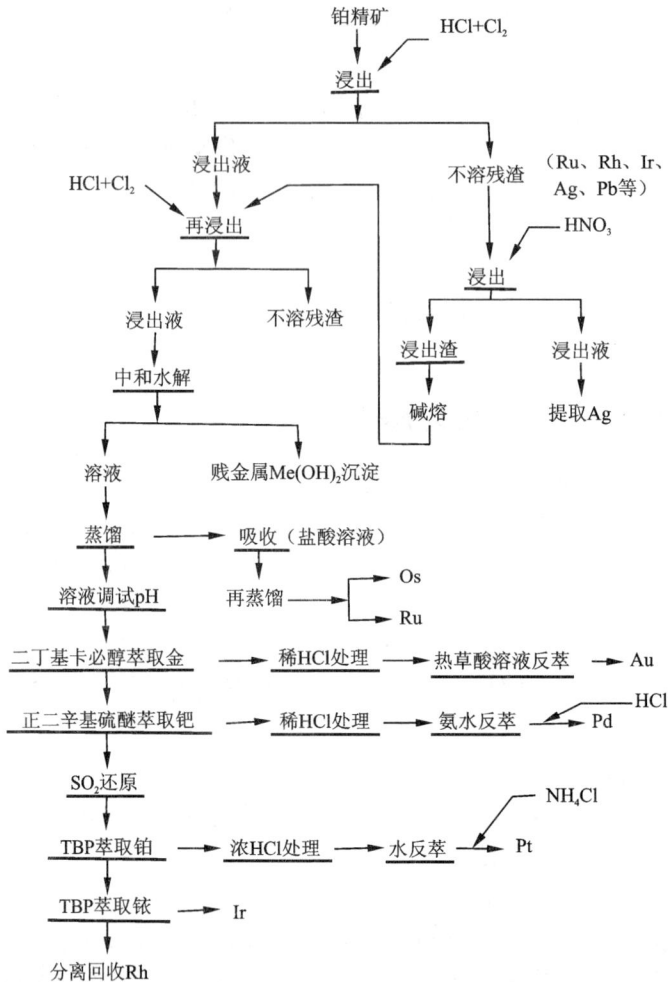

图 21－10　阿克统铂精炼厂贵金属萃取分离原则流程图

（Ⅳ）还原为 Ir（Ⅲ），用 TBP 萃取铂。

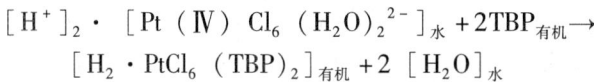

$$[H^+]_2 \cdot [Pt(Ⅳ)Cl_6(H_2O)_2^{2-}]_{水} + 2TBP_{有机} \longrightarrow$$
$$[H_2 \cdot PtCl_6(TBP)_2]_{有机} + 2[H_2O]_{水}$$

经过 4 级逆流萃取，残液含 Pt20～50ppm。负载有机相用 5～6mol/L HCl 洗涤，然后用水进行两级逆流反萃，反萃液用氯化铵沉淀得到氯铂酸铵。金属铂的纯度可达 99.95%。

（6）将溶液中的 Ir（Ⅲ）氧化为 Ir（Ⅳ）用中性 TBP 选择萃铱。关于铑铱的分离，尚在研究。

21.3.2　MRR 的精炼工艺

吕斯腾堡精炼厂处理的物料包括来自南非的矿产精矿及北美的欧洲市场的废催化剂。在广泛研究的基础上选用肟/胺萃取系统，工艺流程见图 21 – 11 简述如下：

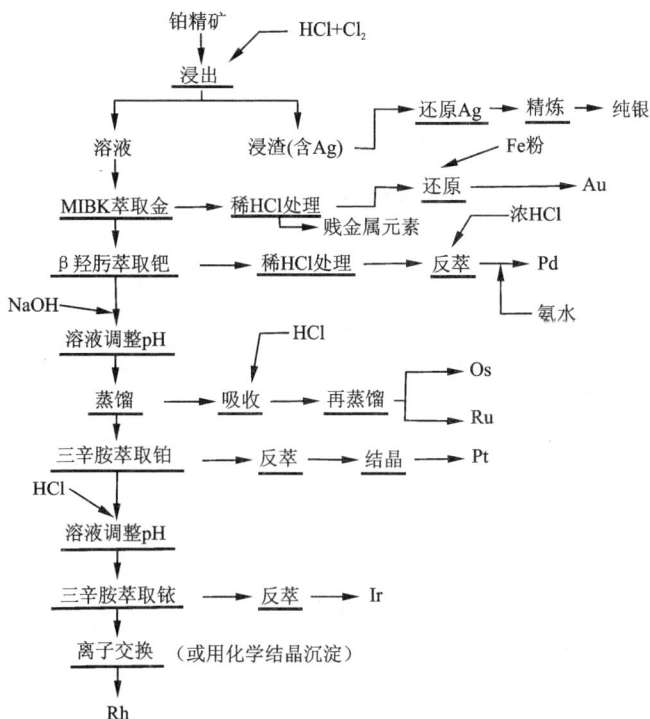

图 21 – 11　马太、吕斯堡公司罗伊斯顿铂精炼厂贵金属萃取分离原则流程图

（1）含铂族金属的原料用氯气/盐酸溶解。

（2）银形成不溶氯化银留在渣中，过滤分离后精炼。

（3）金以 $AuCl_4^-$ 形式溶解，用 TBP 或甲基异丁基酮（MIBK）萃取

$$[H^+AuCl_4^-]_水 + [TBP]_有 \rightleftharpoons [HAuCl_4][TBP]_有$$

杂质元素（如铁、碲等）一道被萃取，用稀盐酸洗涤之后，铁粉还原出金。

（4）钯用 β 羟肟萃取，配位基交换反应表示如下

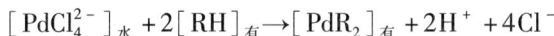

$$[PdCl_4^{2-}]_水 + 2[RH]_有 \rightarrow [PdR_2]_有 + 2H^+ + 4Cl^-$$

由于萃取动力学慢，加入有机胺作加速剂，与钯一道萃取的铜可用稀盐酸洗涤除去，再用 5～6mol/L 盐酸反萃钯，然后加入氨水，析出氯钯酸铵结晶。用 β – 羟肟萃取时，钯铂分离系数之比为 $1:(10^3 \sim 10^4)$。

（5）加入碱液中和溶液之后，蒸馏回收 Os 和 Ru。

（6）用 SO_2 将 Ir（Ⅳ）还原为 Ir（Ⅲ）后，用三正辛胺萃铂

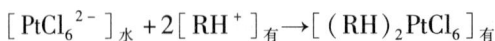

$$[PtCl_6^{2-}]_水 + 2[RH^+]_有 \rightarrow [(RH)_2PtCl_6]_有$$

反萃可用强酸或强碱。如用 $10 \sim 12mol/L$ 浓盐酸反萃后，用氨水沉铂。

（7）将 Ir（Ⅲ）氧化为 Ir（Ⅳ），调整盐酸浓度至 $4mol/L$，再用三正辛胺萃取 $[IrCl_6]^{2-}$，然后酸洗、反萃回收。

（8）铑可以用离子交换法与贱金属分离。

21.3.3　郎候精炼厂的工艺流程

郎候精炼厂处理的原料中铂族金属（即铂、钯以外）含量高，流程如图 21－12。

（1）为了加速铂族金属（锇、铱、钌、铑）的溶解，首先用炭和铝还原，生成铂族金属与铝的合金，然后用盐酸－氯气浸出，得到含贵金属的富液。

（2）降低溶液酸度，析出氯化银，还原得金属银。

（3）用 SO_2 使金还原析出。

（4）调整溶液酸度到 HCl $0.5 \sim 1.0mol/L$，用仲胺的醋酸衍生物（R_2H—CH_2COOH）共萃取铂和钯，用盐酸反萃铂和钯。

（5）用二烷基硫醚从反萃液中选择萃取钯，使之与铂分离，然后氨水反萃，盐酸析出钯盐。反萃按下式进行

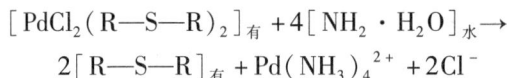

$$[PdCl_2(R-S-R)_2]_有 + 4[NH_2 \cdot H_2O]_水 \rightarrow$$
$$2[R-S-R]_有 + Pd(NH_3)_4^{2+} + 2Cl^-$$

（6）锇则通过蒸馏转变为四氧化锇回收。

（7）除锇后的溶液加入硝酸，形成钌的硝基络合物，用叔胺萃取，10% 的氢氧化物溶液反萃，生成钌的氢氧化物。萃取剂用盐酸洗净后返回使用。萃取过程铱保持三价以防止共萃。

（8）溶液中的铱络离子用强碱性离子交换树脂吸附，然后用 SO_2 饱和溶液使铱转入溶液，再经盐酸酸化后，用 TBP 萃取。

（9）溶液中的铑可通过加入氯化钠、亚硫酸钠以钠盐的形式析出，再溶解之后，加入氯化铵等，以氨盐形态回收。

以上三个流程有共同之处，亦有各自的特点：

（1）银都从 HCl/Cl_2 浸出渣中回收。

（2）由于 $AuCl_4^-$ 很容易用多种试剂萃取，一般都先于铂族金属之前选择性萃取。都使用溶剂化法萃取剂：INCO 用二丁基卡必醇，MRR 用甲基异丁基酮，Lonrho 则用直接沉淀。其中，INCO 的金产品纯度最高。

（3）对于钯，INCO 和 MRR 分别用二正辛基硫化物和芳族差异基膦选择性

铂族金属精矿

碳还原

铝还原

铝合金

热HCl浸出　──→　含铝及贱金属残液

HCl/Cl₂浸出

过滤　──→　残渣(Al₂O₃，SiO₂等)

HCl

溶液调pH　──→　AgCl　──→　还原，精炼　──→

SO₂还原　──→　金沉淀　──→　Au

HCl

萃取　──→　反萃　──→　（二正已基硫醚）反萃　──→　Pt
（R₂H—CH₂—COOH）

氨水

萃取　──→　Pd

HCl

溶液调pH　──→　蒸馏　──→　盐酸吸收　──→　Os

HNO₃

溶液调pH

萃取　──→　反萃　──→　Ru
（叔硝胺）

离子交换树脂吸附　──→　洗涤　──→　TBP萃取　──→　Ir
（强碱性树脂）　　　　　　　　　　　　　　└─ NH₄Cl液

溶液调pH　──→　Rh盐　──→　甲酸洗净　──→　Rh

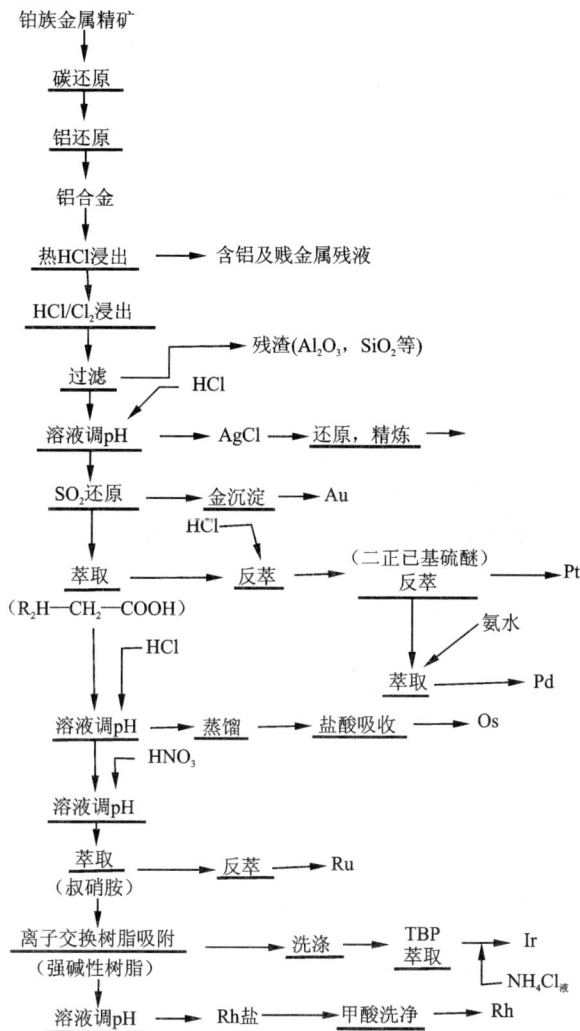

图 21-12　郎候精炼厂铂族金属精炼工艺流程图

萃取。但两者的萃取动力学都很慢（接触时间为 3～4h）。此外，羟基肟的负载能力低，MRR 使用一种有机胺作加速剂。Lonrho 则用仲胺衍生物共萃铂和钯，但因不易选择性反萃，而采取共反萃后再选择性萃钯的方法。

（4）铂的萃取都用形成离子对法，萃取剂：INCO 用 TBP；MRR 用三正辛胺。为防止铱的共萃，萃铂前需要把 Ir（Ⅳ）还原为（Ⅲ）。

（5）INCO 和 MRR 都用蒸馏法回收锇、钌，但蒸馏工序在流程中的位置不同。Lonrho 仅选掉蒸馏锇，然后萃取分离钌。

（6）铱以四价的氯合化萃取，INCO 和 Lonrho 用 TBP，MRR 用三正辛胺。

铑一般用离子交换法回收。

21.3.4 美国 LIX26 新萃取工艺

最近美国提出用 8 - 羟基喹啉的烷基衍生物 LIX26 和 Kelex100 作为工业萃取剂。添加异癸醇作促进剂，用一种芳香物质 Solvesso 150 作稀释剂。该萃取体系的萃取和反萃动力学很快（<3min），优于目前使用的烷基化物和肟。由于分相时间短且无乳化问题显示了优异的相分离特性。中间工厂试验证实了这些特点。

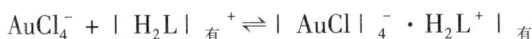

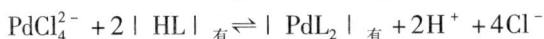

$$AuCl_4^- + |\ H_2L\ |_{\overset{+}{有}} \rightleftharpoons |\ AuCl\ |_4^- \cdot H_2L^+\ |_有$$

$$PtCl_6^{2-} + 2\ |\ H_2L\ |_{\overset{+}{有}} + 2\ |\ HL\ |_有 \rightleftharpoons PtCl_6^{2-} \cdot 2H_2L^+ \cdot 2HL_有$$

$$PdCl_4^{2-} + 2\ |\ HL\ |_有 \rightleftharpoons |\ PdL_2\ |_有 + 2H^+ + 4Cl^-$$

Au（Ⅲ）和 Pt（Ⅳ）以离子对形式被萃取，Pd（Ⅱ）以螯合物形式被萃取。这种不同的萃取形式给选择性反萃提供了条件。用 LIX26 作萃取剂，有组成：10% LIX26、10% 异癸醇、80% Solvesso 150；水相含 HCl100g/L，相比为水：有 = 3:1，可以从含 Au、Pt、Pd 分别为 10、0.46、0.19g/L 以及 Cu、Fe、Pb、Ni 等多种贱金属的溶液中选择萃取金，接触时间 3min，金的萃取率 95%。

一种新的金反萃水解法，让加热的负载有机相与水接触，水：有 = 10:1，由于加热和水的作用，有机相中金属的络合物分解，金粉沉淀出来，萃取剂再生，可返回使用。金粉粒度较粗（70% > 200 目），除去少量杂质碳，产品纯度可达 99.9%。

萃金的残液再用 8 - 羟基喹啉共萃铂钯。由于低酸度对有机相中钯的负载增加，而提高酸度有利于增加铂的负载，所以要求调节酸度以使有机相中这两种金属的负载量最大。此外，Kelex - Pt（Ⅳ）络合物在有机相中的溶解度有限，需在 60℃ 的条件下萃取才满意，从工艺的角度，只有 LIX26 才适宜作铂、钯的工业萃取剂。

对含 Au、Pt、Pd 分别为 5.5、2.9、4.0g/L，酸度 2.5 ~ 6mol/L HCl 的溶液，用 5% ~ 10% LIx26，5% ~ 10% 异癸醇和稀释剂 Solvesso 组成的有机相萃取，首先以水：有 = 5:1 的相比选择性萃取金，再以水：有 ≤1 的相比萃取铂和钯，其萃取率 >95%。

在 pH1.5 ~ 2 时用水反萃铂，然后

图 21 - 13 萃取分离铂、钯流程图

用 6 ~ 8mol/L HCl 反萃钯。两者的反萃均很快，从反萃液中回收铂、钯可用常规的铵盐沉淀，煅烧或氢还原的方法。铂钯共萃和选择性反萃取流程如图 21 - 13。

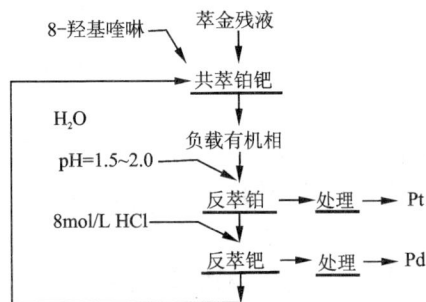

21.3.5 二丁基卡必醇萃取分离金、铂、钯

我国应用国内合成的二丁基卡必醇（DBC）从复杂的工业液料中选择萃取金，取得了满意的效果。

DBC 在较低酸度（0.5~5mol/L）下，可选择提取金，使其与铂族金属（铂、钯、铑、铱）有效分离，Cu、Co、Ni 等贱金属基本不萃取，Sb 和 Sn 一定程度萃取，仅 Fe 随酸度增加而萃取率剧增。萃入有机相中的杂质，可通过选择适宜的洗涤酸度和洗涤条件予以除去。

对含金 2.3~5.8g/L，铂族金属 10~20g/L 以及各种贱金属的工业料液，在 DBC:水 = 1:4 下进行六级萃取，金的萃取率 >99.5%。负载有机相用 0.3~1mol/L HCl 四级逆流洗涤，然后用草酸反萃，海绵金酸洗、铸锭，获得 99.99% 的商品金锭。DBC 萃金的工艺流程如图 21-14 所示。

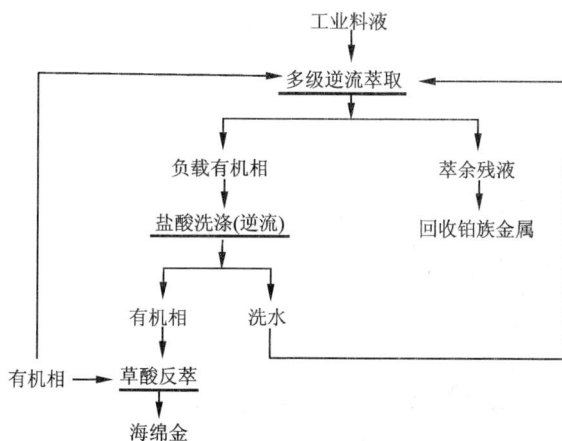

图 21-14 DBC 萃金工艺流程图

溶剂萃取法与传统的精炼相比，具有一系列优点：缩短生产周期，减少贵金属的积压；提高金属回收率，易于获得高纯产品；工序简短，避免了物料的反复循环，可连续操作和便于控制。

第3篇 贵金属二次资源的综合利用

第 22 章

贵金属二次资源的回收

贵金属稀少昂贵，其废料回收价值高于一般金属，受到各国重视，并被称为"二次资源"。许多工业发达国家，把贵金属废料的回收与矿生资源的开发置于同等重要的位置。近廿年来，我国在大力开发贵金属矿产资源的同时，也很重视贵金属二次资源的回收及其综合利用，许多科研院所、大专院校及生产厂家开展了大量研究工作并取得很大的进展。

22.1 贵金属二次资源的特点与价值

22.1.1 贵金属废料的主要特点

1. 品种繁多，规格庞杂

由于贵金属使用面广，因而废料种类、形状、性质、品位各异。以形状而言，五花八门，既有各种各样的型材（管、棒、丝、箔……），异形材，也有颗粒、粉末以至各种制成品（如废弃的货币、器皿、工艺品、工业元器件……）；既有纯金属和合金，又有化合物、络合物和各种复合材料。根据使用情况，品位从万分之几（如某些催化剂、粉尘……）到几乎纯净的贵金属。

2. 流通多路，来源多样

根据来源的不同可将贵金属废料分为三种类型：

（1）在生产或制造过程产生的废料，例如加工过程中产生的废屑、边角料及生产中的次生、派生的含贵金属物料。多数由产生单位自行处理、回收。

（2）产品经工厂或部门使用后，性能变差或外形损坏，不能继续使用，需要重新加工。这种类型数量最多，是主要回收对象。如含贵金属的失活催化剂，用坏的坩埚、器皿用具，性能变坏的电气、电子、测温材料等。多数是返回加工单位回收并加工。

（3）分散在众多的消费者（多数为个人或零星加工业）手中，已丧失使用价值的含贵金属制品，如用具、饰品、家用电器及耐用消费品（如汽车）上的贵金属零件等等。品种最为繁杂，单件贵金属不多，但总的数量不小。往往是废品收购部门（或回收单位）从市场上收购，送回冶炼厂回收或回收厂回收为纯金属，重新进入市场流通。

3. 多持原状，价值犹存

由于贵金属具有物理、化学性质的高度稳定性，因而即使某种使用性能丧失后，多数仍保持原来的形状、贵金属本身的价值也仍然继续保持。因此，多数消费者是不会轻易遗弃的。但是近年来贵金属制品趋向小型化、节约化，材料中贵金属含量不断下降，复合材料增多，在不少产品中往往只用于关键零件，因而本身价值不高，常常被消费者忽视而难以回收。

这些特点，尤其是品位不断下降带来了二次资源综合利用的复杂性和回收困难。但是，其回收的价值也越来越显得重要，这主要是由于：

（1）贵金属资源匮乏，特别是金、银不足。目前银的产量和消费相比已经严重短缺，不能满足消费，因此迫切需要开辟新的资源。

（2）二次资源中贵金属的含量大大高于原矿中的含量。如金和铂族金属在废料中的含量一般都在万分之几以上，而原矿含量仅百万分之几，甚至低于百万分之一（小于 $1g/t$）的都还在开采利用，因而从废料中回收比原矿中提取的成本低，能源消耗少，经济上有利可图。

（3）人类已生产大量的贵金属（据统计铂族金属约 0.4 万 t，金约 11.6 万 t，银约 87 万 t），其中除一部分作为珍贵文物或黄金储备作长期保存外，多数（特别是铂族金属和银）已进入工业和人们生活领域，这是一项巨大的资源和财富，其中需要更新和处理的绝对量将越来越大。如银，近年的回收量已达 4000 多 t，接近当年矿产银的 50%，特别是金、银已生产的数量早已超过现在已知的地质储量（金约为 2.4 倍，银约为 3.2 倍），其中大部分都是 20 世纪内生产的，特别值得注意。

因此，贵金属二次资源的综合利用，在国外很受重视。日本成立贵金属资源化委员会。前苏联设有再生金属管理总局，制定了有关的法令、法规。许多贵金属用量大的国家都建立了独立的贵金属再生回收工业和管理体系，大力开展工作，并使它逐步国际化。国内目前尚未建立专业管理机构，贵金属废料回收单位分散，亟待解决。

22.2　贵金属废料的预处理和取样方法

　　贵金属废料来源广，种类复杂，品位高低悬殊，因此，首要是对贵金属废料进行预处理和分类，以保证取样分析的准确性。然后再根据原料的种类和品位的高低，选用最适宜的处理方法。

　　原料的预处理包括焚烧、干燥、磨矿、筛分和混匀，然后进行取样分析。这些工序是根据原料形态种类和需要（见表 22－1）进行。

表 22-1 主要的贵金属废料回收业务指南

物料种类	来源	预处理	取样方法	可能存在的贵金属						
				Ag	Au	Pt	Pd	Rh	Ir	Ru
灰-胶片及纸	胶片燃烧物	干燥,研磨,筛分	机械混合并取样熔炼,钻,筛分出的金属颗粒	•						
电池废料-有汞	电池加工及使用者	除去外壳,汞蒸馏	熔炼,沉积取样	•	•					
电池废料-无汞或铊	电池加工及使用者	除去外壳	熔铸成样品块。钻,碾碎	•	•					
钎焊合金-银(无镉)	一般加工		钻屑或手选(小混合批)	•						
抛光砂	银作工	干燥	熔铸成样品块,碾碎钻屑	•	•					
锭-银,金	一次和二次生产者		机械混合并取样(大批) 手工格槽缩样器(小批)	•	•					
开金废料	加工首饰		钻或锯成标准条或熔炼,沉积取样	•	•					
铸造废料-金,银	加工首饰和银作工		沉积取样去。钻,碾碎 钻屑熔炼,沉积取样	•	•		•			
催化剂-网-铂族	化学工业		熔,铸样品块及锯样			•		•		
催化剂-金属-银	化学工业		熔,铸样品块或碾碎 钻样	•						
催化剂-有骨架的	化学工业 石油和石油化学工业	焚烧,研磨和筛分,干燥	机械混合并取样(大批) 手选(小批)				•	•		•

续表 22 - 1

物料种类	来源	预处理	取样方法	可能存在的贵金属						
				Ag	Au	Pt	Pd	Rh	Ir	Ru
废币,铸币坯料废料-金、银	货币坯料加工者及造币厂		熔、铸样品块,钻,碾碎	•	•					
精矿-开采的	矿业公司	干燥	钻屑熔炼,沉积取样 机械混合并取样	•	•					
坩埚-铂族金属	实验室,电子和玻璃工业		熔炼,沉积取样			•	•		•	
牙科银合金-无汞 牙科合金	加工,牙科及实验室 "		钻或铸成标准条 熔炼,沉积取样	•	•	•	•			
金银合金	一次和二次生产者		熔、铸样品块,钻,碾碎钻屑	•	•					
钻屑-银	贵金属工业使用者加工首饰及银作工	磁性分离	熔、铸样品块,钻,碾碎钻 屑或炼锍,研磨,选分,沉积取样	•						
碎屑	贵金属工业使用者 贵金属熔炼者	研磨及筛分	机械混合并取样(大批) 手选(小批)熔炼,钻筛分的金属粒	•	•	•	•			
奖章废料-金、银	造币厂,坯料加工		熔、铸样品块,钻,碾碎	•	•					
铣屑-银、金、铂族金属	贵金属工业使用者加工首饰及银作工	磁性分离	屑钻,熔炼,沉积取样或锯样品块并锯样	•	•	•	•			
铂族金属的金属废料	工业用户加工首饰		钻或锯成标准条	•	•	•	•	•	•	•

续表 22-1

物料种类	来源	预处理	取样方法	可能存在的贵金属						
				Ag	Au	Pt	Pd	Rh	Ir	Ru
照相垃圾	照相和印刷业	干燥并焚烧	机械混合并取样(大批)	•						
	胶片生产者	研磨并筛分	手选(小批)	•						
陶瓷工业废料	陶瓷工业	焚烧,研磨和筛分	机械混合并取样(大批) 手选(小批)		•	•	•			
残渣-金、银	中间产物收集者 精炼者	干燥并焚烧 研磨并筛分	机械混合并取样(大批) 手选(小批)	•	•					
残渣-铂族-高、低品位	工业用户 半成品收集者	焚烧,研磨和筛分	机械混合并取样(大批) 手选(小批)		•	•	•		•	•
银废料及银线	加工首饰及银作工业用户		熔,铸样品块,钻,碾碎钻屑	•	•					
电接点废料-银(无镉)	电接点加工者和使用者	研磨及筛分	熔,铸样品块,钻,碾碎钻屑或熔渣,研磨,选分	•	•		•			
电接点废料-铂族金属	"		熔,铸样品块及锯样		•	•			•	
电子废料	电子工业	焚烧,研磨及筛分	适合特殊物料的各种方法		•	•	•			
电镀废料-银	电镀者		熔,铸样品块,钻,碾碎钻	•	•					
电镀废料-银、金	加工首饰及银作工业用户 贵金属熔炼者	研磨及筛分	机械混合并取样(大批) 手选(小批):熔炼,钻筛 分出的金属粒	•	•	•				

续表 22 - 1

物料种类	来　源	预　处　理	取　样　方　法	可能存在的贵金属						
				Ag	Au	Pt	Pd	Rh	Ir	Ru
实验室皿 – 铂族	实验室,电子工业		手选(小批),熔炼,钻筛分出的金属粒	•	•	•	•	•	•	
Lcmcl 条 – 金、银	加工首饰	研磨和筛分	熔,铸品块,钻,碾碎钻屑		•	•	•	•		
熔渣,扒渣 – 银和金	贵金属熔炼者,首饰加工及银作工	干燥,研磨和筛分	机械混合并取样(大批)	•	•	•	•			
泥浆 – 银和金	照相业,电镀业,半成品生产和及精炼者		手选(小批)		•					
焊接合金 – 银	工业用户,首饰加工及银作工	磁性分离	熔,铸样品块,钻,碾碎钻屑	•						
切屑 – 金属料 – 金、银铂族	工业用户		熔,铸样品块,钻,碾碎钻屑或熔炼锍。钻,取样	•	•	•				
清扫物 – 首饰磨粉	加工首饰及银作工	焚烧,研磨和筛分	机械混合并取样(大批)	•	•	•				
热电偶丝	实验室,炉子使用者		手选(小批)	•		•				
车屑 – 金、银、铂族金属	工业用户,加工首饰及银作工	磁性分离	冶炼,沉积取样,钻 熔铸样品块,钻,碾碎钻屑或熔炼锍,研磨,选分	•	•					

第 23 章

贵金属废料中
的贵金属含量

23.1　各种含金废料中的含金量

由于含金废料种类繁多，其中含金量也极不相同，就是同一种废料，由于生成的地方不一，其中含金量亦有所差异。此外，废料的价值主要取决于物料原来的用途和生产日期。从 20 世纪 60 年代到金价格上升的 1970 年为止，例如生产电路板要求含金 0.1% ~ 0.3%，自 1973 年以来废料中含金量大为减少。现在生产的电路通常只含金 0.01% ~ 0.05%。现将常见的废料中的含金量分述如下。

23.1.1　各种电子工业废料中的含金量

现将各种电子元件的含金量列于表 23 - 1。

表 23 - 1　各种电子元件中的含金量/g

废料名称	型号规格	用途	单位	含金量
锗普通二极管	2AP1 - 30	金丝引线	万只	2
硅整流元件	2CZ1A - 11	金锑片	只	0.04
硅整流元件	2CZ1A	金　锑	万只	43.847
硅整流元件	2CZ5A	金　锑	万只	128.75
硅整流元件	2CZ20A	金　锑	万只	397.68
硅整流元件	2CZ100A	金锑片	只	0.35
硅整流元件	2CZ200A	金锑片	只	0.4
硅整流元件	2CZ300A	金锑片	只	0.5
硅整流元件	2CZ500A	金锑片	只	0.64
硅整流元件	2CZ600A	金锑片	只	0.7
硅整流元件	2CZ700A	金锑片	只	0.73

续表 23 - 1

废 料 名 称	型 号 规 格	用 途	单位	含金量
硅整流元件	2CZ800A	金锑片	只	0.8
硅整流元件	2CZ1000A	金锑片	只	1
硅整流元件	1CZ1200A	金锑片	只	1.5
硅整流元件	2CZ1500A	金锑片	只	2.2
可控硅整流元件	3CT5A	金锑、金硼钯	万只	93.76
可控硅整流元件	2CT20A	金锑、金硼钯	万只	401.71
可控硅整流元件	2CT50A	金锑、金硼钯	万只	919.789
可控硅整流元件	2CT200A	蒸金、金锑、金硼钯	万只	838
可控硅整流元件	2CT5A	金锑片	只	0.02
可控硅整流元件	2CZ10A	金锑片	只	0.03
可控硅整流元件	2CZ20A	金锑片	只	0.04
可控硅整流元件	2CZ50A	金锑片	万只	0.17
硅整流二极管	2CP6A - 6K 10 - 2，41 - 60	金锑片	万只	23.47
硅整流二极管	2CP1A - 2 21 - 29，31 - 33	金锑片	万只	48.5
硅稳压二极管	2CW21A - S22A - W1 - 59 - 20	金锑片	万只	48.5
硅双基二极管	BT32 - 33	蒸金、金丝引线	万只	6.27
硅双基二极管	BT31	蒸金、金丝引线	万只	4
硅双基二极管	BT31 - 35	金丝、金锑片	万只	3.8
硅高频小功率晶体管	3DG	镀金片、金丝、蒸金	万只	10.5
硅高频小功率	3DG4.6，8.3DK$_2$	蒸金、蒸金热压	万只	52
硅高频中功率	3DG401 - 410，3DK$_4$	蒸金、蒸金热压	万只	51
高频晶体管帽	图非 - 30	化学 2 金	万只	10
高频晶体管帽	图非 - 32	化学 2 金	万只	13
低频大功率	3DD50.75	蒸金、镀金、金引线	万只	400
低频大功率	3DD300	蒸金、镀金、金引线	万只	800
低频大功率	3DD150G4F$_6$	蒸金、镀金、金引线	只	1.400
高频三极管晶体管座	B$_1$	化学镀金	只	10.24

续表 23 - 1

废 料 名 称	型 号 规 格	用 途	单位	含金量
高频三极管晶体管座	P_6	化学镀金	只	20.48
高频小功率	3AG - 1 - 50	金银合金	万只	0.5
高频小功率开关管	3AG - 1 - 50	金银合金	万只	0.5
干簧继电器	AJAg	镀金件	万只	60
硅单与非门电路	5TZ14.2，72	电镀金	千只	60.2
黑白磁带录象机	CDLS - 1	金丝金铂	台	1.85
晶体管三用电唱机	SD - 1	金镍接点	台	0.1
汞蒸气测定仪	UGY	金片金丝	台	1.5
微量氧化分析仪	SXEI 型	金片金丝	台	15

23.1.2　各种合金中的含金量

各种合金中的含金量列于表 23 - 2。

表 23 - 2　合金中的含金量

金合金名称	牌　　　　　　号	化学成分/%
金银铜合金	AuAgCu35 - 5	Au60，Ag35，Cu5
金银铜钆合金	AuAgCuGd35 - 5 - 0.5	Au59.5，Ag35，Cu0.5，Gd0.5
金银铜钆合金	AuAgCuGd35 - 10 - 0.5	Au54.5，Ag35，Cu10，Gd0.5
金银铜锰合金	AuAgCuMn33.5 - 3 - 3	Au61.5，Ag33.5，Cu3，Mn3
金银铜锰钆合金	AuAgCuMnGd 33.5 - 3 - 2.5 - 2	Au59，Ag33.5，Cu3，Mn2.5 Gd2
金银铜锰镍合金	AuAgCuMnNi 33.5 - 3 - 2.5 - 2	Au57，Ag33.5，Cu3， Mn2.5，Ni2
金镍铜合金	AuNiCu7.5 - 1.5	Au91，Ni7.5，Cu1.5
金镍铬合金	AuNiCr5 - 1	Au94，Ni5，Cr1
金镍铬合金	AuNiCr5 - 1.25	Au93.75，Ni5，Cr1.25
金镍铬合金	AuNiCr6 - 2	Au92，Ni6，Cr2
金镍铬合金	AuNiCr3.5 - 2.5	Au94，Ni3.5，Cr2.5
金镍铬合金	AuNiCr7 - 0.6	Au92.4，Ni7，Cr0.6
金镍铬钆合金	AuNiCrGd7 - 0.5 - 0.4	Au92.1，Ni7，Cr0.5，Gd0.4
金镍铬铑合金	AuNiCrRh7 - 0.6 - 0.4	Au92，Ni7，Cr0.6，Rh0.4
金钯铁铝合金	AuPdFeAl38 - 8.5 - 1	Au52.5，Pd38，Fe8.5，Al1

23.1.3 各种镀金溶液中的含金量 (g/L)

酸性镀金液 4~12

中酸镀金液 4

碱性镀金液 20

23.1.4 某些含金废料中的含金量 (%)

铜镀金 0.18~3.84

镀金三极管 0.03~0.3

镀金扁平 0.2~2.68

双列管 0.22

含金树脂 2.93~15.65

镀金线路板 0.08~0.14

镀金丝 3.13~7.80

金泥 32.59

镀金墙板 1.43

含锡金锑合金 79.71

王水溶渣 1.0~2.0

23.2 各种含银废料中的含银量

现将常见的一些含银废料中的含量分述如下:

23.2.1 各种电子元件中的含银量

现将电子元件中的含银量列于表23-3。

表 23-3 各种电子元件中的含银量/g

废电子元件名称	型 号 规 格	用 途	单位	含银量	备注
硅整流元件	2CZ1A	银 锡	万只	9.79	
硅整流元件	2CZ5A	银 锡	万只	247.2	
硅整流元件	2CZ20A	银 锡	万只	309	
硅整流元件	2CZ50A	银 锡	万只	1109.57	
硅整流元件	2CZ200A	银 锡	万只	3113.69	
硅整流元件	2CZ500A	银 锡	只	4.5	

续表 23-3

废电子元件名称	型　号　规　格	用　途	单位	含银量	备注
硅整流元件	2CZ1500A	银　锡	只	10	
可控硅整流元件	3CT20A	银　锡	万只	309	螺旋式
可控硅整流元件	3CT50A	银　锡	万只	587.1	螺旋式
可控硅整流元件	3CT200A	银　锡	万只	211.55	螺旋式
硅高频小功率管	3DG4.6，8.3DK$_2$	热　压	万只	100	
低频大功率管	3DD1-8	银铜焊片	万只	4500	
低频大功率管	3DD9	银铜焊片	万只	6000	
低频大功率管	3DD12-15	银铜焊片	万只	5600	
低频大功率三极管	3AD-1-3	银铜焊片	只	4.000	
低频大功率管	3AD6	银铜焊片	只	8.000	
低频大功率管	3AD30	银　焊	只	14.444	
低频大功率管	3AD35	白银外壳	只	28.000	
高频三极管晶体管座	P3	白银外壳	只	19.8	
液体钽电解电容器	CAS16V/3300μF	白银外壳	只	4.14	大杯型
液体钽电解电容器	CASV/3300μF	白银外壳	只	2.21	中杯型
液体钽电解电容器	CAS6.3V/680μF	白银外壳	万只	3.68	小杯型
液体钽电解电容器	CAS6.3V/150μF	白银外壳	只	1.1	
液体钽电解电容器	CAS6.3V/150μF	白银外壳	只	4.35	管型 7 号
液体钽电解电容器	CAS16V/470μF	白银外壳	只	4.41	管型 6 号
液体钽电解电容器	CAS40V/100μF	白银外壳	只	3.68	管型 5 号
液体钽电解电容器	CAS6.3V/330μF	白银外壳	只	2	管型 4 号
液体钽电解电容器	CAS6.3V/220μF	白银外壳	只	1.68	
液体钽电解电容器	CAS6.3V/150μF	白银外壳	只	1.26	
液体钽电解电容器	CAS9.8V/68μF	白银外壳	只	1.05	
可变电容器	CBμ2C-127	镀　银	万只	101	
可变电容器	CBVμ-2X-270	镀　银	万只	121	
可变电容器	CBμ-2C-270	镀　银	万只	101	
圆型插头座	P20	镀银件	件	0.93	
圆型插头座	P28	镀银件	件	1.52	
圆型插头座	P32	镀银件	件	2.76	
圆型插头座	P40	镀银件	件	4.35	
圆型插头座	P55	镀银件	件	7.52	
圆型插头座	P60	镀银件	件	10.61	
四角插头座	CX-5	镀银件	件	1.26	

续表 23 – 3

废电子元件名称	型 号 规 格	用 途	单位	含银量	备注
矩型插头座	ATZ – 20	镀银件	件	1.94	
矩型插头座	ATZ – 14	镀银件	件	1.36	
印刷线路板插座	CZX – G44	镀银件	件	1.45	
印刷线路板插座	CZTX – G30	镀银件	件	0.99	
空调机	LKSD	银焊条	台	1094	
小型电位器	WH15 – 6	镀 银	万只	1143	
直流表	DYE – 2	镀 银	台	10	
交流接触器	CJ0 – 40B	银镉接点	台	23.3	
交流接触器	CJ8 – 40A	银镉接点	台	24.2	
交流接触器	CJ8 – 100A	银镉接点	台	57.36	
直流接触器	CZ0 – 40/20	银铆钉、银焊	台	17.62	
直流接触器	CZ8 – 40/20	银铆钉、银焊	台	20.49	
直流接触器	CZ0 – 150/10	银铆钉、银焊	台	28.78	
行程开关	CX5	银接点	台	0.47	
倒顺开关	QX1 – 30A	银接点、镀银件	台	8.22	
脚踏开关	RT1	银接点、镀银件	台	8.04	
转换开关	ZK	银接头	台	23.7	
变压器分解开关	SWX120A/10 千伏	镀银件	台	10.1	
变压器分解开关	SXJ350A/104 千伏	镀银件	台	20.6	
快速熔断器	RSO250V30A	银片、镀银	只	0.9	
快速熔断器	RSO250V50A	银片、镀银	只	1.3	
快速熔断器	RSO250V80A	银片、镀银	只	1.7	
快速熔断器	RSO250V150A	银片、镀银	只	3.25	
快速熔断器	RSO250V350A	银片、镀银	只	6.25	
快速熔断器	RSO250V400A	银片、镀银	只	7.65	
快速熔断器	RSO250V480A	银片、镀银	只	9.3	
纵横交换器	J7Z – 200	银触头	台	4081	
分流器	FL1500A	银 焊	个	10.8	
直流接触器	CZ0 – 150/20	银铆钉、银焊	台	51.31	
自动空气开关	DZ5 – 20	银触头	台	3.63	
自动空气开关	DZ6 – 40	银触头	台	2.19	
自动空气开关	DZ10 – 100A	银镍触头	台	11.36	包括焊料镀件
自动空气开关	DZ10 – 250A	银镍触头	台	485.74	
自动空气开关	DZ10 – 600A	银镍触头	台	308.23	

续表 23 - 3

废电子元件名称	型　号　规　格	用　　途	单位	含银量	备注
少油断路器	SN4 - 20	银接点	台	9670	
高压开关柜	GFC - 1	镀银件	台	181.2	
高压开关柜	CWG - 3	镀银件	台	177	
高压开关柜	GKW - 13	镀银件	台	9.9	
行程开关	X2	银接点	台	1.13	
行程开关	LX1	银接点	台	3.65	
行程开关	LX2	银接点	台	4.51	
行程开关	LX3	银接点	台	2.88	
行程开关	LX4	银接点	台	3.44	
分流器	FL2000A	银　焊	个	12	
分流器	FL3000A	银　焊	个	16	
绕包线	A1F4F	纯银丝	千米	1500	

23.2.2　各种废银合金中的银含量

现将各种废银合金中的银含量列于表 23 - 4。

表 23 - 4　各种废银合金中的含银量

废银合金名称	牌　　　　号	化学成分/%
金银铜合金	AuAgCu20 - 30	Au50，Ag20，Cu30
金银铜合金	AuAgCu7.5 - 30	Au63.5，Ag7.5，Cu30
金、银铜镍合金	AuAgCuNi25 - 10 - 3	Au62，Ag25，Cu10，Ni3
金银铜金铂合金	AuAgCuAuPtZn30 - 14 - 10 - 10 - 1	Au35，Ag30，Cu14，Au10，Pt10，Zn1
银铜合金	AgCu0.6	Ag99.4，Cu0.6
银铜合金	AgCu2	Ag98，Cu2
银铜合金	AgCu7.5	Ag92.5，Cu7.5
银铜合金	AgCu8.4	Ag91.6，Cu8.4
银铜合金	AgCu10	Ag90，Cu10
银铜合金	AgCu12.5	Ag87.5，Cu12.5
银铜合金	AgCu15	Ag85，Cu15
银铜合金	AgCu20	Ag80，Cu20
银铜合金	AgCu23	Ag77，Cu23
银/银氧化镉	Ag/AgCdO12	Ag88，CdO12

续表 23-4

废银合金名称	牌 号	化学成分/%
银/银氧化镉	Ag/AgCdO15	Ag85，CdO15
银铜钒合金	AgCuV10-0.5	Ag89.85，Cu10，V0.15
银金合金	AgAu5	Ag95，Au5
银钯合金	AgPd10	Ag90，Pd10
银铂合金	AgPt12	Ag88，Pt12
银铜合金	H_1AgCu28	Ag72，Cu28
银铜合金	H_1AgCu50	Ag50，Cu50
银铜锌合金	H_1AgCuZn20-10	Ag70，Cu20，Zn10
银铜铟合金	H_1AgCuIn27-10	Ag63，Cu27，In10
银铜铟合金	H_1AgCuIn24-15	Ag61，Cu24，In15
银铜磷合金	H_1AgCuP80-5	Ag15，Cu80，P5
银铜锡合金	H_1AgCuSn27-5	Ag68，Cu27，Sn5
银铜锡合金	H_1AgCuSn30-10	Ag60，Cu27，Sn10
银铜锌镉合金	H_1AgCuZnCd15-16-19	Ag50，Cu30，Zn16，Cd19
银铜锌镉镍合金	H_1AgCuZnCdNi15-17-15-3	Ag50，Cu15，Zn17，Cd15，Ni3
银铜铟锡合金	H_1AgCuInSn17-13-7	Ag63，Cu17，In13，Sn7
银钆合金	AgGd0.5	Ag99.5，Gd0.5
银氧化铝材料	Ag（Al_2O_3）2	Ag98，$Al_2O_3$2
银铱铸合金	AgIrRe3-0.5	Ag96.5，Ir3，Re0.5

23.2.3 废电镀银液中的含银量

氰化钾镀银液/（$g \cdot L^{-1}$）　　　　5~7

光亮镀银液/（$g \cdot L^{-1}$）　　　　20~40

无氰镀银液/（$g \cdot L^{-1}$）　　　　30~35

亚铁氰化钾镀银液/（$g \cdot L^{-1}$）　　25~45

电镀银洗水/（$g \cdot L^{-1}$）　　　　0.5~5

23.2.4 废乳剂中的含银量 （%）

废乳剂　　　　　　　　　5.06

沉淀后的乳剂　　　　　　23.5~35.1

23.2.5 某些废料中的含银量 （%）

胶片　　　　　　　　　0.22~1.07

阳极	87～88.7
阴极	22～30.5
废乳剂	0.18～5.06
沉淀废乳剂	23.5～35.1
银灰	43.6～57.37
银沉淀物	20.2～89.5
铜镀银元件	3.6～8.8
银钨屑	82.74～92.05
银泥	13.75
镀银插座	6.89
银铜合金	7.82
银锡渣	10.08
镀银铜丝	39.95～45.77
镀银铜丝	5.69～7.65
银触头	15.2
银废水	0.51～0.39
塑料镀银	0.12～2.3
银铜合金带	63～73.59
环氧涂银	1.47
镀银铜元件	16.37
含银树脂	3.4
氯化银粉	24.79～64.97
银杂铜	1.07
氯化银废料	28.71～50.33
炭木条涂银	0.45～2.19
涂料涂银废料	0.5
银挂具	51.38～94.70
硝硫酸含银废水	0.37
银汞合金	21.8～23.22
银沉淀物	53.5～95.7
银边角料	88.62
杂银（含锡）	71.50～98.1
硫化铜含银沉淀物	29.4
银锡合金	41.66
银触头	53.36

电容器	0.51
铜包银	27. 12 ~ 42. 57
银活性炭	1. 28
氧化银沉淀	48. 33 ~ 80. 33
废镀银表盘	0. 91
镀银瓷片	1. 47
银触媒	8. 71 ~ 16. 20
银铜合金	22. 86
废定影液	0. 5 ~ 9g/L

23. 2. 6 银丝、银片、带材 <90%

23. 2. 7 含银废渣中的含银量（%）

含银垃圾	0. 4 ~ 0. 8
炉渣	0. 6 ~ 0. 7
拆炉料	0. 1 ~ 2. 0
炼银坩埚	0. 4 ~ 3. 0
瓷器碎片	<1. 0

23. 2. 8 废银盐中的含银量（%）

废硝酸银	<60
废氯化银	<75
磺化银	<75
溴化银	<75
胶体银	<75

23. 2. 9 胶片中的含银量（g/m^2）

国产胶片的含银量

保定产胶片	3. 60
天津产胶片	5. 30
上海产胶片	5. 78
南方产胶片（汕头）	3. 90
沈阳产胶片	3. 80

进口胶片中含银量

| 16mm 伊斯曼彩色底片 | 6. 79 |

吉伐黑白正片　　　　　　　　　　3.69

富士彩色底片　　　　　　　　　　7.97

樱花彩色反转片　　　　　　　　　5.64

伊斯曼中间片　　　　　　　　　　3.90

23.3　铂族金属废料中金属含量

23.3.1　铂族合金中的金属含量

铂族金属合金中金属含量列于表23-5。

表 23-5　　铂族合金中的金属含量

合金名称	牌　　　号	化学成分/%		
铂铱合金	PtIr5	Pt95	Ir5	
铂铱合金	PtIr10	Pt90	Ir10	
铂铱合金	PtIr17.5	Pt82.5	Ir17.5	
铂铱合金	PtIr20	Pt80	Ir20	
铂铱合金	PtIr25	Pt75	Ir25	
铂铱合金	PtIr30	Pt70	Ir30	
铂铱合金	PtIr40	Pt60	Ir40	
铂铑合金	PtRh10	Pt90	Rh10	
铂钌合金	PtRu4	Pt96	Ru4	
铂钌合金	PtRu5	Pt95	Ru5	
铂钌合金	PtRu10	Pt90	Ru10	
铂铼合金	PtRe14	Pt86	Re14	
铂银合金	PtAg20	Pt80	Ag20	
铂镍合金	PtNi4.5	Pt95.5	Ni4.5	
铂钨合金	PtW4	Pt96	W4	
铂钨合金	PtW5	Pt95	W5	
铂钨合金	PtW8.5	Pt91.5	W8.5	
铂钨合金	PtW10	Pt90	W10	
铂铱钌合金	PtIrRu25-0.2	Pt74.8	Ir25	Ru0.2
钯铱合金	PdIr10	Pd90	Ir10	
钯铱合金	PdIr18	Pd82	Ir18	
钯银合金	PdAg40	Pd60	Ag40	
钯铜合金	PdCu15	Pd85	Cu15	

续表 23-5

合金名称	牌　　　号	化学成分/%			
钯铜合金	PdCu40	Pd60	Cu40		
钯铑合金	PdRh4.5	Pd95.5	Rh4.5		
钯银铜合金	PdAgCu36-4	Pd60	Ag36	Cu4	
钯银钴合金	PdAgCo35-5	Pd60	Ag35	Co5	
钯银镍合金	PdAgNi26-2	Pd72	Ag26	Ni2	
钯银金铂合金	PdAgAuPt30-20-5	Pd45	Ag30	Au20	Pt5
钯银铜铂合金	PdAgCuNi40-18-2	Pd40	Ag40	Cu18	Ni2

23.3.2　铂族金属催化剂中的金属含量

铂族金属催化剂的贵金属含量列表 23-6。

表 23-6　铂族金属催化剂中的金属含量表

催化剂名称	化　学　成　分　/%	用途
铂铑钯合金网	Pt92.5　Rh3.5　Pd4	硝酸生产
铂催化剂	Pt0.1~1	石油工业
铂铼催化剂	Pt0.1~1　Re0.1~1	石油工业
铂钨催化剂	Pt0.1~1　W0.3~0.6	石油工业
铂铼铱催化剂	Pt0.1~0.3　Re0.1~0.3　Ir0.01~0.1	石油工业
钯金催化剂	Pt0.5~1.0　Au0.3~0.6	石油化工
钯催化剂	Pd0.1~0.2	石油化工
铂催化剂	Pt0.4	石油化工
铂铑催化剂	Pt90　Rh10	石油化工
钌催化剂	Ru0.42~0.2	废气净化

23.3.3　铂族金属浆料中的金属含量

钯银系浆料　　　　Pd20%　　　　Ag80%
铂金系浆料　　　　Pt15%　　　　Au85%
钯金系浆料　　　　Pd15%　　　　Au85%

23.3.4　热电偶中的铂族金属含量

热电偶中铂族金属含量列表于 23-7。

表 23 - 7　热电偶中铂族金属含量表

热　电　偶　材　料　组　合	铂　族　金　属　含　量
PtRh　10 - Pt	Pt90　Rh10 - Pt100
PtRh　13 - Pt	Pt87　Rh13 - Pt100
PtRh　13 - PtRh1	Pt87　Rh13 - Pt99　Rh1
Rh - Pt　Rh20	Rh100 - Pt80　Rh20
Ir - I$_1$　Rh10	Ir100 - Ir90　　Rh10
Ir - IrRh 40	Ir100 - Ir60　　Rh40
Ir - Pt Ir 40	Ir100 - Pt80　　Ir40
Ir - W	Ir100 - W100
Ir - IrRu10	Ir100 - Ir90Ru10
PtRh10 - AuPd 40	Pt90 Rh10 - Au60 Pd40
PtRh10 - AuPd 60	Pt90 Rh10 - Au40 Pd60
AuPd40 - Pt	Au60 Pd40 - Pt100
Pt - AuNi6 - 10	Pt100 - Au90 - Ni10
Pt - PtRe8	Pt100 - Pt92 Re8
W - Rh	W100 - Rh100
W - PtRh10	W100 - Pt90 Rh10
PtIr15 - Pd	Pt85 Ir15 - Pd100

23.3.5　各铂族金属镀液中的金属含量（g/L）

铂镀液：

　　　二亚硝基二氨合铂镀液　　　　　Pt　　　　　　　　10

　　　强碱性铂镀液　　　　　　　　　Pt　　　　　　　　10

　　　金光亮镀铑液　　　　　　　　　Pt　　　　　　　5 ~ 10

　　　氨基磺酸铂镀液　　　　　　　　Pt　　　　　　　6 ~ 20

　　　硫酸 - 磷酸铂镀液　　　　　　　Pt　　　　　　　6 ~ 20

钯镀液：

　　　可溶阳极镀钯液　　　　　　　　Pd　　　　　　　　5

　　　二硝基四氧化钯镀钯液　　　　　Pd　　　　　　　　10

　　　氨基磺酸铵 - "P" 盐镀液　　　　Pd　　　　　　　　10

酸性氧化钯镀液	Pd	5~25
二氯二氨合钯弱碱性镀液	Pd	10
二溴二氨合钯-高延性镀液	Pd	30
铑镀液:		
装饰性硫酸铑镀液	Rh	2
工业用硫酸铑镀液	Rh	5~10
特殊用途的高氯酸铑镀液	Rh	2~10
装饰性滚镀铑镀液	Rh	1
工业用滚镀铑镀液	Rh	3~5
钌镀液:		
亚酸酰氯化钌镀液	Ru	2
氨基磺酸钌镀液	Ru	5
甲酸铵或氨基磺酸铵钌镀液	Ru	10

23.3.6 玻璃纤维用铂铑漏板中的金属含量

进口原料:
    Pt　92%　　Rh0.8%
国产原料:
    Pt　85%　　Rh　12%　　Au　3%
    Pt　90%　　Rh　7%　　Au　3%

23.3.7 含铂铑废耐火砖中的含铂铑量

    PtRh 含量:800~3000g/t

第 **24** 章

金的回收

纯金或只有少量添加元素的金基合金较容易回收，有些只需在重熔时增加除杂工序即可。早期工作主要从此种物料中回收。现在这类物料往往由加工厂自行处理或返回使用，不进入二次资源的市场。

根据常见废料的特点，主要的回收方法现述如下。

24.1　从含金废液中回收金

24.1.1　从废液中回收金

含金废液主要是镀金废液（一般酸性镀金废液含金 4 ~ 12g/L，中等酸质含 4g/L，碱性达 20g/L，但是常含有氰化物）、电子元器件生产中的王水腐蚀或碘腐蚀液。处理的方法包括电解、置换、吸附等。因这类溶液中含有大量的氰化物，经回收金的尾液，还应经处理再生，或达到无毒时才能排放。

1. 电解法

镀液在直流电的作用下，金离子迁移到阴极并在阴极上沉积析出。电解设备可用开槽或闭槽电解。

开槽电解，是指废镀液在一敞开式电解槽中，放入不锈钢电极，液温 70 ~ 90℃，通入直流电进行电解，槽电压为 5 ~ 6V。槽中镀液要定时取样分析，待金降至规定浓度以下时，结束电解，再换上新废镀液继续电积提金。当阴极析出金积累到一定数量后，取出阴极，洗涤后铸成金锭。

闭槽电解是采用一封闭系统的电解槽进行电解作业，如图 24 - 1 所示。废镀金液先装入储液循环桶 2 中，开动泵 3，将溶液在系统中循环，约 10min 后通入直流电，控制槽电压 2.5V 进行电解。直到镀液含金达到规定浓度以下后，停止电解。然后出槽，洗净、铸锭。电解尾液经吸收槽处理达标后，才能废弃排放。

此外，有研究指出，采用铅作不溶阳极进行二次电解，不需搅拌也不用隔膜，即可使废液含金降至 1mg/L 以下。一级电解为 5 ~ 10h，电流密度为 1.5 ~ 3A/dm²；二级电解为 25 ~ 50h，电流密度为 0.5A/dm²。电解电能消耗为 15 ~

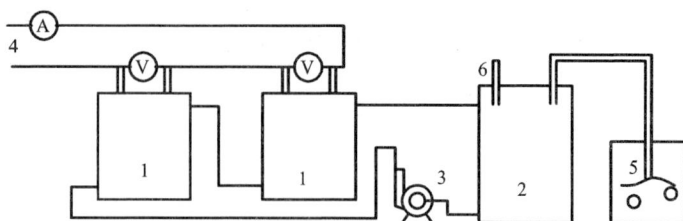

图 24 – 1　闭路电解提金装置

1—闭路电解槽　2—循环桶　3—泵　4—直流电源　5—吸收槽　6—取样孔

$20kW \cdot h/kg$。

2. 置换法

在镀金废液中加入还原剂锌片或锌粉，金被置换生成黑金粉沉入槽底，反应如下式：

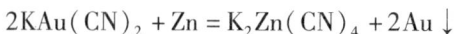

$$2KAu(CN)_2 + Zn = K_2Zn(CN)_4 + 2Au\downarrow$$

为加速置换过程，溶液应适当稀释、适当酸化，控制 pH = 1~2。因酸化易放出气体 HCN，所以应在通风橱中进行作业。置换产物过滤后，用硫酸浸多余的锌，再经洗涤、烘干、浇铸即得粗金。

3. 活性炭吸附法

活性炭对金氰络合物具有较高的吸附能力，用活性炭处理废液时，一般认为废液中 $NaAu(CN)_2$ 被活性炭吸附属于物理吸附过程。活性炭孔隙度大小直接影响其活性的大小，炭的活性愈强对金的吸附能力愈大。常用活性炭的粒度为 – 10 ~ + 20 目和 – 20 目 ~ + 40 目两种。活性炭吸附的作业过程包括吸附、解吸、活性炭的返洗再生和从返洗液中提金等。解吸是用 10% NaCN 与 1% NaOH 混合液于加温压条件下进行的，然后用无离子水即可将金离子从活性炭上洗下来，活性炭因获再生可重新使用。活性炭对金吸附容量达 29.74g/kg，金的被吸附率达 97%。

南非专利认为，先用臭氧、空气或氧处理废氰化液，再用活性炭吸附可取得更好的效果。此外，解吸剂可选用能溶于水的醇类及其水溶液，也可选用能溶于强碱液的酮类及其水溶液。这类解吸剂的组成为：H_2O 0 ~ 60%（体积百分数）；CH_3OH 或 CH_3CH_2OH 40% ~ 100%，NaOH ≥ 0.11g/L，或者 CH_3OH 75% ~ 100%，水 0 ~ 25%，NaOH 20.1g/L。

4. 离子变换法

前苏联专利提出用树脂从氰化液中离子交换金，再用硫脲盐酸溶液洗提金，使树脂再生。国内也曾用阴离子树脂（717）从氰化废液中交换金，并用盐酸丙酮溶液洗提金。

5. 溶剂萃取法

试验表明，多种有机溶剂可用来萃取金。对金的氯络离子可选用乙酸乙脂、醚、二丁基卡必醇等，用甲基异丁基酮（MIBK）也获得了较好的效果。此外，选用磷酸三丁酯（TBP）、三辛基磷氧化物（TOPO）、三辛基甲基胺盐等都可以从含金溶液中萃取金。

24.1.2　从含金废王水中回收金

在晶体电子元件生产中，厚度为 0.04mm 的金锑片（$AuSb_{0.7}$）常用王水将其腐蚀到 0.03mm，属于这类含金废王水可选择以下方法从中回收金。

1. 硫酸亚铁还原法

用硫酸亚铁还原金有如下反应：

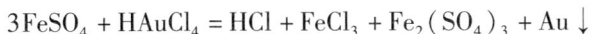

$$3FeSO_4 + HAuCl_4 = HCl + FeCl_3 + Fe_2(SO_4)_3 + Au\downarrow$$

硫酸亚铁具有较小的还原能力，除贵金属以外的其他金属很难被它还原，因而即使处理含贱金属很多的含金废液，其还原产出的金，品位也可达 98% 以上。

但此法作用缓慢，终点不易判断，而且金不易还原彻底，因此尚需锌粉进一步处理尾液。

2. 亚硫酸钠还原法

亚硫酸钠与酸作用容易产生气体二氧化硫，所以用亚硫酸钠还原的实质是用二氧化硫还原剂或者直接用二氧化硫就可以将金氯络离子还原产出金属金，其反应式如下：

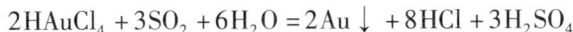

$$Na_2SO_3 + 2HCl = SO_2\uparrow + 2NaCl + H_2O$$

$$2HAuCl_4 + 3SO_2 + 6H_2O = 2Au\downarrow + 8HCl + 3H_2SO_4$$

为防止还原产物被王水重溶，要求废王水在还原前加热煮沸，赶尽其中游离硝酸和硝酸根。还原时适当加热溶液，有利于产出大颗粒黄色海绵金。美国有人提出向溶液中加入少量聚乙烯醇作凝聚剂，有利于漂浮金粉沉降、聚乙烯醇加入量约为 0.3~30g/L。

3. 锌粉置换法

与置换废镀金液相似，锌也可将金氯络离子还原。采用锌粉置换法时，要求料液赶硝，以提高金的直收率。置换过程中控制 pH = 1~2，能防止锌盐水解，有利于产物澄清过滤。置换产出的金属沉淀物含有的锌粉，可用酸将其溶解。选用盐酸溶解时，沉淀中应不含有硝酸银，除银、铅、汞外，其余都易被盐酸溶解，粉状产物易水洗。选用硝酸溶解时，能溶解几乎所有普通金属杂质。为防止金重溶，要求沉淀中不含有氯离子，清洗用硝酸溶解的沉淀后，海绵金颜色鲜黄，团聚良好。另外，还可选用硫酸来溶解锌及其他杂质，沉淀金不易重溶，但钙、铅离子不能与沉淀分离，产品易呈黑色。黑色粉状产品还须用硝酸处理，清洗后产品金的颜色才恢复成正常颜色。

　　4. 亚硫酸氢钠（NaHSO₃）法

　　此法是美国专利。先用碱金属或碱土金属的氢氧化物（例如质量分数为25%~60%的 NaOH 或 KOH）或碳酸盐的溶液调整含金废王水的 pH = 2~4，并将其加热至50℃并维持一段时间后，添加亚硫酸氢钠以沉淀金。为了加速沉淀物凝聚沉降，还应加入硬脂酸丁脂作凝聚剂。此法特别适于处理含金量少的废王水，因为它不需要进行赶硝处理。从含金废王水中回收金，还可用草酸或甲酸还原。

　　各种回收金后的尾液是否回收完全，可用以下方法进行判断：按尾液颜色判断，若尾液无色，则金已沉淀提取完全；用氯化亚锡酸性溶液检查，有金时，由于生成胶体细粒金悬浮在溶液中，使溶液呈紫红色，否则，说明尾液中金已提取完全。

24.1.3　从碘腐蚀液中回收金

　　生产电子元件时，有用碘液腐蚀金，产出含金的碘腐蚀液。这些含金腐蚀液，可用亚硫酸钠回收其中的金。当饱和的亚硫酸钠溶液加入料液时，碘液由紫红色转变为浅黄色，自然澄清过滤，即得粗金粉。

24.2　从含金废料中回收金

　　合金种类繁多，组分各异，回收方法不同，回收前应挑选分类，分别堆放，按类分别处理。从废合金中回收金的工艺，通常包括溶解（造液），金属分离富集、富集液的净化其金属提取等主要过程。

　　造液前，原料种类要单一，应除去油污和夹杂，大块物料需要碎化。现将回收金的几种典型的工艺介绍于后。

24.2.1　从金银铜合金中回收金、银

　　这类合金中含金常达60%以上，若含银近1/3，可用电解法分离金、银。下面介绍另一种回收工艺。通常金、银合金很难造液溶解，若向原料中适当配入银，使金:银 = 3:1，可溶于王水；也可溶于硝酸。用王水溶解时，金生成氯金酸进入溶液，银虽生成氯化银妨碍银的溶解，但不致因银包裹金而妨碍金的溶解。用硝酸溶解上述原料时，因金少而不会阻碍硝酸对银的溶解。造液结果使金、银分别进入溶液或沉淀，过滤即可实现金、银分离，然后分别处理溶液或不溶性沉淀，即可分别产出金属金与银。

24.2.2 从金锑合金废料中回收金

金锑合金中含金 > 99%，可用直接电解精炼的方法回收金（详见金的电解精炼）。也可用王水溶解法回收如图24 – 2所示。金锑合金中的金用王水溶解后，再用 SO_2 或 Na_2SO_3、$FeSO_4$ 还原。

操作要点：

（1）王水溶金：王水（3 份 HCl + 1 份 HNO_3）的加入量为金属重量的 3 倍，使金完全溶解为止；

（2）蒸发浓缩：加盐酸驱赶游离硝酸，反复蒸发浓缩至不冒 NO_2 或 NO 为止。一般浓缩至原体积的 1/5 左右，将浓缩的原液稀至含金 50 ~ 100g/L 左右，静置使悬浮物沉淀。

（3）过滤：如果在滤饼中有 AgCl 沉淀时，可回收其中的银。滤液则通入 SO_2 或用 Na_2SO_3，$FeSO_4$ 还原沉淀金，如果用 SO_2 还原，SO_2 的余气可用稀 NaOH 液吸收。所得金粉经蒸馏水洗涤、烘干，溶铸成金锭。

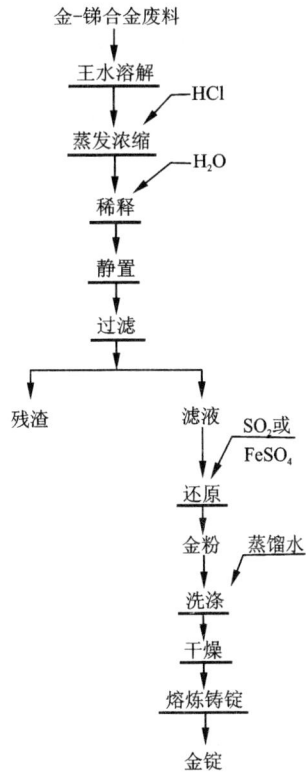

图 24 – 2 从金 – 锑合金废料回收金的工艺流程

24.2.3 从硅质含金废料中回收金

对于硅质含金合金废件，可以采用氢氟酸硝酸混合液浸泡回收，工艺流程如图24 – 3所示。操作要点：

（1）氟氢酸混合液的配制：取 HF 酸 6 份，HNO_3 1 份，混合后用水稀释 3 倍。

（2）浸泡：用氟氢酸混合液浸泡时，可使硅溶解，金则从硅片上脱落下来。

（3）酸煮：可用 1:1 的硝酸煮沸 3h，其目的是为了除去金片上的杂质。此后，将金片（或金粉）用水洗，烘干，然后熔炼铸锭。

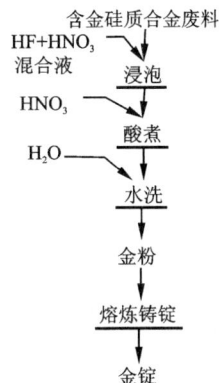

图 24 – 3 从含金硅质废件中回收金的工艺流程

24.2.4　从金铂合金废料中回收金

将金－铂合金废料溶于王水，$FeSO_4$ 还原金，氯化铵沉铂的方法回收铂。其工艺流程如图 24 - 4 所示。

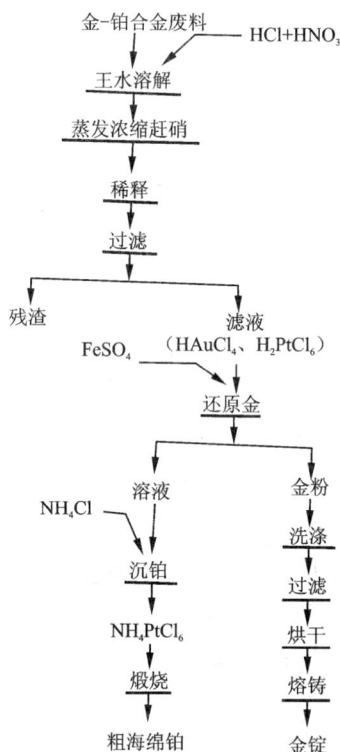

图 24 - 4　从金－铂含金废料回收金铂的工艺流程

24.2.5　从牙科合金废料中回收金银钯

高级牙科合金由金银钯组成，从这类合金废料中回收贵金属的工艺流程如图 24 - 5 所示。

24.2.6　从金硼钯或金硼钯铋废合金回收金

用稀王水（酸：水 = 1 : 3）加热溶解，并缓慢加热加入盐酸蒸发赶硝至近干涸。冷却后，加少许盐酸润湿，再加入热水并加热浸出钯。过滤，向滤液中加氯化铵制氯钯酸铵，并经煅烧成粗海绵钯。除钯后的残液用硫酸亚铁还原金。

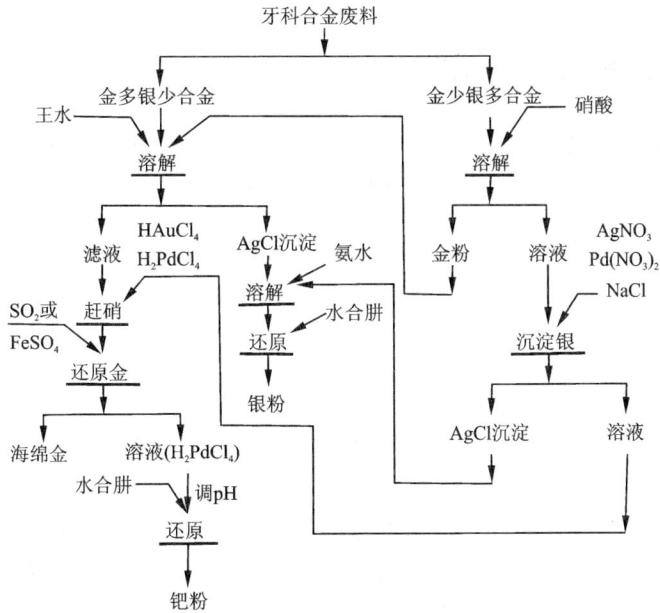

图 24 - 5　从牙科合金废料中收金银钯流程

24.2.7　从金铱合金废料回收金

铱为难溶金属，最好将它与过氧化钠（或同时加入苛性钠）一起于 600 ~ 750℃，在不断搅拌下加热至熔融。熔融后，将熔融物质倾于铁板上铸成薄片，冷却后用水浸出。此时，少量铱的钠盐进入溶液，大部分铱留在浸出渣中。向浸渣中加入稀盐酸并加热溶解铱，过滤，向滤液中通氯气氧化铱使之呈 4 价。再加入饱和 NH_4Cl 溶液，铱便生成氯铱酸沉淀，经煅烧获得粗海绵铱。除铱的不溶渣加王水浸出，过滤、蒸发浓缩赶硝，稀释并用硫酸亚铁还原滤液中的金。

24.2.8　从金硼镓废金合金回收金

用稀王水（王水∶水 = 1∶3）煮沸溶解，再从滤液中用硫酸亚铁还原金。

24.2.9　废金刚砂磨料中回收金

这类原料来源于金笔厂磨制金笔尖而生成抛光灰，如首饰厂的抛光灰，纺织机械厂制造尼龙喷丝头的磨料等。

从含金铂的废金刚砂磨料，可采用 1∶1 盐酸浸泡，王水溶解，还原沉淀方法回收其中的金。

24.3 从镀金废料中回收金

从这类含金物料中回收金的方法很多，如利用熔融铅熔解贵金属的铅熔退金法；利用镀层与基体受热膨胀系数不同的热膨胀退镀法；利用试剂溶解的化学退镀法等。现介绍退镀工艺如下。

24.3.1 用碘－碘化钾溶液退镀金

与 $HCl + Cl_2$ 对贵金属造液原理相同，卤族元素碘及其化合物也能溶解金，其化学反应如下：

Au + I = AuI

$AuI + KI = KAuI_2$

产物 $KAuI_2$ 能被多种还原剂如铁屑、锌粉、二氧化硫、草酸、甲酸及水合肼等还原，也可用活性炭吸附、阳离子树脂交换等方法从 $KAuI_2$ 溶液中提取金。为便于浸出的溶剂再生，通过比较认为用亚硫酸钠还原的工艺较为合理，此还原后液可在酸性条件下用氧化剂氯酸钠使碘离子氧化生成元素碘，使溶剂碘获得再生：

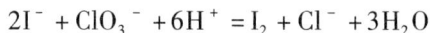

$$2I^- + ClO_3^- + 6H^+ = I_2 + Cl^- + 3H_2O$$

氧化再生碘的反应，还防止了因排放废碘液而造成的还原费用增加和生态环境的污染。本工艺方法简单、操作方便，细心操作还可使被镀基体再生。

研究人员对工艺条件作了不少研究试验工作，找出最佳条件如下：

浸出液成分：碘 50~80g/L，碘化钾 200~250g/L；

溶退时间：视镀层厚度而定，每次为 3~7min，且须进行 3~8 次。

贵液提取：用亚硫酸钠还原；

还原后液再生条件：硫酸用量为后液的 15%（体积比）。氯酸钠用量约 20g/L。

用碘－碘化钾回收金的工艺中，贵液用亚硫酸钠还原提取金的后液，应水解除去部分杂质，才能氧化再生碘，产出的结晶碘须用硫酸共溶纯化后可返回使用。

24.3.2 硝酸退镀法

在电子元件生产中，产生很多管壳、管座、引线等镀金废件，镀件基体常为可阀（Ni28%，Co18%，Fe54%）或紫铜件，可用硝酸退金法使金镀层从基体上脱落，基体还可送去回收铜、镍、钴。

24.3.3 氰化物间硝基苯黄酸钠退镀金

（1）退镀液的配制：取 NaCN75g，间硝基苯黄酸钠 75g，溶于 1L 水中，待完全溶解后再使用。

（2）操作方法：将退镀液装入耐酸盆内（或烧杯内），升温至 90℃；将镀金废件放入耐酸盆内的退镀液中，1 ~ 2min 后立即取出；金很快就被退镀而进入溶液中。如果因退镀量过多或退镀液中金饱和而镀金属退不掉时，则应重新配制退镀液。

退镀金的废件，用蒸馏水冲洗三次。留下冲洗水，以备以后冲洗用。往每升退镀液中另加入 5L 蒸馏水稀释退镀液，并充分搅拌均匀，调节 pH 为 1 ~ 2。用盐酸调节时，一定要在通风橱内进行，以防 HCN 气体中毒。

用锌板或锌丝置换退镀液中的金，直至溶液中无黄色为止，再用虹吸法将上面清水吸出。金粉用水洗涤 2 ~ 3 次后用硫酸煮沸，以除去锌和其他杂质，并再用水清洗金粉。将金粉烘干后熔炼铸锭得粗金。

用化学法退镀的金溶液亦可用采用电解法从中回收金。电解提金后的尾液，经补加一定量的 NaCN 和间隙硝基苯黄酸钠之后，可再作退镀液使用。电解法的最大优点是氰化物的排除量少或不排出，氰化液可还继续在生产中循环使用，也有利对环境的保护。

24.3.4 铅熔退镀金

本法是将电解铅熔化并略升温（铅的熔点为 327℃），然后将被处理的废料置于铅内，使金渗入铅中。取出退金的废料，将铅铸成贵铅板，再用灰吹法或电解法从贵铅中回收金。

用灰吹法时，将所获得的贵铅，根据含金量补加银，然后吹灰得金银合金，将这种金银合金用水淬法得金银粒，再用硝酸法分金。获得的金粉，熔炼铸锭后得粗金。

24.3.5 热膨胀法退镀金

该法是根据金和管体合金的膨胀系数不同，应用热膨胀法使镀金属和管体之间产生空隙，然后在稀硫酸中煮沸，使金层完全脱落。最后进行溶解和提纯。生产流程如下：取 1kg 晶体管，在 800℃下加热 1h，冷却，放入带电阻丝加热器的酸洗槽中，加入 6L 的 25% 硫酸液，煮沸 1h，使镀金层脱落。同时，有硫酸盐沉淀产生。稍冷后取出退掉金的晶体管。澄清槽中的溶液，抽出上部酸液以备再用。沉淀中含有金粉和硫酸盐类，加水稀释直至硫酸盐全部溶解，沉清后，用倾析法使液固分离。在固体沉淀中，除金粉外还含有硅片和其他杂质，再用王水溶解，经过蒸浓、稀释、过滤等工序后，含金溶液用锌粉置换，（或用亚硫酸钠还原）酸洗，而得纯度 98% 的粗金。

24.3.6 电解退镀法

采用硫脲和亚硫酸钠作电解液，石墨作阴极，镀金废料作阳极进行电解退金。通过电解，镀层上的金被阳极氧化呈 Au（Ⅰ），Au（Ⅰ）随即和吸附于金表面的硫脲形成络阳离子 $Au[SC(NH_2)_2]_2^+$ 进入溶液。进入溶液的 Au（Ⅰ）即被溶液中的亚硫酸钠还原为金，沉淀于槽底，将含金沉淀物经分离提纯就可得到纯金。

（1）电解液组成：$SC(NH_2)_2$ 2.5%，Na_2SO_3 2.5%，

（2）阳极和阴极：

阳极用石墨棒（$\phi30mm$，长 500mm）置于塑料滚筒的中心轴。

阴极用石墨棒（$\phi50mm$，长 400mm）放在电解槽两旁并列。

（3）电解槽与退金滚筒：电解槽用聚氯乙烯硬塑料焊接而成，容积为 164L。退金滚筒是用聚氯乙烯硬塑料焊接成六面体，每面均有钻孔 3mm，以使滚筒提出漏水和电解时电解液流通。

（4）电解条件：电流密度，$2A/dm^2$；槽电压，4.1V；电解时间，根据镀层厚度，和阴阳极面积是否相当，如果相当，在合适的电流密度下，溶金速度是很大的，时间就可以短一点，一般电解时间为 20～25min 是适当的。电解法退镀的工艺流程如图 24-6 所示。

24.4 从其他废料中回收金

1. 从废管芯中回收金

可控硅、硅整流块及硅三极管的管芯，常由钼片作基体，在其上烧结粘附一层单晶硅和厚度为 0.03mm 的金锑片（小功率元件不用钼片）。处理这种物料时，先取管芯，对于有钼片的管芯，可用氢氟酸加双氧水浸泡，使单晶硅与钼片、金锑脱离，钼片可返回使用，金锑片可用前已介绍的方法回收金。没有钼片的小功率管芯，可直接造液还原回收金。

2. 从金刷、金水瓶上回收金

日用陶瓷描金工艺中，描金使用的毛刷、用完金水的残存玻璃瓶，都饱和浸透了金水浆料凝结物，此类物料可采用煅烧-浸出法回收金。处理金刷时的煅烧温度控制在 800℃，煅烧金水瓶的温度为 400℃。浸出的溶液可选用王水，浸出液经赶硝后用锌粉还原，产出金粉品位可达 95%。

镀金废料
↓
电解退镀　[电解液为: SC(NH₂)₂2.5%, Na₂SO₃2.5%]

退完金的废料　　　　　　　　电解液及含金等不溶物
↓　　　　　　　　　　　　　　　↓
水清洗　　　　　　　　　　　　过滤

废料　　　洗液　　　电解液　　　　　　含金不溶物
(回收Co, Ni)　　　　经补充Na₂SO₃,　　　↓
　　　　　↓　　　　SC(NH₂)₂后循环使用　焙烧
　　　　过滤　　　　　　　　　　　　　　↓
　　　　　　　　　　　　　　　　　　　硝酸煮
滤液　　　　渣　　　　　　　　　　　　↓
(排放)　　　　　　　　　　　　　　　　水洗
　　　　　　　　　　　　　　　　　　　↓
　　　　　　　　　　　　　　　　　　王水溶解
　　　　　　　　　　　　　　　　　　　↓
　　　　　　　　　　　　　　　　　　过滤

滤渣　　　　　　　　滤液
(含金属硫化物, 硫)　　↓
　　　　　　　　　　浓缩赶硝
　　　　　　　　　　　↓
　　　　　　　　　　还原
　　　　　　　　　　　↓
　　　　　　　　　　　金

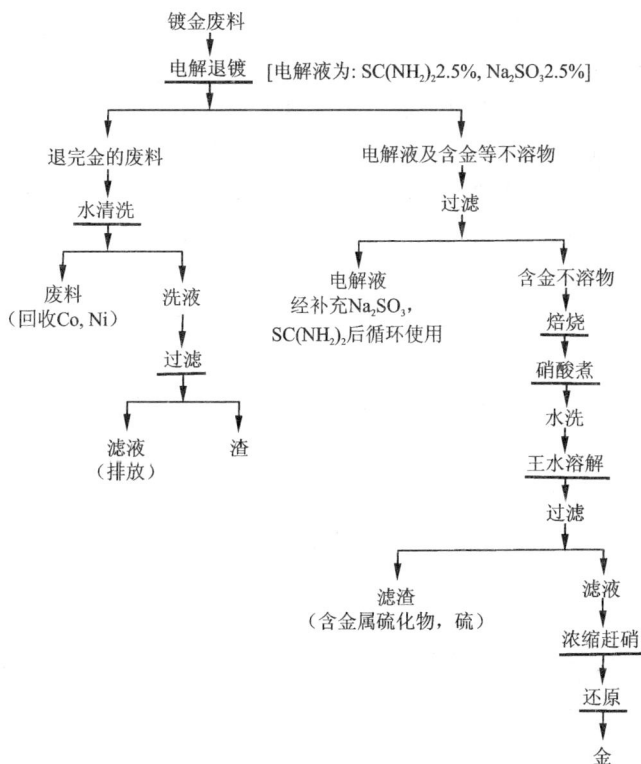

图 24－6　电解退镀金工艺流程

3. 从贴金废件上回收金

根据贴金的基体不同, 处理方法也各异。从铜或黄铜表面贴金回收金时 (如铜佛、贴金器皿等), 可用硫磺与浓硫酸调成的浆料涂抹, 置于风橱中 0.5h 许, 然后于 700～800℃ 燃烧 0.5h, 使金层与基体间形成一层磷片状的硫化铜层, 取出放入水中急冷, 硫化物与金层则从基体上脱落。这类贴金件也可采用电解法回收金。用硫酸作电解液, 控制电流密度为 120～180A/m², 槽电压达数十伏, 最后甚至升到 250V。电解时, 金层呈阳极泥富集于槽底, 收集处理此阳极泥即可产出产品金。

从废金匾、金字招牌上回收金时, 用热氢氧化钠溶液多次涂抹贴金处, 基体油层与碱发生皂化作用后, 再用棉球擦拭贴金处, 贴金层被棉球擦拭下来, 粘有金层的棉球, 烧去棉花, 收集金灰, 即可回收金。

4. 从含金抛灰中回收金

这类物料是金笔尖抛光、金箔碎屑、首饰抛光等的抛灰构成。这些抛灰可通过火法灰吹处理，处理前按如下配比配料。抛灰∶氧化铅∶碳酸钠∶硝石 = 100∶150∶30∶20，并配入适量的面粉与硼砂。面粉作为还原剂，使氧化铅还原生成铅滴吸收抛灰中贵金属，硼砂则为低熔点酸性熔剂，用来改善性质，降低渣的密度和粘度，以便于贵铅与炉渣分离。贵铅在氧化炉内灰吹，铅氧化挥发或生成氧化铅被灰皿吸收，剩于的贵金属合金珠即可用来提取回收金。

抛灰还可以用湿法处理，并注意分离提取铂族金属，溶解了贵金属的溶液中可先用二氧化硫还原金，用氯化铵沉淀分离铂，煅烧即可产出海绵铂。

5. 从镀金膜的玻璃表面上回收金

从镀金的玻璃表面上回收金的方法，是采用无毒的酸性卤化物溶液使金从玻璃表面上解脱下来，并以金粉的形式加以回收的，其操作步骤是：

（1）使镀金的玻璃表面与 NaCl 或者 NH_4Cl 的酸性水溶液接触，并从玻璃表面上解脱下来；

（2）将玻璃从溶液中取出，使金粉沉淀在溶液的底部；

（3）将金粉过滤出，进行烘干，熔炼。

（4）酸性卤化物的溶液最好是 1% ~ 6% 的 NaCl 和 NH_4Cl，或 1% ~ 5% 的 H_2SO_4 的水溶液。

采用此法适用于从报废的镀金建筑玻璃中回收金，而且该法具有无毒的优点。

第 25 章

银的回收

银的最大用户是照相工业，全世界约有 40% 的银消耗在这方面，每年约 4000t。美国最大的柯达公司，年用银量 7000 万盎司（约 2177t），其中七分之二靠回收，每年回收银在 600t 以上。日本每年也有约 1000t 银用于照相业，其次是电子、电气工业。西方国家年用银量 3000 多 t，除照相工业外，主要做接点及焊料。

据 1984 年资料报道，西方国家从废料中回收的银占银总产量的 40% ~ 50%，美国 1981 年销售的白银有 2/3 是从废料中回收的；1983 年再生银占总产量的 83% 以上。

25.1　从含银废液中回收银

25.1.1　从废定影液中回收银

从废定影液中回收银的方法很多。早期的方法有：沉淀法、置换法、次氯酸盐法和电解法等；近期引起人们注意的有硼氢化钠法、连二亚硫酸钠法等。

废定影液中，银常以 $Ag(S_2O_3)_2^{3-}$、$Ag_2(S_2O_3)_3^{4-}$、$Ag_3(S_2O_3)_4^{5-}$ 存在，含银浓度达 $0.5 \sim 9g/L$。

1. 沉淀法

该法采用向废定影液中加入硫化钠的方法，使银离子生成硫化银沉淀与溶液分离：

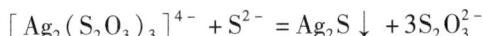

$$[Ag_2(S_2O_3)_3]^{4-} + S^{2-} = Ag_2S \downarrow + 3S_2O_3^{2-}$$

从硫化银黑色沉淀中回收银。回收银有以下几种方法。

硝酸溶解法——用硝酸将硫化银溶解，产出硝酸银与单体硫，经过滤。处理滤液硝酸银容易生成金属银：

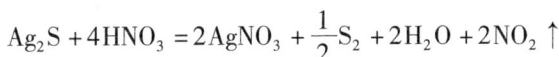

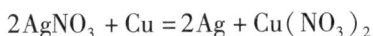

$$Ag_2S + 4HNO_3 = 2AgNO_3 + \frac{1}{2}S_2 + 2H_2O + 2NO_2 \uparrow$$

$$2AgNO_3 + Cu = 2Ag + Cu(NO_3)_2$$

焙烧熔炼法——在反射炉中，将硫化银于700～800℃时进行氧化焙烧，使硫氧化成二氧化硫进入炉气，银则生成氧化银。提高炉温至1000℃以上时，氧化银分解生成液体金属银：

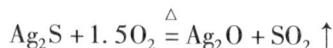

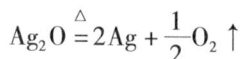

$$Ag_2S + 1.5O_2 \stackrel{\triangle}{=} Ag_2O + SO_2 \uparrow$$

$$Ag_2O \stackrel{\triangle}{=} 2Ag + \frac{1}{2}O_2 \uparrow$$

但是，此法对原料不足的工厂不很适用。

铁屑纯碱熔炼法——硫化银与铁屑、碳酸钠预先进行配料拌合，其中铁屑为30%，纯碱为20%，然后于1100℃时进行熔炼：

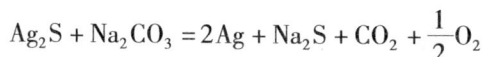

$$Ag_2S + Fe = 2Ag + FeS$$

$$Ag_2S + Na_2CO_3 = 2Ag + Na_2S + CO_2 + \frac{1}{2}O_2$$

上述反应表明，产出金属银的同时，还生成了冰铜（$Na_2S \cdot FeS$）。钠冰铜或单质Na_2S、FeS对银有较大的溶解能力，造成银的分散，降低了银的直收率。所以熔炼中注意配料，创造条件，使钠与铁氧化成氧化物，但若有Fe_3O_4生成，同样要增大银的损失。若渣含银高，此炉渣应单独处理，用硼砂、硝石与Fe_3O_4造渣，以回收其中的银。此外，熔炼温度不宜超过1100℃，高温将增加硫化物对银的溶解能力。渣含银的高低，还可通过浇铸时，渣（或冰铜）与银分离状况进行判断，冷却后若渣容易分离，银面又不留渣粘结物，说明渣含银低，反之渣含银高。

铁置换法——在盐酸溶液中，常温下用铁屑按下式反应将银置换出来：

$$Ag_2S + Fe = 2Ag + FeS$$

硫化沉淀法简单易行，银回收完全，适于小单位使用，但提银的液残留有过量硫化钠，定影液不能再生。

2. 置换法

利用铁粉、锌粉、铝粉作还原剂，使定影液中硫代硫酸银还原成金属银。这种方法效率高，简单易行，但定影液不易再生。

日本小西六照相工业公司采用铝镁合金屑从废定影液中回收银的技术。方法为用一个18升的塑料容器，被孔反隔成上下两层，上层装入铝镁合金屑，合金屑中含铝94.3%，含镁5.6%，屑尺寸约1×3×30（mm^3）。废定影液（含银6～7g/L，pH=4.5）以135mL/min的流速从容器上部引入，上层发生了还原银的反应。反应产物银粉透过隔板小孔而聚集于下层底部。耗尽全部铝镁屑约需35.9h。通入废定影液320L，能沉淀出银粉1950g，其品位达96%。

3. 次氯酸盐法

该法常用于废定影液的处理。它有分解银络合物的作用。当处理含6g/L银的定影液，用含 10% ~ 15% NaOCl 和 1 ~ 1.5（mol/L）的 NaOH 处理，可破坏定影液中的络合物，并析出 AgCl 沉淀。此法的作业，通常是将次氯酸钠加到照相废液中，而资料介绍，是将含银废定影液注入盛有过量的次氯盐酸的反应器中，使银能与硫化物有效分离，即溶液的中硫代硫酸盐被氧化，银呈 AgCl 沉淀。

4. 连二亚硫酸钠（$Na_2S_2O_4$）法

该法对废定影液提银是一种简便、有效的提银方法。首先将溶液的 pH 调整到接近中性，调整可用冰醋酸和 NaOH 调整；也可用氨水。然后将固态或液态的连二亚硫酸钠添加到废定影中加热到 60℃ 并强烈搅拌，即可达到提银的目的。但是，pH 太低时，连二亚硫酸盐分解产生硫污染银；当温度超过 60℃ 时，也发生同样现象。此法不仅工艺简单、效率高；定影液可再生使用。

5. 硼氢化钠（$NaBH_4$）法

硼氢化钠是一种很强的还原剂。早期广泛用于化学分析领域，后来被应用到贵金属的分离与提取工艺中，国外有些工厂已用此法取代了传统的锌粉、铁粉置换法和硫化钠沉淀法。在处理小批量，低浓度的废液时更显示出其优点。用硼氢化钠回收废定影液的银，大多是在 pH = 6 ~ 7 的条件下进行，$NaBH_4$ 的加入量应根据溶液中含银量而定，一般为：Ag：$NaBH_4$ = 1：0.45（重量比），发生如下反应：

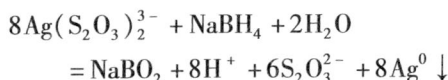

$$8Ag(S_2O_3)_2^{3-} + NaBH_4 + 2H_2O$$
$$= NaBO_2 + 8H^+ + 6S_2O_3^{2-} + 8Ag^0 \downarrow$$

日本一公司从废定影液回收 Ag，根据含银量加入 Vensil 液（$NaBH_4$ 12%，NaOH 40% 配制而成）稀释 10 倍，缓缓加入废液中，生成黑色沉淀——银。

6. 电解法

电解法回收含银废液和定影废液中的银，在技术上和经济上均显示出许多优越性。各国进行过许多研究、改进，并研制出许多形式的电解槽、电解装置或提银机。

根据设备结构，概括起来，可分成两大类。即开槽搅拌式电解提银机和闭槽循环式电解提银机。国外在 20 世纪 40 ~ 50 年代，多采用开槽电解提银机。我国上海电影技术厂、北京电影洗印厂即属此类技术。这种工艺出槽方便，但效率低、占地面积大，还有有害气体污染环境。因此，从 60 年代，国外已淘汰了这种工艺，并已普遍采用密闭机械搅拌电解提银机提银。我国曾于 1974 年购进一台美国 AGTEC MODEL - A 型提银机，即属于此类设备，它的主要技术条件是：

提银容量：11 ~ 14kg

最大回收速度：75g/h

电流密度：60A/m^2

容量：33L

电解液流量：115L/h

外形尺寸：$46 \times 56 \times 61$ （cm）

阴阳极用不锈钢制成。

近年来，国外研制更高效率的提银机。我国结合国内实际，制成一种我国的提银机。这种提银机采用石墨阳极，不锈钢阴极，溶液在机内密闭循环。电解的技术条件如下：

槽电压：$2 \sim 2.2V$；

电流密度：$175 \sim 193A/m^2$；

液温：$20 \sim 35℃$；

循环速度：$4.82m/s$；

电解时间：含银 $3 \sim 4g/L$，需 $3 \sim 4h$；

　　　　　含银 $5 \sim 6g/L$ 时，需 $5 \sim 6h$；

尾液含银：原液含银 $2.5 \sim 9.3g/L$，尾液含银 $0.5 \sim 0.7g/L$（当尾液不再生

　　　　　时，含银可降至 $0.15g/L$）；

电银品位：$90\% \sim 93\%$。

25.1.2　从银电镀废液中回收银

电镀废液含银达 $10 \sim 12g/L$，总氰为 $80 \sim 100g/L$。处理这类废液时，一定不要在酸性条件下作业，以防止逸出氰化氢。回收银后的尾液，氰浓度降至规定标准以下时才准排放。

从电镀废液中提银，也有多种方法，如氯化沉淀法，锌粉置换法、活性炭吸附法等，但尾液需另行处理。现推荐电解法。这种方法使提银尾液中氰根破坏转化，因此其尾液可以正常排放。

电解法可在敞口槽内作业，阴极用不锈钢板，阳极为石墨，通入直流电后，阴极析出银而阳极放出氧气。随着溶液中银离子的减少，槽电压升至 $3 \sim 5V$，这是阳极除氢氧根放电外，还进行脱氰过程：

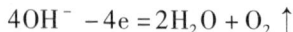

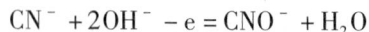

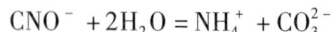

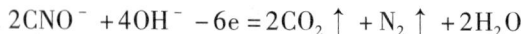

$$4OH^- - 4e = 2H_2O + O_2 \uparrow$$

$$CN^- + 2OH^- - e = CNO^- + H_2O$$

$$CNO^- + 2H_2O = NH_4^+ + CO_3^{2-}$$

$$2CNO^- + 4OH^- - 6e = 2CO_2 \uparrow + N_2 \uparrow + 2H_2O$$

阴极反应为：

$$Ag^+ + e = Ag$$

$$2H^+ + 2e = H_2 \uparrow$$

脱银尾液如果仍含有少量 CN^- 时，可加入少量硫酸亚铁，使之生成稳定的亚铁氰化物沉淀，这时尾液即可正常排放。

25.1.3　从含银废乳剂中回收银

含银废乳剂包括感光胶片厂涂布车间的废料，电气元件涂层的银浆，制镜厂使用的喷涂银浆等。感光胶片用的乳剂含有大量的有机物质，首先必须将其分离后才能有利于银的回收，因此，其工艺流程较为复杂。而电气元件和制镜的含银废乳剂中回收银则较为简单。

1. 从感光废乳剂中回收银

从感光废乳剂中再生回收银的工艺，大体上可分为两大类，即干法和湿法。这两种工艺各有优缺点。我国实践表明，湿法工艺流程银回收率低、投资大、劳动生产率低，经济效果差。干法如能很好解决烘干、煅烧中的通风防尘问题就可得到流程简短，基建投资小、银回收率高，经济效果好的满意结果。

（1）干法工艺流程

干法工艺流程主要包括脱水、干燥、焙烧、熔炼四个工序。它具有工艺流程短、技术简单、容易操作、不易造成银的损失以及银回收率高的特点。

干法流程可在未加热前用浓硫酸将乳剂进行处理，以脱除大量的有机物质再进行干燥，这样可以避免在焙烧时有机物的冒溢和大量的臭气产生。

（2）湿法工艺流程

我国某感光胶片厂采用的工艺就是一种从废感光乳剂中再生银的湿流程法工艺，亦即将废剂首先加热到 55℃，并加水稀释，再加蛋白酶进行搅拌，使有机物分解，然后再用 H_2SO_4 进行沉淀，再用 $Na_2S_2O_3$ 溶液进行浸出，最后电解得到电解粗银。其流程见图 25 - 1。

日本花冈利和等人提出了从照相感光材料的废乳剂中回收银的方法。即用碱金属的氢氧化物，碳酸盐或碳酸氢盐，至少选择一种，加到含卤化银和粘合剂的淤渣中。其比例是，每摩尔卤化银加入 1/3 ~ 5mol 的上述化合物。将含化合物的淤渣干燥，并在 300 ~ 800℃ 热分解；热分解所得到的固态物进行熔融，使金属银与无机化合物分离。该法可以从废乳剂、胶片、印机纸等中回收 99% 的银，银的纯度可达99.3%。

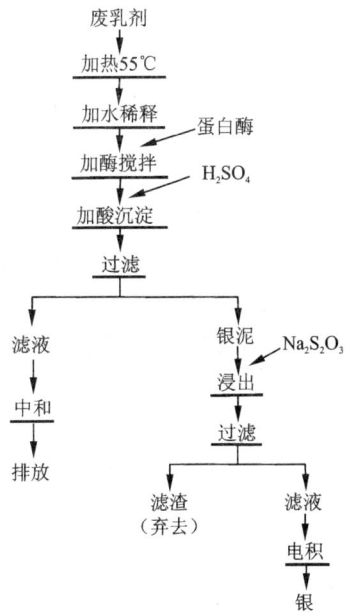

图 25 - 1　湿法从废乳剂中回收银工艺流程

2. 从废银涂料浆中回收银

电器涂料及制镜喷涂中的废银浆中的银主要以硝酸银形式存在，其回收的工艺流程可采用简单的直接烘干、熔炼、电解获得纯银，或用硝酸将其中的银溶解，制取硝酸银再用，其流程见图 25 - 2。亦可采用电解法获得纯银。

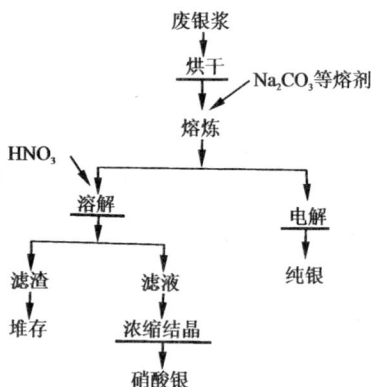

图 25 - 2　从废银涂料中回收银的工艺流程

电解条件：$AgNO_3$：$Ag40 \sim 50g/L$；HNO_3，$10/L$；

电流密度：$2 \sim 4A/dm^2$；槽电压：$1.3 \sim 3.5V$；温度：$50 \sim 60℃$。

25.2　从感光胶片、相纸回收银

含银废胶片类包括：感光胶片的废品，打孔切边，试片之后的废片，在电影发行公司的报废的电影片，电影制片厂在电影拍制过程中的各种废片，医院 X 光片、工业、航空照像的各种报废底片及照像复制等用后的废底片都属此类。

从这些含银废胶片上再生回收银的工艺很多，主要的有：焚烧法，各种化学处理法、微生物法，目前国外都以焚烧法为主，化学法和微生物法则次之。

25.2.1　焚烧法

该法就是把废片，废相纸等直接放在一个特别设计的焚烧炉内焚烧，然后收集残留在炉中的含银灰，再把灰中银分离提取出来。它具有方法简单，回收率较高的优点。其缺点是不能回收片基，烟气会造成大气污染。

25.2.2　化学法

化学法是许多方法的总称，它的要点是用酸、碱从胶片上把明胶层剥落下来，然后再采用不同的方法进行提银。如澳大利亚的酸腐蚀法：采用硝酸溶解，以食盐沉淀出 AgCl，再使 AgCl 溶解在定影液中，用连二亚硫酸钠还原。但是，目前应用最广泛的强碱腐蚀法。如美国提出用 10% 的苛性钠水溶液，在 70 ~ 90℃下腐蚀胶片，可使片基上的卤化银及胶层洗脱，然后将所得脱膜溶液用传统的方法回收银。

我国研制的蛋白酶洗脱法，其工艺流程如图 25 - 3 所示。工艺流程主要包括：洗脱、沉降、浸出、电解四道工序。

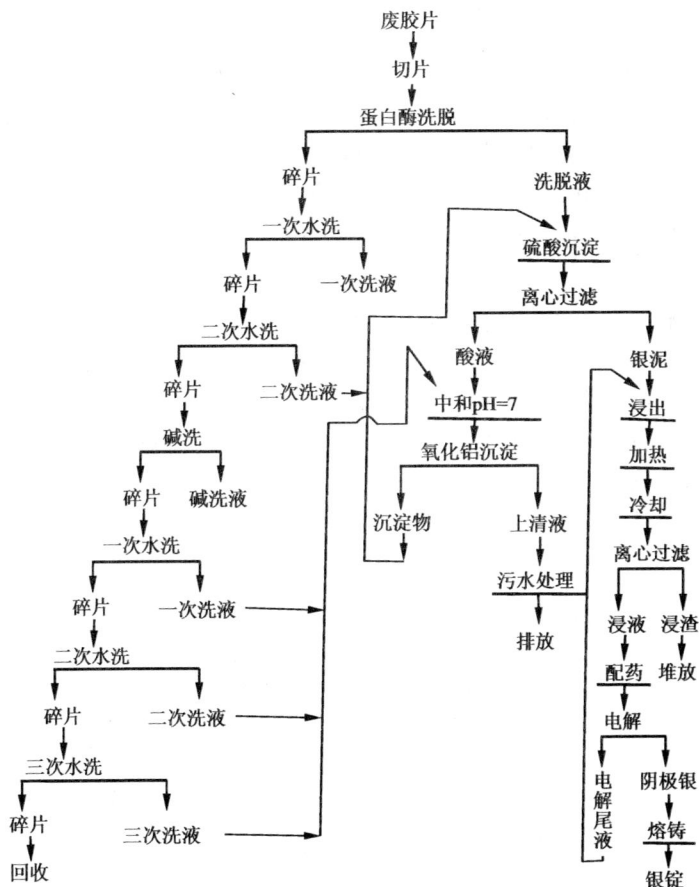

图 25 - 3　废胶片回收白银的工艺流程图

洗脱：将废胶片上的乳剂层用蛋白酶洗脱下来，然后过滤分离。

沉降：洗脱液用浓硫酸调整酸度沉淀出银泥，废片基先用碱水浸洗，再用洗水洗涤，然后送回片基车间做片基原料用。将洗涤片基的碱水和沉淀银泥分离出的酸性水进行中和处理后，再用氧化铝沉淀，使之达到合乎排放标准。

浸出：过滤分离出的银泥采用硫代硫酸钠溶液将其中的卤化银浸出，再将浸出的泥浆加热至90℃，然后冷却至室温进行过滤分离。

电解：将含银的硫代硫酸钠溶液注入强化循环电解液的密闭式电解提银机中进行电解，在阴极上析出的白银则剥落下来，熔炼成锭。尾液可以返回浸出工段。

其工艺流程的主要操作技术条件如下。

（1）蛋白酶洗脱：固液比为1∶10；蛋白酶浓度为1g/L；洗脱温度为45℃；洗涤次数为1次。

（2）硫酸沉降：调整酸度pH 3～4；沉降方式为自然沉降。

（3）银泥浸出：浸出液中含$Na_2S_2O_3$，200～300g/L；Na_2SO_3，25～35g/L；HACO，20～25ml/L；浸出时间，30～60min；浸出固液比，2∶5；搅拌速度，800～1200r/min；浸出率，99.43%；浸出液含银，35.34g/L。

（4）过滤分离：浸出泥浆加热至75～95℃，然后又冷至室温过滤，渣用1∶1的水洗一次。

（5）电解提银：滤液为电解液。电解条件是，槽电压，2.0～2.2V；电流密度，175～195A/m²；电解时间，6～8h；尾液含银，0.5～1.0g/L。电解银的回收率，92.92%；电流效率，75.4%。

此外还有一种生产工艺流程是用碱液洗脱乳剂层，再将沉淀收集起来，熔炼得银。其流程见图25-4。

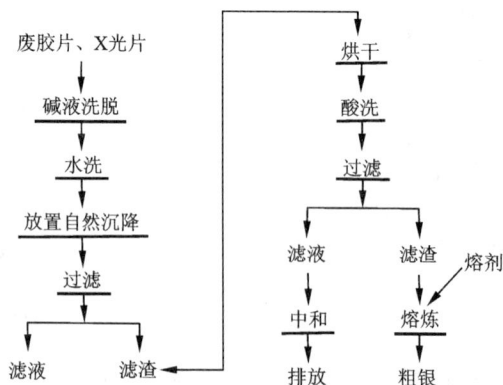

图25-4 用碱液洗脱法从废胶片中回收银的工艺流程图

25.2.3 微生物法

近年来，微生物法技术在矿石提取中的应用成功。这种技术也可用来回收银件和胶片中的银。美国提出一种生物－D－浸出剂，需 3min 就能使银从胶片上溶解下来。这种生物－D－浸出剂已制成商品在世界范围内销售。日本专利报道了使用酶类生物的技术，用浓度为 0.5g/m³ 朊酶和纤维素等混合液在 30℃下浸渍胶片10h，通过搅拌和水洗，可使乳剂、明胶脱落，分离银泥。

25.3　从镀银件、银镜片中回收银

25.3.1　从镀银件中回收银

现代技术中，为节省贵金属，常用镀银件来代替纯银部件，如铜线镀银、表盘镀银、电器镀银等。从这类物料中回收银，可选用如下方法。

1. 浓硫酸－硝酸溶解法

由于镀银的基体常为铜或铜合金，选择浓硫酸作溶剂对银有显著的溶解能力，而常温下硫酸铜在浓硫酸中溶解度小，所以铜不溶于浓硫酸。为促进银镀层的快速溶解，可于溶剂中加入 5% 的硝酸或硝酸钠。本法的作业条件如下：

溶剂：浓硫酸 95%，硝酸或硝酸钠 5%

温度：严格控制在 30 ～ 40℃以下

时间：5 ～ 10min。

装于带孔料筐中的镀银钉退镀后，快速取出漂洗，可保证基体甚少溶解，从而能综合利用基体铜。溶剂多次使用失效后，取出溶液用置换法、氯化沉淀法回收其中的银。

2. 双氧水－乙二胺四乙酸（EDTA）法

对于磷青铜上退镀银，溶剂可按表 25 - 1 配方制备，它可使镀银层在 5 ～ 10min 内与基体分离。

表 25 - 1　银退镀液的配方（g/L）

配　方	H_2O_2（35%）	EDTA	KCN	NaOH	$Na_2C_2O_4$
I	1 ~ 10	5 ~ 10	–	–	–
II	10	20	–	10	–
III	1	50	10	–	–
IV	75	50	–	–	10

3. 四水合酒石酸钾钠溶液（罗谢尔盐）电解法

选用表 25 - 2 所列两种配方的电解液，用不锈钢为阴极，镀件为阳极，进行电解，几分钟后，即可使厚度达 5μm 的镀层完全退去。

表 25 – 2　罗谢尔盐电解液的配方

配　方	NaCN	NaOH	Na_2CO_3	罗谢尔盐
I／$(g \cdot L^{-1})$	44.9	14.9	14.9	37.4
II／$(g \cdot L^{-1})$	22.4 ~ 44.9	11.2 ~ 22.4	11.2 ~ 22.4	37.4 ~ 52.4

25.3.2　从银镜碎片中回收银

一般保温瓶、银镜都镀有很薄一层银，基体均为玻璃。由于这类物料数量多，综合回收玻璃经济意义大，所以得到广泛重视。处理银镜可直接用稀硝酸溶解，硝酸浓度为 8%，清洗玻璃的洗液与使用数次的浸出液合并，用食盐沉淀银。氯化银沉淀与碳酸钠一道熔炼得粗银、粗银又用硝酸溶解，浓缩结晶即可产出工业纯的结晶硝酸银，返回作制银镜的原料。

25.4　从含银的废合金中回收银

含银废合金类废料种类繁多，分布广泛，所以从其中回收银的工艺，应视其合金成分性质不同有所选择。

25.4.1　从银金合金废料中回收银

如果合金中银量大大地高于金量，可直接用来电解银，金则富集于阳极泥中。但是当合金中 Ag：Au <3：1 时，造液时银易钝化，不能被硝酸溶解，则应配入一定量的银熔融，形成银金合金，即 Ag：Au≈3：1。从银金合金中回收银的工艺流程如图 25 –5 所示。

银在硝酸造液时，按以下反应溶解：

在浓硝酸作用下　$Ag + 2HNO_3 = AgNO_3 + NO_2 \uparrow + H_2O$

在稀硝酸作用下　$6Ag + 8HNO_3 = 6AgNO_3 + 2NO \uparrow + 4H_2O$

因此选用稀硝酸溶解时，既能防止产生棕红色 NO_2，又可减少溶剂硝酸的消耗。溶解后期适当加热，可促进银的溶解。此外，电解溶解造液，可使过程连续，并更加平稳完全。

氯化银加碳酸钠熔炼生产金属银时，主要反应如下：

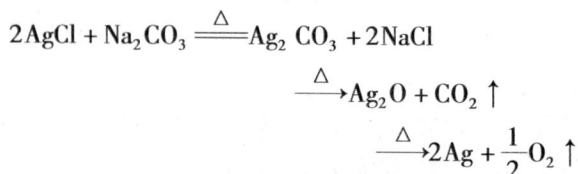

$$2AgCl + Na_2CO_3 \xrightarrow{\triangle} Ag_2CO_3 + 2NaCl$$

$$\xrightarrow{\triangle} Ag_2O + CO_2 \uparrow$$

$$\xrightarrow{\triangle} 2Ag + \frac{1}{2}O_2 \uparrow$$

熔炼作业中，可加入适量硼砂和碎玻璃，以改善炉渣性质，降低渣含银。熔炼作

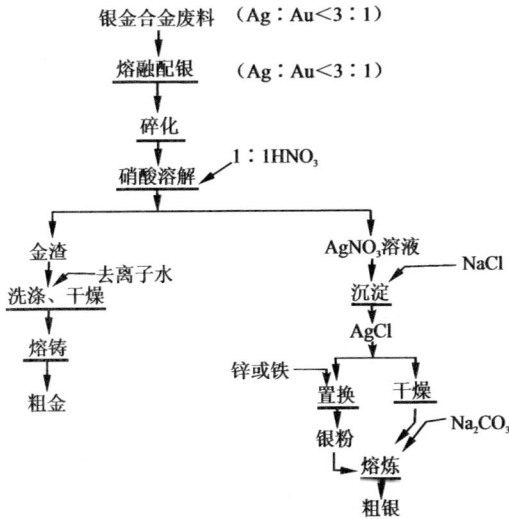

图 25 - 5　从银金合金废料中回收银的流程

业中，熔化温度不宜过高，时间不宜过长。为减少氯化银的挥发损失，产出的银可铸成阳极板作电解提银用，电银品位可达 98%。

25.4.2　从银铜、银铜锌、银镉等合金中回收银

银铜、银铜锌是焊料，前者含银最高达 95%，一般也有 72%，银铜锌含银仅 50%，银镉（或锌氧化镉）是接点材料，含银约 85%。属于接点材料还有银钨、银石墨、银镍等。所有这类合金废料，凡品位高达 80% 的，都可铸成阳极直接电解，产品电银品位可达 99.98% 以上。含银 72% 的 72 银铜也可直接进行电解，可产出品位达 99.95% 的电银，但电解液含铜迅速增加，则增加了电解液的净化量。采用交换树脂电极隔膜技术，处理银铜获得了成功，此法除产出电银外，还可综合回收铜。

银铜或其他低银合金，可用稀硝酸浸出，盐酸（或 NaCl）沉银，用水合肼还原回收其中的银。

25.5　从银 - 铜复合金属废料中回收银

银的复合材料如银 - 铜、银 - 黄铜、银 - 青铜等。自 20 世纪 80 年代开始已试制成功并用于生产电气和电子材料，这些材料既可降低银的用量，又能达到使用条件要求，故发展迅速，用量越来越大。复合材料加工制造各种电气零件过程

中产生的大量边角废料和废弃零件中的银都急需回收以便循环使用，银复合材料一般含银 2% ~ 12%，其余为有色金属，故回收工艺必须二者兼顾，这对于降低零件成本，增加经济效益十分重要。下面分别介绍二种处理此类物料的湿法冶金方法，重点是回收其中的银、铜。

1. 硝酸法

（1）浸出　Ag 易溶于硝酸，呈硝酸银形式进入溶液。

Cu 在硝酸溶液中亦形成硝酸盐进入溶液：

$$Cu + 4HNO_3 = Cu(NO_3)_2 + 2NO_2 \uparrow + 2H_2O$$

该工艺选择的条件是在室温下用 10% ~ 20% 稀硝酸浸出，液固比为 10 ~ 20，浸出率 Ag 为 98.9%，Cu 为 98.3%。

（2）沉淀　在硝酸银溶液加入 Cl^- 发生沉淀。因为 AgCl 的溶度积很小（$L_{AgCl} = 1.56 \times 10^{-10}$），$Ag^+$ 以 AgCl 形式沉淀析出的反应很完全，而 Cu^{2+} 则留在溶液中可以达到 Ag 与 Cu 的良好分离的目的。

该工艺采用 1∶1HCl 作沉淀剂而不使用 NaCl，这是为避免在体系中引入 Na^+。在室温下进行沉淀，Ag 沉淀一般可达 99.8%。但需注意控制 HCl 加入量，否则 Cl^- 过量，Ag^+ 会呈 $AgCl_2^-$ 络离子留在溶液中。

固液分离后，AgCl 沉淀用水将夹带的 Cu^{2+} 洗干净，否则在下一步还原 AgCl 时 Cu^{2+} 也会被还原进入 Ag 粉中，降低银粉品位。

（3）还原　采用水合肼（$N_2H_4 \cdot H_2O$）还原直接获得高纯度的银粉。

还原工序是将 AgCl 沉淀先用水浆化并加入 NH_4OH，调整 pH > 9，加入浓度 40% 或 80% 的水合肼，其加入量约为理论量的 2 倍，即可获得灰白色海绵银。银还原率可达 99.9%。还原后液含有过剩的水合肼，可返回再用。循环到一定时间后，需部分排放的废液须加少量高锰酸钾氧化后再排放。

（4）铁置换铜　经沉淀 AgCl 后的含铜浸出液，用铁置换回收铜。置换前，酸浸出液可用石灰中和，使 pH < 2.5 ~ 3.0，可减少铁量，置换用的铁可以是铁屑。海绵铜中含有的铁，用 HCl 处理除掉。

2. 选择性溶解法

采用硝硫混酸即（19 份浓硫酸 + 1 份浓硝酸）。可快速溶解复合材料中的银而铜基本不溶解，该法回收成本低，流程短，工艺稳定。

第 **26** 章

铂族金属的回收

铂族金属目前用途极广，它们常以合金、催化剂、金属制品和试剂等形式用于国防，尖端科学，化学工业，石油化工及石油精炼，科学研究等部门，有的用作仪器仪表，有的用作催化剂，有的用作化工设备及器皿等。由于铂族金属稀少，价格昂贵，因此对铂族金属废料进行回收，达到循环使用，是一项十分重要的工作。

26.1　铂的回收

26.1.1　从含铂废液中回收铂

从含铂废液中回收铂的工艺很多，可以视溶液的性质及含铂的多少加以选择。一般常用的方法有：还原法、萃取法、离子交换法以及活性炭吸附法等。最常用的有 Zn 置换法。

将含铂废镀液（含少量 Au、Pt），调整溶液 pH = 3，加入锌粉（或锌块），进行置换 Au、Pt 等，再过滤将残渣用王水溶解，用 $FeSO_4$ 还原金，再在溶液中加入 NH_4Cl 沉淀铂，进而回收铂。

26.1.2　从银金电解废液中回收铂、钯

1. 从银电解废液中回收钯

在银的电解精炼过程，分散在银电解液中的少量钯，是以 $Pd(NO_3)_2$ 的形态进入电解液，一些工厂用黄药沉淀法回收。当银电解液中的含钯量 > 50g/L 时，将电解液抽出一部分，用黄药（浓度为 1% ~ 5%）在 75 ~ 80℃ 的条件下，沉淀得黄原酸亚钯，其反应式如下：

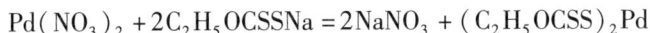

$$Pd(NO_3)_2 + 2C_2H_5OCSSNa = 2NaNO_3 + (C_2H_5OCSS)_2Pd$$

沉钯后溶液用铜置换回收银，余液用 Na_2CO_3 中和回收铜，其中和液弃之。

黄原酸亚钯 $[(C_2H_5OCSS)_2Pd]$ 用王水溶解后除去氯化银。滤液加入 HNO_3 氧化，再加氯化铵沉淀钯，得到氯钯酸铵 $[Pd(NaH_4)_2Cl_6]$，用水溶解后，采用氨络合法提纯 2 ~ 3 次，水合肼还原，可制得 99.8% 海绵钯。此法设备简单，操

作方便。钯的回收率 >90% 。

2. 从金电解废液中回收铂和钯

在金的电解精炼过程中，由于铂、钯电位比金负，所以铂、钯从阳极溶解后进入电解液中，生成氯铂酸和氯亚钯酸。当电解液使用到一定周期后，铂钯的浓度逐渐上升，当铂的含量超过 50 ~ 60g/L，钯超过 15g/L 时，便有可能在阴极上和金一起析出的危险。因此电解液必须进行处理，回收其中的铂钯，由于电解液中含金高达 250 ~ 300g/L，所以在提取铂钯前，必须先还原脱金。

（1）还原脱金　电解液中，金以 $HAuCl_4$ 的形态存在，铂与钯则分别以 H_2PtCl_6 和 H_2PdCl_4 形态存在，金的还原方法很多如 SO_2，$FeSO_4$ 等。

$$AuCl_3 + 3FeSO_4 = Au\downarrow + Fe_2(SO_4)_3 + FeCl_3$$

金粉经洗涤数次后，烘干与金电解残极，二次银电解阳极泥（又称二次黑金粉）共熔重新铸阳极，供金电解使用；滤液和洗液合并处理，用于提取铂钯。

（2）铂、钯分离

①铂的沉淀：将还原金后液，在搅拌下加入固体工业氯化铵，使铂生成 $(NH_4)_2PtCl_6$ 沉淀与钯分离：

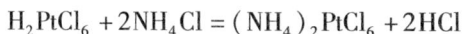

$$H_2PtCl_6 + 2NH_4Cl = (NH_4)_2PtCl_6 + 2HCl$$

$(NH_4)_2PtCl_6$ 用含 5% HCl 和 15% NH_4Cl 洗涤后，放入马弗炉中煅烧成粗铂（含 Pt 95%），进一步精炼得纯铂。

②锌置换钯：将氯化铵沉淀铂后液，用金属锌块置换钯，至溶液呈浅绿色时为置换终点（或用 $SnCl_2$），过滤后得钯精矿。钯精矿用热水洗涤至无结晶，拣出残留锌屑，滤液和洗液，弃之。置换反应：

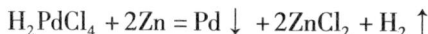

$$H_2PdCl_4 + 2Zn = Pd\downarrow + 2ZnCl_2 + H_2\uparrow$$

将钯精矿进一步采用氨络合法提纯得纯钯。关于铂钯精炼，可参阅本书第 2 篇铂、钯精炼部分。

26.1.3　从含铂废催化剂中回收铂

在石油工业中常常使用以氧化铝（Al_2O_3）、氧化硅、石墨等为载体的铂催化剂，由于催化剂被可燃性气体等有机物所污染而失去作用。这时催化剂失效。从这种失效的催化剂中再生回收铂的工艺很多，常用的方法有以下几种。

1. 王水溶解法

王水将铂从氧化铝载体上溶解下来，经浓缩、赶硝、稀释、过滤，从滤液中用 Zn 粉或水合肼还原得粗铂，再用王水溶解，最后加氯化铵沉铂，而加以回收。其工艺流程如图 26 - 1 所示。

2. 硫酸溶解法

含铂废催化剂，首先除去陶瓷球，再经焙烧除去有机物，用硫酸将氧化铝载体转入溶液，或获得明矾。不溶渣用王水溶解，浓缩、赶硝、氯化铵沉铂等过程回收铂。

3. 熔炼合金法

将含铂废催化剂与碳酸钠，铅等配料，熔炼成合金，将熔炼的合金用王水溶解，使铂溶于王水，用氯化铵沉铂，使其与其他元素分离，得铂。

26.2 从含铂废合金中回收铂

26.2.1 Pt – Rh 合金废料回收铂

Pt – Rh 合金做成的催化网广泛应用于无机化学工业，如硝酸工业，合成氨等都用铂 – 铑合金制成催化网。这种催化网报废之后，用于回收铂和铑。

废铂 – 铑合金，先用王水溶解，再用 NaOH 溶液中和，过滤使铂与铑分离，从滤液中回收铂，从残渣中回收铑，其工艺流程如图 26 – 2 所示。

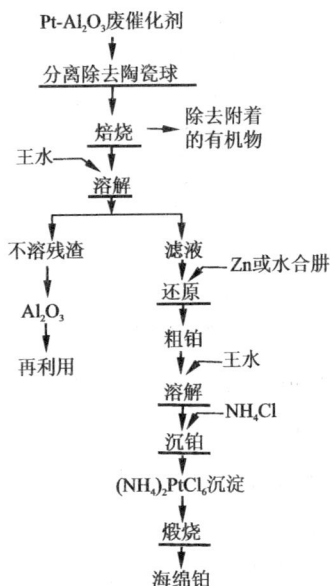

图 26 – 1 王水法从 Pt – Al₂O₃ 废
催化剂中回收铂工艺流程

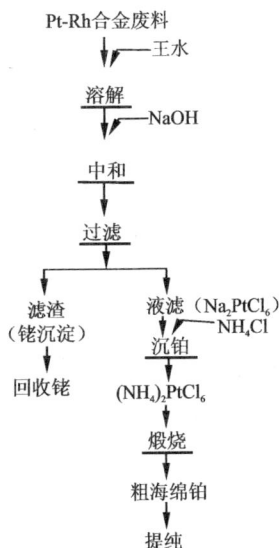

图 26 – 2 Pt – Rh 合金废料回
收铂铑工艺流程

26.2.2　从铂–铱合金废料中回收铂、铱

从铂–铱合金回收铂、铱工艺，采用$(NH_4)_2S$粗分铂和铱，溴酸盐水解精制铂的工艺流程来实现铂铱分离，其工艺流程如图26–3所示。

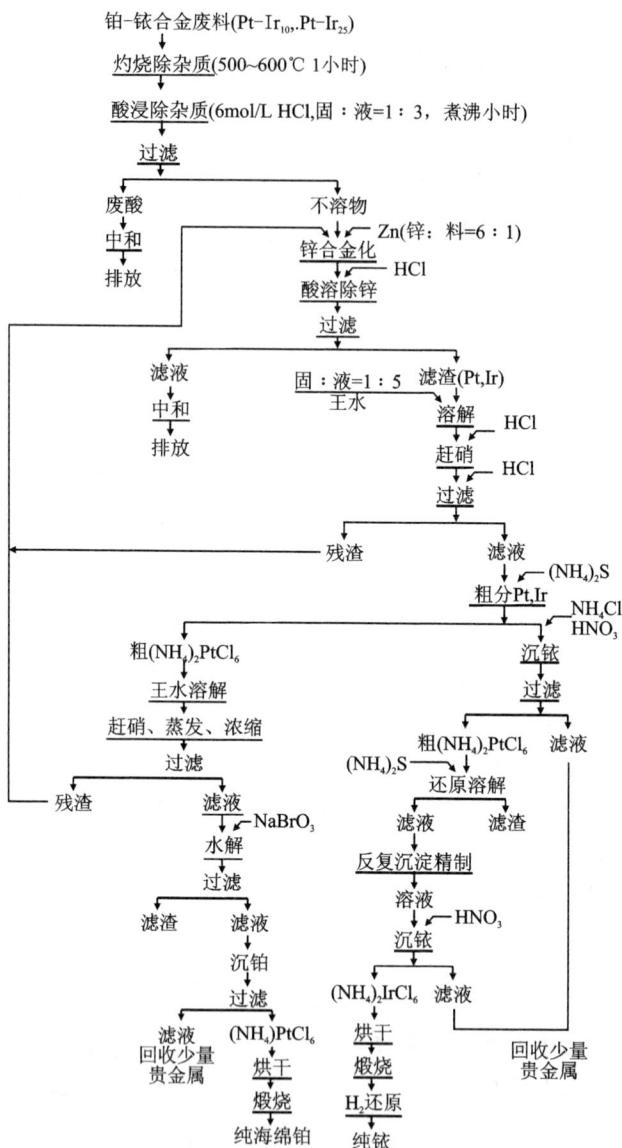

铂–铱合金废料($Pt-Ir_{10}$, $Pt-Ir_{25}$)
↓
灼烧除杂质(500~600℃ 1小时)
↓
酸浸除杂质(6mol/L HCl,固∶液=1∶3，煮沸小时)
↓
过滤
├─ 废酸 → 中和 → 排放
└─ 不溶物 ──Zn(锌∶料=6∶1)──→ 锌合金化 ──HCl──→ 酸溶除锌 → 过滤
　　├─ 滤液 → 中和 → 排放
　　└─ 滤渣(Pt,Ir) ──固∶液=1∶5 王水──→ 溶解 ──HCl──→ 赶硝 ──HCl──→ 过滤
　　　　├─ 残渣
　　　　└─ 滤液 ──$(NH_4)_2S$──→ 粗分Pt,Ir ──NH_4Cl, HNO_3──→ 沉铱 → 过滤
　　　　　　├─ 粗$(NH_4)_2PtCl_6$ → 王水溶解 → 赶硝、蒸发、浓缩 → 过滤
　　　　　　│　　├─ 残渣
　　　　　　│　　└─ 滤液 ──$NaBrO_3$──→ 水解 → 过滤
　　　　　　│　　　　├─ 滤渣
　　　　　　│　　　　└─ 滤液 → 沉铂 → 过滤
　　　　　　│　　　　　　├─ 滤液 回收少量贵金属
　　　　　　│　　　　　　└─ $(NH_4)PtCl_6$ → 烘干 → 煅烧 → 纯海绵铂
　　　　　　└─ 粗$(NH_4)_2PtCl_6$／滤液
　　　　　　　　├─ 滤液 → 回收少量贵金属
　　　　　　　　└─ $(NH_4)_2S$ → 还原溶解
　　　　　　　　　　├─ 滤液
　　　　　　　　　　└─ 滤渣 → 反复沉淀精制 → 溶液 ──HNO_3──→ 沉铱 →
　　　　　　　　　　　　├─ 滤液
　　　　　　　　　　　　└─ $(NH_4)_2IrCl_6$ → 烘干 → 煅烧 → H_2还原 → 纯铱

图26–3　从铂铱合金废料中回收铂铱

26.2.3　从镀铂、涂铂的废料中回收铂

从镀铂、涂铂的废料中回收铂，可以采用热膨胀法系利用基体金属与铂的热膨胀系数不同，在加热条件下，使铂层发生胀裂。将镀铂废件放在 750～950℃中，在氧化气氛中恒温 30min，在上述的温度范围内铂不被氧化，而与铂层接的基体金属（如钼、钨）的表面则被氧化，用 5% NaOH（NaHCO$_3$ 或 NH$_4$OH）碱液溶解结合层的基体金属氧化物。通过振荡后铂层即脱落，沉于碱液槽底，在780～950℃下，将含铂的沉淀加热氧化，以升华基体金属（如钼和钨），再经碱煮（或酸处理）含铂残渣，以进一步除去贱金属，经洗涤后，残渣再用王水溶解、过滤、赶硝、用水稀释调节 pH = 5～6，水解除杂，用 NH$_4$Cl 沉铂，获得（NH$_4$）$_2$PtCl$_6$，煅烧得纯海绵铂。

26.2.4　从含铂铑的耐火砖中回收铂铑

在玻璃纤维厂使用的熔融炉在熔炼玻璃原料时，由铂铑合金做成的铂金坩埚及其漏板在熔炼高温下，一部分铂铑合金被熔化，渗入炉壁的耐火砖缝隙中，当熔炼炉报废或检修时，这种含有铂铑的耐火砖应很好收集起来，将所含铂铑加以回收。

我国各玻璃厂耐火砖含有铂变化很大，在 300～4500g/t 之间，而耐火砖成分比较稳定，其组成如下（%）：SiO$_2$ 46.89～54.05，Al$_2$O$_3$ 39.03～49.65，Fe$_2$O$_3$ 2.64～3.58，CaO 0.05～1.46，MgO 0.92～1.11，Pt 353.5～3800g/t，Rh 30～350g/t。

1. 火法熔炼－湿法分离法

（1）其工艺流程为：含 Pt 废耐火砖经粉碎－配料－电弧炉熔炼成铁合金－加工成铁屑－盐酸浸出除铁－王水溶解－732 苯乙烯阳离子交换除杂质－水合肼还原得铂铑合金。

火法熔炼要点：

①选择 Fe$_2$O$_3$ 做捕收剂，原料易得，且价格低廉；

②Fe$_2$O$_3$ 在较低的温度下，被一氧化碳还原成 FeO，最后还原成金属铁：

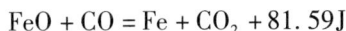

$3Fe_2O_3 + CO = 2Fe_3O_4 + CO_2 + 37.11J$

$2Fe_2O_3 + 2CO = 4FeO + 2CO_2 - 37.99J$

$FeO + CO = Fe + CO_2 + 81.59J$

在 950℃以上的高温下，氧化铁能直接被碳还原：

$2FeO + C = 2Fe + CO_2$

这样在电弧炉内加入焦粉完全能保证以上反应的顺利进行。

③在耐火砖中 SiO$_2$ 和 Al$_2$O$_3$ 各为 5% 左右，熔点在 1550～1750℃之间，为了

降低熔点和增加炉渣流动性，可加入适量石灰石、纯碱、荧石等熔剂。

炉料配比：耐火砖 100，石灰石 60，纯碱 15，萤石 20，Fe_2O_3 按 Pt – Rh 含量的 10 倍加入，焦粉按理论量的 4 倍加入。

熔炼时间：$60 \sim 105min$。

铁合金中 Pt – Rh 的回收率为 99.31% ~ 99.71%。

（2）其操作过程是：

①盐酸浸出除铁　将准备好的铁合金屑，用水湿润，在室温下，分批缓慢加入 10% HCl，盐酸加入量按理论量的 90% 加入。在常温下反应 10h，倾出溶液，再加 10% HCl，加热煮沸，过滤，获得不溶的铂铑精矿。

②将所得铂铑精矿，用王水溶解，赶硝、过滤。

③锌粉置换　调整 pH = 0.5 ~ 1.0，稀释至 Pt – Rh 量为 15g/L，加热 70℃，搅拌下加入锌粉，进行置换，为了置换完全，当锌粉加至 pH = 4 ~ 5 后再用盐酸将 pH 调至 0.5 ~ 1.0，然后再加锌粉至 pH = 4 ~ 5 再加入盐酸，将过剩的锌粉溶解除去。

④将置换产物用王水溶解、浓缩、加盐酸赶硝、过滤，加入 NaCl 使 H_2PtCl_6 等转变成 Na_2PtCl_6 便于离子交换。

稀释，用 NaOH 调整 pH = 2.0 静置滤液，使之水解沉淀，抽滤，用 pH = 1 的水洗涤，滤液和洗液合并，稀释至 Pt – Rh30g/L 进行离子交换。

⑤离子交换　用 732 苯乙烯型强酸性树脂，全交换量 4 ~ 5mg mol/g 干树脂，16 ~ 30 目占 90% 以上。交换柱：用有机玻璃做成。树脂处理：将树脂用蒸馏水浸泡，体积不再增加为止，用 2mol/L HCl（分析纯）洗至无铁离子为止，再用 6mol/L 分析纯 HCl 酸洗，用 KCNS 溶液两滴加入流出液中，10min 内无鲜明黄色为止，然后用蒸馏水洗到 pH = 4 ~ 5，再用 15% NaOH 溶液使树脂转为 Na 型，再用蒸馏水洗涤，使 pH = 2 左右。溶液交换：将上述调整好的 Pt – Rh 溶液在上述处理好的树脂上进行交换，使 Ca^{2+}，Ni^{2+}，Fe^{2+} 等阳离子杂质交换在树脂上，而铂铑络阳离子不被交换以达到提纯的目的，交换流速 35mL/min。

⑥水合肼还原：交换后的 Pt – Rh 溶液，加温到 60℃，按每克贵金属加入 1mL 50% 水合肼还原，然后用 NaOH 调整 pH = 6 ~ 7，加热半小时，静置，待沉淀物下沉之后，抽滤，用蒸馏水洗去铂 – 铑沉淀物上的氨离子，将沉淀烘干，再经熔炼即得到铂 – 铑合金。

2. 石灰石烧结法

将 –60 目的含铂耐火砖与 –60 目的石灰石粉混合装入钵内，在烧结窑中煅烧到 1300℃ ±20℃，保温 16h，使耐火砖中的 SiO_2 和 Al_2O_3 转化成可溶于酸的硅酸二钙和三铝酸五钙。然后用 HCl 将它溶解，使其与铂铑分离，从而达到了铂 – 铑的回收。其工艺流程如图 26 – 4 所示。

26.3　钯的回收

钯和铂一样，它被广泛用于工业各部门，用作电镀、催化剂、牙科合金，钎焊合金和多种触头材料中均很有用，从各种各样的含钯废料中回收钯的工艺，主要应根据废料的性质及其含钯量来加选择。因含钯种类繁多，不可能每一种废料都加以叙述，仅选择主要的几种介绍如下：

26.3.1　从含钯的废液中回收钯

从含钯量很少的溶液中回收钯的方法，可采用硫代尿素的衍生物使钯从溶液中沉淀出来，再进一步加以分离提纯，获得钯，其工艺流程如图 26 - 5 所示。

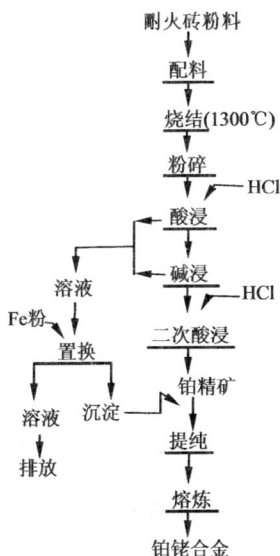

图 26 - 4　石灰石烧结法从废耐
火砖中回收铂 - 铑工艺流程

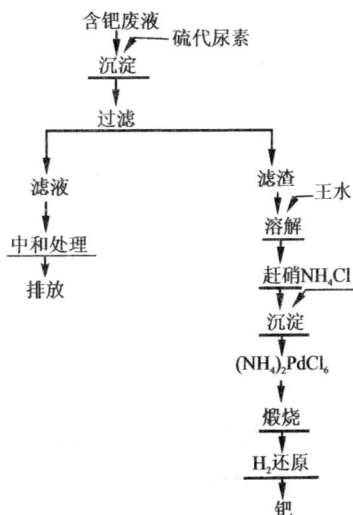

图 26 - 5　从含钯的废液中
回收钯的工艺流程

26.3.2　从含钯废催化剂中回收钯

采用王水溶解法时，分选出陶瓷碎块，再灼烧含钯的废催化剂，除去有机物质，用王水溶解，使钯等金属转入溶液，再用 NH_4Cl 沉淀或用水合肼还原，获得粗钯，再精炼得纯钯。其工艺流程如图 26 - 6 所示。

26.3.3 从钯合金废料中回收钯

从钯－铱合金废料中回收钯的工艺流程很多，下面介绍三种方法。

1. 浓 HNO_3 分离法

浓 HNO_3 分离法是利用无水 $PdCl_2$ 中不溶，使 Pd、Ir 分离。操作条件是先把钯－铱溶液浓缩至浆状，加入 5.5 倍密度 1.42 的浓 HNO_3、沸水浴上加热搅拌至很少黄烟（NO_2）冒出为止，用 3# 玻璃砂漏斗过滤。滤液加入原含 Pd 量 0.3 倍浓 HCl，蒸发至原体积的 1/2 左右，冷却过滤，盐酸溶解，并用盐酸赶硝酸后转入纯化工序。滤液留作加收铱。此法分离彻底，操作必须在通风烟橱中进行，其工序流程如图 26-7 所示。

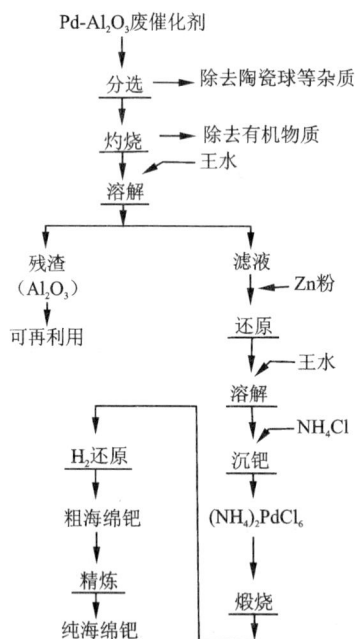

图 26-6 王水法从含钯废催化剂中回收钯的工艺流程

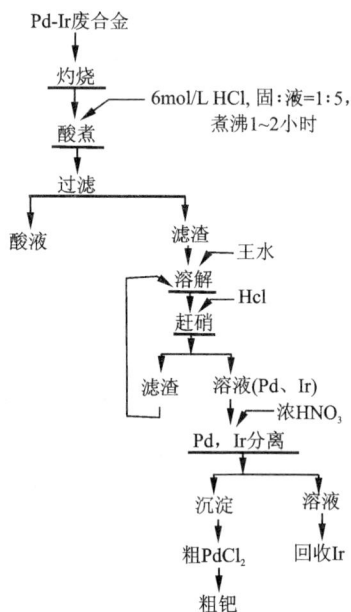

图 26-7 浓 HNO_3 法从钯－铱合金中回收 Pd、Ir 工艺流程

2. NH_4Cl 分离法

NH_4Cl 分离法是先将 Pd－Ir 合金用王水溶解后的混合液用 HNO_3 氧化。NH_4Cl 析出（NH_4）$PdCl_6$ 和（NH_4）$_2IrCl_6$ 混合物，再利用在 1% ~5% 的 NH_4Cl 溶液中两者溶解度相差很大的原理，使（NH_4）$_2PdCl_6$ 进入溶液而得到分离,其工艺流程如图 26-8 所示。

3. 直接氨络合法

直接氨络合法是利用 NH_4OH 与钯(Ⅱ)形成肉色 $Pd_2(NH_3)_4Cl_4$ 沉淀的原理。在 pH=9 时，钯溶解生成 $Pd(NH_3)_4Cl_2$，而此时其他贱金属及铱可以生成氢氧化物的形式沉淀而被滤除，滤液酸化到 pH=1 左右，钯以鲜黄色 $Pd(NH_3)_2Cl_2$ 的形式沉出。其他杂质无此反应，留在溶液中被除不去。如此反复数次仅可回收钯，而且海绵钯纯度很高。贱金属含量不超过 0.01%，铱的分离也很满意，其工艺流程如图 26-9 所示。

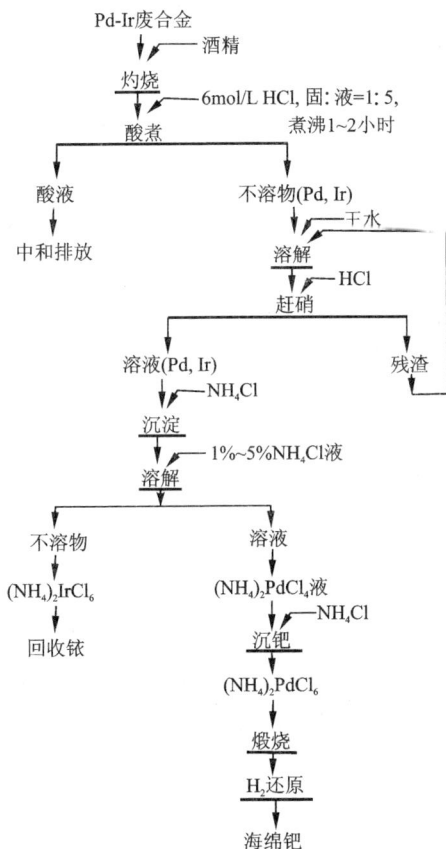

图 26-8　用 NH_4Cl 分离法从 Pr-Ir 废合金中回收 Pd、Ir 工艺流程

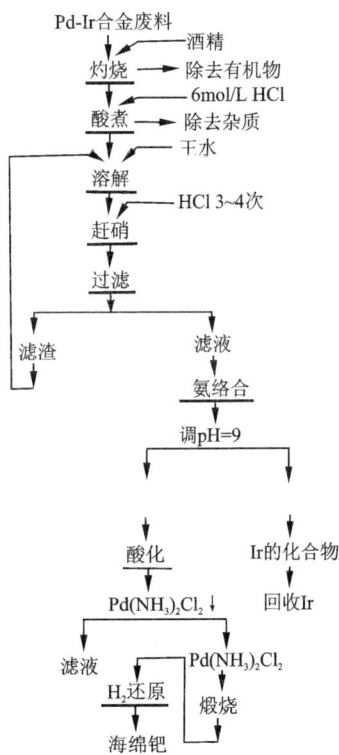

图 26-9　用氨络合法从 Pd-Ir 合金废料回收 Pd、Ir 工艺流程

26.4　铱的回收

铱被广泛用于航空、电气、金笔制造等工业部门。

26.4.1　从含铱废液中回收铱

从含铱、铑溶液中用三辛基氧化磷萃取分离铱和铑，回收铱。

采用三辛基氧化磷萃以分离铱和铑的工艺流程如图 26－10 所示。

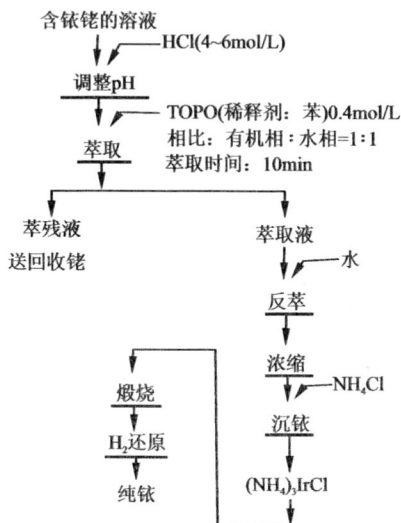

图 26－10　从含铱废液中回收铱工艺流程图

操作过程：

①待萃液的制备：含铱和铑溶液用盐酸调节酸度，使溶液含 4 ~ 6 mol/L HCl。

②萃取操作条件：萃取剂，三辛基氧化磷（TOPO）；稀释剂，苯（把 TOPO 配成 0.4mol/L）；相比，有机相:水相 = 1:1；萃取时间：10min；待萃液：Rh、Ir 的氯络钠盐溶液，盐酸介质（4~6mol/L HCl）。

③Ir 的反萃：用水反萃，使 Ir 进入水相。

④Ir 的精制：将 Ir 的反萃液，加热浓缩，然后加入 NH₄Cl 沉淀铱，沉淀在石英舟中煅烧，且用氢还原得到纯铱粉。

⑤萃取残液送去回收铑。

26.4.2　从铂铱合金中回收铱

铂铱合金用王水溶解时，溶解速度很慢，特别是当合金中铱 >10% 时，就很难用王水将其完全溶解。国外曾采用电化学溶解法；国内主要采用加锌熔炼碎化法。工艺流程如图 26－11 所示。

Pt-Ir合金
│　　　←── Zn　锌:废料＝(4~5):1
熔融、碎化　　　800℃
│　　　←── Hcl
溶解
├──────────────┐
铂铱合金粉　　　　　　酸液经SnCl₂
│　　　　　　　　　　检查弃去
王水溶解
│←── HCl
赶硝
│
稀释
│
过滤
├──────────────┐
王水不溶物　　　铂铱氯化溶注液
│
(NH₄)₂S还原，NH₄Cl沉Pt
│
过滤
├──────────────┐
粗(NH₄)₂PtCl₆　　　　(NH₄)₃IrCl₆
│　　　　　　　　　│
提纯、精炼　　　　(NH₄)₂S精制
│　　　　　　　　　├────────┐
纯海绵Pt　　硫化物　　　溶液　　　纯铱
　　　　　(多批料集中溶液　(分析合格为止)
　　　　　按上法精制Ir)　│
　　　　　　　　　HNO₃氧化，NH₄Cl沉淀
　　　　　　　　　│
　　　　　　　　　过滤
　　　　　　　├──────────┐
　　　(NH₄)₂IrCl₆母液　　(NH₄)₂IrCl₄
　　　　　　　　　　　　　│
　　　　　　　　　　　　煅烧
　　　　　　　　　　　　　│
　　　　　　　　　　　　H₂还原
　　　　　　　　　　　　　│
　　　　　　　　　　　　纯铱

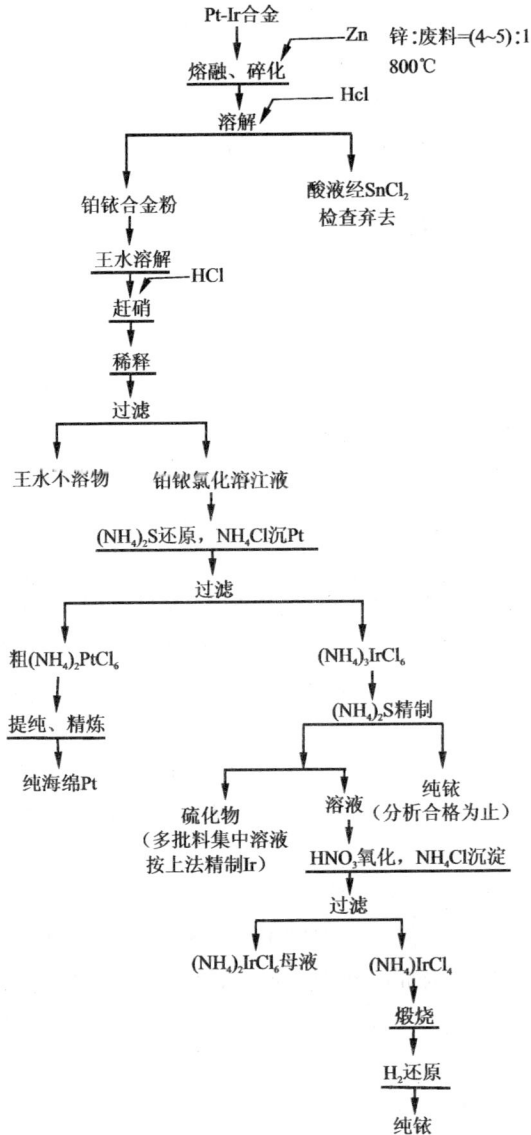

图 26-11　用锌碎化法从 Pt-Ir 合金中回收 Pt-Ir 工艺流程图

1. 锌碎化

按锌:废料 = (4~5):1 配入锌，炉温在 800℃ 左右使金属迅速熔融，为防止锌被氧化挥发，必须用适量 NaCl 复盖，使熔化锌与空气隔绝而减少氧化挥发，合金融熔后，出炉倒入铁盘中，呈片状，再捣碎，便于酸浸出。

2. 盐酸浸出

为了除去合金中的锌，采用 HCl 除锌、而其中的铂铱合金则不被盐酸溶解而残留在渣中。

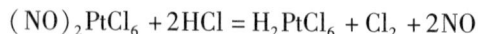

$$Zn + 2HCl = ZnCl_2 + H_2 \uparrow$$

由反应可知，盐酸用量按理论量约为 1kg 需 2.5 ~ 3L 浓盐酸。为加快反应速度，一般加温至 80℃ 左右，并经常搅拌。为了防止 $ZnCl_2$ 水解，换到时必须控制 pH = 1 ~ 2 之间。当最后一批盐酸加入并煮沸约 2h，pH 未显著上升时即为浸出终点。

所有浸出过滤液，经 $SnCl_2$ 检查无贵金属后弃之。

3. 王水溶解，赶硝酸

盐酸浸出所得的残渣（铂铱合金粉）经王水溶解，按下列反应转入溶液：

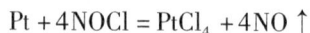

$$HNO_3 + 3HCl = Cl_2 + NOCl + 2H_2O$$

$$Pt + 2Cl_2 = PtCl_4$$

$$Pt + 4NOCl = PtCl_4 + 4NO \uparrow$$

$$PtCl_4 + 2HCl = H_2PtCl_6$$

其余铂族金属亦发生类似反应，生成相应的 H_2PtCl_6（H_2PdCl_4）、H_2RhCl_6、H_2IrCl_6、H_2RhCl_6，同时，亦有部分贵金属生成亚硝基化合物：$(NO_2)_2PtCl_6$、$(NO)_2PdCl_4$、$(NO)_2RhCl_6$、$(NO)_2IrCl_6$、$(NO)_2RuCl_6$，剩余的硝酸部份残留在溶液中。

王水用量一般按王水∶废料 = 5∶1（主要视溶解完全程度而增减），加入方式可分批（2 ~ 3 批）加入，每批必须在室温下全部加完 HCl 后，再逐步加入 HNO_3（缓慢加入，加入速度视反应剧烈程度而定），加完全部 HNO_3 后，加热至 70 ~ 80℃，待反应减慢后，抽出溶解液，另换一批王水，仿上法继续溶解，直至溶解完毕为止。为了除去溶液中残留的 HNO_3 和破坏亚硝基化合物，需将全部王水溶液蒸发至玻璃棒提出液面时溶液不滴，此时加入浓盐酸赶硝。

为了除去合金中的锌，采用 HCl 除锌，其中铂铱合金则不被盐酸溶解而残留在渣中。

$$HNO_3 + 3HCl = Cl_2 + NOCl + 2H_2O$$

$$(NO)_2PtCl_6 + 2HCl = H_2PtCl_6 + Cl_2 + 2NO$$

浓盐酸加入量约与王水中 HNO_3 相等（体积比），分三次逐步加入。为了降低溶液酸度，赶硝后，必须加水赶游离盐酸三次，赶酸完毕，稀释过滤，以除去不溶残渣（暂存）。

4. 铂铱粗分

氯铂（铱）酸溶液量体积，取样分析贵金属含量，溶液再稀释至 80 ~ 100g/L，Rh 1 ~ 2。按每克铱加入 $(NH_4)_2S$（16%）0.15mL ±，$(NH_4)_2S$ 须先搅拌稀释体积 10 ~ 20 倍再用。在搅拌下徐徐加入氯铂（铱）酸溶液中，加热 70 ~ 80℃，此时溶液中的四价铱还原成三价。在还原过程中，随时取小杯溶液，往其中加入 NH_4Cl 视所得之 $(NH_4)_2PtCl_6$ 颜色由棕红色变至淡黄色为止。注意 $(NH_4)_2S$ 用量不宜过多，加热时间不宜过长，否则部分 H_2PtCl_6 会被还原成 H_2PtCl_4 而不被 NH_4Cl 沉淀。在还原终了时，即往热溶液中搅拌下加入固体 NH_4Cl，此时 Pt^{4+} 发生如下反应而沉出 $(NH_4)PtCl_6$：

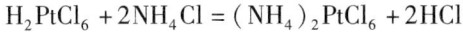

$$H_2PtCl_6 + 2NH_4Cl = (NH_4)_2PtCl_6 + 2HCl$$

Ir^{3+} 则生成 $(NH_4)_3IrCl_6$ 仍留存于溶液中：

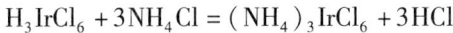

$$H_3IrCl_6 + 3NH_4Cl = (NH_4)_3IrCl_6 + 3HCl$$

氯化铵用量为 Pt 量的 0.6 倍，并保持溶液中含 50% NH_4Cl，过滤，沉淀用 5% NH_4Cl 溶液洗至洗液色浅，洗液与滤液合并，待精制铱。

5. 铱的精制

首先将铂铱粗分时所得的粗氯亚铱酸溶液浓缩（有 NH_4Cl 沉淀析出），随后加入浓 HNO_3 并加热氧化即有粗氯铱酸铵沉淀析了（HNO_3 耗量每一克 Ir 约为 1mL），冷却后过滤，$(NH_4)_2IrCl_6$ 沉淀用 15% NH_4Cl 溶液洗涤数次，洗液与滤液合并待回收铱。

析出的粗 $(NH_4)_2IrCl_6$ 沉淀放在白瓷缸中，加纯水悬浮，（使铱的浓度为 80 ~ 100g/L），然后用酸或氯水调整溶液 pH 为 1.5 左右，缓慢加入水合肼（按 1 克铱加 0.2mL），直至气泡减少，反应平息，再调 pH 至 2 左右，用石英内加热器逐渐升温至沸，保温 1h，冷却过滤，滤渣保存回收贵金属。滤液在室温下，当 pH 为 3 ± 时，缓缓加入 $(NH_4)_2S$ 进行硫化精制。$(NH_4)_2S$ 应尽量稀释，（加入量按 1mL16%），且在搅拌下徐徐加入，pH 保持在 2 ±。加完搅匀后，密封静置 24h 以上过滤，其中滤渣（硫化物）保存回收贵金属；滤液再加入 $(NH_4)_2S$ 进行第二次硫化精制，其杂质含量一般为 3% ±，加完 $(NH_4)_2S$ 后，加热至沸约 2h，冷却过滤。经两次硫化精制，一般铱的纯度可达 99.95% ±，如果经分析含贵金属较多时可再加入适量的 $(NH_4)_2S$，使溶液 pH 升至 3 ±，加热硫化。若贱金属较多，可按一次精制法，加入适量的硫化铵在冷态下精制，直至小样分析合格为止。

经分析合格的纯氯亚铱酸铵溶液，加入适量 H_2O_2（每 1kg Ir 加 H_2O_2 200mL），再浓缩至表面为 NH_4Cl 析出，HNO_3 按每 1g 铱需 1mL HNO_3 计量加入氧化（加 HNO_3 时必须缓慢，以观察反应剧烈程度而定），随即有黑色 $(NH_4)_2IrCl_6$ 沉淀析出，加热至表面结晶为止，稍冷过滤 $(NH_4)_2IrCl_6$ 结晶用 15% NH_4Cl 洗至色淡，沉淀取出在瓷皿中于 400 ~ 850℃ 下煅烧至无白烟逸出为止，冷却取出。氧化铱在 800℃ 下氢还原炉中通 H_2 还原，即得纯产品铱。

6. 氯铱酸铵母液回收

所有的氯铱酸铵母液加热浓缩至有氯化铵结晶析出，冷态下徐徐加入浓硫酸，其用量相当于原液数量，缓慢加入硫脲（用量约为贵金属含量的 5 ~ 6 倍），升温至 180℃，保持 20 ~ 30min，取小样稀释过滤，滤液经 $SnCl_2$ 检查，或醋酸乙酯检查无色。大体可用 10 倍于原体积的自来水稀释过滤，滤液经 $SnCl_2$ 检查无色弃之，硫化物用水洗涤至洗水无色，于 100℃ 以下烘干，称重，取样分析 Pt 和 Ir 含量，保存回收。

26.4.3 从钯铱合金废料中回收铱、钯

从钯铱合金中回收铱的工艺，可按本章第 3 节所述的浓硝酸分离法，氨络合法，直接按络合法达到钯铱分离。

其操作条件均有不同，但都可达到回收铱的目的，并能获得较纯的产品。

1. 乙基黄原酸分离回收法

钯铱合金按照王水溶解后制成的酸性溶液，还可采用乙基黄原酸沉淀法分离 Pd - Ir，进而达到回收铱的目的。其工艺流程如图 26 - 12 所示。

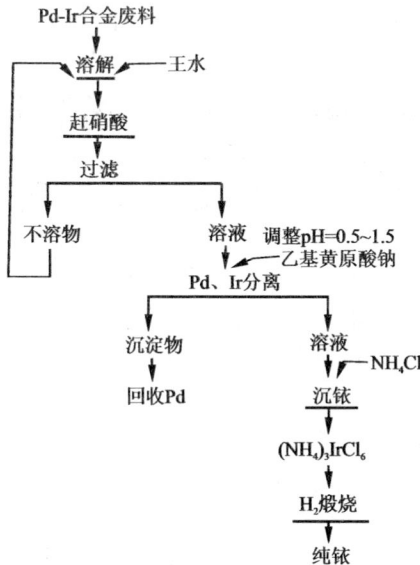

图 26 - 12 采用乙黄基原酸钠从 Pd - Ir 合金废料中分离回收 Ir 的工艺流程图

操作条件：
原液 pH：0.5 ~ 1.5
反应时间：30min ~ 1h
沉淀剂用量：145%
室温下进行沉淀操作即可。

　　本法的优点是 Pd、Ir 分离彻底，操作简便，迅速，可在室温下操作，不需加热设备，试剂便宜。其缺点是有臭味。

2. 钯铱合金废料分离提纯新工艺

　　氨络合 - 盐酸化法分离钯铱其工艺流程如图 26 - 13 所示。此工艺系钯铱合金废料分离提纯新工艺。

钯铱合金废料
↓
预处理
↓
王水溶解
↓
赶硝酸
↓
过滤
├─→ 王水不溶物（保存回收）
└─→ 钯铱氯化物溶液
　　　↓
　　氨水络合
　　├─→ 氢氧化物（保存回收）
　　└─→ 络合溶液
　　　　↓
　　　酸化
　　├─→ 二氯二氨络亚钯
　　│　　↓
　　│　反复氨络合酸化精制
　　│　├─→ 氢氧化物（保存回收）
　　│　├─→ 酸化滤液
　　│　│　↓
　　│　│　Zn 置换
　　│　│　↓
　　│　│　回收钯
　　│　└─→ 二氯二氨络亚钯
　　│　　　↓
　　│　　煅烧
　　│　　↓
　　│　H₂ 还原 → H$_2$还原
　　│　　↓
　　│　纯钯
　　└─→ 滤液
　　　　↓
　　　浓缩沉淀
　　├─→ 粗氯铱酸铵
　　│　↓
　　│　水合肼还原
　　│　├─→ 氯亚铱酸铵液
　　│　│　↓
　　│　│　硫化铵精制
　　│　│　↓
　　│　│　纯氯铱酸铵液
　　│　│　↓
　　│　│　氧化沉淀
　　│　│　├─→ 纯氯铱酸铵
　　│　│　│　↓
　　│　│　│　煅烧
　　│　│　│　↓
　　│　│　│　H₂ 还原
　　│　│　│　↓
　　│　│　│　纯铱
　　│　│　└─→ 沉淀母液
　　│　└─→ 沉淀物
　　│　　↓
　　│　回收钯
　　│　↓
　　│　硫化物
　　│　↓
　　│　回收铱
　　└─→ 沉淀母液
　　　　↓
　　　沉淀母液
　　　↓
　　硫脲回收铱

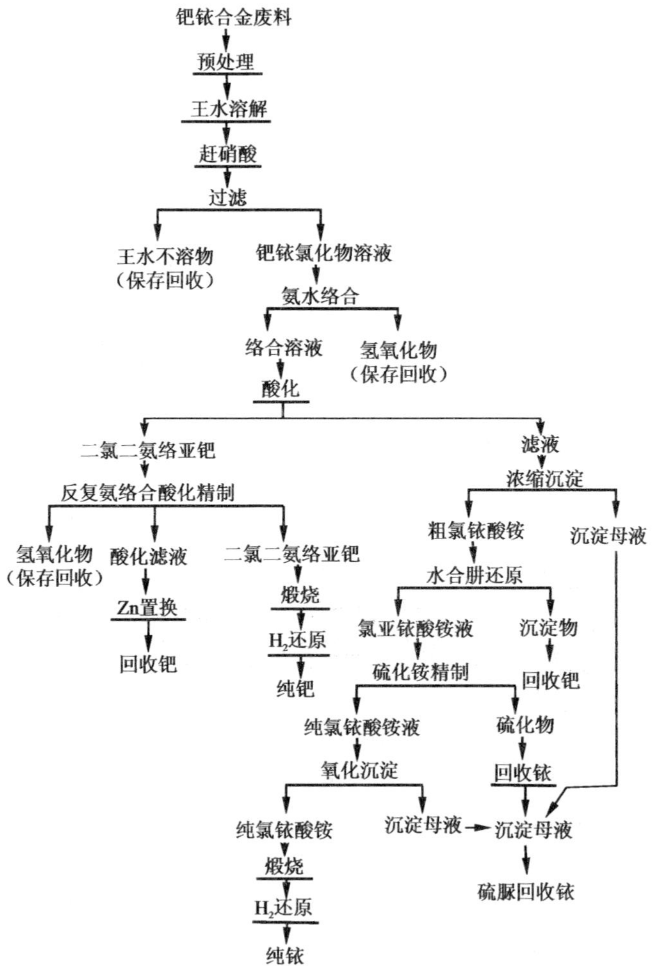

图 26 - 13　从钯铱合金废料中再生回收钯和金的工艺流程图

其工艺操作条件是：

（1）钯铱合金废料的予处理

将废料碾片，剪碎，高温灼烧以除去油污包漆等有机物。

（2）王水溶解

将予处理后的废料放入耐酸白瓷缸中，分批计量加入王水溶解。王水加入量按金属量的 3 ~ 4 倍计，分三批加入：第一批加入王水总量的 60%，第二批加入 20%，第三批加入 20%。实际上可视金属溶液情况稍作增减。冷态下王水溶解减弱后，用石英加热器缓慢加热溶解至反应减弱后将溶液抽出，再加新配王水再溶。溶解过程需经常搅拌，以便溶解完全。

（3）赶硝酸

全部王水溶解浓缩蒸干，以玻璃棒沾取不滴流为宜。此时加入盐酸赶硝酸，其盐酸耗量约为王水中所配入的硝酸量。分三次加入，赶至无 NO_2 时即可。在 pH 为 1 左右过滤，王水不溶物用自来水洗至无色。滤液量体积，取样，送分析，标定滤液中的 Pt、Pd、Rh、Ir 的含量。

（4）氨水络合精制钯

滤液直接加入氨水至 pH8 ~ 9，如产生粉红色沉淀，需加热至粉红色沉淀完全溶解为止。加热过程中要补加氨水，以保持 pH8 ~ 9，过滤。氢氧化物用无离子水洗至无色保存回收。滤液，洗液合并，加入盐酸化至 pH 至 1 ~ 5，静置约 30min，过滤。所得二氯二氨络亚钯，再继续精制 2 ~ 3 次，即将粗分所得的二氯二氨络亚钯与水拌合，使钯含量达 80g/L 左右的浓度，然后加入氨水络合，其条件与前络合过程同。滤去不溶杂质，滤液再酸化，则可得到更主纯度的二氯二氨络亚钯，如此反复络合精制，直至小样分析合格为止。络合渣保存回收其中的贵金属。酸化沉淀母液用锌粉置换回收其中的贵金属。

小样合格之后，二氯二氨络亚钯在 300 ~ 400℃ 下煅烧至无大量白烟后，再升温至 600℃ 无白烟为止。所得的氧化钯再在氢的还原条件下煅烧成纯钯。

（5）硫化铵法精制

第一次氨络合，酸化分离钯后的母液，浓缩至有大量 NH_4Cl 结晶析出，然后加入浓硝酸，煮沸氧化，使铱呈粗氯铱酸铵沉淀析出，每克铱约耗浓硝酸 1mL。母液用硫脲回收铱。粗氯铱酸铵与水拌合，使铱的浓度约为 80g/L 后在室温下，pH 为 1 左右的条件下，逐渐加入水合肼，每克铱约耗 0.2mL 水合肼，加热至沸，还原半小时使氯铱酸铵转变为氯亚铱酸铵而溶解，冷却过滤，滤渣留作回收贵金属用，滤液在室温条件下，加入硫化铵精制。

其中杂质以铱量的 5% 计，16% 浓度的硫化铵以每毫升除 0.2g 杂质计。所需硫化铵（16%）用无离子水稀释至 1% ~ 5%，在人工搅拌下徐徐加入溶液中，最终 pH 保持 2 ~ 2.5，封存静置 24h，冷却过滤。硫化物保存，滤液进行第二次硫化精制。

第二次杂质量以 2% ~ 3% 计，其余条件相同，唯加完所需硫化铵后，加热至沸约半小时，冷却过滤。硫化物保存回收，滤液取小样分析，如不合格视分析结果，贵金属高宜热态精制，如贱金属高宜冷态下精制。其硫化铵量、pH 等条件，可视具体情况而定。

精制合格之铱液，必须首先加入双氧水（每公斤铱约耗双氧水 20mL），加热氧化浓缩至表面有 NH_4Cl 析出。按每克铱需 1mL 浓硝酸计，缓缓加入氧化，此时随即有黑色氯液铱酸铵析出，至溶液颜色变淡后，继续加热约半小时无明显变化，即断电冷却抽滤，氯铱酸铵用 15% 氯化铵溶液洗至无色，滤液和洗液合并，用硫脲回收其中的贵金属。所得纯氯铱酸铵沉淀，在 450℃ 左右煅烧至无大量白烟，再升温至 800℃ 煅烧至无白烟为止。所得氧化铱待氢还原处理。

（6）氢还原

①首先接好吉普发生器的 CO_2 及氢气管道，分别通 CO_2 及氢气，遂赶散管道中的空气，将氧化钯或氧化铱小心装入适当的容器（瓷管、瓷舟、石英舟）中，放入管式炉瓷管内，用连通洗气瓶橡皮塞塞紧，洗气瓶第一瓶为 10% 硫酸铜液，第二瓶为 20% 重铬酸钾液，第三瓶为浓硫酸。瓷管另一端上连通水封瓶的橡皮塞。检查整个管道是否畅通，切勿漏气，还原炉电路完好，此时开始通电调节升温。

②氧化钯的还原条件：升温 400℃ 通入 CO_2 5～10min 后通氢气，继续升温至600℃，保温 2h，断电冷却至 400℃ 改通 CO_2，冷至 100℃ 以下，纯钯即可出炉，取出称重，取样分析产品纯度，置于已洗净烘干的容器中保存待用。

③氧化铱的还原条件：升温至 400℃ 通入 CO_2 5～10min，改通氢气。继续升温至 800℃，保温 2h，断电冷却至 400℃，改通 CO_2，冷至 150℃ 以下纯铱即可出炉，取出纯铱称重，取样分析产品纯度，主体铱置于已洗净烘干的容器中待用。

采用这一新工艺可使流程大大简化，劳动条件得到改善，Pd 的回收率达95%，产品纯度可达 99.995%；Ir 的回收率达 70%～80%，纯铱的纯度可达 99.99%。

26.4.4　从铱铑合金废料中回收铱铑

铱铑的溶解，分离是铂族金属分离中最困难的一对金属，目前对铱铑合金废料工业化生产的流程国内报道的不多。但有人对铑铱的分离做过评述[7]，认为还必须付出艰苦的努力，进行大量的探索和研究工作。

四川仪表厂提出的工艺流程具有操作简便，设备简单，试剂容易获得，分离效果好。

该工艺包括三部分：

（1）废料在 800℃ 以下与锡生成易溶于王水的 Ir－Rh－Sn 合金。

（2）利用铱铑的亚硝酸根络酸铵盐，氯络酸铵盐，亚硫酸铵盐的溶解度差异进行铑、铱分离。

（3）硫化铵精制铱，TBP 精制铑。分别制出纯度 99.95% 的铱粉和铑粉。实收率达 75% 以上。

26.5　铑的回收

现在铑广泛应用于电镀。铑合金用于制造玻璃熔炼坩埚，人造纤维喷头，高温热电偶，测温仪表等。铑的价格贵，世界生产量少，应注意加强回收。

26.5.1　从含铑的残渣中回收铑

将含铑残渣加入 PbO 及熔剂进行熔炼，获得贵铅，再用硝酸溶解 Ag、Pt、Pd、Pb 等进入溶液，而铑、铱、锇、钌等仍留在渣中，再用 KHSO$_4$ 水溶液溶解铑，使铑进入溶液，而铱、锇、钌不溶而达到分离。再将溶液用亚硝酸铵（NH$_4$NO$_2$）处理得到（NH$_4$）$_3$Rh（NO$_2$）$_6$，将（NH$_4$）$_3$Rh（NO$_2$）$_6$ 燃烧得到粗铑。其工艺流程如图 26-14 所示。

含铑废渣 → PbO，其它熔剂
↓
熔炼
↓
贵铅 → HNO$_3$
↓
溶解
↓
过滤
├─→ 溶液　回收 Ag、Pt、Pd
└─→ 残渣（Rh、Ir、Ru、Os） → KHSO$_4$
　　↓
　　溶解
　　↓
　　过滤
　　├─→ 溶液 → NH$_4$NO$_2$
　　└─→ 残渣（送去回收 Ir、Ru、Os）
　　　　↓
　　　　沉铑
　　　　↓
　　　　（NH$_4$）$_3$Rh（NO$_2$）$_6$ 沉淀 → H$_2$
　　　　↓
　　　　煅烧
　　　　↓
　　　　粗铑

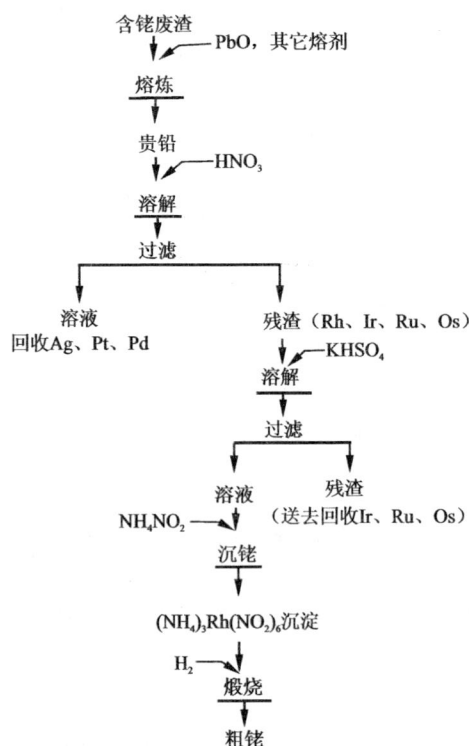

图 26-14　从含铑残渣中回收铑的工艺流程

26.5.2　从醛化蒸馏下脚中回收铑

在生产醛中经常使用铑做成活性催化剂,故醛化蒸馏之后的下脚料中常常含有铑。从这种下脚料中回收铑的工艺,可以在不锈钢反应器中,加入水(或者乙醇混合溶液)用 NaOH 溶液调整 pH,加温、通入氮或空气溶解杂质,而铑却不溶,则从下脚料中得到分离回收。过滤可以得到铑。

采用此工艺的操作条件及结果如表 26 – 1 所示。

表 26 – 1　水做溶剂的工艺条件及结果

编　　　　　　号	2	3	4	5
废　　　料(g)	15	15	15	15
水　　(mL)	2.5	2.5	3.5	3.0
气　　　体	N_2	空气	空气	N_2
温　　度(℃)	160	160	160	160
时　　间(分)	45	90	90	30
水:废料(重量比)	0.12:1	0.17:1	0.23:1	0.13:1
铑的回收率(%)	98.8	99.0	99.5	98.6

改变工艺条件,即用醇(丁醇:丙醇:水 =1:1:1.5)的混合液代替水作溶剂时,也能获得满意结果。(12 号为无水乙醇)加入少量的 NaOH 调节 pH 之后,再加温到所需的温度,保持一定时间之后,过滤即可得到铑粉。其工艺操作条件和结果见表 26 – 2。

表 26 – 2　用醇混合液时的工艺条件及结果

编　号	9	7	8	9	10	11	12	13
废料(g)	15	15	15	15	15	15	15	15
醇混合液(mL)	7.0	7.0	7.0	7.0	7.5	15	0	7.0
NaOH(mol/L)	0	0.2	0.8	1.6	0.2	0.2	0.2	0.2
气体	N_2	N_2	N_2	N_2	空气	氧	氧	氧
温度(℃)	160	160	160	160	160	160	160	140
时间(min)	60	60	60	60	90	90	90	60
醇液:废料(重量比)	0.41:1	0.41:1	0.41:1	0.41:1	0.41:1	0.87:1	—	0.41:1
铑的回收率(%)	99.5	98.5	97.5	97.4	99.1	99.2	61.9	98.1

从表 26 – 1,表 26 – 2 所列的工艺条件下都可从醛的下脚废料中有效地回收铑。

参考文献

1　余继燮主编．贵金属冶金学．北京:冶金工业出版社,1985

2　吉林冶金研究所编．金的选矿．北京:冶金工业出版社,1978

3　R.J. 阿达姆逊．南非黄金冶金学．冶金工业部长春黄金研究所译

4　C.B. 波契姆金．冶金工业部长春黄金研究所译

5　李玉田编．贵金属回收与再生．国家物资回收局,1982

6　李佼庸、刘大星编著．萃取．冶金工业出版社,1988

7　徐天元,徐正春编．金的氰化与冶炼．讲义,1985

8　田广荣,蒋鹤麟．金银铂族元素专题报告研讨会论文集．北京,1988

9　冶金工业部长春黄金研究所,中国黄金环境鉴测中心编．黄金生产的环境保护．1985

10　赵天从．锑．北京:冶金工业出版社,1987

11　Л. в чугаев. Металлугпя Ълагородных Металлов Москва. 1987

12　孙晋编．金银冶金．北京:冶金工业出版社．1986